MATHÉMATIQUES
&
APPLICATIONS

Directeurs de la collection :
G. Allaire et M. Benaïm

63

T0206948

Carlo Gaetan

Xavier Guyon

Modélisation
et statistique spatiales

 Springer

Carlo Gaetan

Dipartimento di Statistica
Università Ca' Foscari Venezia
San Giobbe, Cannaregio 873
30121 Venice
Italy
gaetan@unive.it

Xavier Guyon

Centre Pierre Mendès France
Université Paris 1 et SAMOS
90 rue de Tolbiac
75634 Paris Cedex 13
France
xavier.guyon@univ-paris1.fr

Library Congress Control Number: 2008924866

Mathematics Subject Classification (2000): 13P10, 68Q40, 14Q20, 65F15, 08-0, 14-01, 68-01

ISSN 1154-483X
ISBN-10 3-540-79225-2 Springer Berlin Heidelberg New York
ISBN-13 978-3-540-79225-3 Springer Berlin Heidelberg New York

Springer est membre du Springer Science+Business Media
©Springer-Verlag Berlin Heidelberg 2008
springer.com
WMXDesign GmbH

Imprimé sur papier non acide 3100/SPi - 5 4 3 2 1 0 -

Préface

La statistique spatiale étudie des phénomènes dont l'observation est un processus aléatoire $X = \{X_s,\, s \in S\}$ indexé par un *ensemble spatial* S, X_s appartenant à un espace d'états E. La localisation d'un site d'observation $s \in S$ est soit fixée et déterministe, soit aléatoire. Classiquement, S est un sous-ensemble bidimensionnel, $S \subseteq \mathbb{R}^2$. Mais S peut aussi être unidimensionnel (chromatographie, essai agronomique en ligne) ou encore être un sous-ensemble de $\mathbb{R}^3$ (prospection minière, science du sol, imagerie 3-D). D'autres domaines, ainsi la statistique bayésienne ou la planification des expériences numériques, peuvent faire appel à des espaces S de dimension $d \geq 3$. Notons enfin que l'étude d'une dynamique spatiale ajoute la dimension temporelle au spatial, indexant par exemple l'observation par $(s,t) \in \mathbb{R}^2 \times \mathbb{R}^+$ si la dynamique est bidimensionnelle.

Les méthodes d'analyse spatiale connaissent un développement important du fait d'une forte demande de la part de nombreux domaines d'application tels que l'exploitation minière, les sciences de l'environnement et de la terre, l'écologie et la biologie, la géographie, l'économie spatiale, l'épidémiologie, l'agronomie et la foresterie, le traitement d'image, etc. Cette variété de la "demande" fait la richesse du sujet. A titre d'illustration, nous donnons ci-dessous quelques exemples des trois types de données spatiales qui seront étudiées dans ce livre.

Les données géostatistiques

S est un sous-espace *continu* de $\mathbb{R}^d$, le champ $\{X_s,\, s \in S\}$ étant observé en n sites fixés $\{s_1, \ldots, s_n\} \subset S$ et l'espace d'état E étant réel. C'est le cas des données pluviométriques de la Fig. 1-a, ou encore des données de porosité d'un sol (cf. Fig. 1-b). Les sites d'observation peuvent être disposés régulièrement ou non. La géostatistique aborde, par exemple, les questions de modélisation, d'identification et de séparation des variations à grande et à petite échelle, de prédiction (ou krigeage) en un site non-observé et de reconstruction de X partout sur S.

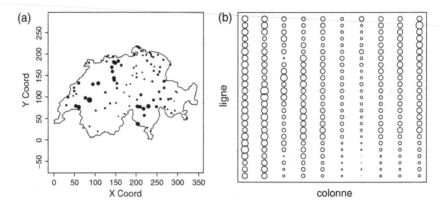

Fig. 1. (a) Cumuls pluviométriques sur le réseau météorologique suisse le 8 mai 1986 (passage du nuage de Chernobyl, données `sic` du package `geoR` du logiciel R [178]) ; (b) Porosité d'un sol (données `soil` du package `geoR`). Pour (a) et (b), les dimensions des symboles sont proportionnelles à la valeur X_s.

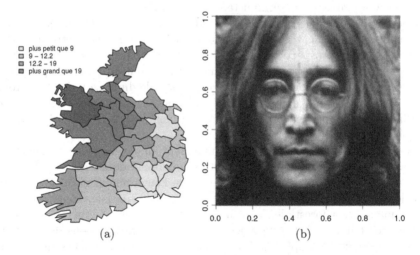

Fig. 2. (a) Pourcentage d'individus du groupe sanguin A dans les 26 comtés de l'Irlande (données `eire` du package `spdep`) ; (b) Image de John Lennon (256×256 pixels sur 193 niveaux de gris, données `lennon` du package `fields`).

Les données latticielles ou données sur un réseau S fixé

S est un ensemble *discret fixé* non-aléatoire, généralement $S \subset \mathbb{R}^d$, et X est observé sur S. Les sites s peuvent représenter des unités géographiques d'un réseau muni d'un graphe de voisinage $\mathcal{G}$ (cf. les 26 comtés de l'Irlande, Fig. 2-a), la variable X_s intégrant une quantité d'intérêt sur cette unité s. L'espace d'état E est réel ou non. En analyse d'image, S est un ensemble régulier de pixels (cf. Fig. 2-b). Parmi les objectifs étudiés, signalons la construction et l'analyse de modèles explicatifs, l'étude de la corrélation spatiale, la prédiction, la restauration d'image.

Les données ponctuelles

La Fig. 3-a donne la répartition des centres de cellules d'une coupe histologique observée au microscope, la Fig. 3-b celle d'aiguilles de pin dans une forêt ainsi que leurs longueurs respectives. Ici, c'est l'*ensemble des sites* $x = \{x_1, x_2, \cdots, x_n\}$, $x_i \in S \subset \mathbb{R}^d$ où ont lieu les observations qui est *aléatoire* tout comme le nombre $n = n(x)$ de sites observés : x est une réalisation d'un processus ponctuel (PP) spatial X observé dans la fenêtre S. Le processus X est dit *marqué* si en outre on observe une marque en chaque x_i, par exemple la longueur de l'aiguille observée en x_i. Une question centrale dans l'analyse statistique des PP consiste à savoir si la répartition des points est plutôt régulière (le cas pour la Fig. 3-a) ou bien si elle est due au hasard (processus ponctuel de Poisson) ou encore si elle présente des agrégats (le cas pour la Fig. 3-b).

Comme pour les séries temporelles, la statistique spatiale se différencie de la statistique classique par le fait que les observations sont dépendantes : on dit que X est un processus spatial ou encore que X est un *champ aléatoire*.

Cette dépendance crée une redondance de l'information disponible qui peut être utilement exploitée pour la prévision mais qui modifie les comportements statistiques. L'absence de biais, la consistance, l'efficacité ou la convergence en loi d'un estimateur devront être vérifiées dans ce contexte. Mais l'originalité de la statistique spatiale est de faire appel à des *modélisations non-causales* : en ce sens, la statistique spatiale se distingue radicalement de la statistique des séries temporelles qui fait appel à des modélisations causales utilisant de façon

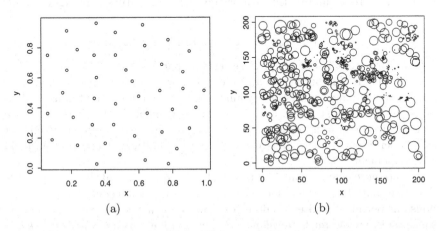

(a)   (b)

Fig. 3. (a) Les 42 centres de cellules d'une coupe histologique observée au microscope (données `cells` du package `spatstat`) ; (b) Positions et tailles de 584 aiguilles de pin dans un sous-bois (données `longleaf` du package `spatstat`).

naturelle le déroulement du temps et la notion de passé (modélisation du débit d'une rivière, d'une action en bourse, de l'évolution d'un taux de chômage, etc.). Une modélisation spatiale markovienne s'exprimera, elle, en terme de voisinage spatial d'un site s "dans toutes les directions". Ceci vaut aussi pour la dimension $d = 1$: si par exemple, pour $S \subseteq \mathbb{Z}^1$, X_s est le rendement d'un pied de maïs dans une culture en ligne, un modèle raisonnable comparera X_s à ses *deux voisins*, le pied de maïs "à gauche" X_{s-1} et le pied de maïs "à droite" X_{s+1}, là où un modèle autorégressif causal de X_s en X_{s-1} n'a pas d'interprétation naturelle ; si la culture est en champ, on pourrait faire dépendre le rendement $X_{s,t}$ au site (s,t) des rendements aux 4 plus proches voisins, $X_{s-1,t}$, $X_{s+1,t}$, $X_{s,t-1}$ et $X_{s,t+1}$, voire des rendements aux 8 plus proches voisins.

Les trois types de structures spatiales [cf. Cressie 48] structurent l'organisation du livre. Les trois premiers chapitres sont consacrés à la modélisation de chaque type de données (chapitre 1 : Modèles du second ordre et géostatistique, modèles intrinsèques, modèles AR ; chapitre 2 : Champs de Gibbs-Markov sur un réseau ; chapitre 3 : Processus ponctuels spatiaux). Vu l'importance des techniques de simulation en statistique spatiale, le chapitre 4 présente les principales méthodes de simulation spatiale par chaîne de Markov (méthodes *MCMC* pour *Monte Carlo Markov Chain*). Enfin, le chapitre 5 rassemble les principales méthodes statistiques utilisées pour les différents modèles et types de données et en décrit les propriétés. Quatre appendices complètent le livre, présentant les principaux outils probabilistes et statistiques utiles à la statistique spatiale (simulation, théorèmes limites, estimation par minimum de contraste) ainsi que les logiciels utilisés dans les illustrations.

De nombreux exemples, le plus souvent traités avec le logiciel R [178], illustrent les sujets abordés. Lorsqu'elles ne sont pas directement disponibles dans R ou dans un site spécifié, les données étudiées, leurs descriptions, les scripts des programmes utilisés ainsi que des liens utiles sont figurés dans le site

www.dst.unive.it/~gaetan/ModStatSpat

attaché au livre. Chaque chapitre se termine par des exercices.

La bibliographie permettra au lecteur d'approfondir certaines notions présentées succintement ainsi que certains résultats techniques dont nous ne donnons pas la démonstration. On y trouvera également des livres de référence complétant une présentation que nous avons voulu volontairement réduite et sans souci d'exhaustivité dans un domaine aux multiples facettes et en plein développement [69].

Nos remerciements vont à tous les collègues qui nous ont donné le goût de l'analyse spatiale, pour leurs idées, leurs remarques, leurs contributions et qui nous ont permis d'utiliser les données issues de leur travail. Notre reconnaissance va également au *R Development Core Team* et aux auteurs des *packages* spatiaux du logiciel R [178] qui mettent librement à la disposition du public des outils logiciels performants et efficaces, compléments indispensables aux méthodes et outils exposés ici. Nous remercions les rapporteurs pour leur lecture approfondie du premier projet ; leurs remarques ont permis d'améliorer significativement la version actuelle. Merci à Bernard Ycart pour ses encouragements à dépasser un projet initial beaucoup plus modeste. Bien entendu, cela n'aurait pas pu se faire sans la patience et l'attention de nos familles et l'appui de nos équipes de recherche respectives, à savoir le Dipartimento di Statistica à l'Università Ca' Foscari - Venezia et le SAMOS à Paris 1.

Venise et Paris   *Carlo Gaetan*
mars 2008   *Xavier Guyon*

Table des matières

Notations et abréviations

c-à-d	c'est-à-dire
c.d.n.	conditionnellement définie négative
Ch.	chapitre
d.p.	définie positive
d.s.	densité spectrale
Ex.	Exercice
Fig.	Figure
i.e.	par exemple
i.i.d.	indépendantes et identiquement distribuées
i.n.i.d.	indépendantes et non-identiquement distribuées
m.q.	moyenne quadratique
ssi	si et seulement si
p.p.v.	plus proches voisins
resp.	respectivement
s.d.p.	semi-définie positive
t.q.	tel que
v.a.	variable aléatoire
AMM	Auto-Modèle Markovien
AMMX	Auto-Modèle Markovien eXogène
AR	Auto-Régression
ARMA	Auto-Régression avec Moyenne Mobile
BB	Bruit Blanc
BBf	Bruit Blanc faible
BBF	Bruit Blanc Fort

BBG	Bruit Blanc Gaussien
CAR	Auto-Régression Conditionnelle
CFTP	*Coupling From The Past*
CSP	*Complete Spatial Randomness*
EQNM	Ecart Quadratique Normalisé Moyen
LFGN	Loi Forte des Grands Nombres
MA	Moyenne Mobile (*Moving Average*)
MAP	Maximum a Posteriori
MCMC	*Monte Carlo Markov Chain*
MCG	Moindres Carrés Généralisés
MCQG	Moindres Carrés Quasi Généralisés
MCO	Moindres Carrés Ordinaires
MCP	Moindres Carrés Pondérés
MH	Metropolis-Hastings
MLG	Modèle Linéaire Généralisé
MV	Maximum de Vraisemblance
SAR	Auto-Régression Simultanée
SARX	SAR avec eXogènes
PP	Processus Ponctuel
PPM	Processus Ponctuel Marqué
PPP	Processus Ponctuel de Poisson
PVC	Pseudo-Vraisemblance Conditionnelle
TCL	Théorème Central Limite
$\mathcal{B}(S)$, (resp. $\mathcal{B}_b(S)$)	Boréliens (resp. bornés) de S, $S \subseteq \mathbb{R}^d$
$\sharp(A)$	Cardinalité de (A)
$\delta(A)$	Diamètre de $A : \delta(A) = \sup_{x,y \in A} d(x,y)$
$\lvert \Sigma \rvert$	Déterminant de Σ
$d(A)$	Diamètre intérieur de A : $d(A) = \sup\{r : \exists x \text{ t.q. } B(x;r) \subseteq A\}$
$\mathbf{1}\,A$	Fonction indicatrice de A
$\partial A \; (\partial i)$	Frontière de voisinage de A (du site i)
$\cdots \doteq K(\theta, \alpha)$	Égalité définissant $K(\theta, \alpha)$
$\langle i, j \rangle$	i et j sont voisins
ν	Mesure de Lebesgue sur $\mathbb{R}^d$
$\lVert \cdot \rVert$ ou $\lVert \cdot \rVert_2$	Norme euclidienne sur $\mathbb{R}^p : \lVert x \rVert = \sqrt{\sum_1^p x_i^2}$
$\lVert \cdot \rVert_1$	Norme $l^1 : \lVert x \rVert_1 = \sum_1^p \lvert x_i \rvert$

$\|\cdot\|_\infty$	Norme du sup : $\|x\|_\infty = \sup_i |x_i|$
$\|\cdot\|_{VT}$	Norme en variation totale
$\pi \ll \mu$	π est absolument continue par rapport à μ
$[x]$	Partie entière de x
$\lambda_M(B)$ (resp. $\lambda_m(C)$)	Plus grande (resp. petite) valeur propre de B
$A \otimes B$	Produit de Kronecker des matrices A et B
${}^t uv$	Produit scalaire sur $\mathbb{R}^p$: ${}^t uv = \sum_{i=1}^p u_i v_i$
${}^t C$	Transposée de C
$X \sim \mathcal{N}(0,1)$	X est de loi $\mathcal{N}(0,1)$

Modèle spatial du second ordre et géostatistique

Soit $S \subseteq \mathbb{R}^d$ un ensemble spatial. Un champ X sur S à valeur dans l'espace d'état E est la donnée d'une collection $X = \{X_s, \ s \in S\}$ de variables aléatoires (v.a.) indexées par S et à valeurs dans E. Ce chapitre est consacré à l'étude des *champs du second ordre*, c'est-à-dire des champs à *valeurs réelles*, les *variances* des X_s étant *finies*. On étudiera également la classe plus large des *champs intrinsèques* qui sont à accroissements de variances finies. Deux approches seront considérées.

Dans l'approche *géostatistique*, S est un *sous-ensemble continu* de $\mathbb{R}^d$ et on modélise X "au second ordre" par sa fonction de *covariance* ou par son *variogramme*. Par exemple, pour $d = 2$, $s = (x, y) \in S$ est repéré par ses coordonnées géographiques et si $d = 3$, on ajoute l'altitude (ou la profondeur) z. Une évolution spatio-temporelle dans l'espace peut aussi être modélisée par des "sites" espace-temps $(s, t) \in \mathbb{R}^3 \times \mathbb{R}^+$, s repérant l'espace et t le temps. Développée initialement pour la prévision des réserves minières d'une zone d'exploration $S \subseteq \mathbb{R}^3$, la géostatistique est aujourd'hui utilisée dans des domaines variés (cf. Chilès et Delfiner [43] ; Diggle et Ribeiro [63]). Citons entre autres : les sciences de la terre et la prospection minière [134; 152], l'environnement [142], l'épidémiologie, l'agronomie, la planification des expériences numériques [193]. Un objectif central de la géostatistique est de dresser des cartes de prévision de X par *krigeage* sur tout S à partir d'un nombre fini d'observations.

La deuxième approche utilise des modèles d'*auto-régression* (*AR*). Elle s'applique lorsque S est un *réseau discret* de sites (on dira aussi un lattice) : S peut être régulier, par exemple $S \subset \mathbb{Z}^d$ (imagerie, données satellitaires, radiographie ; [42; 224]) ou non (économétrie, épidémiologie ; [45; 7; 105]). Ici, la structure de la corrélation (du variogramme) spatiale découlera du modèle *AR* retenu. Ces modèles sont bien adaptés lorsque les mesures sont *agrégées* par unités spatiales : par exemple, le pourcentage d'une catégorie dans une unité administrative en économétrie, le nombre de cas d'une maladie dans un canton s en épidémiologie, la production intégrée sur toute une parcelle s en agronomie.

1.1 Rappels sur les processus stochastiques

Soit $(\Omega, \mathcal{F}, P)$ un espace de probabilité, S un ensemble de sites et $(E, \mathcal{E})$ un espace d'état mesurable.

Définition 1.1. *Processus stochastique*

Un processus stochastique (ou processus, ou champ aléatoire) à valeur dans E est une famille $X = \{X_s, s \in S\}$ de v.a. définies sur $(\Omega, \mathcal{F}, \mathbb{P})$ et à valeur dans $(E, \mathcal{E})$. $(E, \mathcal{E})$ s'appelle l'espace d'état du processus et S l'ensemble (spatial) des sites sur lequel est défini le processus.

Pour tout entier $n \geq 1$ et tout n-uplet $(s_1, s_2, \ldots, s_n) \in S^n$, la loi de $(X_{s_1}, X_{s_2}, \ldots, X_{s_n})$ est l'image de la probabilité P par l'application $\omega \longmapsto (X_{s_1}(\omega), X_{s_2}(\omega), \ldots, X_{s_n}(\omega))$: à savoir pour $A_i \in \mathcal{E}$, $i = 1, \ldots, n$,

$$P_X(A_1, A_2, \ldots, A_n) = \mathbb{P}(X_{s_1} \in A_1, X_{s_2} \in A_2, \ldots, X_{s_n} \in A_n).$$

L'événement $(X_{s_1} \in A_1, X_{s_2} \in A_2, \ldots, X_{s_n} \in A_n)$ de $\mathcal{E}$ est un cylindre associé au n-uplet $(s_1, s_2, \ldots, s_n)$ et aux événements $A_i, i = 1, n$, de $\mathcal{F}$. La famille de toutes les distributions finies-dimensionnelles de X s'appelle la *loi spatiale* du processus ; si $S \subseteq \mathbb{R}$, on parle de loi temporelle. Plus généralement, la loi du processus est définie de façon unique comme le prolongement de la loi spatiale à la sous-tribu $\mathcal{A} \subseteq \mathcal{F}$ engendrée par l'ensemble des cylindres de $\mathcal{E}$ [32, Ch. 12 ; 180, Ch. 6].

Dans toute la suite de ce chapitre, les processus considérés seront à *valeurs réelles*, $E \subseteq \mathbb{R}$ étant muni de sa tribu borélienne, $\mathcal{E} = \mathcal{B}(E)$.

Définition 1.2. *Processus du second ordre*

X est un processus (un champ) du second ordre si, pour tout $s \in S$, $E(X_s^2) < \infty$. La moyenne de X qui existe alors est la fonction $m : S \to \mathbb{R}$ définie par $m(s) = E(X_s)$. La covariance de X est la fonction $c : S \times S \to \mathbb{R}$ définie, pour tout s, t, par $c(s, t) = Cov(X_s, X_t)$.

Si $L^2 = L^2(\Omega, \mathcal{F}, P)$ représente l'ensemble des variables aléatoires sur $(\Omega, \mathcal{F})$ à valeurs réelles et de carré intégrable, on notera $X \in L^2$ le fait que X est un processus du second ordre. Le processus X est dit *centré* si, pour tout s, $m(s) = 0$.

La propriété caractéristique d'une covariance est d'être *semi-définie positive* (s.d.p.) :

$$\forall m \geq 1, \forall a \in \mathbb{R}^m \text{ et } \forall (s_1, s_2, \ldots, s_m) \in S^m : \sum_{i=1}^{m} \sum_{j=1}^{m} a_i a_j c(s_i, s_j) \geq 0.$$

Cette propriété résulte de la positivité de la variance de toute combinaison linéaire :

$$Var\left(\sum_{i=1}^{m} a_i X_{s_i}\right) = \sum_{i=1}^{m} \sum_{j=1}^{m} a_i a_j c(s_i, s_j) \geq 0.$$

On dira que la covariance est *définie positive* (d.p.) si de plus, pour tout m-uplet de sites distincts, $\sum_{i=1}^{m} \sum_{j=1}^{m} a_i a_j c(s_i, s_j) > 0$ dès que $a \neq 0$.

Les *processus gaussiens* constituent une sous-classe importante des processus de L^2.

Définition 1.3. *Processus gaussien*

X *est un* processus gaussien *sur S si, pour toute partie finie $\Lambda \subset S$ et toute suite réelle $a = (a_s, s \in \Lambda)$, $\sum_{s \in \Lambda} a_s X_s$ est une variable gaussienne.*

Si $m_\Lambda = E(X_\Lambda)$ est la moyenne de $X_\Lambda = (X_s, s \in \Lambda)$ et Σ_Λ sa covariance, alors, si Σ_Λ est inversible, X_Λ admet pour densité (on dit aussi pour vraisemblance) par rapport à la mesure de Lebesgue sur $\mathbb{R}^{\sharp\Lambda}$:

$$f_\Lambda(x_\Lambda) = (2\pi)^{-\sharp\Lambda/2} (\det \Sigma_\Lambda)^{-1/2} \exp\left\{ -1/2\,{}^t(x_\Lambda - m_\Lambda)\Sigma_\Lambda^{-1}(x_\Lambda - m_\Lambda) \right\},$$

où $\sharp U$ est le cardinal de U et x_Λ la réalisation de X_Λ. Ces densités sont cohérentes et le théorème de Kolmogorov assure alors que pour toute fonction moyenne m et pour toute covariance c d.p., il existe un champ (gaussien) de moyenne m de covariance c.

Exemple 1.1. Mouvement brownien sur $\mathbb{R}^+$, drap brownien sur $(\mathbb{R}^+)^2$

X est un *mouvement brownien* [180] sur $S = \mathbb{R}^+$ si $X_0 = 0$, si pour tout $s > 0$, X_s est de loi $\mathcal{N}(0, s)$ (noté $X_s \sim \mathcal{N}(0, s)$) et si les accroissements $X(]s, t]) = X_t - X_s$, $t > s \geq 0$ sont indépendants pour des intervalles disjoints. La covariance du mouvement brownien vaut $c(s, t) = \min\{s, t\}$ et le processus des accroissements $\Delta X_t = X_{t+\Delta} - X_t$, $t \geq 0$ est stationnaire (cf. Ch. 1.2) de loi marginale $\mathcal{N}(0, \Delta)$.

Cette définition s'étend au *drap brownien* [37] sur le quart de plan $S = (\mathbb{R}^+)^2$ avec : $X_{u,v} = 0$ si $u \times v = 0$, $X_{u,v} \sim \mathcal{N}(0, u \times v)$ pour tout $(u, v) \in S$ et l'indépendance des accroissements sur des rectangles disjoints, l'accroissement sur le rectangle $]s, t]$, $s = (s_1, s_2)$, $t = (t_1, t_2)$, $s_1 < t_1$, $s_2 < t_2$, étant,

$$X(]s, t]) = X_{t_1, t_2} - X_{t_1 s_2} - X_{s_1 t_2} + X_{s_1 s_2}.$$

Un drap brownien est un processus gaussien centré de covariance $c(s, t) = \min\{s_1, s_2\} \times \min\{t_1, t_2\}$.

1.2 Processus stationnaire

Dans ce paragraphe, on supposera que X est un champ du second ordre de moyenne m et de covariance c sur $S = \mathbb{R}^d$ ou $\mathbb{Z}^d$. La notion de stationnarité de X peut être définie plus généralement dès que S est un *sous-groupe additif* de $\mathbb{R}^d$: par exemple S est le lattice triangulaire de $\mathbb{R}^2$, $S = \{ne_1 + me_2, n$ et $m \in \mathbb{Z}\}$ où $e_1 = (1, 0)$ et $e_2 = (1/2, \sqrt{3}/2)$; ou encore S est le tore fini d-dimensionnel à p^d points, $S = (\mathbb{Z}/p\mathbb{Z})^d$.

1.2.1 Définitions, exemples

Définition 1.4. *Champ stationnaire au second ordre*
  X est un champ stationnaire au second ordre sur S si la moyenne de X est constante et si la covariance c de X est invariante par translation :

$$\forall s, t \in S : E(X_s) = m \text{ et } c(s,t) = Cov(X_s, X_t) = C(t - s).$$

$C : S \to \mathbb{R}$ est la fonction de covariance stationnaire de X. L'invariance par translation de c se traduit par :

$$\forall s, t, h \in S : c(s + h, t + h) = Cov(X_{s+h}, X_{t+h}) = C(s - t).$$

La fonction de corrélation de X est la fonction $h \mapsto \rho(h) = C(h)/C(0)$. On a les propriétés suivantes :

Proposition 1.1. *Soit X un processus stationnaire au second ordre de covariance stationnaire C. Alors :*

1. $\forall h \in S, \; |C(h)| \leq C(0) = Var(X_s)$.

2. $\forall m \geq 1, \; a \in \mathbb{R}^m$ *et* $\{t_1, t_2, \ldots, t_m\} \subseteq S : \sum_{i=1}^{m} \sum_{j=1}^{m} a_i a_j C(t_i - t_j) \geq 0$.

3. *Si $A : \mathbb{R}^d \longrightarrow \mathbb{R}^d$ est linéaire, le champ $X^A = \{X_{As}, s \in S\}$ est stationnaire de covariance $C^A(s) = C(As)$. C^A est d.p. si C l'est et si A est de rang plein.*

4. *Si C est continue à l'origine, alors C est uniformément continue partout.*

5. *Si C_1, C_2, ... sont des covariances stationnaires, les fonctions suivantes le sont aussi :*

    (a) $C(h) = a_1 C_1(h) + a_2 C_2(h)$ *si a_1 et $a_2 \geq 0$;*

    (b) *Plus généralement, si $C(\cdot; u)$, $u \in U \subseteq \mathbb{R}^k$ est une covariance stationnaire pour chaque u et si μ est une mesure positive sur $\mathbb{R}^k$ t.q. $C_\mu(h) = \int_U C(h; u)\mu(du)$ existe pour tout h, alors C_μ est une covariance stationnaire.*

    (c) $C(h) = C_1(h) C_2(h)$;

    (d) $C(h) = \lim_{n \to \infty} C_n(h)$ *dès que la limite existe pour tout h.*

Preuve. Sans restreindre la généralité, on peut supposer que X est centré. (1) est une conséquence de l'inégalité de Cauchy-Schwarz :

$$C(h)^2 = \{E(X_h X_0)\}^2 \leq \{E(X_0^2) E(X_h^2)\} = E(X_0^2)^2;$$

(2) découle du fait qu'une covariance est s.d.p. et (3) se vérifie directement. (4) résulte de l'identité $C(s + h) - C(s) = E[X_0(X_{s+h} - X_s]$ et de l'inégalité de Cauchy-Schwarz,

$$|C(s + h) - C(s)| \leq \sqrt{C(0)} \sqrt{2[C(0) - C(h)]}.$$

(5) On vérifie facilement que les fonctions C définies par (a), (b) et (d) sont s.d.p.. D'autre part, si X_1 et X_2 sont stationnaires indépendants de covariances C_1 et C_2, la covariance C donnée par (3-a) (resp. (3-b)) est la celle de $X_t = \sqrt{a_1}X_{1,t} + \sqrt{a_2}X_{2,t}$ (resp. $X_t = X_{1t}X_{2t}$). $\qquad\square$

Deux notions encadrent la notion de stationnarité dans L^2. L'une, plus faible et qui sera présentée au paragraphe suivant, est celle de processus à accroissements stationnaires, ou *processus intrinsèque*. L'autre, plus forte, est la *stationnarité stricte* : on dira que X est strictement stationnaire si pour tout entier $k \in \mathbb{N}$, tout k-uplets $(t_1, t_2, \ldots, t_k) \in S^k$ et tout $h \in S$, la loi de $(X_{t_1+h}, X_{t_2+h}, \ldots, X_{t_k+h})$ ne dépend pas de h ; en quelque sorte, X est stationnaire au sens strict si la loi spatiale du processus est invariante par translation.

Si X est stationnaire au sens strict et si $X \in L^2$, alors X est stationnaire dans L^2. L'inverse n'est pas vrai en général mais les deux notions coïncident si X est un processus gaussien.

Exemple 1.2. Bruit Blanc Fort (BBF), Bruit Blanc faible (BBf)

X est un *Bruit Blanc Fort* si les variables $\{X_s, s \in S\}$ sont centrées, indépendantes et identiquement distribuées (i.i.d.). X est un *Bruit Blanc faible* si les variables $\{X_s, s \in S\}$ sont centrées, décorrélées et de variances finies constantes : si $s \neq t$, $Cov(X_s, X_t) = 0$ et $Var(X_s) = \sigma^2 < \infty$. Un BBF sur S est strictement stationnaire ; un BBf sur S est un processus stationnaire dans L^2.

Nous noterons $\|\cdot\|$ la norme euclidienne sur $\mathbb{R}^d$: $\|x\| = \|x\|_2 = \sqrt{\sum_{i=1}^d x_i^2}$ si $x = (x_1, x_2, \ldots, x_d)$.

Définition 1.5. *Covariance isotropique*
   La covariance de X est isotropique si pour tout $s, t \in S$, $Cov(X_s, X_t)$ ne dépend que de $\|s - t\|$:

$$\exists C_0 : \mathbb{R}^+ \to \mathbb{R} \ t.q. : \forall t, s \in S, \ c(s,t) = C_0(\|s - t\|) = C(s - t).$$

Une covariance isotropique est donc stationnaire mais l'isotropie impose des restrictions sur la covariance. Par exemple, si X est centré isotropique sur $\mathbb{R}^d$ et si on considère $d + 1$ points à distances mutuelles $\|h\|$,

$$E\{\sum_{i=1}^{d+1} X_{s_i}\}^2 = (d + 1)C_0(\|h\|)(1 + d\,\rho_0(\|h\|) \geq 0.$$

où $\rho_0 : \mathbb{R}^+ \to [-1, 1]$ est la fonction de corrélation isotrope. Ainsi, pour tout h, la corrélation vérifie,

$$\rho_0(\|h\|) \geq -1/d. \qquad\qquad (1.1)$$

1.2.2 Représentation spectrale d'une covariance

La théorie de Fourier et le théorème de Bochner [29; 43] mettent en bijection une covariance stationnaire C sur S et sa mesure spectrale F : il est donc équivalent de caractériser un modèle stationnaire de L^2 par sa covariance stationnaire C ou par sa mesure spectrale F.

Le cas $S = \mathbb{R}^d$

On associe à C une mesure $F \geq 0$ symétrique et bornée sur les boréliens $\mathcal{B}(\mathbb{R}^d)$ telle que :

$$C(h) = \int_{\mathbb{R}^d} e^{i\,{}^t hu} F(du). \tag{1.2}$$

où ${}^t hu = \sum_{i=1}^d h_i u_i$. Si C est intégrable, F admet une densité f par rapport à la mesure de Lebesgue ν de $\mathbb{R}^d$: f s'appelle la *densité spectrale* (d.s.) de X. La transformée de Fourier inverse permet alors d'exprimer f en terme de C

$$f(u) = (2\pi)^{-d} \int_{\mathbb{R}^d} e^{-i\,{}^t hu} c(h) dh.$$

Si X est de covariance isotropique C, sa d.s. f l'est aussi et réciproquement. Notons $r = \|h\|$, $h = (r, \theta)$ où $\theta = h \|h\|^{-1} \in S_d$ repère l'orientation de h dans la sphère unitaire S_d de $\mathbb{R}^d$ centrée en 0, $\rho = \|u\|$ et $u = (\rho, \alpha)$ où $\alpha = u \|u\|^{-1} \in S_d$. Pour $h = (r, \theta)$ et $u = (\rho, \alpha)$ les représentations polaires de h et de u, on note $c_d(r) = C(h)$ et $f_d(\rho) = f(u)$ les covariances et densités spectrales isotropiques réduites. Intégrant (1.2) sur S_d pour la mesure de surface $d\sigma$, puis en $\rho \in [0, \infty[$, on obtient :

$$C(h) = c_d(r) = \int_{[0,\infty[} \left[\int_{S_d} \cos(r\rho\,{}^t\theta\alpha) d\sigma(\alpha) \right] \rho^{d-1} f_d(\rho) d\rho$$

$$= \int_{[0,\infty[} \Lambda_d(r\rho) \rho^{d-1} f_d(\rho) d\rho. \tag{1.3}$$

La transformation de Hankel $f_d \mapsto c_d$, l'analogue de la transformée de Fourier en situation d'isotropie, montre que la variété des covariances isotropiques est la même que celle des mesures positives et bornées sur $[0, \infty[$. De plus [227], $\Lambda_d(v) = \Gamma(d/2)(v/2)^{-(d-2)/2} \mathcal{J}_{(d-2)/2}(v)$ où $\mathcal{J}_\kappa$ est la fonction de Bessel de première espèce d'ordre κ [2]. Pour $n = 1, 2$ et 3, on a :

$$c_1(r) = 2 \int_{[0,\infty[} \cos(\rho r) f_1(\rho) d\rho,$$

$$c_2(r) = 2\pi \int_{[0,\infty[} \rho J_0(\rho r) f_2(\rho) d\rho,$$

$$c_3(r) = \frac{2}{r} \int_{[0,\infty[} \rho \sin(\rho r) f_3(\rho) d\rho.$$

Considérant (1.3), on obtient les minorations :

$$C(h) \geq \inf_{v \geq 0} \Lambda_d(v) \int_{]0,\infty[} \rho^{d-1} f_d(\rho) d\rho = \inf_{v \geq 0} \Lambda_d(v)\, C(0).$$

On obtient en particulier les minorations [227; 184], plus fines que celles données en (1.1) : $\rho_0(\|h\|) \geq -0.403$ sur $\mathbb{R}^2$, $\rho_0(\|h\|) \geq -0.218$ sur $\mathbb{R}^3$, $\rho_0(\|h\|) \geq -0.113$ sur $\mathbb{R}^4$ et $\rho_0(\|h\|) \geq 0$ sur $\mathbb{R}^{\mathbb{N}}$.

Exemple 1.3. Covariance exponentielle sur $\mathbb{R}^d$

Pour $t \in \mathbb{R}$, $C_0(t) = b \exp(-\alpha |t|)$, $\alpha, b > 0$, a pour transformée de Fourier,

$$f(u) = \frac{1}{2\pi} \int_{]-\infty,\infty[} b e^{-\alpha|t| - iut} dt = \frac{\alpha b}{\pi(\alpha^2 + u^2)}.$$

Puisque $f \geq 0$ est intégrable sur $\mathbb{R}$, c'est une d.s. et C_0 est bien une covariance sur $\mathbb{R}$. D'autre part, l'identité,

$$\int_{]0,\infty[} e^{-\alpha x} \mathcal{J}_\kappa(ux) x^{\kappa+1} dx = \frac{2\alpha(2u)^\kappa \Gamma(\kappa + 3/2)}{\pi^{1/2}(\alpha^2 + u^2)^{\kappa+3/2}},$$

montre que

$$\phi(u) = \frac{\alpha b \Gamma[(d+1)/2]}{[\pi(\alpha^2 + u^2)]^{(d+1)/2}}$$

est une d.s. isotropique d'un processus sur $\mathbb{R}^d$ de covariance :

$$C(h) = C_0(\|h\|) = b \exp(-\alpha \|h\|).$$

Pour toute dimension d, C est donc une fonction de covariance, dite exponentielle, de paramètres b, la variance de X et $a = \alpha^{-1}$ la portée de C.

Le cas $S = \mathbb{Z}^d$

Notons $\mathbb{T}^d = [0, 2\pi[^d$, le tore de dimension d. A toute covariance stationnaire C sur $\mathbb{Z}^d$, le théorème de Bochner associe une mesure $F \geq 0$ et bornée sur les boréliens $\mathcal{B}(\mathbb{T}^d)$ telle que :

$$C(h) = \int_{\mathbb{T}^d} e^{i\, {}^t uh} F(du).$$

Si C est de carré sommable ($\sum_{h \in \mathbb{Z}^d} C(h)^2 < \infty$), la mesure spectrale F admet une densité f dans $L^2(\mathbb{T}^d)$:

$$f(u) = (2\pi)^{-d} \sum_{h \in \mathbb{Z}^d} C(h) e^{-i\, {}^t uh}. \tag{1.4}$$

De plus, si $\sum_{h \in \mathbb{Z}^d} |C(h)| < \infty$, la convergence est uniforme et f est continue. D'autre part, plus la différentiabilité de f est grande, plus la convergence de

C vers 0 à l'infini est rapide et réciproquement : par exemple, si $f \in \mathcal{C}^k(\mathbb{T}^d)$ pour un multi-indice $k = (k_1, \ldots, k_d) \in \mathbb{N}^d$,

$$\lim_{h \longrightarrow \infty} \sup \ h^k \, |C(h)| < \infty,$$

où $h = (h_1, h_2, \ldots, h_d) \longrightarrow \infty$ signifie qu'au moins une coordonnée $h_i \to \infty$ et $h^k = h_1^{k_1} \times \ldots \times h_d^{k_d}$. En particulier, si f est indéfiniment dérivable, $C \to 0$ plus vite que toute fonction puissance ; tel est le cas des modèles $ARMA$ (cf. 1.7.1) qui ont une d.s. f rationnelle.

1.3 Processus intrinsèque et variogramme

1.3.1 Définition, exemples et propriétés

La propriété de stationnarité dans L^2 peut ne pas être satisfaite pour diverses raisons : par exemple si $X_s = Y_s + Z$ où Y est stationnaire de L^2 mais $Z \notin L^2$; ou encore si X est dans L^2 mais n'est pas stationnaire, soit au second ordre (le mouvement brownien), soit au premier ordre ($X_s = a + bs + \varepsilon_s$ pour un résidu centré ε stationnaire). Une façon d'affaiblir l'hypothèse de stationnarité L^2 est de considérer le processus des accroissements $\{\Delta X_s^{(h)} = X_{s+h} - X_s,\ s \in S\}$ de X, ces accroissements pouvant être stationnaires dans L^2 sans que X soit stationnaire ou que X soit dans L^2.

Définition 1.6. *Processus intrinsèque*

X est un processus intrinsèquement stationnaire, ou encore X est un processus intrinsèque, si, pour tout $h \in S$, le processus $\Delta X^{(h)} = \{\Delta X_s^{(h)} = X_{s+h} - X_s : s \in S\}$ est stationnaire au second ordre. Le semi-variogramme de X est la fonction $\gamma : S \to \mathbb{R}$ définie par :

$$2\gamma(h) = Var(X_{s+h} - X_s).$$

Tout processus stationnaire de L^2 de covariance C est clairement un processus intrinsèque de variogramme $2\gamma(h) = 2(C(0) - C(h))$. Mais la réciproque est fausse : le mouvement brownien sur $\mathbb{R}$, de variogramme $|h|$, est intrinsèque mais pas stationnaire. De même, un processus de moyenne affine et de résidu stationnaire est intrinsèque, la différentiation ayant pour effet (comme pour un série temporelle) d'absorber les tendances affines et donc de stationnariser le processus au premier ordre. Si la différentiation avait lieu à l'ordre k, les tendances polynomiales de degré k seraient éliminées, un processus X étant dit k-intrinsèque si $\Delta^k X^{(h)}$ est stationnaire (cf. [43] ; sur $\mathbb{Z}$, ces modèles $ARIMA$ généralisent les $ARMA$). Si on examine le drap brownien sur $(\mathbb{R}^+)^2$, il n'est pas intrinsèque puisqu'il est facile de vérifier que $Var(X_{(u,v)+(1,1)} - X_{(u,v)}) = u + v + 1$ dépend de $h = (u, v)$.

Si X est un processus intrinsèque et si la fonction $m(h) = E(X_{s+h} - X_s)$ est continue en 0, alors $m(\cdot)$ est linéaire : $\exists a \in \mathbb{R}^d$ t.q. $m(h) = \langle a, h \rangle$. En effet

m est additive, $m(h) + m(h') = E\{(X_{s+h+h'} - X_{s+h'}) + (X_{s+h'} - X_s)\} = m(h + h')$ et la continuité en 0 de m implique la linéarité.

Nous nous limiterons par la suite aux processus intrinsèques à acroissements centrés : $\forall h,\, m(h) = 0$

Proposition 1.2. *Propriétés du variogramme*

1. $\gamma(h) = \gamma(-h)$, $\gamma(h) \geq 0$ *et* $\gamma(0) = 0$.

2. *Un variogramme est* conditionnellement défini négatif *(c.d.n.)* : $\forall a \in \mathbb{R}^n$ *t.q.* $\sum_{i=1}^n a_i = 0$, $\forall \{s_1, \ldots, s_n\} \subseteq S$, *alors :*

$$\sum_{i=1}^n \sum_{j=1}^n a_i a_j \gamma(s_i - s_j) \leq 0.$$

3. *Si A est une transformation linéaire sur $\mathbb{R}^d$, $h \mapsto \gamma(Ah)$ est un variogramme si γ est un variogramme.*

4. *Les propriétés 5-(a,b,d) d'une covariance (cf. Prop. 1.1) se maintiennent pour un variogramme.*

5. *Si γ est continue en 0, alors γ est continue en tout site s où γ est localement borné.*

6. *Si γ est borné au voisinage de 0, $\exists a$ et $b \geq 0$ tels que, pour tout x :* $\gamma(x) \leq a\|x\|^2 + b$.

Preuve. (1) est immédiat. Vérifions (2) : posant $Y_s = (X_s - X_0)$, Y est stationnaire dans L^2, de covariance $C_Y(s,t) = \gamma(s) + \gamma(t) - \gamma(s - t)$. D'autre part, si $\sum_{i=1}^n a_i = 0$, alors $\sum_{i=1}^n a_i X_{s_i} = \sum_{i=1}^n a_i Y_{s_i}$ et

$$Var\left(\sum_{i=1}^n a_i X_{s_i}\right) = \sum_{i=1}^n \sum_{j=1}^n a_i a_j C_Y(s_i, s_j) = -\sum_{i=1}^n \sum_{j=1}^n a_i a_j \gamma(s_i - s_j) \geq 0.$$

(3) Si X est un processus intrinsèque de variogramme 2γ, alors $Y = \{Y_s = X_{As}\}$ est intrinsèque de variogramme :

$$2\gamma_Y(h) = Var(X_{A(s+h)} - X_{As}) = 2\gamma(Ah).$$

(5) $2\{\gamma(s + h) - \gamma(s)\} = E(A)$ où $A = (X_{s+h} - X_0)^2 - (X_s - X_0)^2$. On vérifie facilement que $A = B + C$ où $B = (X_{s+h} - X_s)(X_{s+h} - X_0)$ et $C = (X_{s+h} - X_s)(X_s - X_0)$. Appliquant l'inégalité de Cauchy-Schwarz à chacun des produits B et C, le résultat annoncé résulte de la majoration :

$$|\gamma(s + h) - \gamma(s)| \leq \sqrt{\gamma(h)}[\sqrt{\gamma(s)} + \sqrt{\gamma(s + h)}].$$

De plus, γ est uniformément continu sur toute partie où γ est borné.

(6) Montrons par récurrence que, pour tout $n \in \mathbb{N}$ et $h \in \mathbb{R}^d$, $\gamma(nh) \leq n^2 \gamma(h)$. La propriété est vérifiée pour $n = 1$; d'autre part, puisque

$$2\gamma((n+1)h) = E\{(X_{s+(n+1)h} - X_{s+h}) + (X_{s+h} - X_s)\}^2.$$

l'inégalité de Cauchy-Schwarz donne :

$$\gamma((n+1)h) \leq \gamma(nh) + \gamma(h) + 2\sqrt{\gamma(nh)\gamma(h)} \leq \gamma(h)\{n^2 + 1 + 2n\} = (n+1)^2\gamma(h).$$

Soit alors $\delta > 0$ tel que $\sup_{\|u\|\leq\delta} \gamma(u) = C < \infty$ et $x \in \mathbb{R}^d$ tel que $n\delta \leq \|x\| \leq (n+1)\delta$, $n \geq 1$. Posant $\widetilde{x} = \delta \|x\|^{-1}$, la décomposition $x = n\widetilde{x} + \tau$ définit un τ vérifiant $\|\tau\| \leq \delta$; on vérifie alors que :

$$\gamma(x) = \gamma(n\widetilde{x} + \tau) \leq \gamma(n\widetilde{x}) + \gamma(\tau) + 2\sqrt{\gamma(n\widetilde{x})\gamma(\tau)}$$

$$\leq Cn^2 + C + 2Cn = C(n+1)^2 \leq C\left(\frac{\|x\|}{\delta} + 1\right)^2.$$

$\square$

A la différence d'une covariance, un variogramme n'est pas nécessairement borné (par exemple le variogramme $\gamma(h) = |h|$ du mouvement brownien). Mais la proposition précédente indique qu'un variogramme croît à l'infini au plus comme $\|h\|^2$. Un tel exemple de croissance quadratique $\gamma(t) = \sigma_1^2 t^2$ correspond à celle du variogramme de $X_t = Z_0 + tZ_1$, $t \in \mathbb{R}$, où Z_0 et Z_1 sont centrées et indépendantes, $Var(Z_1) = \sigma_1^2 > 0$.

Il existe des caractérisations assurant qu'une fonction γ est un variogramme, l'une étant la suivante [43] : si γ est continu et si $\gamma(0) = 0$, alors γ est un variogramme si et seulement si, pour tout $u > 0$, $t \mapsto \exp\{-u\gamma(t)\}$ est une covariance. Par exemple, $t \mapsto \exp-\{u\|t\|^2\}$ étant une covariance sur $\mathbb{R}^d$ pour tout $u > 0$ et toute dimension d, $\gamma(t) = \|t\|^2$ est un variogramme sur $\mathbb{R}^d$ à croissance quadratique à l'infini.

1.3.2 Variogramme d'un processus stationnaire

Si X est stationnaire de covariance C, alors X est intrinsèque de variogramme

$$2\gamma(h) = 2(C(0) - C(h)). \tag{1.5}$$

En particulier, le variogramme d'un processus stationnaire est borné. Matheron [153] a montré une réciproque partielle, à savoir que si le variogramme d'un processus intrinsèque X est borné, alors $X_t = Z_t + Y$ où Z est un processus stationnaire de L^2 et Y une v.a. réelle générale.

Si $C(h) \to 0$ lorsque $\|h\| \to \infty$, $\gamma(h) \to C(0)$ si $\|h\| \to \infty$: le variogramme γ présente alors un *palier* au niveau $C(0) = Var(X)$ si $\|h\| \to \infty$. La *portée* du variogramme (resp. la *portée pratique*) est la distance à partir de laquelle le variogramme atteint son palier (resp. 95% de la valeur du palier), cf. Fig. 1.1.

Les méthodes statistiques pour les processus stationnaires du second ordre peuvent être traduites en terme de covariance ou en terme de variogramme. Le premier choix a la faveur des statisticiens et le deuxième des géostatisticiens. Signalons qu'un avantage du variogramme est que son estimation ne nécessite pas l'estimation préalable de la moyenne, contrairement à l'estimation d'une covariance (cf. §5.1.4).

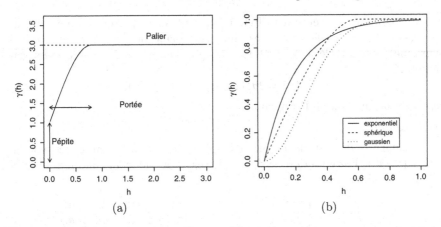

Fig. 1.1. (a) Semi-variogramme d'un modèle stationnaire avec composante pépitique ; (b) modèles de variogrammes de même portée.

1.3.3 Exemples de covariances et de variogrammes

Variogrammes isotropiques

Les exemples suivants sont des variogrammes isotropiques sur $\mathbb{R}^d$ classiquement utilisés en géostatistique. D'autres modèles sont décrits dans Yaglom [227], Chilès et Delfiner [43], Wackernagel [221] et dans l'article de revue Schlather [195].

Les cinq premiers variogrammes, associés à une covariance stationnaire $C(h) = C(0) - \gamma(h)$, sont bornés, avec comme paramètre de portée $a > 0$ et de niveau de palier σ^2. Rappelons que $\|\cdot\|$ est la norme euclidienne sur $\mathbb{R}^d$.

Pépitique : $\gamma(h; \sigma^2) = \sigma^2$ si $h > 0$, $\gamma(0) = 0$, associé à un BBf.

Exponentiel : $\gamma(h; a, \sigma^2) = \sigma^2\{1 - \exp(-\|h\|/a)\}$.

Sphérique $(d \leq 3)$:

$$\gamma(h; a, \sigma^2) = \begin{cases} \sigma^2\left\{1.5\|h\|/a - 0.5(\|h\|/a)^3\right\} & \text{si } \|h\| \leq a, \\ \sigma^2 & \text{si } \|h\| > a \end{cases} .$$

Exponentiel généralisé, gaussien : $\gamma(h; a, \sigma^2, \alpha) = \sigma^2(1 - \exp(-(\|h\|/a)^\alpha))$ si $0 < \alpha \leq 2$; $\alpha = 2$ est le modèle gaussien.

Matérn :

$$\gamma(h; a, \sigma^2, \nu) = \sigma^2\{1 - \frac{2^{1-\nu}}{\Gamma(\nu)}(\|h\|/a)^\nu \mathcal{K}_\nu(\|h\|/a)\},$$

où $\mathcal{K}_\nu(\cdot)$ est la fonction de Bessel modifiée de deuxième espèce de paramètre $\nu > -1$ [2; 227; 200].

Puissance : $\gamma(h; b, c) = b\|h\|^c$, $0 < c \leq 2$.

Le variogramme présenté à la Fig. 1.1-a peut s'interpréter comme celui du processus $Y_s = X_s + \varepsilon_s$ où ε est un bruit blanc de L^2 (effet de pépite à l'origine) non corrélé à X dont le variogramme est continu et présente un palier :

$$2\gamma_Y(h) = 2\sigma_\varepsilon^2(1 - \delta_0(h)) + 2\gamma_X(h),$$

δ_a étant la fonction de Dirac en a.

Commentaires

1. L'interprétation de la covariance sphérique est la suivante : le volume $V(a,r)$ de l'intersection de deux sphères de $\mathbb{R}^3$ de même diamètre a et de centres distants de r est,

$$V(a,r) = \begin{cases} \nu(S_a) \left\{ 1 - 1.5(r/a) + 0.5(r/a)^3 \right\} & \text{si } r \leq a, \\ 0 & \text{si } r > a \end{cases}.$$

$\nu(S_a)$ étant le volume de la sphère de rayon a. Un processus réalisant la covariance sphérique est le processus $X_s = N(S_a(s))$ comptant le nombre de points d'un processus ponctuel de Poisson homogène d'intensité $\sigma^2/\nu(S_a)$ dans la sphère $S_a(s)$ de diamètre a et centrée en $s \in \mathbb{R}^3$ (cf. Ch. 3, §3.2).

2. La covariance circulaire C_{circ} sur $\mathbb{R}^2$ est obtenue de façon analogue en remplaçant la sphère de $\mathbb{R}^3$ par le disque de $\mathbb{R}^2$:

$$C_{circ}(h; a, \sigma^2) = \begin{cases} \dfrac{2\sigma^2}{\pi} \left(\arccos \dfrac{\|h\|}{a} - \dfrac{\|h\|}{a}\sqrt{1 - \left(\dfrac{\|h\|}{a} \right)^2} \right) & \text{si } \|h\| \leq a \\ 0 & \text{sinon} \end{cases}.$$

(1.6)

Quant à la covariance triangulaire C_{tri} sur $\mathbb{R}^1$, elle s'obtient en remplaçant la sphère de $\mathbb{R}^3$ par l'intervalle $[-a, +a]$ de $\mathbb{R}^1$:

$$C_{tri}(h; a, \sigma^2) = \begin{cases} \sigma^2 \left(1 - \dfrac{|h|}{a} \right) & \text{si } |h| \leq a \\ 0 & \text{sinon} \end{cases}.$$

Les covariances sphériques, circulaires et triangulaires sont représentées à la Fig. 1.2.

3. Une covariance sur $\mathbb{R}^d$ restant s.d.p. sur tout sous-espace vectoriel, la restriction d'une covariance à tout sous-espace est encore une covariance. En particulier, la restriction de la covariance sphérique à $\mathbb{R}^{d'}$, $d' \leq 3$, est encore une covariance. Par contre, l'extension d'une covariance isotropique de $\mathbb{R}^d$ à $\mathbb{R}^{d'}$ pour $d' > d$ n'est pas en général une covariance : l'exercice 1.5 explicite cela pour la covariance triangulaire (1.6).

4. L'intérêt de la covariance de Matérn réside dans son paramètre ν qui contrôle la régularité du variogramme en 0 (cf. Fig. 1.3), régularité qui elle-même contrôle la régularité en moyenne quadratique (m.q.) du champ X (cf. §1.4) et de sa prédiction $\widehat{X}$ par krigeage (cf. §1.9) plus ν est grand, plus γ est régulière en 0 et plus le champ X (la surface de krigeage $\widehat{X}$) est régulier. La valeur $\nu = 1/2$ redonne le variogramme exponentiel, continu

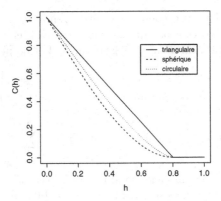

Fig. 1.2. Graphe des covariances triangulaire, sphérique et circulaire avec $\sigma^2 = 1$ et $a = 0.8$.

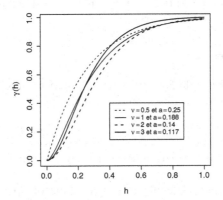

Fig. 1.3. Semi-variogrammes de Matérn de même portée pour différentes valeurs ν.

mais non dérivable en 0, le champ X associé étant continu mais non dérivable en m.q. ; $\nu = \infty$ correspond au variogramme gaussien indéfiniment dérivable associé à un champ X indéfiniment dérivable ; si $m \geq 1$ est entier et si $\nu > m$, la covariance est $2m$-fois dérivable en 0 et X est m fois dérivable en m.q.. Par exemple, pour $\nu = 3/2$ et $r = \|h\|$, $C(h) = C(r) = \sigma^2(1 + (r/a)) \exp -(r/a)$ est deux fois dérivable en $r = 0$ et le champ associé est dérivable en m.q..

5. Le modèle de variogramme puissance est autosimilaire , c-à-d invariant par changement d'échelle : $\forall s > 0$, $\gamma(sh) = s^\alpha \gamma(h)$. Il est donc naturellement associé à un phénomène spatial sans échelle et c'est le seul, parmi les modèles présentés, qui ait cette propriété.

6. Le modèle exponentiel généralisé coïncide avec le modèle exponentiel pour $\alpha = 1$ et définit le modèle gaussien pour $\alpha = 2$. La régularité du variogramme en 0 augmente avec α, mais le champ associé n'est dérivable en moyenne quadratique que pour $\alpha = 2$.

7. Chacun des modèles précédents peut être étendu par combinaison linéaire positive (ou intégration par une mesure positive), en particulier en ajoutant à tout variogramme un variogramme à effet de pépite.

Si X est la somme de K processus intrinsèques (resp. stationnaires de L^2) non-corrélés, il admet le variogramme (resp. la covariance) *gigogne*

$$2\gamma(h) = \sum_{j=1}^{K} 2\gamma_j(h) \qquad (\text{resp. } C(h) = \sum_{j=1}^{K} C_j(h)).$$

On peut interpréter ce modèle comme étant associé à des composantes spatiales indépendantes agissant à des échelles différentes avec des paliers différents. Statistiquement, une composante à petite échelle ne pourra être identifiée que si la maille d'échantillonnage est assez fine (données à haute définition) et une composante à grande échelle que si le diamètre du domaine échantillonné dans S est assez grand.

1.3.4 Anisotropies

Si $\vec{e}$ est une direction de $\mathbb{R}^d$, $\|\vec{e}\| = 1$, le variogramme directionnel d'un champ intrinsèque dans la direction $\vec{e}$ est défini par

$$2\gamma(h) = Var(X_{s+h\vec{e}} - X_s) \qquad \text{pour } h \in \mathbb{R}.$$

Il y a *anisotropie* du variogramme si deux variogrammes directionnels au moins diffèrent.

On distingue essentiellement deux types d'anisotropie : le premier, l'anisotropie géométrique, est associé à une déformation linéaire d'un modèle isotropique ; le deuxième correspond à une stratification du variogramme sur plusieurs sous-espaces de $\mathbb{R}^d$ [43 ; 77 ; 194].

Anisotropie géométrique

Un variogramme γ sur $\mathbb{R}^d$ présente une *anisotropie géométrique* s'il résulte d'une déformation A-linéaire d'un variogramme isotropique γ_0 :

$$\gamma(h) = \gamma_0(\|Ah\|)$$

soit encore $\gamma(h) = \gamma_0(\sqrt{{}^t hQh})$ où $Q = {}^t AA$. Un tel variogramme garde les mêmes niveaux de palier dans toutes les directions (cf. Fig. 1.4-a) mais les portées diffèrent selon les directions. En se plaçant dans la base propre orthonormée des vecteurs propres de Q associés aux valeurs propres (λ_k, $k = 1, \ldots, d$), $\gamma(\tilde{h}) = \gamma_0(\sum_{k=1}^{d} \lambda_k \tilde{h}_k)$ pour les nouvelles coordonnées $\tilde{h}$.

Par exemple, si A est la rotation autour de l'origine de $\mathbb{R}^2$ d'angle ϕ suivie de l'homothétie de rapport $0 \leq e \leq 1$ sur le nouvel axe des y, les portées décrivent une ellipse d'excentricité e dans la nouvelle base. La Fig. 1.4-a illustre

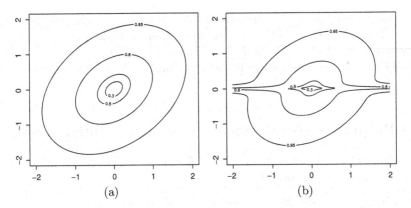

Fig. 1.4. (a) Anisotropie géométrique et (b) anisotropie zonale.

cette anisotropie géométrique dans $\mathbb{R}^2$ si γ_0 est un modèle exponentiel de paramètres $a = 0.5$ et $\sigma^2 = 1$ et la déformation A est de paramètres $\phi = 45^0$ et $e = 0.7$.

Signalons que Sampson et Guttorp [192] proposent le modèle non stationnaire

$$Var(X_s - X_{s'}) = 2\gamma_0(g(s) - g(s')),$$

où g est une déformation bijective (ou anamorphose) g de l'espace S (pour des exemples de déformations g, cf. [170; 171]).

Anisotropie stratifiée

On parle d'*anisotropie de support* si le variogramme $h \rightarrow \gamma(h)$, après un éventuel changement de coordonnées, ne dépend que de certaines coordonnées de h : par exemple, si $\mathbb{R}^d = E_1 \oplus E_2$ où $\dim(E_1) = d_1$ et si γ_0 est un variogramme isotropique sur $\mathbb{R}^{d_1}$, $\gamma(h) = \gamma_0(h_1)$ si $h = h_1 + h_2$, $h_1 \in E_1$, $h_2 \in E_2$; le palier (éventuellement la portée) de γ dépendra alors de la direction (cf. Fig. 1.4-b). On parle d'*anisotropie zonale* ou d'*anisotropie stratifiée* si γ est la somme de différentes composantes présentant des anisotropies de support. Par exemple,

$$\gamma(h) = \gamma_1(\sqrt{h_1^2 + h_2^2}) + \gamma_2(|h_2|)$$

présente un palier de niveau $\sigma_1^2 + \sigma_2^2$ dans la direction $(0, 1)$ et un palier de niveau σ_1^2 dans la direction $(1, 0)$ si σ_i^2 sont les paliers de γ_i, $i = 1, 2$.

Chilès et Delfiner [43] conseillent d'éviter l'utilisation de modèles séparables tels $\gamma(h) = \gamma_1(h_1) + \gamma_1(h_2)$ dans $\mathbb{R}^2$ ou $\gamma(h) = \gamma_1(h_1, h_2) + \gamma_2(h_3)$ dans $\mathbb{R}^3$ pour lesquels certaines combinaisons linéaires de X peuvent être de variance nulle : par exemple si $X_s = X_x^1 + X_y^2$, avec $Cov(X_x^1, X_y^2) = 0$, $s = {}^t(x, y)$ alors $\gamma(h) = \gamma_1(h_1) + \gamma_1(h_2)$ et pour $h_x = {}^t(d_x, 0)$, $h_y = {}^t(0, d_y)$, $X_s - X_{s+h_x} - X_{s+h_y} + X_{s+h_x+h_y} \equiv 0$.

Plus généralement, une anisotropie s'obtiendra en combinant différents types d'anisotropies. La Fig. 1.4-b donne un tel exemple avec γ_1 le modèle exponentiel d'anisotropie géométrique de paramètres $a_1 = 0.5$ et $\sigma_1^2 = 0.7$, $\phi = 45^0$, $e = 0.7$ et γ_2 un autre modèle exponentiel de paramètres $a_2 = 0.05$, $\sigma_2^2 = 0.3$.

1.4 Propriétés géométriques : continuité, différentiabilité

On munit l'ensemble des processus de L^2 de la notion de convergence en moyenne quadratique suivante :

Définition 1.7. *Continuité en moyenne quadratique (m.q.)*

Un processus du second ordre $X = \{X_s, \ s \in S\}$ sur $S \subseteq \mathbb{R}^d$ est continu en moyenne quadratique en $s \in S$ si, pour toute suite $s_n \longrightarrow s$ convergente dans S, $E(X_{s_n} - X_s)^2 \to 0$.

La proposition suivante caractérise la continuité en m.q. de X.

Proposition 1.3. *Soit X un processus de L^2 centré de covariance $C(s,t) = Cov(X_s, X_t)$. Alors X est continu en m.q. partout ssi sa covariance est continue sur la diagonale de $S \times S$.*

Preuve. Si $C(s,t)$ est continue en $s = t = s_0$, alors $E(X_{s_0+h} - X_{s_0})^2 \to 0$ si $h \to 0$. En effet :

$$E(X_{s_0+h} - X_{s_0})^2 = C(s_0 + h, s_0 + h) - 2C(s_0 + h, s_0) + C(s_0, s_0).$$

Pour voir que la condition est nécessaire, on écrit :

$$\Delta = C(s_0 + h, s_0 + k) - C(s_0, s_0) = e_1 + e_2 + e_3,$$

avec $e_1 = E[(X_{s_0+h} - X_{s_0})(X_{s_0+k} - X_{s_0})]$, $e_2 = E[(X_{s_0+h} - X_{s_0})X_{s_0}]$ et $e_3 = E[X_{s_0}(X_{s_0+k} - X_{s_0})]$. Si X est continu en m.q., alors e_1, e_2 et $e_3 \to 0$ si h et $k \to 0$ et C est continue sur la diagonale. $\quad\square$

La continuité presque sûre (*p.s.*) d'une trajectoire est un résultat d'une autre nature plus difficile à obtenir. On a par exemple le résultat suivant [3] : si X est un processus *gaussien* centré de covariance continue, la continuité trajectorielle *p.s.* sur $S \subseteq \mathbb{R}^d$ est assurée si,

$$\exists c < \infty \text{ et } \varepsilon > 0 \text{ t.q. } \forall s, t \in S \quad E(X_s - X_t)^2 \leq c \left|\log \|s - t\|\right|^{-(1+\varepsilon)}.$$

Si X est un processus gaussien intrinsèque, cette continuité est assurée dès que $\gamma(h) \leq c \left|\log \|h\|\right|^{-(1+\varepsilon)}$ au voisinage de l'origine. Hormis le modèle à effet de pépite, tous les variogrammes présentés au §1.3.3 vérifient cette propriété et les modèles (gaussiens) associés sont donc à trajectoires *p.s.* continues.

Examinons la différentiabilité dans L^2 dans une direction donnée, ou, de façon équivalente, la différentiabilité d'un processus dans $\mathbb{R}^1$.

Définition 1.8. *Différentiabilité en m.q.*

Un processus X sur $S \subset \mathbb{R}^1$ est différentiable en m.q. en s s'il existe une v.a.r. $\dot{X}_s$ telle que

$$\lim_{h \to 0} \frac{X_{s+h} - X_s}{h} = \dot{X}_s \ dans \ L^2.$$

Il faut noter que les trajectoires d'un processus X peuvent être chacune très régulières sans que X soit différentiable en m.q. (cf. Ex. 1.11).

Proposition 1.4. *Soit X un processus de L^2 centré de covariance (non nécessairement stationnaire) $C(s,t) = Cov(X_s, X_t)$. Si $\dfrac{\partial^2}{\partial s \partial t} C(s,t)$ existe et est finie sur la diagonale de $S \times S$, alors X est différentiable en m.q. partout, la dérivée seconde croisée $\dfrac{\partial^2}{\partial s \partial t} C(s,t)$ existe partout et la covariance du processus dérivé vaut $Cov(\dot{X}_s, \dot{X}_t) = \dfrac{\partial^2}{\partial s \partial t} C(s,t)$.*

Preuve. Posons $Y_s(h) = (X_{s+h} - X_s)/h$. Pour montrer l'existence de $\dot{X}_s$, on utilise le critère de Loève [145, p. 135] qui dit que $Z_h \to Z$ dans L^2 ssi $E(Z_h Z_k) \to c < \infty$ lorsque h et $k \to 0$ indépendamment. Posons $\Delta_{s,t}(h,k) = E(Y_s(h) Y_t(k))$. On vérifie facilement que :

$$\Delta_{s,t}(h,k) = h^{-1} k^{-1} \{C(s+h, t+k) - C(s+h, t) - C(s, t+k) + C(s,t)\}. \quad (1.7)$$

Donc, si $\dfrac{\partial^2}{\partial s \partial t} C(s,t)$ existe et est continue en (s,s),

$$\lim_{h \to 0} \lim_{k \to 0} E(Y_s(h) Y_s(k)) = \frac{\partial^2}{\partial s \partial t} C(s,s).$$

Le critère de Loève assure alors la convergence de $(Y_s(h))$ lorsque $h \to 0$ vers une limite notée $\dot{X}_s$, et le processus $\dot{X} = \{\dot{X}_s, \ s \in S\}$ est dans L^2. Notons C^* la covariance de $\dot{X}$: utilisant (1.7), $C^*(s,t)$ est la limite de $\Delta_{s,t}(h,k)$ pour $h, k \longrightarrow 0$ et donc $\dfrac{\partial^2}{\partial s \partial t} C(s,t) = C^*(s,t)$ existe partout. $\qquad \square$

1.4.1 Continuité et différentiabilité : le cas stationnaire

Continuité

On déduit facilement des résultats précédents qu'un processus intrinsèque (resp. stationnaire de L^2) est continu en m.q. si son variogramme γ (sa covariance C) est continu en $h = 0$; dans ce cas le variogramme γ (la covariance C) est continu sur tout ensemble où γ est borné (est continue partout ; cf. Prop. 1.2). Matérn [154] montre plus précisément que si un champ admet un variogramme continu partout sauf à l'origine, alors ce champ est la somme de deux champs non-corrélés, l'un associé à un effet de pépite pure, l'autre de variogramme continu partout.

Différentiabilité

$t \longmapsto X_t$ est différentiable en m.q. sur $\mathbb{R}$ si la dérivée seconde $\gamma''(0)$ du variogramme existe. Dans ce cas, la dérivée seconde γ'' existe partout et $\dot{X}$ est stationnaire de covariance γ'', le processus bivarié $(X, \dot{X}) \in L^2$ vérifiant [227] :

$$E(\dot{X}_{s+\tau} X_s) = \gamma'(\tau) \text{ et } E(X_s \dot{X}_{s+\tau}) = -\gamma'(\tau).$$

En particulier, puisque $\gamma'(0) = 0$, X_s et $\dot{X}_s$ sont non-corrélés pour tout s, indépendants si X est gaussien. Notons par ailleurs que si X est stationnaire, on a, posant $C(s,t) = c(s-t)$, $C''_{s,t}(s,t) = -c''(s-t)$ et si $c''(0)$ existe, $\dot{X}$ est stationnaire de covariance $-c''$.

Si $m \geq 1$ est un entier, on dira que X est différentiable en m.q. à l'ordre m si $X^{(m-1)}$ existe en m.q. et si $X^{(m-1)}$ est différentiable en m.q. Supposons que X soit stationnaire, de covariance C ; alors X est différentiable à l'ordre m si $C^{(2m)}(0)$ existe et est finie. Dans ce cas, $X^{(m)}$ est stationnaire, de covariance $t \mapsto (-1)^m C^{(2m)}(t)$. Par exemple, le processus de Matérn est différentiable en m.q. à l'ordre m dès que $\nu > m$ [200].

Si γ est indéfiniment dérivable à l'origine, X est indéfiniment dérivable en m.q. : dans ce cas, $X_t = \lim_{L^2} \sum_{k=0}^n t^k X_0^{(k)}/k!$ [200] : "X est purement déterministe" puisqu'il suffit de connaître X dans un (petit) voisinage de 0 pour connaître X partout. Ceci peut conduire à écarter un modèle de variogramme infiniment dérivable (i.e. le variogramme gaussien) si on doute de ce déterminisme et/ou de l'hyper-régularité de X.

Exemple 1.4. Régularités en m.q. pour un champ sur $\mathbb{R}^2$

La Fig. 1.5 donne une idée de la régularité d'un champ pour trois variogrammes différents. Les simulations ont été réalisées à l'aide du package RandomFields (cf. §4.7).

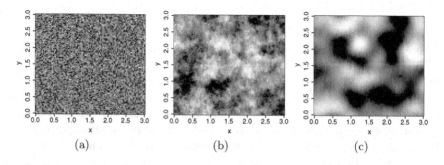

Fig. 1.5. Trois réalisations gaussiennes pour différents variogrammes : (a) pépitique, (b) exponentiel isotropique, (c) gaussien isotropique.

(a) X est un BBG, de variogramme γ pépitique discontinu en 0 : X n'est pas continu en m.q., les trajectoires sont très irrégulières.

(b) γ est exponentiel isotropique, linéaire à l'origine : $\gamma(h) = a + b\,\|h\| + o(\|h\|)$, continue mais non dérivable en 0 ; X est continu en m.q. mais non dérivable.

(c) γ est un variogramme gaussien isotropique, de classe $\mathcal{C}^2$ (et même $\mathcal{C}^\infty$) à l'origine : les trajectoires sont continues et dérivables en m.q.. On obtiendrait la même régularité pour tout variogramme de comportement $a + b\,\|h\|^\alpha$ à l'origine avec $\alpha \geq 2$.

Exemple 1.5. Covariance séparable à composantes cubiques

Les covariances séparables $C(h) = \prod_{k=1}^{d} C_k(h_k)$ où $h = (h_1, h_2, \ldots, h_d) \in \mathbb{R}^d$ sont utilisées pour la simplicité de leur manipulation pour le krigeage (cf. §1.9), en particulier en planification des expériences numériques. Elles permettent également de vérifier simplement les différentiabilités directionnelles des champs associés. La covariance séparable à composantes cubiques [132] est associée à des corrélations sur $[0, 1]$ du type suivant : pour ρ, γ et $h \in [0, 1]$,

$$C(h) = 1 - \frac{3(1 - \rho)}{2 + \gamma} h^2 + \frac{(1 - \rho)(1 - \gamma)}{2 + \gamma} h^3. \tag{1.8}$$

C est d.p. si $\rho \geq (5\gamma^2 + 8\gamma - 1)(\gamma^2 + 4\gamma + 7)^{-1}$ [158]. Dans ce cas, le processus X de covariance C est différentiable en m.q., sa dérivée $\dot{X}$ admettant la covariance affine sur $[0, 1]$:

$$C_{\dot{X}}(h) = -C''(h) = \tau^2\{1 - (1 - \gamma)h\},$$

où $\tau^2 = 6(1 - \rho)/(2 + \gamma)$. Les paramètres $\rho = \mathrm{Cor}(X_0, X_1) = C(1)$ et $\gamma = \mathrm{Cor}(\dot{X}_0, \dot{X}_1) = C_{\dot{X}}(1)/C_{\dot{X}}(0)$ s'interprètent comme la corrélation entre les observations terminales et la corrélation entre leurs dérivées.

1.5 Modélisation spatiale par convolution

1.5.1 Modèle continu

Une façon naturelle de construire un modèle (gaussien) $X = (X_s, \, s \in S)$ sur une partie S de $\mathbb{R}^d$ est de considérer la convolution,

$$X_s = \int_{\mathbb{R}^d} k(u, s) W(du), \tag{1.9}$$

où $\mathcal{K} = \{u \to k(u, s), \, s \in S\}$ est une famille de noyaux réels non aléatoires sur $\mathbb{R}^d$ et W est un champ (gaussien) latent centré à accroissements orthogonaux sur $\mathbb{R}^d$, c-à-d vérifiant, pour δ_a la fonction de Dirac en a,

$$E(W(du)W(dv)) = \delta_u(v)du \times dv.$$

Un choix classique pour W est le mouvement brownien si $d = 1$ (la convolution est alors une intégrale de Wiener) et le drap brownien si $d = 2$ (cf. Exemple 1.1, [37] et Ex. 1.14). La convolution (1.9) est bien définie dans L^2 dès que, pour tout $s \in S$, $k(\cdot, s)$ est de carré intégrable [227, pp. 67–69]. X_s est alors un processus centré, de covariance :

$$C(s, t) = Cov(X_s, X_t) = \int_S k(u, s)k(u, t)du.$$

Ce modèle est caractérisé au second ordre soit par la famille de noyaux k, soit par sa covariance C, X étant gaussien si W l'est. Si $S = \mathbb{R}^d$ et si la famille de noyaux k est invariante par translation, $k(u, s) = k(u - s)$, vérifiant $\int k^2(u)du < \infty$, alors X est stationnaire de covariance

$$C(h) = Cov(X_s, X_{s+h}) = \int_S k(u)k(u - h)du.$$

Si k est isotropique, X l'est aussi et la correspondance entre C et k est bijective. Des exemples de correspondances $C \leftrightarrow k$ sont [219; 43, p. 646] :

C gaussienne, $d \geq 1$, $a > 0$:

$$k(u) = \sigma \exp\{-a\|u\|^2\} \leftrightarrow C(h) = \sigma^2 \left(\frac{\pi}{2a}\right)^{d/2} \exp\left\{-\frac{a}{2}\|h\|^2\right\} ;$$

C exponentielle, $d = 3$, $a > 0$:

$$k(u) = 2\sigma a^{-1/2} \left(1 - \frac{\|u\|}{a}\right) \exp\left(-\frac{\|h\|}{a}\right) \leftrightarrow C(h) = \sigma^2 \exp\left(-\frac{\|h\|}{a}\right) ;$$

C sphérique, $d = 3$, $a > 0$:

$$k(u) = c\mathbf{1}\left\{\|u\| \leq \frac{a}{2}\right\} \leftrightarrow C(h) = V_d\left(\frac{a}{2}\right)\left(1 - \frac{3}{2}\left\|\frac{h}{a}\right\| + \frac{1}{2}\left\|\frac{h}{a}\right\|^3\right)\mathbf{1}\{\|h\| < a\}.$$

La correspondance n'est plus bijective si X est stationnaire non-isotropique, plusieurs noyaux k pouvant conduire à la même covariance r.

Décrivons quelques avantages que permet une représentation de X par convolution [112] :

1. La formule (1.9) permet de couvrir tous les modèles au second ordre sans avoir à vérifier la condition de définie positivité d'une covariance [219].

2. (1.9) permet de générer des *modèles non gaussiens* dès que la convolution est valide. Par exemple, si W est un processus de Poisson (cf. §3.2) (resp. un processus Gamma [225]) dont les accroissements sont indépendants, la convolution permet de modéliser un champ X à valeurs dans $\mathbb{N}$ (resp. à valeurs dans $\mathbb{R}^+$).

3. En considérant une famille de noyaux k non-stationnaires mais à changement lent, on peut proposer des formes paramétrées de *non-stationnarité* de X (cf. [113] pour la modélisation de données environnementales.)

4. Si on fait dépendre du temps t le processus latent W, la convolution permet de construire des *modèles spatio-temporels*, le noyau k pouvant dépendre ou non du temps. Par exemple, un modèle de dépendance dans le temps avec noyau constant en t est $X_s(t) = \int_S k(u, s) W(du, t)$.

5. Si on observe un phénomène multivarié $X \in \mathbb{R}^p$ dont le "germe" est un même processus latent W, la *convolution multivariée* permet de construire des composantes spatialement corrélées en prenant dans (1.9) un noyau $k \in \mathbb{R}^p$. Par exemple, si $S_0 \cup S_1 \cup S_2$ est une partition de S [112],

$$X_{1,s} = \int_{S_0 \cup S_1} k_1(u - s) W(du) \text{ et } X_{2,s} = \int_{S_0 \cup S_2} k_2(u - s) W(du).$$

1.5.2 Convolution discrète

Dans la pratique, on doit utiliser des convolutions discrètes de W en m sites $\mathcal{U} = \{u_1, u_2, \ldots, u_m\}$ de S : $\mathcal{U}$ est un support de convolution permettant d'approcher raisonnablement l'intégrale spatiale (1.9). Notant $w = {}^t(w_1, w_2, \ldots, w_n)$ où $w_i = w(u_i)$, $i = 1, \ldots, m$, le modèle s'écrit,

$$X_s^w = (K * w)_s = \sum_{i=1}^m k(u_i, s) w_i, \qquad s \in S, \tag{1.10}$$

où w est un BB de variance σ_w^2. Un tel modèle dépend donc du choix de support $\mathcal{U}$, mais l'indice spatial s reste continu. Si cette écriture peut être interprétée comme une moyenne mobile (un MA, cf. §1.7.1), elle s'en distingue car ici il n'y a pas de notion de proximité entre s et les sites de $\mathcal{U}$ (1.10) s'interprétant comme une approximation du modèle continu (1.9).

Si on dispose de n observations $X = {}^t(X_{s_1}, X_{s_2}, \ldots, X_{s_n})$ de X en $\mathcal{O} = \{s_1, s_2, \ldots, s_n\}$, un modèle incorporant des variables exogènes $z \in \mathbb{R}^p$ et un BB de lecture ε s'écrira, site par site,

$$X_s = {}^t z_s \beta + X_s^w + \varepsilon_s, \qquad s \in \mathcal{O}, \beta \in \mathbb{R}^p. \tag{1.11}$$

Son écriture matricielle est :

$$X = Z\beta + Kw + \varepsilon,$$

où $K = (K_{l,i})$, $K_{l,i} = k(u_i, s_l)$, $l = 1, \ldots, n$ et $i = 1, \ldots, m$. Les paramètres du modèle sont $\mathcal{U}$, $k(\cdot)$ et $(\beta, \sigma_w^2, \sigma_\varepsilon^2)$. Utilisant la terminologie statistique, il s'agit là d'un modèle linéaire à effet aléatoire, w étant à l'origine de l'effet aléatoire Kw, la tendance déterministe étant modélisée à partir des covariables z.

Un choix possible pour $\mathcal{U}$ est le réseau régulier triangulaire de maille δ : δ doit réaliser un compromis entre d'un côté un bon ajustement aux données (maille petite) et de l'autre des calculs simples (maille plus grande). Une solution intermédiaire consiste à utiliser un modèle multirésolution à 2 mailles ou plus. Par exemple, un modèle à deux résolutions à mailles triangulaires δ et $\delta/2$ s'écrit, pour sa composante aléatoire,

$$X^w = X^{1w} + X^{2w},$$

où X^{1w} (resp. X^{2w}) est la composante (1.10) associé au δ-maillage et à un noyau k_1 (resp. au $\delta/2$-maillage et à un noyau k_2).

Dans ce contexte, une formulation bayesienne (cf. par exemple [143]) est intéressante car elle incorpore l'incertitude concernant les paramètres qui contrôlent la convolution.

Les convolutions discrètes permettent également de construire des modèles non-stationnaires, non-gaussiens, multivariés ainsi que des modèles spatio-temporels [208; 112]. Par exemple, Higdon [112] modélise la composante aléatoire de l'évolution temporelle de concentration d'ozone sur $T = 30$ jours consécutifs dans une région des Etats-Unis par

$$X_s^w(t) = \sum k(u_i - s)w_i(t), \qquad s \in S, t = 1, \ldots, T,$$

les $\{w_i(t), t = 1, \ldots, T\}$ étant m marches aléatoires gaussiennes indépendantes sur un support spatial $\mathcal{U}$ à 27 sites.

1.6 Modèles spatio-temporels

Nous présentons ici quelques modèles géostatistiques spatio-temporels, sujet qui connaît un développement important avec des applications en particulier en climatologie et en science de l'environnement [136; 133; 142; 91]. Kaiser et Cressie [126] et Brown et al. [36] présentent des modèles dérivés d'une équation différentielle stochastique et une approche à temps discret est traitée dans [148; 223; 208; 112]. Quant à Storvik et al. [202], ils comparent l'approche à temps discret et à temps continu.

Soit $X = \{X_{s,t}, s \in S \subseteq \mathbb{R}^d$ et $t \in \mathbb{R}^+\}$ un processus réel, s repérant l'espace et t le temps. X est stationnaire au second ordre (resp. isotropique) si :

$$Cov(X_{s_1,t_1}, X_{s_2,t_2}) = C(s_1 - s_2, t_1 - t_2) \qquad (\text{resp.} = C(\|s_1 - s_2\|, |t_1 - t_2|)).$$

Puisque $(s, t) \in \mathbb{R}^d \times \mathbb{R} = \mathbb{R}^{d+1}$, une approche possible est de considérer le temps comme une dimension additionnelle et de reconduire les définitions et les propriétés des modèles étudiés précédemment pour la dimension $d + 1$. Cependant, cette démarche ne prend pas en compte le fait que les variables d'espace et de temps ont des échelles et des interprétations différentes. Par exemple, le modèle exponentiel isotropique $C(s, t) = \sigma^2 \exp\{-\|(s, t)\|/a\}$, où $s \in \mathbb{R}^d$ et $t \in \mathbb{R}$, n'est pas raisonnable ; il est plus naturel de considérer un modèle d'anisotropie géométrique du type $C(s, t) = \sigma^2 \exp\{-(\|s\|/b + |t|/c)\}$,

$b, c > 0$. La proposition 1.1 fournit alors des outils permettant de définir des modèles stationnaires plus riches où les variabilités spatiale et temporelle sont analysées séparément. D'autre part, il peut être intéressant de proposer des modèles semi-causaux spatio-temporels, la notion de passé dans le temps ayant tout son sens.

La covariance peut prendre une forme séparable, deux exemples étant :

(i) Additive : $C(s,t) = C_S(s) + C_T(t)$

(ii) Factorisante : $C(s,t) = C_S(s)C_T(t)$

où $C_S(\cdot)$ est une covariance dans l'espace et $C_T(\cdot)$ est une covariance dans le temps. Le premier cas (i) recouvre une anisotropie zonale ; cette anisotropie dans l'espace et le temps est identifiable en utilisant une analyse variographique (cf. §5.1.1) séparée pour l'espace (considérer des couples de sites (s_1, s_2) au même instant t) et le temps (considérer des couples d'instants (t_1, t_2) au même site s).

Covariance espace× temps séparable

Le deuxième cas (ii) recouvre ce que l'on appelle une covariance *séparable* dans l'espace et le temps.

L'avantage d'un modèle séparable est de faciliter le calcul de la matrice de covariance, de son inverse et de son spectre si X est observé sur un rectangle $S \times T = \{s_1, s_2, \ldots, s_n\} \times \{t_1, t_2, \ldots, t_m\}$. Plus précisément, si $X = {}^t(X_{s_1,t_1}, \ldots, X_{s_n,t_1}, \ldots, X_{s_1,t_m}, \ldots, X_{s_n,t_m})$ est le vecteur des $n \times m$ observations, $\Sigma = Cov(X)$ est le produit de Kronecker de Σ_T, la matrice $m \times m$ de covariance dans le temps, avec Σ_S, la matrice $n \times n$ de covariance dans l'espace :

$$\Sigma = \Sigma_T \otimes \Sigma_S,$$

ce produit Σ étant la matrice $mn \times mn$ constituée de $m \times m$ blocs $\Sigma_{k,l}$, chacun de taille $n \times n$, $\Sigma_{k,l}$ valant $C_T(k - l)\Sigma_S$. L'inverse et le déterminant de Σ se calculent alors facilement :

$$(\Sigma)^{-1} = (\Sigma_T)^{-1} \otimes (\Sigma_S)^{-1}, \ |\Sigma| = |\Sigma_T \otimes \Sigma_S| = |\Sigma_T|^n|\Sigma_S|^m.$$

et le spectre de Σ est le produit terme à terme des spectres de Σ_T et de Σ_S. Ces propriétés facilitent le krigeage, la simulation ou l'estimation de tels modèles, d'autant plus que le domaine d'observation spatial (n) et/ou temporel (m) est grand.

L'*inconvénient* d'un modèle séparable est de ne pas autoriser d'interactions croisées spatio-temporelles $C_S(s_1 - s_2; u)$ entre instants distants de u puisque $C(s_1 - s_2, t_1 - t_2) = C_S(s_1 - s_2)C_T(u)$. D'autre part, la séparabilité implique la symétrie par réflexion $C(s,t) = C(-s,t) = C(s,-t)$ de la covariance, condition non-nécessaire en général.

Modèles non-séparables

Cressie et Huang [50] proposent de construire un modèle non-séparable à partir de sa d.s. g :

$$C(h, u) = \int_{\omega \in \mathbb{R}^d} \int_{\tau \in \mathbb{R}} e^{i(^t h\omega + u\tau)} g(\omega, \tau) d\omega d\tau. \tag{1.12}$$

Ecrivant $g(\omega, \cdot)$ comme la transformée de Fourier sur $\mathbb{R}$ d'une fonction $h(\omega, \cdot)$,

$$g(\omega, \tau) = \frac{1}{2\pi} \int_{\mathbb{R}} e^{-iu\tau} h(\omega, u) du,$$

où $h(\omega, u) = \int_{\mathbb{R}} e^{iu\tau} g(\omega, \tau) d\tau$, la covariance spatio-temporelle s'écrit

$$C(h, u) = \int_{\mathbb{R}^d} e^{i \, ^t h\omega} h(\omega, u) d\omega.$$

Mais on peut toujours écrire que :

$$h(\omega, u) = k(\omega)\rho(\omega, u) \tag{1.13}$$

où $k(\cdot)$ est une d.s. sur $\mathbb{R}^d$ et où, pour tout ω, $\rho(\omega, \cdot)$ est une fonction d'auto-corrélation sur $\mathbb{R}$. Ainsi, sous les conditions :

1. Pour chaque ω, $\rho(\omega, \cdot)$ est une fonction d'autocorrélation sur $\mathbb{R}$, continue et telle que $\int_{\mathbb{R}} \rho(\omega, u) du < \infty$ et $k(\omega) > 0$.
2. $\int_{\mathbb{R}^d} k(\omega) d\omega < \infty$.

la fonction C définie par :

$$C(h, u) = \int_{\mathbb{R}^d} e^{i \, ^t h\omega} k(\omega)\rho(\omega, u) d\omega. \tag{1.14}$$

est une covariance spatio-temporelle. Si $\rho(\omega, u)$ est indépendant de ω, le modèle est séparable.

Exemple 1.6. Modèle de Cressie et Huang : si on choisit,

$$\rho(\omega, u) = \exp\left(-\frac{\|\omega\|^2 u^2}{4}\right) \exp\left(-\delta u^2\right), \quad \delta > 0 \text{ et}$$

$$k(\omega) = \exp\left(-\frac{c_0 \|\omega\|^2}{4}\right), \quad c_0 > 0,$$

alors :

$$C(h, u) \propto \frac{1}{(u^2 + c_0)^{d/2}} \exp\left(-\frac{\|h\|^2}{u^2 + c_0}\right) \exp\left(-\delta u^2\right). \tag{1.15}$$

La condition $\delta > 0$ est nécessaire pour assurer que $\int \rho(0, u)du < \infty$ mais la limite lorsque $\delta \to 0$ de (1.15) est encore une fonction de covariance spatio-temporelle.

L'inconvénient de cette approche est de dépendre du calcul de transformées de Fourier sur $\mathbb{R}^d$. Gneiting [90] propose une autre approche : soit $\psi(t)$, $t \geq 0$, une fonction strictement monotone et $t \mapsto \phi(t) > 0$, $t \geq 0$, une fonction telle que $\phi'(t)$ est strictement monotone. Alors la fonction suivante est une covariance spatio-temporelle :

$$C(h, u) = \frac{\sigma^2}{\phi(|u|^2)^{d/2}} \psi\left(\frac{\|h\|^2}{\phi(|u|^2)}\right).$$ (1.16)

Exemple 1.7. Covariance spatio-temporelle de Gneiting

Si $\psi(t) = \exp(-ct^\gamma)$, $\phi(t) = (at^\alpha + 1)^\beta$, avec $a \geq 0$, $c \geq 0$, $\alpha, \gamma \in]0, 1]$, $\beta \in [0, 1]$ et $\sigma^2 > 0$, la fonction suivante est une covariance spatio-temporelle sur $\mathbb{R}^d \times \mathbb{R}$ (séparable si $\beta = 0$) :

$$C(h, u) = \frac{\sigma^2}{(a|u|^{2\alpha} + 1)^{\beta d/2}} \exp\left(-\frac{c\|h\|^{2\gamma}}{(a|u|^{2\alpha} + 1)^{\beta\gamma}}\right).$$ (1.17)

On en déduit des covariances non-séparables par mélange de covariances (cf. Prop. 1.1) : si μ est une mesure non-négative sur un espace W, $C_S(\cdot, w)$ et $C_T(\cdot, w)$ pour tous les $w \in W$ sont deux covariances stationnaires telles que

$$\int_W C_S(0, w)C_T(0, w)\mu(dw) < \infty,$$

alors [58; 147],

$$C(h, u) = \int_W C_S(h, w)C_T(u, w)\mu(dw) < \infty,$$

est une covariance stationnaire en général non stationnaire. Par exemple,

$$C(h, t) = \frac{\gamma^{n+1}}{\left(\frac{\|h\|^\alpha}{a} + \frac{|t|^\beta}{b} + \gamma\right)^{n+1}}, \qquad 0 < \alpha, \beta \leq 2,$$ (1.18)

est un mélange de ce type pour une loi Gamma de moyenne $(n + 1)/\gamma$ des covariances spatiale et temporelle proportionnelles respectivement à $\exp(-\|h\|^\alpha/a)$ et $\exp(-|t|^\beta/b)$.

1.7 Les modèles auto-régressifs spatiaux

Les modèles d'auto-régressions (AR) spatiaux sont utiles pour analyser, décrire et interpréter un phénomène spatial réel $X = \{X_s, s \in S\}$ défini sur un *réseau spatial discret* S muni d'une *"géométrie de voisinage"*.

Dans des domaines d'application tels que l'économétrie, la géographie, l'environnement, l'épidémiologie, le réseau S n'est pas régulier, les sites $s \in S$ correspondant à des centres d'unités géographiques disposées dans l'espace et l'observation X_s intégrant la variable d'intérêt sur l'unité s. Cette irrégularité du réseau S est une première différence entre les auto-régressions spatiales et les auto-régressions temporelles pour lesquelles, classiquement, S est un intervalle de $\mathbb{Z}^1$.

Dans d'autres domaines, tels l'imagerie, la radiographie ou la télédétection, le réseau S est régulier, typiquement un sous-ensemble de $\mathbb{Z}^d$. Cette particularité permet de définir des modèles stationnaires et de rapprocher l'étude des champs AR sur $\mathbb{Z}^d$ de celle des séries temporelles sur $\mathbb{Z}^1$. Cependant, une différence fondamentale apparaît : les modèles spatiaux sont naturellement non-causaux au sens où ils ne sont pas définis, contrairement aux séries temporelles, en relation avec une relation d'ordre sur S. Si la causalité temporelle est pleinement justifiée pour expliquer et modéliser une variable X_t telle un taux d'inflation, un cours en bourse, le débit d'une rivière, ce n'est pas le cas en situation spatiale, les dépendances auto-régressives ayant lieu dans toutes les directions de l'espace. Ainsi la présence ou non d'une plante sur une parcelle dépendra de cette présence/absence de la plante dans les parcelles voisines, ceci dans toutes les directions.

Nous commencerons par présenter rapidement les modèles MA, $ARMA$ et AR stationnaires sur $\mathbb{Z}^d$ (cf. [96] pour une présentation plus complète). Après quoi nous nous intéresserons aux AR sur un *réseau général fini*, plus particulièrement à deux classes importantes d'AR, à savoir les modèles SAR (pour *Simultaneous AR*) et les modèles CAR (pour *Conditional AR*).

1.7.1 Modèles MA, $ARMA$ stationnaires

Modèle MA

Soit $(c_s, s \in \mathbb{Z}^d)$ une suite de $l^2(\mathbb{Z}^d)$ (c-à-d vérifiant : $\sum_{\mathbb{Z}^d} c_s^2 < \infty$) et η un BBf sur $\mathbb{Z}^d$ de variance σ_η^2. Un modèle $MA(\infty)$ sur $\mathbb{Z}^d$ (MA pour *Moving Average*) est un processus linéaire défini dans L^2 par :

$$X_t = \sum_{s \in \mathbb{Z}^d} c_s \eta_{t-s}. \tag{1.19}$$

X est la *moyenne mobile infinie* du bruit η pour les poids c.

Proposition 1.5. *La covariance et la d.s. du processus MA d'équation (1.19) sur $\mathbb{Z}^d$ valent respectivement :*

$$C(h) = \sigma_\eta^2 \sum_{t \in \mathbb{Z}^d} c_t c_{t+h} \quad et \quad f(u) = \frac{\sigma_\eta^2}{(2\pi)^d} \left| \sum_{t \in \mathbb{Z}^d} c_t e^{i\,{}^t u t} \right|^2.$$

Preuve. Le calcul de C utilise la bilinéarité de la covariance et le fait que η est un BBf. Quant à la d.s., elle est identifiée à partir de la formule d'inversion de Fourier (1.4) :

$$f(u) = \frac{\sigma_\eta^2}{(2\pi)^d} \sum_{h \in \mathbb{Z}^d} \sum_{t \in \mathbb{Z}^d} c_t c_{t+h} e^{i\,{}^t ut} = \frac{\sigma_\eta^2}{(2\pi)^d} \left| \sum_{t \in \mathbb{Z}^d} c_t e^{i\,{}^t ut} \right|^2 .$$

$\square$

On parle de *modèle MA* si le support $M = \{s \in \mathbb{Z}^d : c_s \neq 0\}$ de la suite des poids est fini. La covariance C est nulle en dehors de son support $S(C) = M - M = \{h : h = t - s \text{ pour } s, t \in M\}$. Si pour $d = 1$, tout processus de covariance à support fini admet une représentation MA, ceci n'est plus vrai si $d \geq 2$ (cf. (1.8)).

Modèle ARMA

Ces modèles étendent les $ARMA$ temporels ($d = 1$) : soient P et Q deux polynomes de la variable complexe d-dimensionnelle $z \in \mathbb{C}^d$,

$$P(z) = 1 - \sum_{s \in R} a_s z^s \text{ et } Q(z) = 1 + \sum_{s \in M} c_s z^s,$$

R (resp. M), le support AR (resp. le support MA) étant une partie finie de $\mathbb{Z}^d$ ne contenant pas l'origine, $z^s = z_1^{s_1} \ldots z_d^{s_d}$ si $s = (s_1, s_2, \ldots, s_d)$. Notons $B^s X_t = X_{t-s}$ l'opérateur de s-translation dans L^2. Formellement, un $ARMA$ est associé aux polynomes P et Q et à un BBf η de L^2 par l'écriture :

$$\forall t \in \mathbb{Z}^d : \ P(B)X_t = Q(B)\eta_t \tag{1.20}$$

ou encore

$$\forall t \in \mathbb{Z}^d : \ X_t = \sum_{s \in R} a_s X_{t-s} + \eta_t + \sum_{s \in M} c_s \eta_{t-s}.$$

Notons $\mathbb{T} = \{\xi \in \mathbb{C}, |\xi| = 1\}$ le tore unidimensionnel. On a le résultat d'existence suivant :

Proposition 1.6. *Supposons que P ne s'annule pas sur le tore $\mathbb{T}^d$. Alors l'équation (1.20) admet une solution stationnaire X dans L^2. La d.s. de X vaut, en notant $e^{iu} = (e^{iu_1}, \ldots, e^{iu_d})$:*

$$f(u) = \frac{\sigma^2}{(2\pi)^d} \left| \frac{Q}{P}(e^{iu}) \right|^2,$$

la covariance s'identifiant aux coefficients de Fourier de f.

Preuve. P ne s'annulant pas sur le tore $\mathbb{T}^d$, $P^{-1}Q$ admet un développement en série de Laurent,

$$P^{-1}(z)Q(z) = \sum_{s \in \mathbb{Z}^d} c_s z^s,$$

ce développement convergeant au voisinage du tore $\mathbb{T}^d$ et les coefficients (c_s) décroissant exponentiellement vite vers 0. Ceci nous assure que le processus $X_t = \sum_{s \in \mathbb{Z}^d} c_s \eta_{t-s}$ existe bien dans L^2, qu'il satisfait l'équation (1.20) et qu'il admet pour d.s.

$$f(u) = \frac{\sigma^2}{(2\pi)^d} \left| \sum_{s \in \mathbb{Z}^d} c_s e^{i\,{}^t su} \right|^2 = \frac{\sigma^2}{(2\pi)^d} \left| \frac{Q}{P}(e^{iu}) \right|^2.$$

$\square$

Un modèle MA correspond au choix $P \equiv 1$, un modèle AR au choix $Q \equiv 1$. Comme pour les séries temporelles, l'intérêt des modèles $ARMA$ est qu'ils "approchent" tout champ à d.s. continue : en effet, quelle que soit la dimension d, les fractions rationnelles sont denses (par exemple pour la norme du sup) dans l'espace de fonctions continues sur le tore $\mathbb{T}^d$.

La d.s. d'un $ARMA$ étant rationnelle, sa covariance décroît exponentiellement vite vers 0 à l'infini. Là encore, comme pour une série temporelle, les covariances vérifient à partir d'un certain rang des équations de récurrences linéaires, dites équations de Yule-Walker. Sur $\mathbb{Z}$, ces équations se résolvent analytiquement et elles constituent l'outil d'identification des portées R et M des parties AR et MA et d'estimation des paramètres a et c. Mais en dimension $d \geq 2$, les équations de Yule-Walker ne se résolvent pas analytiquement. De plus, contrairement aux séries temporelles, un $ARMA$ n'admet pas en général de représentation unilatérale (ou causale) finie pour l'ordre lexicographique si $d \geq 2$ (cf. (1.8)).

Bien qu'aucune raison théorique ne s'oppose à leur utilisation (cf. par exemple [119]), les remarques précédentes expliquent pourquoi, contrairement à l'analyse des séries temporelles, la modélisation $ARMA$ est peu utilisée en statistique spatiale.

Signalons cependant que l'utilisation de modèles spatio-temporels *semi-causaux* (non-causaux dans l'espace et causaux dans le temps) peut s'avérer bien adaptée à l'étude d'une dynamique spatiale : tel est le cas des modèles $STARMA$ (*Spatial-Temporal ARMA*) introduit par Pfeifer et Deutsch [76; 174] (cf. également [48, §6.8]).

Deux modélisations auto-régressives, les SAR et les CAR, sont très utilisées en analyse spatiale. Examinons d'abord le cas de modèles stationnaires.

1.7.2 Auto-régression simultanée stationnaire

Pour simplifier, on supposera que X est centré. Soit R un sous-ensemble fini de $\mathbb{Z}^d$ ne contenant pas l'origine. Un modèle stationnaire SAR (pour *Simulteanous AR*) relatif au BBf η et de paramètres $a = \{a_s, s \in R\}$ est le modèle :

$$X_t = \sum_{s \in R} a_s X_{t-s} + \eta_t. \tag{1.21}$$

X_t est la somme pondérée des valeurs X_u aux *R-voisins* de t, bruitée par η_t. L'existence de X est assurée dès que le polynôme caractéristique P de l'auto-régression ne s'annule pas sur le tore $\mathbb{T}^d$, où

$$P(e^{i\lambda}) = 1 - \sum_{s \in R} a_s e^{i\,{}^t\lambda s}.$$

Les équations (1.21) s'interprètent comme un système d'*équations AR simultanées* au sens habituel de l'économétrie : les $\{X_{t-s},\ s \in R\}$ sont des *variables endogènes "retardées spatialement"* influençant la réponse X_t en t, un site u ayant une influence sur t si $t - u \in R$. Cette *relation* définit le *graphe orienté* $\mathcal{R}$ du modèle SAR. Donnons quelques exemples.

Exemple 1.8. Quelques modèles SAR

Modèle semi-causal espace× Temps

$s \in \mathbb{Z}$ repère l'espace, $t \in \mathbb{N}$ le temps ; un exemple de dynamique markovienne en t et locale en s est :

$$\forall t \in \mathbb{N} \text{ et } s \in \mathbb{Z} : X_{s,t} = \alpha X_{s,t-1} + \beta(X_{s-1,t} + X_{s+1,t}) + \varepsilon_{s,t}.$$

La liaison temporelle $(s, t - 1) \to (s, t)$ est orientée alors que les liaisons spatiales instantanées $(s, t) \longleftrightarrow (s \mp 1, t)$ ne le sont pas. La représentation causale lexicographique de ce SAR est infinie (cf. Fig. 1.6). Plus précisément, pour $\alpha = \beta = \delta/(1 + \delta^2)$, ce modèle semi-causal admet le représentation causale infinie pour l'ordre lexicographique (défini par $(u, v) \preceq (s, t)$ si $v < t$ où si $v = t$ et $u \le s$; [24]),

$$X_{s,t} = 2\delta X_{s-1,t} + \delta^2 X_{s-2,t} - \delta X_{s-1,t-1} + \delta(1 - \delta^2) \sum_{j \ge 0} \delta^j X_{s+j,t-1} + \varepsilon_{s,t}$$

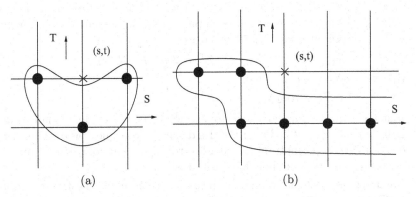

Fig. 1.6. (a) Modèle semi-causal ; (b) modèle semi-causal pour l'ordre lexicographique

Modèle SAR isotropique aux 4-ppv sur $\mathbb{Z}^2$

$$X_{s,t} = \alpha(X_{s-1,t} + X_{s+1,t} + X_{s,t-1} + X_{s,t+1}) + \varepsilon_{s,t}.$$

Ici, le graphe $\mathcal{R}$ est symétrique ; X existe si et seulement si,

$$\forall \lambda, \mu \in [0, 2\pi[, \ \ P(\lambda, \mu) = 1 - 2\alpha(\cos \lambda + \cos \mu) \neq 0,$$

condition qui assure que la d.s. $f(\lambda, \mu) = \sigma_\varepsilon^2 \, P(\lambda, \mu)^{-2} \in L^2(\mathbb{T}^2)$; cette condition est vérifié ssi $|\alpha| < 1/4$.

Modèle SAR(1) factorisant

Un exemple de SAR sur $\mathbb{Z}^2$ factorisant est,

$$X_{s,t} = \alpha X_{s-1,t} + \beta X_{s,t-1} - \alpha\beta X_{s-1,t-1} + \varepsilon_{s,t}, \ |\alpha| \text{ et } |\beta| < 1 \qquad (1.22)$$

Notant B_1 et B_2 les opérateurs de retard relatifs aux coordonnées s et t, l'équation (1.22) s'écrit :

$$(1 - \alpha B_1)(1 - \beta B_2)X_{s,t} = \varepsilon_{s,t}.$$

On en déduit que la covariance c de X est séparable,

$$c(s - s', t - t') = \sigma^2 \alpha^{|s-s'|} \beta^{|t-t'|},$$

où $\sigma^2 = \sigma_\varepsilon^2(1 - \alpha^2)^{-1}(1 - \beta^2)^{-1}$, produit d'une covariance $AR(1)$ unidimensionnelle de paramètre α et d'une covariance du même type de paramètre β.

Il est facile de généraliser ces modèles à des ordres d'auto-régression $p = (p_1, p_2)$ quelconques ainsi qu'à des dimensions $d \geq 2$. La factorisation du polynôme AR et de la covariance rendent ces modèles simples à manipuler (cf. §1.6).

Les modèles SAR sont très utilisés pour leur simplicité et leur parcimonie paramétrique. Cependant, il faudra veiller aux deux problèmes suivants :

1. Sans contrainte, un SAR n'est pas (en général) identifiable : rappelons qu'un modèle $\mathcal{M}(\theta)$ est *identifiable* si les lois qu'il définit pour deux θ différents sont différentes ; par exemple, sur $\mathbb{Z}$, il est facile de vérifier que les trois représentations SAR suivantes :

   (i) $X_t = aX_{t-1} + bX_{t+1} + \eta_t, \ t \in \mathbb{Z}^1, \ a \neq b, \ |a|, \ |b| < 1/2$

   (ii) $X_t = bX_{t-1} + aX_{t+1} + \eta_t^*$

   (iii) $X_t = a_1 X_{t-1} + a_2 X_{t-2} + \varepsilon_t$

   sont identiques pour des choix appropriés de a_1, a_2 et des variances des BBf η, η^* et ε (il suffit d'identifier les d.s. et de voir que l'on peut imposer des contraintes permettant d'égaler les trois d.s.). Par contre, si on impose la contrainte $a < b$, le modèle (i) est identifiable.

2. Comme pour des équations simultanées de l'économétrie, l'estimation d'un SAR par moindres carrés ordinaires (MCO) sur les résidus n'est pas consistante (cf. Prop. 5.6).

1.7.3 Auto-régression conditionnelle stationnaire

Supposons que X soit un processus centré, stationnaire au second ordre sur $\mathbb{Z}^d$ et admettant une d.s. f. Si $f^{-1} \in L^1(\mathbb{T}^d)$, X admet une représentation linéaire non-causale infinie [96, Th. 1.2.2] :

$$X_t = \sum_{s \in \mathbb{Z}^d \setminus \{0\}} c_s X_{t-s} + e_t.$$

Dans cette représentation, $c_s = c_{-s}$ pour tout s et e_t est un *résidu conditionnel*, c-à-d que pour tout $s \neq t$, e_t est non-corrélé à X_s.

Ceci nous conduit à la définition suivante des champs L-markoviens ou $CAR(L)$: soit L une partie *finie symétrique* de $\mathbb{Z}^d$ ne contenant pas l'origine 0, L^+ le demi-espace L positif pour l'ordre lexicographique sur $\mathbb{Z}^d$.

Définition 1.9. *Un $CAR(L)$ stationnaire de L^2 s'écrit, pour tout $t \in \mathbb{Z}^d$,*

$$X_t = \sum_{s \in L} c_s X_{t-s} + e_t \ \textit{avec, si } s \in L^+ : c_s = c_{-s}\,; \quad (1.23)$$

$$\forall s \neq t : Cov(e_t, X_s) = 0 \ \textit{et } E(e_t) = 0$$

La non-corrélation entre X_s et e_t si $s \neq t$ traduit le fait que $\sum_{s \in L} c_s X_{t-s} = \sum_{s \in L^+} c_s(X_{t-s} + X_{t+s})$ est la *meilleure prédiction linéaire* dans L^2 de X_t sur toutes les autres variables $\{X_s, s \neq t\}$: en ce sens, X est L-markovien au sens de la prédiction linéaire. Si X est gaussien, c'est la meilleure prédiction et on dit que X est un champ gaussien L-markovien . Plusieurs aspects différencient les CAR des SAR :

1. Un CAR exige des contraintes paramétriques : L est symétrique et pour tout s, $c_s = c_{-s}$.

2. Les résidus conditionnels e_t ne forment pas un bruit blanc : on dit que $\{e_t\}$ est un *bruit coloré*.

3. Les résidus e_t sont décorrélés des X_s si $s \neq t$.

Proposition 1.7. *Le modèle X défini par (1.23) existe dans L^2 si le polynome caractéristique du CAR,*

$$P^*(\lambda) = (1 - 2 \sum_{s \in L^+} c_s \cos({}^t su))$$

ne s'annule pas sur le tore $\mathbb{T}^d$. Dans ce cas, la d.s. vaut

$$f_X(u) = \sigma_e^2 (2\pi)^{-d} P^*(\lambda)^{-1}$$

et les résidus conditionnels forment un bruit coloré de covariance :

$$Cov(e_t, e_{t+s}) = \begin{cases} \sigma_e^2 \ \textit{si } s = 0, \\ -\sigma_e^2 c_s \ \textit{si } s \in L \end{cases} \ \textit{et } Cov(e_t, e_{t+s}) = 0 \ \textit{sinon.}$$

Preuve. On traduit que $E(e_0 X_u) = 0$ si $u \neq 0$ et $E(e_0 X_0) = \sigma_e^2$ pour $u=0$. Puisque $e_0 = X_0 - \sum_{s \in L} c_s X_{-s}$, cette orthogonalité se traduit dans le domaine fréquentiel par l'égalité :

$$\forall u \neq 0 : \int_{T^d} e^{-i\langle \lambda, u \rangle} [1 - \sum_{s \in L} c_s e^{-i\langle \lambda, s \rangle}] f_X(\lambda) d\lambda = 0.$$

Le théorème de Plancherel dit alors que $f_X(u) = \sigma_e^2 (2\pi)^{-d} P^*(u)^{-1}$. Le résidu $e_t = X_t - \sum_{s \in L} c_s X_{t-s}$ étant un filtré linéaire de X, a pour d.s.

$$f_e(u) = \sigma_e^2 (2\pi)^{-d} P(u)^{-1} |P(u)|^2 = \sigma_e^2 (2\pi)^{-d} P(u).$$

D'où le résultat annoncé. □

Notons que là où la d.s. d'un CAR est proportionnelle à $P^*(u)^{-1}$, celle d'un SAR est proportionnelle à $|P(u)|^{-2}$. En dimension $d \geq 3$, la condition "P^* ne s'annule pas sur le tore" n'est pas nécessaire (cf. Ex. 1.12).

Comme pour un SAR, les équations de Yule-Walker sur la covariance d'un CAR s'obtiennent en multipliant par X_s l'équation définissant X_t, puis en prenant l'espérance : par exemple, pour le CAR isotropique aux 4-ppv sur $\mathbb{Z}^2$, ces équations sont :

$$\forall s : r(s) = \sigma_e^2 \, \delta_0(s) + a \sum_{t : \|t-s\|_1 = 1} r(t).$$

Trois raisons peuvent justifier le choix d'une modélisation CAR :

1. Une représentation CAR est intrinsèque : c'est la meilleure prédiction linéaire de X_t sur ses autres valeurs $\{X_s, s \neq t\}$.

2. L'estimation d'un modèle CAR par MCO est consistante (cf. Prop. 5.6).

3. La famille des CAR stationnaires contient celle des SAR, strictement si $d \geq 2$.

Proposition 1.8. *Modèles SAR et modèles CAR stationnaires sur $\mathbb{Z}^d$*

1. *Tout SAR est un CAR. Sur $\mathbb{Z}$, les deux classes coïncident.*

2. *Si $d \geq 2$, la famille des CAR est plus grande que celle des SAR.*

Preuve. 1. Pour obtenir la représentation CAR du SAR : $P(B)X_t = \varepsilon_t$, on écrit la d.s. f de X et on l'identifie à celle d'un CAR en développant $|P(e^{i\lambda})|^2 = |1 - \sum_{s \in R} a_s e^{i\langle \lambda, s \rangle}|^2$. On obtient ainsi le support L du CAR et ses coefficients $(c_s, s \in L)$, en imposant la normalisation $c_0 = 0$:

$$f(u) = \frac{\sigma_\varepsilon^2}{(2\pi)^d |P(e^{iu})|^2} = \frac{\sigma_e^2}{(2\pi)^d C(e^{iu})}, \text{ avec } c_0 = 1.$$

Pour $A - B = \{i - j : i \in A \text{ et } j \in B\}$, on obtient :

$$L = \{R^* - R^*\} \setminus \{0\}, \text{ où } R^* = R \cup \{0\} \text{ et}$$

$$\text{si } s \in L : c_s = (\sigma_e^2/\sigma_\varepsilon^2) \sum_{v, v+s \in R} a_v a_{v+s} \text{ si } s \neq 0 \text{ et } 0 \text{ sinon.}$$

Pour $d = 1$ l'identité des classes SAR et CAR résulte du théorème de Fejer qui dit que tout polynome trigonométrique $P^*(e^{i\lambda})$ d'une seule variable complexe qui est ≥ 0 est le module au carré d'un polynome trigonométrique : si $P^*(e^{i\lambda}) \geq 0$, $\exists$ il existe P t.q. $P^*(e^{i\lambda}) = |P(e^{i\lambda})|^2$. Ainsi le CAR-P^* s'identifie au SAR-P.

2. Montrons que sur $\mathbb{Z}^2$ le CAR, $X_t = c \sum_{s:\|s-t\|_1=1} X_s + e_t$, $c \neq 0$, n'admet pas de représentation SAR. La d.s. de X vérifie :

$$f_X^{-1}(\lambda_1, \lambda_2) = c(1 - 2c(\cos\lambda_1 + \cos\lambda_2)). \tag{1.24}$$

Si un SAR admet f_X pour d.s., son support R vérifie $R \subseteq L$. Notant (a_s) les coefficients du SAR, on doit avoir soit $a_{(1,0)} \neq 0$, soit $a_{(-1,0)} \neq 0$, par exemple $a_{(1,0)} \neq 0$; de même $a_{(0,1)}$ où $a_{(0,-1)} \neq 0$, par exemple $a_{(0,1)} \neq 0$. Mais alors un terme non-nul en $\cos(\lambda_1 - \lambda_2)$ devrait apparaître dans f_X^{-1}, ce qui n'est pas le cas. Le modèle CAR (1.24) n'admet pas de représentation SAR.

$\square$

Un processus MA de support fini est à covariance de portée bornée. Si $d = 1$, le théorème de Fejer assure que la réciproque est vraie : un processus sur $\mathbb{Z}$ de covariance de portée bornée est une MA. Ceci n'est plus vrai si $d \geq 2$: par exemple, le champ de corrélation ρ à distance 1, 0 à distance > 1, n'admet pas de représentation MA; la preuve repose sur des arguments similaires à ceux de la partie (2) de la proposition précédente.

Donnons quelques exemples de représentation CAR d'un SAR sur $\mathbb{Z}^2$.

Exemple 1.9. Correspondances $SAR \to CAR$

1. L'AR causal (cf. Fig. 1.7-a) de support $R = \{(1,0),(0,1)\}$:

$$X_{s,t} = \alpha X_{s-1,t} + \beta X_{s,t-1} + \varepsilon_{s,t},$$

est un $CAR(L)$ de demi support $L^+ = \{(1,0),(0,1),(-1,1)\}$, et de coefficients $c_{1,0} = \alpha\kappa^2$, $c_{0,1} = \beta\kappa^2$, $c_{-1,1} = -\alpha\beta\kappa^2$ et $\sigma_e^2 = \kappa^2\sigma_\varepsilon^2$, où $\kappa^2 = (1 + \alpha^2 + \beta^2)^{-1}$.

2. Le SAR non-causal :

$$X_{s,t} = a(X_{s-1,t} + X_{s+1,t}) + b(X_{s,t-1} + X_{s,t+1}) + \varepsilon_{s,t}$$

est un $CAR(L)$ (cf. Fig. 1.7-b) de demi-support $L^+ = \{(1,0),(2,0), (-1,1),(0,1),(0,2),(1,1),(0,2)\}$, et de coefficients :

$$c_{1,0} = 2a\kappa^2, \ c_{0,1} = 2b\kappa^2, \ c_{2,0} = 2a^2\kappa^2, \ c_{0,2} = 2b^2\kappa^2$$

$$c_{-1,1} = -2ab\kappa^2, \ \sigma_e^2 = \sigma_\varepsilon^2\kappa^2 \text{ où } \kappa^2 = (1 + 2a^2 + 2b^2)^{-1}.$$

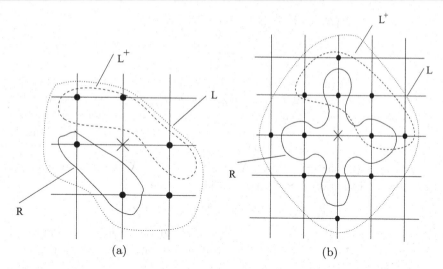

Fig. 1.7. (a) Support $R = \{(1,0),(0,1)\}$ du modèle SAR causal et support L du CAR associé ; (b) support $R = \{(1,0),(0,1),(-1,0),(0,-1)\}$ du modèle SAR non-causal et support L du CAR associé.

3. Le SAR factorisant :

$$X_{s,t} = \alpha X_{s-1,t} + \beta X_{s,t-1} - \alpha\beta X_{s-1,t-1} + \varepsilon_{s,t}, \ |\alpha| \text{ et } |\beta| < 1,$$

est un CAR aux 8-ppv, de coefficients

$$c_{1,0} = \alpha(1+\alpha^2)^{-1}, \ c_{0,1} = \beta(1+\beta^2)^{-1}, \ c_{1,1} = c_{-1,1} = -c_{1,0} \times c_{0,1}$$

$$\sigma_e^2 = \sigma_\varepsilon^2 \kappa^2 \text{ où } \kappa^2 = (1+\alpha^2)^{-1}(1+\beta^2)^{-1}$$

Dans ces trois exemples, $\kappa^2 < 1$ est le gain en variance de la prédiction CAR de X comparée à la prédiction SAR.

1.7.4 AR non-stationnaire sur un réseau fini S

Un champ réel sur $S = \{1, 2, \ldots, n\}$ est une v.a. vectorielle $X^* \in \mathbb{R}^n$. La non-stationnarité de X^* peut porter à la fois sur le vecteur des espérances $\mu = E(X^*)$, sur le réseau S et sur la matrice de covariance $\Sigma = Cov(X^*)$. On ne s'intéressera ici qu'à la non-stationnarité au second ordre, travaillant sur le processus recentré $X = X^* - \mu$ pour lequel $\Sigma = Cov(X^*) = Cov(X)$.

Soit $\varepsilon = (\varepsilon_t, t \in S)$ un bruit centré de L^2. Des représentations, site par site ou globales, MA, AR et $ARMA$ de X sur la base de ε sont définies par les équations :

$$MA : X_t = \sum_{s \in S} b_{t,s} \varepsilon_s \text{ , ou } X = B\varepsilon,$$

$$AR : X_t = \sum_{s \in S : s \neq t} a_{t,s} X_s + \varepsilon_t \text{ , ou } AX = \varepsilon,$$

$$ARMA : X_t = \sum_{s \in S : s \neq t} a_{t,s} X_s + \sum_{s \in S} b_{t,s} \varepsilon_s \text{ ou } AX = B\varepsilon,$$

où, pour $s, t \in S$, $B_{t,s} = b_{t,s}$, $A_{s,s} = 1$, $A_{t,s} = -a_{t,s}$ si $t \neq s$. La représentation MA est toujours définie ; les représentations AR et $ARMA$ le sont dès que A est inversible. Si $\Gamma = Cov(\varepsilon)$, ces modèles sont caractérisés au second ordre par leur covariance Σ :

$$MA : \Sigma = B\Gamma\,{}^tB \,;$$
$$AR : \Sigma = A^{-1}\Gamma\,{}^t(A^{-1});$$
$$ARMA : \Sigma = (A^{-1}B)\Gamma({}^t(A^{-1}B)).$$

Choisissons pour ε un BBf de variance 1 ($\Gamma = I_n$), et notons $<$ un ordre total (arbitraire) d'énumération des points de S. Si X est centré, de covariance Σ inversible, alors X admet une unique représentation AR causale relative à ε et à l'ordre $<$; cette représentation est associée à la matrice triangulaire inférieure A^* de la factorisation de Cholesky $\Sigma = {}^tA^*A^*$. Le fait que A^*, comme Σ, dépende de $n(n+1)/2$ paramètres, confirme l'identifiabilité du modèle AR causal. Les représentations AR équivalentes, en général non-identifiables, s'écrivent $\widetilde{A}X = \eta$, où, pour une matrice P orthogonale, $\eta = P\varepsilon$ (η est encore un BBf de variance 1) et $\widetilde{A} = PA^*$.

Dans la pratique, un modèle AR est associé à un graphe d'influence $\mathcal{R}$ non nécessairement symétrique : $s \to t$ est une arête (orientée) de $\mathcal{R}$ si X_s a une influence sur X_t, ceci avec un poids $a_{t,s}$, le voisinage de t étant $\mathcal{N}_t = \{s \in S : s \to t\}$.

Représentation SAR locale à un paramètre

Soit $W = (w_{t,s})_{t, s \in S}$ une matrice de poids ou graphe d'influence mesurant l'influence de s sur t, avec, pour tout t, $w_{t,t} = 0$: par exemple, W est la matrice de contiguïté spatiale constituée de 1 si s a une influence sur t, de 0 sinon. D'autres choix de W sont décrits dans le livre de Cliff et Ord [45] (cf. également le §5.2). Une fois W choisie, une modélisation spatiale classique en économétrie ou en épidémiologie spatiale est celle d'un SAR à un paramètre ρ : si $t \in S$ et si ε est un $BBf(\sigma_\varepsilon^2)$,

$$X_t = \rho \sum_{s : s \neq t} w_{t,s} X_s + \varepsilon_t, \text{ou } X = \rho W X + \varepsilon.$$

Le modèle est bien défini dès que $A = I - \rho W$ est inversible.

Représentation markovienne CAR

A nouveau, considérons le vecteur recentré X. Une représentation CAR s'écrit en terme d'*espérance conditionnelle linéaire* (d'espérance conditionnelle si X est gaussien) :

$$X_t = \sum_{s \in S:\, s \neq t} c_{t,s} X_s + e_t, \qquad \forall t \in S \qquad (1.25)$$

avec $E(e_t) = 0$, $Var(e_t) = \sigma_t^2 > 0$, $Cov(X_t, e_s) = 0$ si $t \neq s$. Dans cette représentation *intrinsèque*, e est un *résidu conditionnel*.

Une représentation CAR est associée à un graphe de voisinage $\mathcal{G}$ de S ainsi défini : $s \to t$ est une arête de $\mathcal{G}$ si $c_{t,s} \neq 0$. Comme on va le voir, $\mathcal{G}$ est symétrique. Notons C la matrice de coefficients $C_{s,s} = 0$ et $C_{t,s} = c_{t,s}$ si $s \neq t$, D la matrice diagonale de coefficients $D_{t,t} = \sigma_t^2$. Les équations de Yule-Walker, $\Sigma = C\Sigma + D$ s'obtiennent en multipliant (1.25) par X_s pour $s \in S$, puis en prenant l'espérance. Σ vérifie donc :

$$(I - C)\Sigma = D.$$

Ainsi (1.25) définit un modèle CAR de matrice de covariance Σ régulière ssi $\Sigma^{-1} = D^{-1}(I - C)$ est symétrique et définie positive. En particulier, la représentation (1.25) doit vérifier les contraintes :

$$c_{t,s}\sigma_s^2 = c_{s,t}\sigma_t^2, \qquad \forall t \neq s \in S. \qquad (1.26)$$

Donc $c_{t,s} \neq 0$ si $c_{s,t} \neq 0$ ce qui implique que le graphe $\mathcal{G}$ du CAR soit symétrique. Dans un algorithme d'estimation d'un CAR, il faudra veiller à intégrer ces contraintes. Si X est stationnaire (par exemple sur le tore fini $S = (\mathbb{Z}/p\mathbb{Z})^d$), on reparamètrera le modèle en $c_{t-s} = c_{t,s} = c_{s-t} = c_{t-s}$ pour $t \neq s$. Sous hypothèse gaussienne (1.25) spécifie complètement le modèle.

Notons que, à la différence des modèles stationnaires sur $\mathbb{Z}^d$ (cf. Prop. 1.8), si S est fini, la famille des SAR coïncide avec celle des CAR.

Champ gaussien markovien

Supposons que X soit un champ gaussien sur S, $X \sim \mathcal{N}_n(\mu, \Sigma)$, où Σ est inversible, et que S soit muni d'un graphe $\mathcal{G}$ symétrique et sans boucle, $\langle s, t \rangle$ signifiant que s et t sont voisins pour $\mathcal{G}$. On dira que X est un champ $\mathcal{G}$-markovien si, notant $Q = (q_{s,t}) = \Sigma^{-1}$, alors $q_{st} = 0$ sauf si $\langle s, t \rangle$. Dans ce cas, on a pour tout $t \in S$,

$$\mathcal{L}(X_t | X_s, s \neq t) \sim \mathcal{N}(\mu_t - q_{t,t}^{-1} \sum_{s:\langle t,s \rangle} q_{t,s}(X_s - \mu_s), q_{t,t}^{-1})$$

et X suit le modèle CAR : pour tout $t \in S$,

$$X_t - \mu_t = -q_{t,t}^{-1} \sum_{s:\langle t,s \rangle} q_{t,s}(X_s - \mu_s) + e_t, \qquad Var(e_t) = q_{t,t}^{-1}. \qquad (1.27)$$

Notons $[Q]$ la matrice $n \times n$ de diagonale 0, $[Q]_{t,s} = q_{t,s}$ si $t \neq s$ et $\mathrm{Diag}(Q)$ la matrice diagonale de diagonale celle de Q : (1.27) s'écrit,

$$X - \mu = -(\mathrm{Diag})^{-1}[Q](X - \mu) + e.$$

Comme on le verra au Ch. 2, les CAR gaussiens sont des modèles de Gibbs de potentiels quadratiques [189].

Graphe markovien $\mathcal{G}$ d'un SAR

Soit $\varepsilon \sim BBG(\sigma^2)$ un bruit blanc gaussien. Le SAR gaussien $AX = \varepsilon$ existe si A^{-1} existe, de covariance inverse $\Sigma^{-1} = Q = \sigma^{-2}({}^t AA)$, de graphe SAR : $\langle t, s \rangle_{\mathcal{R}} \iff a_{t,s} \neq 0$. Sa représentation CAR (1.27) est :

1. Les coefficients du CAR sont : $c_{t,s} = -q_{t,s}/q_{t,t}$ où $q_{t,s} = \sum_{l \in S} a_{l,t} a_{l,s}$.

2. Le graphe $\mathcal{G}$ de la représentation markovienne CAR de X est :

$$\langle t, s \rangle_{\mathcal{G}} \iff \begin{cases} \text{soit } \langle t, s \rangle_{\mathcal{R}}, \\ \text{soit } \langle s, t \rangle_{\mathcal{R}} \\ \text{soit } \exists l \in S \text{ t.q. } \langle l, t \rangle_{\mathcal{R}} \text{ et } \langle l, s \rangle_{\mathcal{R}} \end{cases}$$

$\mathcal{G}$ est *non-orienté* de portée "double" de celle de $\mathcal{R}$ (cf. Fig. 1.8).

Exemple 1.10. Représentation CAR d'un SAR aux plus proches voisins

Soit $W = (w_{t,s})_{t,s \in S}$ une matrice de poids mesurant l'influence de s sur t, avec, pour tout t, $w_{t,t} = 0$; considérons le SAR à un paramètre ρ :

$$X = \rho W X + \varepsilon,$$

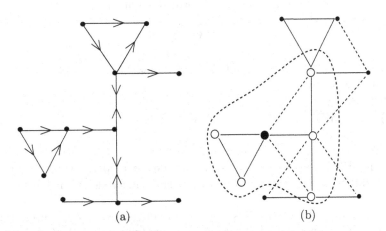

$$(a) \qquad\qquad\qquad (b)$$

Fig. 1.8. (a) Graphe orienté $\mathcal{R}$ d'un SAR ; (b) CAR associé, graphe $\mathcal{G}$ (nouvelles liaisons en pointillé) et voisinage conditionnel ($\circ$) du point ($\bullet$).

où ε est un $BBf(\sigma_\varepsilon^2)$. Le CAR associé à ce SAR est donné par (1.27) avec $\mu = 0$ et une covariance inverse $Q = \Sigma_X^{-1}$:

$$Q = \sigma_\varepsilon^{-2}(I - \rho(W + {}^tW) + \rho^2\,{}^tWW).$$

Quant à la meilleure prédiction linéaire de X, c'est le vecteur

$$\widehat{X} = -(\mathrm{Diag})^{-1}[Q]X.$$

1.7.5 Modèles auto-régressifs avec covariables : $SARX$

Ces modèles sont particulièrement utilisés en économétrie spatiale. Supposons que Z soit une matrice réelle $n \times p$ de conditions exogènes observables. Une modélisation $SARX$ (X pour eXogène) propose, de façon additionnelle à une régression de X sur Z, une même structure de poids W agissant séparément sur l'endogène X et sur l'exogène Z [7] :

$$X = \rho WX + Z\beta + WZ\gamma + \varepsilon, \ \rho \in \mathbb{R}, \ \beta \text{ et } \gamma \in \mathbb{R}^p. \tag{1.28}$$

Trois facteurs expliquent X : les variables de régressions habituelles ($Z\beta$), les endogènes (ρWX) et les exogènes retardées ($WZ\gamma$), pour les même poids W mais avec des paramètres autonomes.

Le sous-modèle en facteur commun, ou *modèle de Durbin spatial*, est associé à la contrainte $\gamma = -\rho\beta$, c'est-à-dire au modèle de régression à résidu SAR :

$$(I - \rho W)X = (I - \rho W)Z\beta + \varepsilon \text{ ou } X = Z\beta + (I - \rho W)^{-1}\varepsilon. \tag{1.29}$$

Le sous-modèle à *décalage spatial* correspond au choix $\gamma = 0$:

$$X = \rho WX + Z\beta + \varepsilon, \tag{1.30}$$

Notons que ces modèles offrent trois modélisations différentes de la moyenne, respectivement :

$$E(X) = (I - \rho W)^{-1}[Z\beta + WZ\gamma], \quad E(X) = Z\beta \quad \text{et} \quad E(X) = (I - \rho W)^{-1}Z\beta,$$

mais une même structure de covariance $\Sigma^{-1} \times \sigma^2 = (I - \rho\,{}^tW)(I - \rho W)$ si ε est un BBf de variance σ^2. L'estimation de ces modèles par MV gaussien s'obtiendra en explicitant la moyenne et la variance de X en fonction des paramètres.

Des variantes de ces modèles peuvent être envisagées, par exemple en prenant pour ε un modèle SAR associé à une matrice de poids H et à un paramètre réel α. On peut également envisager que les deux matrices de poids associées aux endogènes et aux exogènes soient distinctes.

1.8 Le modèle de régression spatiale

On parle de régression spatiale quand le processus $X = (X_s, s \in S)$ est la somme d'une partie déterministe $m(\cdot)$ représentant la variation à grande échelle, la dérive, la tendance ou moyenne de X, et de ε, un champ de résidus centrés :

$$X_s = m(s) + \varepsilon_s, \qquad E(\varepsilon_s) = 0.$$

Dépendant du contexte de l'étude et de l'information exogène disponible, il y a de nombreuses façons de modéliser $m(\cdot)$, soit par régression (linéaire ou non), soit par analyse de la variance (exogène qualitative), soit par analyse de la covariance (exogène à valeurs quantitative et qualitative), soit en utilisant un modèle linéaire généralisé :

surface de réponse : $m(s) = \sum_{l=1}^{p} \beta_l f_l(s)$ est dans un espace linéaire de fonctions connues f_l. Si $\{f_l\}$ est une base de polynomes, l'espace engendré est invariant vis-à-vis de l'origine des coordonnées. Si $s = (x, y) \in \mathbb{R}^2$, un modèle quadratique dans les coordonnées est associé aux monômes $\{f_l\} = \{1, x, y, xy, x^2, y^2\}$,

$$m(x, y) = \mu + ax + by + cx^2 + dxy + ey^2.$$

dépendance exogène : $m(s, z) = \sum_{l=1}^{p} \alpha_l z_s^{(l)}$ s'exprime à partir de variables exogènes observables z_s.

analyse de la variance : si $s = (i, j) \in \{1, 2, \ldots, I\} \times \{1, 2, \ldots, J\}$, on considère un modèle "additif" : $m(i, j) = \mu + \alpha_i + \beta_j$ avec $\sum_i \alpha_i = \sum_j \beta_j = 0$.

analyse de la covariance : $m(\cdot)$ est une combinaison de régressions et de composantes d'analyse de la variance :

$$m(s) = \mu + \alpha_i + \beta j + \gamma z_s, \qquad \text{si } s = (i, j).$$

Cressie [48] suggère la décomposition suivante pour le résidu ε_s :

$$X_s = m(s) + \varepsilon_s = m(s) + W_s + \eta_s + e_s. \tag{1.31}$$

W_s est une composante "lisse" modélisée par un processus intrinsèque dont la portée est de l'ordre de c fois ($c < 1$) la distance maximum entre les sites d'observation ; η_s est une composante à micro-échelle indépendante de W_s et de portée de l'ordre de c^{-1} la distance minimum entre les sites d'observation, e_s est une erreur de mesure ou composante pépitique indépendante de W et de η.

De façon générale, si X est observé en n sites $s_i \in S$, un modèle linéaire de régression spatiale linéaire s'écrit :

$$X_{s_i} = {}^t z_{s_i} \delta + \varepsilon_{s_i}, \qquad i = 1, \ldots, n \tag{1.32}$$

où z_{s_i}, $\delta \in R^p$, z_{s_i} est une covariable (qualitative, quantitative, mixte) observée en s_i et $\varepsilon = (\varepsilon_{s_i}, i = 1, \ldots, n)$ un résidu centré spatialement corrélé.

Notant $X = {}^t(X_{s_1}, \ldots, X_{s_n})$, $\varepsilon = {}^t(\varepsilon_{s_1}, \ldots, \varepsilon_{s_n})$, $Z = {}^t(z_{s_1}, \ldots, z_{s_n})$ la matrice $n \times p$ des conditions exogènes, (1.32) s'écrit matriciellement :

$$X = Z\delta + \varepsilon,$$

avec $E(\varepsilon) = 0$ et $Cov(\varepsilon) = \Sigma$.

La deuxième étape consiste à modéliser Σ à partir d'une fonction de covariance, d'un variogramme ou encore d'un modèle AR spatial.

Exemple 1.11. Pluies dans l'Etat du Parana (données **parana** du package **geoR** [181] de R)

Ces données donnent la hauteur de pluie moyenne sur différentes années durant la période mai–juin pour 143 stations du réseau météorologique de l'Etat de Parana, Brésil. La quantité de pluie peut être influencée par différents facteurs exogènes, climatiques ou non comme l'orographie, une moyenne temporelle permettant d'en d'atténuer les effets. Si on considère le nuage de points donné à la Fig. 1.9-a, on constate que le phénomène n'est pas stationnaire en moyenne, une modélisation affine de la *surface de réponse* $m(s) = \beta_0 + \beta_1 x + \beta_2 y$, $s = (x, y) \in \mathbb{R}^2$ semblant raisonable. Reste à proposer une covariance sur $\mathbb{R}^2$ pour les résidus qui permettra d'expliciter la covariance Σ des 143 observations puis à valider le modèle au premier et au deuxième ordre (cf. §1.3.3).

Exemple 1.12. Modélisation d'un essai à blanc

Ces données de Mercer et Hall [156] (cf. données **mercer-hall** dans le site) figurent les rendements en blé d'un essai à blanc (c-à-d sans traitement) en plein champ sur un domaine rectangulaire découpé en 20×25 parcelles (i, j) de même taille 2.5×3.3 m. Si on observe la carte des symboles figurant l'importance de ces rendements (cf. Fig. 1.10-a), il n'est pas évident de savoir si la moyenne $m(\cdot)$ est constante ou non. Pour en juger, les données étant

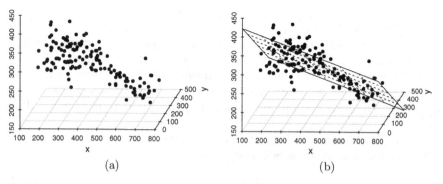

(a)   (b)

Fig. 1.9. (a) Données de pluie pour 143 stations du réseau météorologique de l'Etat Parana, Brésil (données **parana** de **geoR**); (b) estimation d'une tendance linéaire $m(s)$.

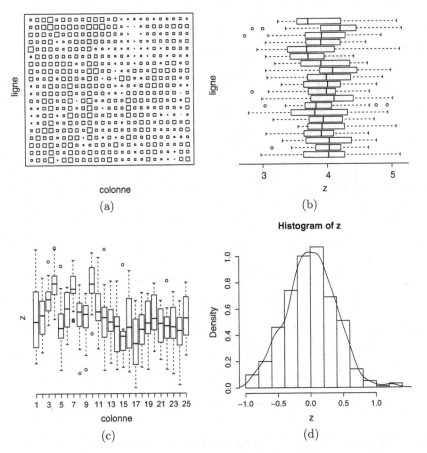

Fig. 1.10. (a) Données de Mercer et Hall : rendements de blé sur un champ découpé en 20×25 parcelles de même taille ; les dimensions des symboles sont proportionnelles au rendement ; (b) boîtes à moustaches par lignes ; (c) boîtes à moustaches par colonnes ; (d) histogramme des données avec une estimation non-paramétrique de la densité.

disposées sur une grille, on peut s'aider de boîtes à moustaches par colonnes et par lignes, celles-ci nous aidant à decouvrir s'il y a une tendance ou non suivant l'une ou l'autre direction.

L'analyse graphique (cf. Fig. 1.10-b et c) suggère qu'il n'y a pas d'effet ligne (i). On propose alors un modèle avec le seul effet colonne (j) :

$$X_{i,j} = \beta_j + \varepsilon_{i,j}, \qquad i = 1, \ldots, 20, \, j = 1, \ldots, 25.$$

Exemple 1.13. Part du produit agricole brut consommée localement

Cliff et Ord [45] ont analysé la variabilité spatiale de la part X du produit agricole brut consommée sur place pour les 26 comtés S de l'Irlande (données

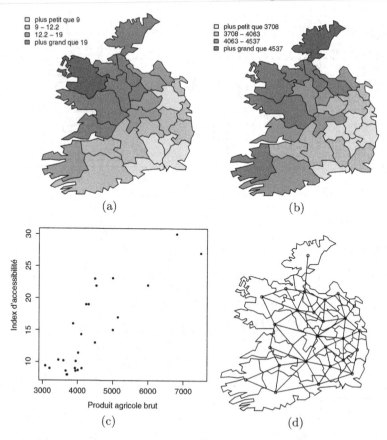

Fig. 1.11. (a) Part, X, du produit agricole brut des 26 comtés d'Irlande consommée intérieurement; (b) indice, Y, d'accessibilité routière; (c) diagramme de dispersion entre X et Y; (d) graphe d'influence associé à la spécification binaire.

`eire` du *package* `spdep`). Ces pourcentages (cf. Fig. 1.11-a) sont mis en rapport avec un indice z mesurant l'accessibilité routière du comté (cf. Fig. 1.11-b). Le diagramme de dispersion (Fig. 1.11-c) montre que modèle linéaire,

$$X_s = \beta_0 + \beta_1 z_s + \varepsilon_s, \qquad s \in S \tag{1.33}$$

est raisonnable. Une analyse préalable des résidus de (1.33) estimés par MCO montre que ceux-ci présentent une corrélation spatiale. On modélise celle-ci à l'aide d'une matrice $W = (w_{t,s})_{t,\, s \in S}$ de poids connus mesurant l'influence de s sur t. La Fig. 1.11-d donne le graphe d'influence associé à la spécification binaire symétrique et on choisit $w_{t,s} = 1$ si s et t sont voisins, et $w_{t,s} = 0$ sinon.

Un premier modèle est le modèle à décalage spatial (1.30) :

$$X_s = \beta_0 + \beta_1 z_s + \gamma \sum_{t \in S} w_{s,t} X_t + \varepsilon_s$$

Une autre possibilité est d'étudier une régression à résidu SAR :

$$X_s = \beta_0 + \beta_1 z_s + \varepsilon_s, \qquad \varepsilon_s = \lambda \sum_{t \in S} w_{s,t} \varepsilon_t + \eta_s$$

avec η un BB. Un modèle généralisant l'un et l'autre est (cf. Ex. 1.21) :

$$X_s = \beta_0 + \beta_1 z_s + \gamma \sum_{t \in S} w_{s,t} X_t + \varepsilon_s,$$

où $\varepsilon_s = \lambda \sum_{t \in S} w_{s,t} \varepsilon_t + \eta_s$.

1.9 Prédiction à covariance connue

L'objectif poursuivi est de dresser des *cartes de prédiction* de X sur tout S lorsque X est observé seulement en un nombre fini de points de S. La dénomination *krigeage*, qui recouvre ce problème de prédiction, est due à Matheron : elle fait référence aux travaux de Krige [134], un ingénieur minier sud-africain.

1.9.1 Le krigeage simple

Etant données n observations $\{X_{s_1}, \ldots, X_{s_n}\}$ dans S, l'objectif du krigeage est de prédire linéairement X_{s_0} en un site s_0 non-observé. On supposera que la covariance (le variogramme) de X est connue. Si, comme c'est le cas dans la pratique, elle ne l'est pas, elle devra être préalablement estimée (cf. §5.1.3).

Notons : $X_0 = X_{s_0}$, $X = {}^t(X_{s_1}, \ldots, X_{s_n})$, $\Sigma = Cov(X)$, $\sigma_0^2 = Var(X_0)$ et $c = Cov(X, X_0)$, $c \in \mathbb{R}^n$, les caractéristiques (connues ou estimées) au second ordre de X et considérons un prédicteur linéaire de X_0 :

$$\widehat{X}_0 = \sum_{i=1}^{n} \lambda_i X_{s_i} = {}^t \lambda X.$$

Le critère de choix retenu est celui qui minimise l'écart quadratique moyen (EQM) de l'erreur $e_0 = X_0 - \widehat{X}_0$

$$EQM(s_0) = E\{(X_0 - \widehat{X}_0)^2\}. \tag{1.34}$$

Le krigeage simple examine la situation où la moyenne $m(\cdot)$ de X est connue. Sans restreindre le problème, on supposera que X est centré.

Proposition 1.9. *Krigeage simple : la prédiction linéaire de X_0 minimisant (1.34) et la variance de l'erreur de prédiction valent respectivement :*

$$\widehat{X}_0 = {}^t c \Sigma^{-1} X, \qquad \tau^2(s_0) = \sigma_0^2 - {}^t c \Sigma^{-1} c. \tag{1.35}$$

$\widehat{X}_0$ est la prédiction linéaire et sans biais de X_0 de moindre écart quadratique (BLUP pour *Best Linear Unbiased Predictor*).

Preuve.

$$EQM(s_0) = \sigma_0^2 - 2\,{}^t\lambda c + {}^t\lambda \Sigma \lambda = \Psi(\lambda);$$

le minimum est atteint en un λ où les dérivées partielles de Ψ s'annulent. On obtient $\lambda = \Sigma^{-1}c$ et on vérifie qu'on est bien en un minimum. Par substitution, on obtient la variance d'erreur (1.35).   □

Commentaire

La valeur optimale de λ n'est autre que $c = \Sigma\lambda$, c-à-d,

$$Cov(X_{s_i}, X_0 - \widehat{X}_0) = 0 \qquad \text{pour } i = 1, \ldots, n.$$

Ces égalités traduisent que $\widehat{X}_0$ est la projection orthogonale (pour le produit scalaire de la covariance de X) de X_0 sur l'espace engendré par les variables $X_{s_1}, \ldots, X_{s_n}$. Cette prédiction coïncide avec X_0 si s_0 est l'un des sites d'observation. Si X est gaussien, $\widehat{X}_0$ n'est autre que l'espérance conditionnelle $E(X_0 \mid X_{s_1}, \ldots, X_{s_n})$; inconditionnellement, la loi de cette prédiction est gaussienne et l'erreur est $X_0 - \widehat{X}_0 \sim \mathcal{N}(0, \tau^2(s_0))$.

1.9.2 Krigeage universel

Plus généralement, supposons que $X = Z\delta + \varepsilon$ suive un modèle de régression linéaire spatiale (1.32) : connaissant z_0 et la covariance Σ du résidu ε (mais pas le paramètre moyen δ), on cherche la prédiction linéaire sans biais de X_0, c-à-d vérifiant ${}^t\lambda Z = {}^tz_0$, qui minimise l'écart quadratique moyen (1.34). Si Σ n'est pas connue, elle sera estimée préalablement (cf. §5.1.3).

Proposition 1.10. *Krigeage universel : la meilleure prédiction linéaire de X_0 sans biais est*

$$\widehat{X}_0 = \{{}^tc\Sigma^{-1} + {}^t(z_0 - {}^tZ\Sigma^{-1}c)({}^tZ\Sigma^{-1}Z)^{-1}{}^tZ\Sigma^{-1}\}X. \qquad (1.36)$$

La variance de l'erreur de prédiction est

$$\tau^2(s_0) = \sigma_0^2 - {}^tc\Sigma^{-1}c + {}^t(z_0 - {}^tZ\Sigma^{-1}c)({}^tZ\Sigma^{-1}Z)^{-1}(z_0 - {}^tZ\Sigma^{-1}c). \quad (1.37)$$

Preuve. L'EQM de la prédiction ${}^t\lambda X$ vaut :

$$EQM(s_0) = \sigma_0^2 - 2\,{}^t\lambda c + {}^t\lambda \Sigma.\lambda.$$

Pour ν un multiplicateur de Lagrange, considérons la quantité :

$$\phi(\lambda, \nu) = \sigma_0^2 - 2{}^t\lambda c + {}^t\lambda\Sigma\lambda - 2\nu({}^t\lambda Z - {}^tz_0).$$

Le minimum de ϕ en (λ, ν) est atteint lorsque les dérivées partielles de ϕ en λ et ν s'annulent. En λ, on obtient $\lambda = \Sigma^{-1}(c + Z\nu)$. Pour trouver ν, on substitue λ dans la condition sans biais et on obtient

$$\nu = ({}^tZ\Sigma^{-1}Z)^{-1}(z_0 - {}^tZ\Sigma^{-1}c),$$
$$\lambda = \Sigma^{-1}c + \Sigma^{-1}Z({}^tZ\Sigma^{-1}Z)^{-1}(z_0 - {}^tZ\Sigma^{-1}c).$$

Par substitution dans $EQM(s_0)$, on obtient (1.36) et (1.37).   □

L'interprétation de la prédiction (1.36) par krigeage universel est la suivante : on réécrit (1.36) comme,

$$\widehat{X}_0 = {}^tz_0\widehat{\delta} + c\Sigma^{-1}(X - Z\widehat{\delta}), \qquad \text{avec}$$
$$\widehat{\delta} = ({}^tZ\Sigma^{-1}Z)^{-1}{}^tZ\Sigma^{-1}X.$$

On verra au Ch. 5 que $\widehat{\delta}$ est l'estimateur (optimal) des moindres carrés énéralisés (MCG) de δ (cf. §5.3.4) : le krigeage universel de X_0 est donc la somme de l'estimation (optimale) ${}^tz_0\widehat{\delta}$ de $E(X_0) = {}^tz_0\delta$ et du krigeage simple $c\Sigma^{-1}(X - Z\widehat{\delta})$ des résidus $\widehat{\varepsilon} = (X - Z\widehat{\delta})$ estimés par MCG.

Si $X_s = m + \varepsilon_s$ où m est constante mais inconnue, on parle de *krigeage ordinaire*.

Les formules de krigeage s'écrivent de façon analogue en termes du variogramme si ε est un processus intrinsèque (cf. Ex. 1.10) ; en effet, la stationnarité ne joue aucun rôle dans l'obtention des résultats (1.36) et (1.37).

Le krigeage est un *interpolateur exact* puisque $\widehat{X}_{s_0} = X_{s_0}$ si s_0 est un site d'observation : en effet, si $s_0 = s_i$ et si c est la i-ème colonne de Σ, alors $\Sigma^{-1}c = {}^te_i$ où e_i est le i-ème vecteur de la base canonique de $\mathbb{R}^n$ et ${}^tZ\Sigma^{-1}c = {}^tz_0$.

Régularité de la surface de krigeage

La régularité à l'origine de la covariance C (du variogramme γ) détermine la régularité de la surface de krigeage $s \mapsto \widehat{X}_s$, en particulier aux points d'échantillonnage (cf. Fig. 1.12) :

1. Pour le modèle pépitique, si $s_0 \neq s_i$, alors $\Sigma^{-1}c = 0$, $\widehat{\delta} = n^{-1}\sum_{i=1}^n X_{s_i}$ et la prédiction n'est autre que la moyenne arithmétique des (X_{s_i}) si $s_0 \neq s_i$, avec des pics $\widehat{X}_{s_0} = X_{s_i}$ si $s_0 = s_i$. Plus généralement, si $C(h)$ est discontinue en 0, $s \mapsto \widehat{X}_s$ est discontinue aux points d'échantillonnage.

2. Si $C(h)$ est linéaire à l'origine, $s \mapsto \widehat{X}_s$ est continue partout mais elle n'est pas dérivable aux points d'échantillonnage.

3. Si $C(h)$ est parabolique en 0, $s \mapsto \widehat{X}_s$ est continue et dérivable partout.

Si en dimension $d = 1$ le krigeage utilise la covariance cubique (1.8), l'interpolateur est une fonction spline cubique. En dimension supérieure et pour une

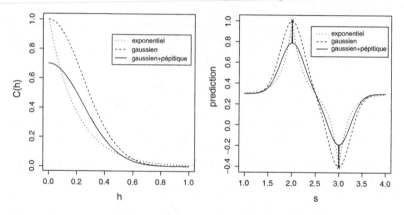

Fig. 1.12. Régularité (à droite) de la surface de krigeage (ici $S = \mathbb{R}$, $X_2 = 1$, $X_3 = -0.4$) en fonction de la régularité de la covariance en 0 : à gauche, (i) exponentielle $C(h) = \exp(-|h|/0.2)$, (ii) gaussienne $C(h) = \exp(-0.6|h|^2/\sqrt{3})$, (iii) gaussien + effet pépitique $C(h) = \mathbf{1}_0(h) + 0.7\exp(-0.6\|h\|^2/\sqrt{3})(1 - \mathbf{1}_0(h))$.

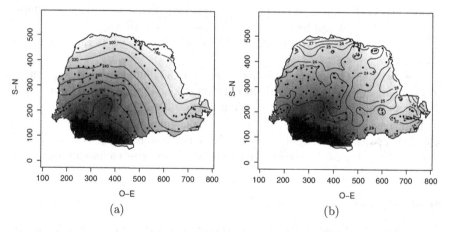

Fig. 1.13. Krigeage sur les données de pluie de l'Etat du Parana donnant, en niveau de gris, la prévision $\widehat{X}_s$ sur tout l'Etat : (a) courbes de niveau associées au $\widehat{X}_s$; (b) courbes de niveau associées à l'écart type de l'erreur de prédiction.

covariance séparable cubique, les prédictions sont cubiques par morceaux dans chaque variable [43, p. 272]. Une comparaison empirique entre les previsions obtenues par fonctions splines ou par krigeage est donnée par Laslett [140].

Exemple 1.14. Krigeage des pluies dans l'Etat du Parana (suite)

Après une analyse préliminaire, nous avons estimé (cf. §5.3.4) le modèle de régression affine $m(s) = \beta_0 + \beta_1 x + \beta_2 y$, $s = (x, y) \in \mathbb{R}^2$ pour une covariance gaussienne avec un effet pépitique pour le résidu. La Fig. 1.13-a donne la carte de prédiction par krigeage universel pour ce modèle et la Fig. 1.13-b son écart type.

1.9.3 Expériences numériques

Une expérience numérique est une procédure dont l'objectif est d'apprendre un programme (un metamodèle) $y = f(x)$ qui associe à une entrée $x \in S = [0,1]^d$ une réponse $y \in \mathbb{R}^q$ [132; 193]. Ici, la dimension "spatiale" d de l'entrée x est en général ≥ 3. Parmi les méthodes existantes, les méthodes statistiques spatiales font l'hypothèse que y est aléatoire associée à x au travers d'un modèle spatial, par exemple une régression spatiale,

$$y = {}^t z(x)\beta + \varepsilon(x),$$

où $z(x)$ est connue, $\beta \in \mathbb{R}^p$ est inconnue et ε est un champ gaussien stationnaire de covariance C. Le plus souvent, C est choisie séparable afin d'obtenir des algorithmes de calcul rapides. Si on dispose d'observations (de calculs) $x_i \mapsto y_i$ aux points d'un dispositif $\mathcal{O} = \{x_1, x_2, \ldots, x_n\}$ de S, le krigeage universel $\widehat{y}_{\mathcal{O}} = \{\widehat{y}_{\mathcal{O}}(x), x \in S\}$ pour la covariance C donne une prévision de y partout sur S et répond au problème d'apprentissage. Si la covariance dépend d'un paramètre θ inconnu, on devra estimer préalablement θ et utiliser le krigeage universel sous $C_{\widehat{\theta}}$. A budget fixé et critère de prédiction donné, on devra optimiser le dispositif expérimental $\mathcal{O}$ en minimisant le critère sur tout S.

Choix d'un plan d'échantillonnage des sites d'observation

Supposons que X soit un champ de moyenne constante et que l'on cherche à déterminer un plan d'échantillonnage $\mathcal{O} = \{x_1, x_2, \ldots, x_n\}$ à n points qui minimise la variance intégrée sur une région d'intérêt $A \subset \mathbb{R}^d$,

$$V(\mathcal{O}, A) = \int_A E[X_s - \widehat{X}_s(\mathcal{O})]^2 ds = \int_A \tau^2(s, \mathcal{O}) ds. \qquad (1.38)$$

Dans cette définition, $\widehat{X}_s(\mathcal{O})$ et $\tau^2(s, \mathcal{O})$ sont respectivement la prévision et la variance de la prévision par $\mathcal{O}$-krigeage ordinaire. Une approximation de (1.38) s'obtient en discrétisant A avec un sous-ensemble $R \subset A$ fini de cardinal $M > m$. La minimisation de (1.38) sur R implique une recherche exhaustive sur un ensemble à $\binom{M}{m}$ éléments. Dans la pratique, on utilisera l'algorithme séquentiel approchant suivant :

1. Soit $\mathcal{O}_{k-1} = \{x_1^*, \ldots, x_{k-1}^*\}$ les $k-1$ premiers points sélectionnés et $R_k = R \backslash \mathcal{O}_{k-1}$. Choisir $x_k^* = \arg\min_{x \in R_k} V(\mathcal{O}_{k-1} \cup s, A)$.

2. Répéter le pas précédent jusqu'à $k = m$.

Le critère V peut être généralisé à des champs non-stationnaires en moyenne. D'autres critères de choix peuvent être envisagés.

Exercices

1.1. Effet d'une corrélation spatiale sur la variance d'une moyenne empirique.
Soit $X = \{X_s,\ s \in \mathbb{Z}^d\}$ un champ stationnaire sur $\mathbb{Z}^d$ de moyenne m et de covariance $C(h) = \sigma^2 \rho^{\|h\|_1}$ où $\|h\|_1 = \sum_{i=1}^d |h_i|$ et $|\rho| < 1$.

1. Pour $d = 1$ et $\overline{X} = \sum_{t=1}^9 X_t/9$, montrer que:

$$V_1(\rho) = \mathrm{Var}\{\overline{X}\} = \frac{\sigma^2}{81}\{9 + 2\sum_{k=1}^8 (9-k)\rho^k\}.$$

2. Pour $d = 2$ et $\overline{X} = \sum_{s=1}^3 \sum_{t=1}^3 X_{s,t}/9$, montrer que :

$$V_2(\rho) = \mathrm{Var}(\overline{X}) = \frac{\sigma^2}{81}\{9 + 24\rho + 28\rho^2 + 16\rho^3 + 4\rho^4\}.$$

Comparer $V_1(0)$, $V_1(\rho)$ et $V_2(\rho)$. Vérifier que pour $\rho = 1/2$, ces 3 valeurs sont respectivement proportionnelles à 9, 15.76 et 30.25.

3. On note $N = n^d$ et $V_d = Var(\overline{X}_N)$ où $\overline{X}_N = N^{-1}\sum_{t\in\{1,2,\dots,n\}^d} X_t$; montrer que :

$$V_d(\rho) = \mathrm{Var}(\overline{X}_N) = \frac{\sigma^2}{N^2}\left\{ n\frac{1+\rho}{1-\rho} - \frac{2\rho}{1-\rho^2} + o_n(1) \right\}^d.$$

Comparer la largeur des intervalles de confiance pour m sous ρ-corrélation et sous indépendance.

1.2. Trois prévisions pour un AR factorisant sur $\mathbb{Z}^2$.
Soit X un champ gaussien stationnaire centré sur $\mathbb{Z}^2$, de covariance $C(h) = \sigma^2\rho^{\|h\|_1}$. On considère les trois prédictions suivantes de X_0 :

1. La prédiction par $0 = E(X_0)$
2. La prédiction causale optimale SAR à partir de $X_{1,0}$, $X_{0,1}$ et $X_{1,1}$
3. La prédiction optimale CAR à partir des $\{X_t,\ t \neq 0\}$

Expliciter les deux derniers prédicteurs. Vérifier que pour $\rho = 1/2$, les variances d'erreurs de prédiction sont respectivement proportionnelles à 1, 0.5625 et 0.36.

1.3. Formule de Krige.
Soit $X = \{X_t, t \in \mathbb{R}^d\}$ un champ stationnaire centré de L^2, de covariance C. Pour $V \in \mathcal{B}_b(\mathbb{R}^d)$ un borélien borné, on note :

$$X(V) = \frac{1}{\nu(V)}\int_V X(z)dz \ \text{ et } \ C(u,U) = \frac{1}{\nu(u)\nu(U)}\int_u \int_U C(y-z)dydz$$

où $u, U \in \mathcal{B}_b(\mathbb{R}^d)$ sont de volumes $\nu(u)$ et $\nu(U) > 0$.

1. La *variance d'extension* de X de v à V est $\sigma_E^2(v, V) = Var(X(v) - X(V))$:
c'est la variance d'erreur de prédiction de $X(V)$ par $\widehat{X}(V) = X(v)$. Vérifier
que $\sigma_E^2(v, V) = C(v, v) + C(V, V) - 2C(v, V)$.

2. On suppose que $D \subset \mathbb{R}^d$ est partitionné en I sous-domaines V_i, chaque
V_i étant à son tour divisé en J sous-domaines v_{ij} isométriques entre eux,
de telle sorte que l'on passe d'une partition de V_i à une partition de V_j
par une translation. On note v la forme génératrice commune des v_{ij} et
V celle de V_i. Notant $X_{ij} = X(v_{ij})$ et $X_{i\cdot} = \frac{1}{J}\sum_{j=1}^J X_{ij}$, on définit la
variance empirique de dispersion et la *variance de dispersion* de X de v
dans V, $v \subset V$, par :

$$s^2(v \mid V) = \frac{1}{J}\sum_{j=1}^J (X_{ij} - X_{i\cdot})^2 \text{ et } \sigma^2(v \mid V) = E\{s^2(v \mid V)\}).$$

(a) Vérifier que $\sigma^2(v \mid V) = C(v, v) - C(V, V)$.

(b) Démontrer que $\sigma^2(v \mid D) = \sigma^2(v \mid V) + \sigma^2(V \mid D)$.

1.4. Une condition suffisante de s.d.p. pour une matrice.

1. Vérifier que C est s.d.p. si C est diagonalement dominante, c-à-d, si pour
tout i : $C_{ii} \geq \sum_{j:j\neq i}|C_{ij}|$.

2. Ecrire cette condition pour les deux covariances :

(a) $C(i, j) = \rho^{|i-j|}$ sur $\mathbb{Z}$.

(b) $C(i, j) = 1$ si $i = j$, ρ si $\|i - j\|_\infty = 1$ et 0 sinon, sur $\mathbb{Z}^d$.

Montrer que la condition suffisante 1 n'est pas nécessaire.

1.5. Covariance produit, restriction et extension d'une covariance.

1. Montrer que si $C_k(\cdot)$, $k = 1, \sum_{s,t=1,3} d$ sont des covariances stationnaires
sur $\mathbb{R}^1$, la fonction $C(h) = \prod_{k=1}^d C_k(h_k)$ est une covariance sur $\mathbb{R}^d$.

2. Montrer que si C est une covariance sur $\mathbb{R}^d$, alors C est une covariance
sur tout sous-espace vectoriel de $\mathbb{R}^d$.

3. On considère la fonction $C_0(h) = (1 - |h|/\sqrt{2})\mathbf{1}\{|h| \leq \sqrt{2}\}$ sur $\mathbb{R}$.

(a) Démontrer que C_0 est une covariance sur $\mathbb{R}$.

(b) Posant pour $(i, j) \in A = \{1, 2, \ldots, 7\}^2$, $s_{ij} = (i, j)$ et $a_{ij} = (-1)^{i+j}$,
vérifier que $\sum_{(i,j),(k,l)\in A} a_{ij}a_{kl}C_0(\|s_{ij} - s_{kl}\|) < 0$. En déduire que
$C(h) = C_0(\|h\|)$ n'est pas une covariance sur $\mathbb{R}^2$.

(c) Vérifier que $\sum_{u,v\in\{0,1\}^d}(-1)^{\|u\|_1+\|v\|_1}C_0(\|u - v\|) < 0$ si $d \geq 4$. En
déduire que $C(h) = C_0(\|h\|)$ n'est pas une covariance sur $\mathbb{R}^d$ si $d \geq 4$.

(d) Démontrer que $C(h) = C_0(\|h\|)$ n'est pas une covariance sur $\mathbb{R}^3$. En
déduire qu'aucune extension isotropique de C_0 n'est une covariance
sur $\mathbb{R}^d$ si $d \geq 2$.

1.6. Champ du χ^2.

1. Si (X, Y) est un couple gaussien, démontrer que :

$$Cov(X^2, Y^2) = 2\{Cov(X, Y)\}^2.$$

(si (X, Y, Z, T) est un vecteur gaussien de $\mathbb{R}^4$, alors

$$E(XYZT) = E(XY)E(ZT) + E(XZ)E(YT) + E(XT)E(YZ).$$

2. Si $X^1, \ldots, X^n$ sont n champs gaussiens i.i.d. centrés, stationnaires sur $\mathbb{R}^d$, de covariance C_X, démontrer que le champ Y défini par

$$Y = \{Y_s = \sum_{i=1}^{n} [X_s^i]^2, \, s \in \mathbb{R}^d\}$$

est stationnaire de covariance $C_Y(h) = 2n\, C_X(h)^2$.

1.7. Propriété de Markov de la covariance exponentielle.
On considère X un processus stationnaire sur $\mathbb{R}$ de covariance $C(t) = \sigma^2 \rho^{|t|}$ où $|\rho| < 1$. X est observé en n sites $\{s_1 < s_2 < \ldots < s_n\}$.

1. Démontrer que si $s_0 < s_1$, le krigeage de X en s_0 est $\widehat{X}_{s_0} = \rho^{s_1 - s_0} X_{s_1}$.

2. Démontrer que si $s_k < s_0 < s_{k+1}$, le krigeage $\widehat{X}_{s_0}$ dépend uniquement de X_{s_k} et $X_{s_{k+1}}$ et expliciter ce krigeage.

1.8. Pour $X = (X_t, t \in \mathbb{R})$ stationnaire et de covariance C, on observe : $X_0 = -1$ et $X_1 = 1$. Montrer que le krigeage simple vaut

$$\widehat{X}_s = \frac{C(s-1) - C(s)}{C(0) - C(1)}$$

et que la variance de l'erreur de prédiction en s est

$$\tau^2(s) = C(0) \left(1 - \frac{(C(s) + C(s-1))^2}{C(0)^2 - C(1)^2}\right) + 2\frac{C(s)C(s-1)}{C(0) - C(1)}$$

Tracer les courbes $s \mapsto \widehat{X}_s$ et $s \mapsto \tau^2(s)$ pour $s \in [-3, 3]$ si C est la covariance de Matérn de paramètres $C(0) = 1$, $a = 1$, $\nu = 1/2$ (resp. $\nu = 3/2$). Commenter les graphiques.

1.9. Modèles à corrélation nulle à distance > 1.
On considère $X = (X_t, t \in \mathbb{Z})$ un processus stationnaire de corrélation ρ à distance 1 et de corrélation 0 à distance > 1. On note $X(n) = {}^t(X_1, X_2, \ldots, X_n)$ et $\Sigma_n = Cov(X(n))$.

1. A quelle condition sur ρ, Σ_3 est-elle s.d.p. ? Même question pour Σ_4.

2. Déterminer la fonction de corrélation d'un processus $MA(1)$: $X_t = \varepsilon_t + a\varepsilon_{t-1}$, ε étant un BBf. En déduire que la condition $|\rho| \leq 1/2$ assure que, pour tout $n \geq 1$, Σ_n est s.d.p.

3. Déterminer le krigeage de X_0 sur X_1, X_2. Même question si :

    (a) $E(X_t) = m$ est inconnue.

    (b) $E(X_t) = a\,t$.

4. Se poser vous des questions analogues si $X = (X_{s,t}, (s,t) \in \mathbb{Z}^2)$ est un champ stationnaire corrélé à ρ à distance (euclidienne) 1 et à 0 à distance > 1.

1.10. Si $X_s = m + \varepsilon_s$ où $\{\varepsilon_s,\ s \in S\}$ est un processus intrinsèque de variogramme 2γ, expliciter les prédictions de krigeage (1.36) et les variances de krigeage (1.37) en fonction de γ.

1.11. On considère le processus $X_s = cos(U + sV)$, $s \in \mathbb{R}$, où U est une loi uniforme $\mathcal{U}(0, 2\pi)$ et V est une variable de Cauchy sur $\mathbb{R}$ (de densité $1/\pi(1 + x^2)$), U et V étant indépendantes. Vérifier que $E(X_s) = 0$ et $Cov(X_s, X_t) = 2^{-1}\exp\{-|s - t|\}$. En déduire que les trajectoires de X sont indéfiniment dérivables mais que X n'est pas dérivable dans L^2.

1.12. Modèle CAR "frontière".

Démontrer que l'équation $X_t = \frac{1}{d}\sum_{s:\|s-t\|_1=1} X_s + e_t$ définit un CAR sur $\mathbb{Z}^d$ si et seulement si $d \geq 3$.

1.13. Expliciter les représentations CAR des modèles SAR suivants (graphe, coefficients, facteur de réduction de variance κ^2) :

1. $X_{s,t} = aX_{s-1,t} + bX_{s,t-1} + cX_{s+1,t-1} + \varepsilon_{s,t}$ pour $(s,t) \in \mathbb{Z}^2$.

2. $X_{s,t} = a(X_{s-1,t} + X_{s+1,t}) + b(X_{s,t-1} + X_{s,t+1}) + c(X_{s-1,t-1} + X_{s+1,t+1}) + \varepsilon_{s,t}$ pour $(s,t) \in \mathbb{Z}^2$.

3. $X_t = aX_{t-1} + bX_{t+2} + \varepsilon_t$ pour $(s,t) \in \mathbb{Z}$.

1.14. Simulations d'un modèle SAR factorisant sur $\mathbb{Z}^2$.

On considère le modèle gaussien centré SAR factorisant :

$$X_{s,t} = \alpha X_{s-1,t} + \beta X_{s,t-1} - \alpha\beta X_{s-1,t-1} + \varepsilon_{s,t}, \qquad 0 < \alpha, \beta < 1.$$

Si $Var(\varepsilon) = \sigma_\varepsilon^2 = (1 - \alpha^2)(1 - \beta^2)$, la covariance de X vaut $C(s,t) = \alpha^{|s|}\beta^{|t|}$. On propose trois méthodes de simulation X sur le rectangle $S = \{0, 1, 2, \ldots, n-1\} \times \{0, 1, 2, \ldots, m-1\}$, la première et la dernière méthodes fournissant une simulation exacte :

1. À partir de la décomposition de Choleski de $\Sigma = \Sigma_1 \otimes \Sigma_2$: préciser cette décomposition et l'algorithme de simulation.

2. En utilisant l'échantillonneur de Gibbs pour le CAR associé (cf. §4.2 ; préciser le modèle CAR associé et l'algorithme de simulation).

3. À partir d'une récursion définissant de façon exacte X sur S : soit W le drap brownien sur $(\mathbb{R}^+)^2$ (cf. (1.1)) et les variables

$$Z_{s,0} = \alpha^s \times W([0, \alpha^{-2s}] \times [0,1]) \qquad \text{pour } s = 0, \ldots, n-1, \text{ et}$$
$$Z_{0,t} = \beta^t \times W([0,1] \times [0, \beta^{-2t}]) \qquad \text{pour } t = 0, \ldots, m-1.$$

Vérifier que Z a la même covariance que X sur les deux axes. En déduire une méthode de simulation exacte de X sur une sous-grille de S.

1.15. Equations de Yule-Walker.
Ecrire les équations de Yule-Walker pour les modèles stationnaires admettant
pour d.s. :

1. $f(u_1, u_2) = \sigma^2(1 - 2a\cos u_1 - 2b\cos u_2)$
2. $g(u_1, u_2) = (1 + 2\cos u_1)f(u_1, u_2)$

1.16. Identifier sous la forme d'une série la variance du modèle CAR isotro-
pique aux 4-ppv sur $\mathbb{Z}^2$ de paramètre a, $|a| < 1/4$. Déterminer la corrélation
à distance 1 de ce même modèle et tracer la courbe de corrélation $a \to \rho(a)$.
Même question en dimension $d = 1$ pour $|a| < 1/2$.

1.17. Comportement d'un CAR à sa frontière paramétrique.

1. On considère le CAR isotropique aux 4-ppv sur $\mathbb{Z}^2$ de paramètre $a =
1/4 - \varepsilon$ avec $\varepsilon \downarrow 0$. Quelle équation vérifie $\rho_\varepsilon = \rho_X(1,0)$? Montrer que
$1 - \rho_\varepsilon \sim -(\pi/2)(\log\varepsilon)^{-1}$ au voisinage de 0 pour ε. Pour quelles valeurs
de a obtient-on : $\rho_\varepsilon = 0.9, 0.95, 0.99$?

2. Mener la même étude pour le modèle isotropique aux 2-ppv sur $\mathbb{Z}^1$. Comparer les comportements de $\rho(\varepsilon)$ pour ε petit pour $d = 1$ et $d = 2$.

1.18. Trace sur $\mathbb{Z}^1$ d'un champ markovien sur $\mathbb{Z}^2$.
Soit X le CAR isotropique aux 4-ppv sur $\mathbb{Z}^2$. Quelle est la d.s. du processus
à un paramètre $\{X_{s,0}, s \in \mathbb{Z}\}$? Cette trace sur $\mathbb{Z}$ reste-t-elle markovienne ?

1.19. Modèle gaussien échangeable sur $S = \{1,2,\ldots,n\}$.
On considère le modèle SAR sur $\mathbb{R}^n$:

$$X = \alpha JX + \varepsilon,$$

où ε est un BB gaussien et J est la matrice $n \times n$ de coefficients $J_{ij} = 1$ si
$i \neq j$, $J_{ii} = 0$ sinon. On notera que l'ensemble $\{aI + bJ, a, b \in \mathbb{R}\}$ est stable
par multiplication et par inversion dès que $aI + bJ$ est inversible.

1. A quelle condition sur α le modèle est-il bien défini ? Montrer que
$Cov(X) = r_0 I + r_1 J$ et identifier r_0 et r_1.

2. Identifiant β et $Cov(e)$, vérifier que X admet la représentation CAR :

$$X = \beta JX + e.$$

1.20. Choisir X un SAR gaussien non-stationnaire sur un ensemble de sites
$S = \{1, 2, \ldots, n\}$ et expliciter sa représentation CAR : graphe, lois conditionnelles, loi globale, prédiction de X_i à partir des autres observations.

1.21. Deux modèles $SARX$ avec covariables.
Soit Y une matrice $(n \times p)$ de covariables déterministes influençant une variable
spatiale $X \in \mathbb{R}^n$, W une matrice de contiguïté spatiale sur $S = \{1, 2, \ldots, n\}$
et η un bruit blanc gaussien de variance σ^2. Le modèle à *décalage spatial* est
le modèle SAR : $X = Y\beta + \alpha WX + \eta$, incluant l'exogène Y et le *modèle*

de Durbin est un SAR sur les résidus : $X - Y\beta = \alpha W(X - Y\beta) + \eta$. Si $I - \alpha W$ est inversible, expliciter la loi de X pour chaque modèle. Comment sont modifiés les résultats si η est lui-même un modèle SAR, $\eta = \rho \Delta \eta + e$ où Δ est une matrice de proximité connue et e un BBG de variance σ_e^2 ? Expliciter les log-vraisemblances des différents modèles.

Champ de Gibbs-Markov sur réseau

Dans tout ce chapitre, $X = (X_i, i \in S)$ est un champ aléatoire défini sur un *ensemble discret* de sites S et à valeur dans $\Omega = E^S$ où E est une *espace d'état général*. Le réseau discret S peut être fini ou non, régulier ($S \subseteq \mathbb{Z}^2$ en imagerie, radiographie) ou non (cantons d'une région en épidémiologie). Nous noterons π la loi de X ou encore sa densité. A la différence d'une description de X par certaines caractéristiques globales (par exemple sa moyenne, sa covariance), nous nous intéressons ici à décrire π à partir de ses lois conditionnelles, ce qui est utile si le phénomène observé est décrit par ses comportements conditionnels locaux. En particulier, nous répondrons à la question : étant donnée une famille $\{\nu_i(\cdot|x^i), i \in S\}$ de lois sur E indexées par la configuration x^i de x extérieure à i, à quelle condition ces lois sont-elles les lois conditionnelles d'une loi jointe π ?

Répondre par l'affirmative à cette question permet de spécifier, partiellement ou totalement, une loi jointe π à partir de ses lois conditionnelles. De plus, si la dépendance de $\nu_i(\cdot|x^i)$ est locale, la complexité du modèle s'en trouvera fortement réduite : on dira alors que X est un *champ de Markov*.

Sans condition, en général des lois conditionnelles $\{\nu_i\}$ ne se recollent pas. Nous commencerons par décrire une famille générale de lois conditionnelles, les *spécifications de Gibbs*, qui se recollent sans condition ; une spécification de Gibbs est caractérisée par des potentiels. L'importance des modèles de Gibbs est renforcée par le théorème de Hammersley-Clifford qui dit qu'un champ de Markov est un champ de Gibbs avec des potentiels locaux. Les *auto-modèles markoviens* (AMM) de Besag forment une sous-classe de champs de Markov particulièrement simples et utiles en statistique spatiale.

Contrairement aux modèles du second ordre pour lesquels $E = \mathbb{R}$ ou $\mathbb{R}^p$ (cf. Ch. 1), l'espace d'état E d'un champ de Gibbs-Markov peut être général, quantitatif, qualitatif, voire mixte. Par exemple, $E = \mathbb{R}^+$ pour un champ à valeur positive (champ exponentiel ou Gamma), $E = \mathbb{N}$ pour une variable de comptage (champ poissonnien en épidémiologie), $E = \{a_0, a_1, \ldots, a_{m-1}\}$ pour un champ catégoriel (répartition spatiale de m espèces végétales en écologie), $E = \{0, 1\}$ pour un champ binaire (présence/absence d'une maladie, d'une espèce), $E = \Lambda \times \mathbb{R}^p$ pour un champ croisant un label ν catégoriel avec une modalité quantitative multivariée x (en télédétection, ν est une texture de paysage et x une signature multispectrale), $E = \{0\}\cup]0, +\infty[$ pour un état mixte (en pluviométrie, $X = 0$ s'il ne pleut pas, $X > 0$ sinon), sans éliminer $E = \mathbb{R}$ ou $E = \mathbb{R}^p$ pour un champ gaussien. On supposera que l'espace d'états mesurable $(E, \mathcal{E})$ est muni d'une mesure de référence $\lambda > 0$, $\mathcal{E}$ étant la tribu borélienne et λ la mesure de Lebesgue si $E \subset \mathbb{R}^p$, $\mathcal{E}$ étant l'ensemble des parties de E et λ la mesure de comptage si E est discret. Les définitions et les résultats de ce chapitre s'étendent sans difficulté au cas d'espaces d'états E_i éventuellement différents suivant les sites $i \in S$.

2.1 Recollement de lois conditionnelles

Sans condition, des lois conditionnelles $\{\nu_i\}$ ne se recollent pas. L'exercice 2.3, qui utilise un argument de dimension paramétrique, est une façon simple de le voir. Une autre approche consiste à examiner la condition établie par Arnold et al. [8] qui garantit que deux familles de lois conditionnelles $(X|y)$ et $(Y|x)$, à états $x \in S(X)$ et $y \in S(Y)$ se recollent : soient μ et ν deux mesures de référence sur $S(X)$ et $S(Y)$, $a(x,y)$ la densité de $(X = x|y)$ relativement à μ, $b(x,y)$ celle de $(Y = y|x)$ relativement à ν, $N_a = \{(x,y) : a(x,y) > 0\}$ et $N_b = \{(x,y) : b(x,y) > 0\}$; alors, les deux familles se recollerons ssi $N_a = N_b(= N)$ et si :

$$a(x,y)/b(x,y) = u(x)v(y), \qquad \forall(x,y) \in N, \tag{2.1}$$

où $\int_{S(X)} u(x)\mu(dx) < \infty$.

Cette condition de factorisation est nécessaire puisque les densités conditionnelles s'écrivent $a(x,y) = f(x,y)/h(x)$ et $b(x,y) = f(x,y)/k(y)$ si f, h et k sont les densités de (X,Y), X et Y. Réciproquement, il suffit de vérifier que $f^*(x,y) = b(x,y)u(x)$ est, à une constante multiplicative près, une densité dont les conditionnelles sont a et b.

Ainsi, les lois gaussiennes $(X|y) \sim \mathcal{N}(a + by, \sigma^2 + \tau^2 y^2)$ et $(Y|x) \sim \mathcal{N}(c + dx, \sigma'^2 + \tau'^2 x^2)$, σ^2 et $\sigma'^2 > 0$, ne se recollent pas si $\tau\tau' \neq 0$; si $\tau = \tau' = 0$, les lois se recolleront si $d\sigma^2 = b\sigma'^2$, la loi jointe étant gaussienne. Nous reviendrons sur cet exemple qui entre dans la classe des *auto-modèles gaussiens* (cf. 2.4.2) ou encore des CAR étudiés au Ch. 1 (cf. §1.7.3). Un exemple de lois conditionnelles gaussiennes qui se recollent en une loi jointe non-gaussienne est examiné à l'exercice (2.4, cf. [8]).

Un autre exemple de lois conditionnelles qui se recollent est celui des lois auto-logistiques sur $E = \{0, 1\}$: les lois

$$\nu_i(x_i|x^i) = \frac{\exp x_i(\alpha_i + \sum_{j \neq i} \beta_{ij} x_j)}{1 + \exp(\alpha_i + \sum_j \beta_{ij} x_j)}, \qquad i \in S, \ x_i \in \{0, 1\}$$

se recollent sur $\Omega = \{0,1\}^S$ à condition que $\beta_{ij} = \beta_{ji}$ pour tout $i \neq j$. Dans ce cas, la loi jointe associée est celle d'un modèle *auto-logistique* (cf. §2.4) d'énergie jointe :

$$\pi(x) = C \exp\{\sum_{i \in S} \alpha_i x_i + \sum_{i,j \in S,\, i<j} \beta_{ij} x_i x_j\}.$$

La détermination des conditions assurant le recollement de lois condition-nelles n'est pas simple [8]. Pour le comprendre, fixons $x^* = (x_1^*, x_2^*, \ldots, x_n^*)$ un état de référence de E^S et supposons que π admet $\nu = \{\nu_i\}$ comme lois conditionnelles ; alors (lemme de Brook [35]) :

$$\frac{\pi(x_1, \ldots, x_n)}{\pi(x_1^*, \ldots, x_n^*)} = \prod_{i=0}^{n-1} \frac{\pi(x_1^*, \ldots, x_i^*, x_{i+1}, x_{i+2}, \ldots, x_n)}{\pi(x_1^*, \ldots, x_i^*, x_{i+1}^*, x_{i+2}, \ldots, x_n)}$$

$$= \prod_{i=0}^{n-1} \frac{\nu_i(x_{i+1}|x_1^*, \ldots, x_i^*, x_{i+2}, \ldots, x_n)}{\nu_i(x_{i+1}^*|x_1^*, \ldots, x_i^*, x_{i+2}, \ldots, x_n)}.$$

Cette identité montre que si les lois ν_i se recollent en π, π peut être reconstruite à partir des ν_i. Mais cette reconstruction doit être invariante, d'une part par permutation des coordonnées $(1, 2, \ldots, n)$, d'autre part vis-à-vis du choix de l'état de référence x^* : ces invariances traduisent les contraintes sur les $\{\nu_i\}$ qui assurent la cohérence des lois conditionnelles.

Venons-en à l'étude des champs de Gibbs qui sont définis par des lois conditionnelles se recollant sans conditions.

2.2 Champ de Gibbs sur S

On suppose dans ce paragraphe que l'ensemble des sites S est dénombrable, typiquement $S = \mathbb{Z}^d$ si S est régulier. Notons $\mathcal{S} = \mathcal{P}_F(S)$ la famille des parties finies de S, $x_A = (x_i, i \in A)$ la configuration de x sur A, $x^A = (x_i, i \notin A)$ celle à l'extérieur de A, $x^i = x^{\{i\}}$ celle en dehors du site i, $\Omega_A = \{x_A, y \in \Omega\}$ et $\Omega^A = \{x^A, x \in \Omega\}$. Notons $\mathcal{F} = \mathcal{E}^{\otimes S}$ la tribu sur Ω et dx_A la mesure $\lambda^{\otimes A}(dx_A)$ sur $(E^A, \mathcal{E}^{\otimes A})$ restreinte à Ω_A.

2.2.1 Potentiel d'interaction et spécification de Gibbs

Un champ de Gibbs est associé à une famille π^Φ de lois conditionnelles définies à partir de potentiels d'interaction Φ.

Définition 2.1. *Potentiel, énergie admissible et spécification de Gibbs*

1. *Un potentiel d'interaction est une famille $\Phi = \{\Phi_A, A \in \mathcal{S}\}$ d'applications mesurables $\Phi_A : \Omega_A \longmapsto \mathbb{R}$ telle que, pour toute partie $\Lambda \in \mathcal{S}$, la somme suivante existe,*

$$U_\Lambda^\Phi(x) = \sum_{A \in \mathcal{S}:A \cap \Lambda \neq \emptyset} \Phi_A(x). \tag{2.2}$$

U_Λ^Φ est l'énergie de Φ sur Λ, Φ_A le potentiel sur A.

2. Le potentiel Φ est admissible si pour tout $\Lambda \in \mathcal{S}$ et tout $y^\Lambda \in \Omega^\Lambda$,

$$Z_\Lambda^\Phi(x^\Lambda) = \int_{\Omega_\Lambda} \exp U_\Lambda^\Phi(x_\Lambda, x^\Lambda) dx_\Lambda < +\infty.$$

3. Si Φ est admissible, la spécification de Gibbs π^Φ associée à Φ est la famille $\pi^\Phi = \{\pi_\Lambda^\Phi(\cdot|x^\Lambda) \, ; \, \Lambda \in \mathcal{P}_F(S), \, x^\Lambda \in \Omega^\Lambda\}$ de lois conditionnelles $\pi_\Lambda^\Phi(\cdot|x^\Lambda)$ de densité par rapport à $\lambda^{\otimes \Lambda}$

$$\pi_\Lambda^\Phi(x_\Lambda|x^\Lambda) = \{Z_\Lambda^\Phi(x^\Lambda)\}^{-1} \exp U_\Lambda^\Phi(x), \, \Lambda \in \mathcal{S}.$$

La famille π^Φ est *cohérente* car si $\Lambda \subset \Lambda^*$, la loi conditionnelle π_Λ s'obtient par restriction à Λ de la loi conditionnelle π_{Λ^*}. La sommabilité (2.2) est assurée si (S,d) est un espace métrique et si le potentiel Φ est de *portée bornée*, c-à-d s'il existe $R > 0$, tel que $\Phi_A \equiv 0$ dès que le diamètre de A, $\delta(A) = \sup_{i,j \in A} d(i,j)$, dépasse R ; en effet, dans ce cas, seul un nombre fini de potentiels $\Phi_A \neq 0$ contribue à l'énergie U_Λ^Φ.

Spécification conditionnelle π^Φ et mesures de Gibbs $\mathcal{G}(\Phi)$

Une *mesure de Gibbs* associée au potentiel Φ est une loi μ sur $(\Omega, \mathcal{F})$ dont les lois conditionnelles coïncident avec π^Φ : on note $\mu \in \mathcal{G}(\Phi)$. Si S est fini, $\pi(x) = \pi_S(x)$ et $\mathcal{G}(\Phi) = \{\pi\}$. Si S est infini se pose la question de savoir si il y a existence et/ou l'unicité d'une loi globale de spécification π^Φ. Ceci n'est pas assurée sans hypothèses particulières et répondre à cette question est l'un des objets de la mécanique statistique (cf. [85]). Pour un espace d'état très général E (E est polonais, par exemple un borélien de $\mathbb{R}^d$, un compact d'un espace métrique, un ensemble fini) et si la mesure λ est finie, Dobrushin [66] a montré que $\mathcal{G}(\Phi) \neq \emptyset$: il existe au moins une loi globale de spécification π^Φ. Mais cette loi n'est pas nécessairement unique : si $\sharp\mathcal{G}(\Phi) > 1$, on dit qu'il y a transition de phase, deux lois différentes pouvant être les mêmes lois conditionnelles. Ainsi, sur un réseau S infini, une spécification de Gibbs ne spécifie pas nécessairement le modèle de loi jointe sur S. Cette remarque explique l'une des difficultés rencontrée en statistique asymptotique des champs de Gibbs. Dobrushin [66] a donné une condition suffisante assurant l'unicité de la mesure de Gibbs associée à π^Φ (cf. aussi [85] et §B.2).

Identifiabilité du potentiel Φ

Sans contrainte, la correspondance $\Phi \mapsto \pi^\Phi$ n'est pas identifiable : par exemple, pour toute constante c, si un potentiel Φ_A est modifié en $\widetilde{\Phi}_A = \Phi_A + c$, alors $\pi^\Phi \equiv \pi^{\widetilde{\Phi}}$; en effet, augmenter l'énergie d'une constante c ne modifie pas la loi conditionnelle π_A^Φ. Une façon de rendre cette correspondance identifiable est la suivante : fixons τ un état de référence de E ; alors, les contraintes suivantes rendent Φ identifiable :

$$\forall A \neq \emptyset, \Phi_A(x) = 0 \qquad \text{si pour un } i \in A, x_i = \tau. \tag{2.3}$$

Ce résultat est une conséquence de la formule d'inversion de Moëbius,

$$\Phi_A(x_A) = \sum_{V \subseteq A} (-1)^{\sharp(A \backslash V)} U(x_A, \tau^A), \tag{2.4}$$

formule qui associe univoquement à l'énergie U des potentiels vérifiant (2.3). Dans la terminologie de l'analyse de la variance, on dit que les Φ_A sont les A-interactions dans la décomposition de U ; par exemple, pour $S = \{1, 2\}$, cette décomposition s'écrit $U - U(\tau, \tau) = \Phi_1 + \Phi_2 + \Phi_{12}$ où

$$\Phi_1(x) = U(x, \tau) - U(\tau, \tau), \qquad \Phi_2(y) = U(\tau, y) - U(\tau, \tau),$$
$$\Phi_{1,2}(x, y) = U(x, y) - U(x, \tau) - U(\tau, y) + U(\tau, \tau).$$

Φ_1 est l'effet principal du premier facteur (le potentiel associé à $\{1\}$), Φ_2 celui associé au deuxième facteur (le potentiel associé à $\{2\}$) et $\Phi_{1,2}$ l'interaction d'ordre 2.

2.2.2 Exemples de spécification de Gibbs

Modéliser un champ à partir d'un potentiel $\Phi = \{\Phi_A, A \in \mathcal{C}\}$, où $\mathcal{C}$ est une famille de parties finies de S, requiert l'expertise du spécialiste. Les paramètres du modèle sont d'une part les parties $A \in \mathcal{C}$ indexant le potentiel Φ, d'autre part les fonctions potentiels Φ_A pour $A \in \mathcal{C}$. Si les Φ_A prennent la forme paramétrique $\Phi_A(x) = \theta_A \phi_A(x)$, où les ϕ_A sont des fonctions réelles connues, π appartient à la *famille exponentielle*,

$$\pi(x) = Z^{-1}(\theta) \exp {}^t\theta T(x),$$

de paramètre $\theta = (\theta_A, A \in \mathcal{C})$ et de statistique exhaustive $T(x) = (\phi_A(x), A \in \mathcal{C})$. Disposer d'expressions explicites pour les lois conditionnelles permet :

1. D'utiliser des algorithmes markoviens MCMC de simulation tel l'échantillonneur de Gibbs ou l'algorithme de Metropolis (cf. Ch. 4).

2. De recourir à des méthodes d'estimation par pseudo-vraisemblance conditionnelle (PVC) faciles à mettre en oeuvre tout en gardant de bonnes propriétés asymptotiques là où le maximum de vraisemblance (MV) est plus difficile à mettre en oeuvre (cf. Ch. 5 et §5.4.2).

Modèles d'Ising sur $S \subset \mathbb{Z}^2$

Introduit par les physiciens pour modéliser des configurations de spins $E = \{-1, +1\}$ sur un réseau S, ces modèles à états binaires sont classiquement utilisés en imagerie et en statistiques avec l'espace d'état $E^* = \{0, 1\}$. Ils peuvent être définis sur un réseau régulier ou non.

Modèle isotropique aux 4-plus proches voisins (noté 4-ppv) sur $\mathbb{Z}^2$

Les seuls potentiels non-nuls sont les potentiels de singletons $\Phi_{\{i\}}(x) = \alpha x_i$, $i \in S$ et les potentiels de paires $\Phi_{\{i,j\}}(x) = \beta x_i x_j$ si i et j sont voisins à distance 1, $\|i - j\|_1 = |i_1 - j_1| + |i_2 - j_2| = 1$. Notant $\langle i,j \rangle$ cette relation de voisinage, la spécification conditionnelle sur Λ finie est d'énergie :

$$U_\Lambda(x_\Lambda | x^\Lambda) = \alpha \sum_{i \in \Lambda} x_i + \beta \sum_{i \in \Lambda,\, j \in S\,:\, \langle i,j \rangle} x_i x_j,$$

Quant à la loi conditionnelle π_Λ^Φ, elle s'écrit :

$$\pi_\Lambda(x_\Lambda | x^\Lambda) = Z_\Lambda^{-1}(\alpha, \beta; x^\Lambda) \exp U_\Lambda(x_\Lambda; x^\Lambda),$$

où

$$Z(\alpha, \beta; x^\Lambda) = \sum_{x_\Lambda \in E^\Lambda} \exp U_\Lambda(x_\Lambda; x^\Lambda).$$

L'interprétation des paramètres est la suivante : α règle la loi marginale et β la corrélation spatiale. Si $\alpha = 0$, les configurations marginales $\{Y_i = +1\}$ et $\{Y_i = -1\}$ sont équiprobables, $\alpha > 0$ renforçant la probabilité d'apparition de $+1$, $\alpha < 0$ celle de -1. β est un paramètre de dépendance spatiale : $\beta = 0$ correspondant à l'indépendance des Y_i, $\beta > 0$ favorise l'apparition de configurations voisines égales, et $\beta < 0$ celle de configurations voisines opposées. Par exemple, la réalisation d'un modèle de paramètres $\alpha = 0$ et β positif assez grand sera constituée de plages de $+1$ et de -1 géométriquement régulières, d'autant plus régulières que β est grand ; la réalisation pour β négatif grand ressemblera elle à un damier régulier alterné de $+1$ et de -1, d'autant plus régulier que $|\beta|$ est grand.

La constante de normalisation $Z_\Lambda(\alpha, \beta; x^\Lambda)$, somme de $2^{\sharp\Lambda}$ termes, est incalculable si Λ grand. Ceci pose un problème tant pour la simulation de Y sur Λ que pour l'estimation du modèle par maximum de vraisemblance, la constante Z_Λ incorporant le paramètre (α, β) à estimer. Par exemple, si Λ est le (petit) carré 10×10, $2^{100} \simeq 1.27 \times 10^{30}$ termes contribuent à Z_Λ ! Par contre, la loi conditionnelle en un site i est facile à expliciter, dépendant de la configuration aux 4-ppv :

$$\pi_i(x_i | x^i) = \pi(x_i | x^i) = \frac{\exp x_i(\alpha + \beta v_i(x))}{2ch(\alpha + \beta v_i(x))}$$

où $v_i(x) = \sum_{j : \langle i,j \rangle} x_j$. Il est facile de vérifier que la paramétrisation de $\pi(\cdot | \cdot)$ en (α, β) est propre, deux jeux de paramètres différents conduisant à deux familles $\pi(\cdot | \cdot)$ différentes. L'espace d'état étant fini, $\mathcal{G}(\Phi) \neq \emptyset$: il existe toujours une loi globale de spécification $\pi(\Phi)$. Mais cette loi n'est pas toujours unique : par exemple, pour $\alpha = 0$, elle n'est unique que si $\beta < \beta_c = \log(1 + \sqrt{2})/4$ (Onsager [166] ; Georgii [85]). Si $\alpha = 0$ et $\beta > \beta_c$, il y a plusieurs lois avec la même spécification conditionnelle : il y a transition de phase.

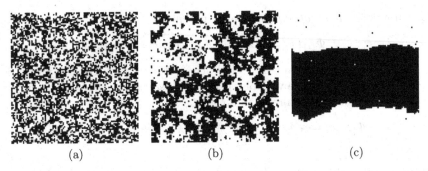

(a)   (b)   (c)

Fig. 2.1. Simulation d'un modèle d'Ising isotropique et aux 4-ppv sur $\{1, \ldots, 100\}^2$ par échantillonneur de Gibbs après 3000 iterations : $\alpha = 0$ et (a) $\beta = 0.2$, (b) $\beta = 0.4$, (c) $\beta = 0.8$. Les simulations sont réalisées avec le logiciel *AntsInFields*.

Modèle d'Ising sur une partie finie $S \subset \mathbb{Z}^2$

Pour le même potentiel, le modèle global π existe toujours et il est unique. Le modèle sur le *tore* $S = T^2 = \{1, 2, \ldots, m\}^2$ est obtenu en considérant que la relation de voisinage est définie modulo m, à savoir : $\langle i, j \rangle \Longleftrightarrow |i_1 - j_1| + |i_2 - j_2| \equiv 1$ (modulo m). La Fig. 2.1 donne trois réalisations d'un modèle d'Ising isotropique aux 4-ppv sur le tore 100×100 : $\alpha = 0$ assure que les deux modalités $+1$ et -1 sont équiprobables ; (b) et (c) correspondent, pour un réseau infini, à des situations de transition de phase. Ces simulations sont obtenues en utilisant le logiciel *AntsInFields* (cf. Winkler [224] et www.antsinfields.de).

L'espace binaire $E^* = \{0, 1\}$ correspond à des modalités d'absence ($x_i = 0$) ou la présence ($x_i = 1$) d'une espèce (d'une maladie) au site i. La bijection $y_i \mapsto 2x_i - 1$ de E^* sur $E = \{-1, +1\}$ et la correspondance $a = 2\alpha - 8\beta$ et $b = 4\beta$ associe au modèle d'Ising en $y \in E$ le modèle en $x \in E^*$:

$$\pi_\Lambda(x_\Lambda | x^\Lambda) = Z^{-1}(a, b, x^\Lambda) \exp\{a \sum_{i \in \Lambda} x_i + b \sum_{i \in \Lambda, \, j \in S: \, \langle i, j \rangle} x_i x_j\}.$$

Les modalités 0 et 1 sont équiprobables si $a + 2b = 0$, $a + 2b > 0$ favorisant la modalité 1, $a + 2b < 0$ favorisant 0. L'interprétation de b est identique à celle de β pour un modèle d'Ising, $b > 0$ correspondant à une "coopération", $b < 0$ à une "compétition" et $b = 0$ à une indépendance spatiale.

Généralisations du modèle d'Ising

Les généralisations du modèle d'Ising couvrent un large spectre de situations réelles.

1. On peut introduire une *anisotropie* en prenant un paramètre β_H pour les voisins horizontaux et β_V pour les voisins verticaux.

2. Un modèle *non-stationnaire* a pour potentiels

$$\Phi_{\{i\}}(x) = \alpha_i x_i, \qquad \Phi_{\{i,j\}}(x) = \beta_{\{i,j\}} x_i x_j,$$

les α_i, $\beta_{\{i,j\}}$ dépendant de i et de (i,j) et/ou s'explicitant à partir de poids connus et/ou de variables exogènes observables. Un exemple sur $\mathbb{Z}^2$ est le modèle log-linéaire de potentiels,

$$\Phi_{\{i\}}(x) = \alpha + \gamma_1 i_1 + \gamma_2 i_2 + {}^t\delta z_i, \qquad \Phi_{\{i,j\}}(x) = \beta x_i x_j,$$

où $i = (i_1, i_2)$.

3. La *relation de voisinage* $\langle i,j \rangle$ peut être associée à un graphe $\mathcal{G}$ général symétrique et sans boucle : par exemple, sur $\mathbb{Z}^2$, le graphe aux 8 ppv est défini par la relation de voisinage : $\langle i,j \rangle$ si $\|i-j\|_\infty \leq 1$, où $\|(u,v)\|_\infty = \max\{|u|, |v|\}$. La Fig. 2.2 donne la réalisation de 3 textures binaires at aux 8 plus proches voisins pour différents choix des paramètres locaux.

4. On peut envisager des potentiels au-delà des paires : par exemple, pour un champ de Gibbs aux 8-ppv, on peut introduire des potentiels de triplets $\{i,j,k\}$ et des potentiels de quadruplets $\{i,j,k,l\}$ pour des ensembles de sites mutuellement voisins.

5. Le nombre d'états peut être augmenté que les états soient qualitatifs (modèle de Potts) ou qu'ils soient quantitatifs (niveaux de gris en imagerie).

6. Enfin, ces modèles peuvent être définis sur des réseaux S généraux sans condition de régularité dès que S est muni d'un graphe de voisinage $\mathcal{G}$.

D'autres exemples de textures réelles (ajustement et simulation) sont présentées au Ch. 5 (cf. Fig. 5.13). Ils illustrent la grande variété de configurations que ces modèles peuvent engendrer et leur utilité pour la synthèse de motifs réels (cf. [224]).

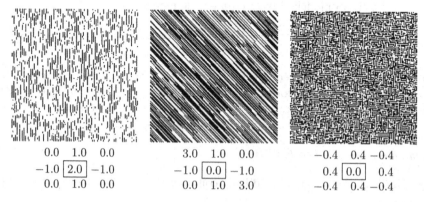

0.0	1.0	0.0
−1.0	2.0	−1.0
0.0	1.0	0.0

3.0	1.0	0.0
−1.0	0.0	−1.0
0.0	1.0	3.0

−0.4	0.4	−0.4
0.4	0.0	0.4
−0.4	0.4	−0.4

Fig. 2.2. Trois textures binaires $E = \{-1, +1\}$ aux huit plus proches voisins sur $\{1, \ldots, 150\}^2$: les simulations sont obtenues par échantillonneur de Gibbs après 3000 iterations. Sous chaque texture est figuré le modèle local relatif au pixel central et les valeurs des paramètres. Les simulations sont réalisées avec le logiciel *AntsInFields*.

Modèle de Potts

Ce modèle, ou modèle de Strauss [207], généralise le modèle d'Ising à un espace à $K \geq 2$ états qualitatifs $E = \{a_0, a_1, \ldots, a_{K-1}\}$ (des couleurs, des textures, des qualités). Ses potentiels sont :

$$\Phi_{\{i\}}(x) = \alpha_k, \qquad \text{si } x_i = a_k,$$
$$\Phi_{\{i,j\}}(x) = \beta_{k,l} = \beta_{l,k}, \quad \text{si } \{x_i, x_j\} = \{a_k, a_l\} \quad \text{pour } i, j \text{ voisins}.$$

Ces modèles sont utilisés en particulier comme modèles a priori en segmentation bayésienne d'images. Si S est fini, l'énergie associée à Φ vaut :

$$U(x) = \sum_k \alpha_k n_k + \sum_{k<l} \beta_{kl} n_{kl}, \tag{2.5}$$

où n_k est le nombre de sites de modalité a_k, n_{kl} le nombre de sites voisins de modalités $\{a_k, a_l\}$. Pour un tel modèle, plus α_k est important, plus la modalité a_k est marginalement probable ; quant à β_{kl}, il contrôle la vraisemblance de la configuration $\{a_k, a_l\}$ en des sites voisins. Par exemple, pour interdire la configuration $\{a_k, a_l\}$ en des sites voisins, on prendra $-\beta_{kl} > 0$ et grand ; si on veut que marginalement a_k soit plus fréquent que a_l, on prendra $\alpha_k > \alpha_l$.

Tels quels, les paramètres (α, β) ne sont pas identifiables : prenant $\tau = a_0$ comme état de référence, les contraintes : $\alpha_0 = 0$ et, pour tout k, $\beta_{0,k} = 0$, rendent le potentiel Φ identifiable. S'il y a échangeabilité des K modalités, c-à-d si pour tout $k \neq l$, $\alpha_k \equiv \alpha$ et $\beta_{kl} \equiv \beta$, le modèle dépendra du seul paramètre d'interaction β :

$$\pi(x) = Z^{-1} \exp\{-\beta n(x)\}, \tag{2.6}$$

où $n(x)$ est le nombre de paires de sites voisins de même modalité ; en effet $\sum_k \alpha_k n_k \equiv \alpha n$ est une constante indépendante de x et $\sum_{k<l} \beta_{kl} n_{kl} \equiv \beta(N - n(x))$ où N, le nombre total d'arêtes du graphe de voisinage, ne dépend pas de la réalisation x. En reconstruction bayésienne d'image, β joue le rôle d'un paramètre de régularisation : plus β sera grand et négatif, plus les plages de label constant reconstruites seront géométriquement régulières (cf. Fig. 2.3).

Exemple 2.1. Rôle du paramètre de régularisation β en imagerie bayésienne

Un objectif central du traitement d'image ou du traitement du signal est la reconstruction d'un objet x connu au travers d'une observation bruitée $y = \Phi(y, e)$. Les méthodes bayésiennes consistent à modéliser a priori x puis à proposer une reconstruction $\widehat{x}$ obtenue à partir de sa loi a postériori $\pi(\cdot|y)$ (cf. l'article pionnier des frères Geman [82] et Gyon [96] ; Chalmond [42] ; Winkler [224]). Plusieurs méthodes sont possibles. Le MAP, ou *maximum a posteriori*, retient,

$$\widehat{x} = \underset{x \in \Omega}{\mathrm{argmax}}\, \pi(x|y),$$

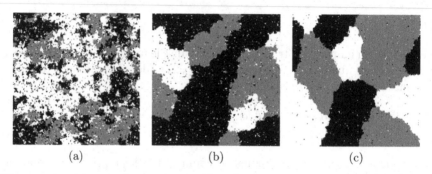

(a)   (b)   (c)

Fig. 2.3. Modèle de Potts à 3 niveaux de gris échangeables sur $\{1, \ldots, 200\}^2$: (a) $\beta = 0.5$, (b) $\beta = 0.6$, (c) $\beta = 0.7$. La simulation est réalisée par échantillonneur de Gibbs avec 3000 itérations. Les simulations sont réalisées avec le logiciel *AntsIn-Fields*.

où $\pi(\cdot|y)$ est la loi conditionnelle de X sachant y. La loi de formation de Y à partir de x est connue si le processus de dégradation est bien identifié. Par contre, celle de X, indispensable au calcul de la loi a posteriori $\pi(\cdot|y)$, ne l'est pas en général. C'est la raison pour laquelle on va choisir une *loi a priori* $\pi(x)$ pour X. Cette étape, en partie ad hoc, nécessite l'expertise de spécialistes du problème considéré. Une fois choisie π, la loi jointe (X, Y) et la loi conditionnelle de $(X|y)$ valent respectivement

$$\pi(x, y) = \pi(y|x)\pi(x) \text{ et } \pi(x|y) = \frac{\pi(y|x)\pi(x)}{\pi(y)},$$

et la restauration MAP de x est :

$$\widehat{x}_{MAP} = \underset{x \in \Omega}{\mathrm{argmax}}\, \pi(y|x)\pi(x).$$

La Fig. 2.4 illustre un exemple simulé d'une telle reconstruction : (a) est l'image binaire x de taille 64×64 à reconstruire ; (b) est l'observation y de x dégradée par un bruit de transmission i.i.d., $P(Y_i = X_i) = 1 - P(Y_i \neq X_i) = p = 0.25$. La loi de formation de y est donc,

$$\pi(y|x) = c \exp\left\{ n(y, x) \log \frac{1-p}{p} \right\},$$

où $n(y, x) = \sum_{i \in S} \mathbf{1}(y_i = x_i)$. On choisit comme a priori sur x la loi de Potts (2.6) à deux modalités échangeables de paramètre β. On obtient alors :

$$\pi(x|y) = c(y) \exp\left\{ -\beta n(x) + n(y, x) \log \frac{1-p}{p} \right\}.$$

La maximisation de $\pi(x|y)$ se faisant en x, il n'est pas nécessaire de connaître la constante de normalisation $c(y)$ et

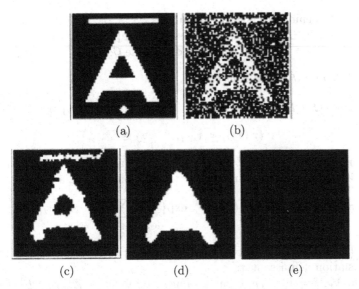

Fig. 2.4. Reconstruction bayésienne d'une image bruitée : (a) image originale x; (b) image bruitée à 25 %; reconstructions MAP exactes avec : (c) $\beta = 0.3$; (d) $\beta = 0.7$; (e) $\beta = 1.1$. (Greig et al. [94], reproduite avec la permission de Blackwell Publishing.)

$$\widehat{x}_{MAP} = \underset{x \in \{0,1\}^S}{\operatorname{argmax}} \left\{ -\beta n(x) + n(y,x) \log \frac{1-p}{p} \right\}.$$

Pour résoudre ce problème d'optimisation combinatoire, Greig et al. [94] utilisent un algorithme exact de Ford-Fulkerson là où un algorithme approché possible est celui du recuit simulé [82; 96; 224]. Les images 2.4-c, 2.4-d et 2.4-e donnent respectivement les reconstructions MAP exactes pour des valeurs croissantes $\beta = 0.3$ puis 0.7 et enfin 1.1. Plus le paramètre de régularisation β est grand, plus les deux plages reconstruites sont régulières, au point que, pour $\beta = 1.1$, seule la plage noire subsiste!

Spécification gaussienne sur $S = \{1, 2, \ldots, n\}$

Si $\Sigma^{-1} = Q$ existe, une loi gaussienne $X = (X_i, i \in S) \sim \mathcal{N}_n(\mu, \Sigma)$ est un champ de Gibbs d'énergie,

$$U(x) = \frac{1}{2} \,^t(x - \mu)Q(x - \mu),$$

de potentiels de singletons $\Phi_{\{i\}}$ et de paires $\Phi_{\{i,j\}}$:

$$\Phi_{\{i\}}(x) = x_i \sum_{j:j \neq i} q_{ij}\mu_j - \frac{1}{2}q_{ii}x_i^2 \ \text{ et } \ \Phi_{\{i,j\}}(x) = -q_{ij}x_ix_j \text{ si } i \neq j.$$

On obtient facilement les lois conditionnelles $\mathcal{L}_A(X_A|x^A)$ en explicitant l'énergie conditionnelle $U_A(\cdot|x^A)$ sur A. X est un champ $\mathcal{G}$-markovien si, pour tout $i \neq j : q_{ij} \neq 0 \Longleftrightarrow \langle i,j \rangle$ est une arête du graphe $\mathcal{G}$.

Potentiel invariant par translation

Si $S = \mathbb{Z}^d$ et $\Omega = E^{\mathbb{Z}^d}$, la i-translation τ_i sur Ω est définie par :

$$(\tau_i(x))_j = x_{i+j}, \qquad \forall j \in \mathbb{Z}^d.$$

Soit V une partie finie de $\mathbb{Z}^d$, $\Phi_V : E^V \to \mathbb{R}$ une application mesurable et bornée. La spécification invariante par translation associée à Φ_V est

$$\pi_\Lambda^{\Phi_V}(x_\Lambda|x^\Lambda) = \{Z_\Lambda^{\Phi_V}(x^\Lambda)\}^{-1} \exp\{ \sum_{i\in\mathbb{Z}^d:\{i+V\}\cap\Lambda\neq\emptyset} \Phi_V(\tau_i(x))\},$$

où $\Phi = \{\Phi_{V+i}, i \in \mathbb{Z}^d\}$, avec $\Phi_{V+i}(x) = \Phi_V(\tau_i(x))$, est le potentiel invariant par translation définissant π.

Soient V_k, $k = 1, \dots, p$, k parties finies non-vides de $\mathbb{Z}^d$, $\phi_k : E^{V_k} \to \mathbb{R}$, p potentiels connus mesurables et bornés et $\theta = {}^t(\theta_1, \theta_2, \dots, \theta_p)$ un paramètre de $\mathbb{R}^p$. La spécification associée aux (ϕ_k) et invariante par translation est la famille exponentielle de paramètre θ d'énergie,

$$U_\Lambda(x) = \sum_{k=1}^p \theta_k\{ \sum_{i:\{i+V_k\}\cap\Lambda\neq\emptyset} \phi_k(\tau_i(x))\}. \qquad (2.7)$$

Par exemple, le modèle d'Ising invariant par translation sur $\mathbb{Z}^d$ et aux $2d$-ppv est associé aux $d+1$ potentiels, $\phi_0(x) = x_0$ ($V_0 = \{0\}$), $\phi_k(x) = x_0 x_{e_k}$ ($V_k = \{0, e_k\}$), où e_k est le k-ième vecteur unitaire de la base canonique de $\mathbb{R}^d$, $k = 1, \dots, d$. Le paramètre θ de cette représentation est identifiable. Le sous-modèle isotropique a pour potentiels ϕ_0 et $\phi^* = \sum_{k=1}^d \phi_k$.

Modèle hiérarchique sur un espace produit $E = \Lambda \times \mathbb{R}^p$

L'imagerie en télédétection offre un exemple où un tel espace produit est utile : $Y = (X, Z)$ où $X_i \in \Lambda$ est un label de texture en i (forêt, terrain cultivé, friches, eau, etc...) et $Z_i \in \mathbb{R}^p$ une mesure multispectrale quantitative. Un modèle hiérarchique s'obtient par exemple en modélisant X par un modèle de Potts, puis, conditionnellement à X, Z par une texture de niveau de gris gaussienne multispectrale (cf. Ex. 2.6).

2.3 Champ de Markov et champ de Gibbs

L'intérêt des champs de Gibbs réside dans leur capacité à définir simplement des spécifications conditionnelles cohérentes mais aussi dans leur propriété de champ de Markov. Définissons cette notion.

2.3.1 Définitions : cliques, champ de Markov

On suppose que $S = \{1, 2, \ldots, n\}$ est muni d'un graphe de voisinage $\mathcal{G}$ symétrique et sans boucle. Deux sites $i \neq j$ sont voisins si (i, j) est une arête de $\mathcal{G}$, ce qu'on note $\langle i, j \rangle$; la frontière de voisinage de A est

$$\partial A = \{i \in S, i \notin A : \exists j \in A \text{ t.q. } \langle i, j \rangle\}.$$

On note $\partial i = \partial \{i\}$.

Définition 2.2. *Champ de Markov et cliques d'un graphe*

1. X est un champ de Markov sur S pour le graphe $\mathcal{G}$ si, pour tout $A \subset S$ et $x^A \in \Omega^A$, la loi de X sur A conditionnelle à x^A ne dépend que de $x_{\partial A}$, la configuration de x sur la frontière de voisinage de A :

$$\pi_A(x_A | x^A) = \pi_A(x_A | x_{\partial A}).$$

2. Une partie C non-vide de S est une clique du graphe $\mathcal{G}$ si C est un singleton ou si les éléments de C sont deux à deux voisins pour $\mathcal{G}$. L'ensemble des cliques de $\mathcal{G}$ est noté $\mathcal{C}(\mathcal{G})$.

Par exemple, pour le graphe de voisinage aux 4-ppv sur $\mathbb{Z}^2$, les cliques sont constituées des singletons $\{i\}$ et des sous-ensembles $\{i, j\}$ avec $\|i - j\|_1 = 1$. Pour la relation aux 8-ppv, il faudra ajouter tous les triplets $\{i, j, k\}$ et les quadruplets $\{i, j, k, l\}$ de sites u, v à distance $\|u - v\|_\infty \leq 1$ (cf. Fig. 2.5).

2.3.2 Le théorème de Hammersley-Clifford

A une famille $\mathcal{C}$ de parties de S contenant tous les singletons, on associe le graphe de voisinage $\mathcal{G}(\mathcal{C})$ ainsi défini : deux sites $i \neq j$ sont voisins de $\mathcal{G}(\mathcal{C})$ s'il existe $C \in \mathcal{C}$ t.q. $\{i, j\} \subset C$. La propriété suivante identifie un champ de Markov à un champ de Gibbs.

Théorème 2.1. *Théorème de Hammersley-Clifford (Besag [25])*

1. Soit π un $\mathcal{G}$-champ de Markov sur E, vérifiant :

$$\pi_A(x_A | x^A) > 0, \qquad \forall A \subset S \text{ et } x \in E^S. \tag{2.8}$$

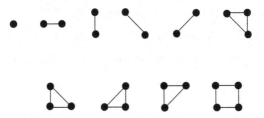

Fig. 2.5. Les 10 types de cliques pour le graphe de voisinage aux 8-ppv sur $\mathbb{Z}^2$.

Alors il existe un potentiel $\Phi = \{\Phi_A, A \in \mathcal{C}\}$ défini sur $\mathcal{C}$, l'ensemble des cliques du graphe $\mathcal{G}$, tel que π est un champ de Gibbs de potentiel Φ.

2. Réciproquement, soit $\mathcal{C}$ une famille de parties de S contenant tous les singletons. Alors, un champ de Gibbs de potentiels $\Phi = \{\Phi_A, A \in \mathcal{C}\}$ est un champ de Markov pour le graphe de voisinage $\mathcal{G}(\mathcal{C})$.

Démonstration :

1. Notons 0 l'état de référence de E retenu. On va identifier les potentiels (Φ_A) à partir de la fonctionnelle $U(x) = \log\{\pi(x)/\pi(0)\}$ puis vérifier que $\Phi_A \equiv 0$ si $A \notin \mathcal{C}$. La formule de Moëbius (2.4) dit que l'énergie $U(x)$ vaut :

$$U(x) = \sum_{A \subseteq S} \Phi_A(x) \text{ où } \Phi_A(x) = \sum_{B \subset A} (-1)^{\sharp(A \setminus B)} U(x_A, 0).$$

Montrons que $\Phi_A = 0$ si $A \supseteq \{i,j\}$ et si $i \neq j$ sont deux sites non voisins. Pour fixer les idées, choisissons $\{i,j\} = \{1,2\}$, $A = \{1,2\} \cup C$ avec $C \cap \{1,2\} = \varnothing$: Φ_A s'écrit encore,

$$\Phi_A(x) = \sum_{B \subset C} (-1)^{\sharp(C \setminus B)} \{U(x_1, x_2, x_C, 0) - U(x_1, 0, x_C, 0)$$
$$- U(0, x_2, x_C, 0) + U(0, 0, x_C, 0)\}$$

Les sites 1 et 2 n'étant pas voisins,

$$U(x_1, x_2, x_C, 0) - U(x_1, 0, x_C, 0) = \log \frac{\pi(x_1, x_2, x_C, 0)}{\pi(x_1, 0, x_C, 0)} = \log \frac{\pi(x_2 | x_1, x_C, 0)}{\pi(0 | x_1, x_C, 0)}$$
$$= \log \frac{\pi(x_2 | x_C, 0)}{\pi(0 | x_C, 0)}.$$

Cette dernière quantité ne dépendant pas de x_1, on obtient bien $\Phi_A \equiv 0$: $\Phi_A \equiv 0$ si A n'est pas une clique de $\mathcal{G}$.

2. La loi π conditionnelle à x^A vaut :

$$\pi_A(x_A | x^A) = Z_A^{-1}(x^A) \exp U_A(x)$$

où

$$U_A(x) = \sum_{C : C \cap A \neq \emptyset} \Phi_C(x),$$

$U_A(x)$ ne dépendant que de $\{x_i : i \in A \cup \partial A\}$, π étant un $\mathcal{G}(\mathcal{C})$-champ de Markov. □

Notant $\pi_{\{i\}}(\cdot)$ la loi marginale de π en i, la condition (2.8) du théorème peut être affaiblie en la condition dite de "positivité de π" :

"si pour $x = (x_i, i \in S)$, on a, $\forall i \in S : \pi_{\{i\}}(x_i) > 0$, alors $\pi(x) > 0$". (2.9)

L'exercice (2.8) donne un exemple de loi π ne vérifiant pas la condition de positivité.

2.4 Les auto-modèles markoviens de Besag (AMM)

Ces modèles de Markov sont caractérisés par des densités conditionnelles appartenant à une famille exponentielle [25]. Enonçons le résultat qui est à la base de leur définition.

2.4.1 Recollement de lois conditionnelles et auto-modèle

Soit π un champ de Markov sur $S = \{1, 2, \ldots, n\}$ avec des *potentiels au plus de paires de points*,

$$\pi(x) = C \exp\{\sum_{i \in S} \Phi_i(x_i) + \sum_{\{i,j\}} \Phi_{ij}(x_i, x_j)\}. \tag{2.10}$$

Pour tout $x \in E^n$, $\pi(x) > 0$. On suppose d'autre part vérifiées les contraintes d'idenfiabilité (2.3) en notant 0 l'état de référence de E. La propriété suivante permet d'identifier les potentiels de X à partir des lois conditionnelles de X.

Théorème 2.2. *(Besag [25]) Supposons que chaque loi conditionnelle* $\pi_i(\cdot|x^i)$ *de* π *appartienne à la famille exponentielle :*

$$\log \pi_i(x_i|x^i) = A_i(x^i)B_i(x_i) + C_i(x_i) + D_i(x^i), \tag{2.11}$$

où $B_i(0) = C_i(0) = 0$. *Alors :*

1. *Pour tout* $i, j \in S$, $i \neq j$, *il existe* α_i *et* $\beta_{ij} = \beta_{ji}$ *tels que :*

$$A_i(x^i) = \alpha_i + \sum_{j \neq i} \beta_{ij} B_j(x_j) \tag{2.12}$$

$$\Phi_i(x_i) = \alpha_i B_i(x_i) + C_i(x_i), \qquad \Phi_{ij}(x_i, x_j) = \beta_{ij} B_i(x_i) B_j(x_j) \tag{2.13}$$

2. *Réciproquement, des lois conditionnelles vérifiant (2.11) et (2.12) se recollent en une loi jointe qui est un champ de Markov de potentiels (2.13).*

Démonstration :

1. Notant 0_i la modalité 0 en i, on a, pour le champ (2.10) :

$$U(x) - U(0_i, x^i) = \Phi_i(x_i) + \sum_{j \neq i} \Phi_{ij}(x_i, x_j) = \log \frac{\pi_i(x_i|x^i)}{\pi_i(0_i|x^i)}.$$

Fixant $x^i = \mathbf{0}$, la configuration 0 partout sur $S \backslash \{i\}$, cette identité donne $\Phi_i(x_i) = A_i(0)B_i(x_i) + C_i(x_i)$. Choisissons x tel que $x^{\{i,j\}} = \mathbf{0}$ pour $i = 1$, $j = 2$. L'examen de $U(x) - U(0_1, x^1)$ et de $U(x) - U(0_2, x^2)$ donne :

$$\Phi_1(x_1) + \Phi_{12}(x_1, x_2) = A_1(0, x_2, 0, \ldots, 0)B_1(x_1),$$

$$\Phi_2(x_2) + \Phi_{12}(x_1, x_2) = A_2(x_1, 0, \ldots; 0)B_2(x_2),$$

$$\Phi_{12}(x_1, x_2) = [A_1(0, x_2, 0) - A_1(0)]B_1(x_1) = [A_2(x_1, 0) - A_2(0)]B_2(x_2),$$

et

$$A_2(x_1, 0) - A_2(0) = \frac{A_1(0, x_2, 0) - A_1(0)}{B_2(x_2)} B_1(x_1), \quad \text{si} \quad B_2(x_2) \neq 0.$$

On en déduit que $B_2(x_2)^{-1}[A_1(0, x_2, 0) - A_1(0)]$ est constante en x_2, égale à β_{21}. En permutant les indices 1 et 2, on définit de façon analogue β_{12} et on vérifie que d'une part, $\beta_{12} = \beta_{21}$, et d'autre part, $\Phi_{12}(x_1, x_2) = \beta_{12}B_1(x_1)B_2(x_2)$. Identifiant alors les lois conditionnelles, on obtient (2.12) avec $\alpha_i = A_i(0)$.

2. Il suffit de vérifier que le champ de potentiels (2.13) a pour lois conditionnelles celles associées à (2.11) et (2.12) : en effet

$$U(x_i, x^i) - U(0_i, x^i) = \Phi_i(x_i) + \sum \Phi_{ij}(x_i, x_j)$$
$$= \alpha_i B_i(x_i) + C_i(x_i) + \sum \beta_{ij} B_i(x_i) B_j(x_j)$$
$$= A_i(x^i) B_i(x_i) + C_i(x_i)) = \log \frac{\pi_i(x_i | x^i)}{\pi_i(0_i | x^i)}.$$

$\square$

Une classe importante de champ de Markov est celle des champs de Gibbs à valeurs dans $E \subseteq \mathbb{R}$ avec des potentiels au plus de paires de points, les potentiels de paires étant quadratiques.

Définition 2.3. *Auto-modèle markovien (AMM) de Besag*
X est un auto-modèle markovien si X est à valeurs dans $\mathbb{R}$ et si sa loi π s'écrit :

$$\pi(x) = Z^{-1} \exp\{\sum_{i \in S} \Phi_i(x_i) + \sum_{\langle i,j \rangle} \beta_{ij} x_i x_j\} \tag{2.14}$$

avec $\beta_{ij} = \beta_{ji}$, $\forall i, j$.

Un corollaire important du théorème précédent permet de définir un modèle joint à partir de lois conditionnelles dont le recollement est automatique.

Corollaire 2.3 *Soit $\nu = \{\nu_i(\cdot | x^i), i \in S\}$ une famille de lois conditionnelles réelles vérifiant (2.11) et telle que, pour tout $i \in S$, $B_i(x_i) = x_i$. Alors, ces lois se recollent en un auto-modèle de Markov dont la loi π est donnée par (2.14) dès que, pour tout $i \neq j$, $\beta_{ij} = \beta_{ji}$.*

2.4.2 Exemples d'auto-modèles markoviens

Auto-modèle logistique : $E = \{0, 1\}$

Pour chaque i, la loi conditionnelle $\pi_i(\cdot | x^i)$ est un *modèle Logit* de paramètre $\theta_i(x_i)$:

$$\theta_i(x_i) = \{\alpha_i + \sum_{j:\langle i,j\rangle} \beta_{ij}x_j\},$$

$$\pi_i(x_i|x^i) = \frac{\exp x_i\{\alpha_i + \sum_{j:\langle i,j\rangle}\beta_{ij}x_j\}}{1 + \exp\{\alpha_i + \sum_{j:\langle i,j\rangle}\beta_{ij}x_j\}}.$$

Si, pour tout $i \neq j$, $\beta_{ij} = \beta_{ij}$, ces lois conditionnelles se recollent en la loi jointe π d'énergie U,

$$U(x) = \sum_i \alpha_i x_i + \sum_{\langle i,j\rangle} \beta_{ij}x_i x_j.$$

Auto-modèle binomial : $E = \{0, 1, 2, \ldots, N\}$

Considérons une famille de lois conditionnelles binomiales $\pi_i(\cdot|x_i) \sim \mathcal{B}in(N, \theta_i(x_i))$ telles que $\theta_i(x_i)$ vérifie :

$$A_i(x^i) = \log\{\theta_i(x_i)/(1 - \theta_i(x_i))\} = \alpha_i + \sum_{j:\langle i,j\rangle} \beta_{ij}x_j.$$

Alors, si pour tout $i \neq j$, $\beta_{ij} = \beta_{ji}$, ces lois se recollent en une loi jointe π d'énergie U,

$$U(x) = \sum_i (\alpha_i x_i + \log\binom{N}{x_i})) + \sum_{\langle i,j\rangle} \beta_{ij}x_i x_j.$$

Le paramètre binomial conditionnel vaut

$$\theta_i(x_i) = [1 + \exp -\{\alpha_i + \sum_{j\in S:\langle i,j\rangle} \beta_{ij}x_j\}]^{-1}.$$

Dans ces deux premiers exemples, E étant fini, U est toujours admissible. Ce n'est plus le cas dans les deux exemples suivants.

Auto-modèle poissonnien : $E = \mathbb{N}$

Supposons que les lois conditionnelles $\pi_i(\cdot|x^i)$ soient des lois de Poisson $\mathcal{P}(\lambda_i(x^i))$, $i \in S$ dont les paramètres satisfont aux modèles log-linéaires :

$$\log \lambda_i(x^i) = A_i(x^i) = \alpha_i + \sum_{j:\langle i,j\rangle} \beta_{ij}x_j.$$

Si $\beta_{ij} = \beta_{ji} \leq 0$ pour $i \neq j$, définissons l'énergie jointe associée par

$$U(x) = \sum_i (\alpha_i x_i + \log(x_i!)) + \sum_{j:\langle i,j\rangle} \beta_{ij}x_i x_j.$$

U n'est admissible que si $\beta_{ij} \leq 0$ pour $i \neq j$. En effet, si c'est le cas,

$$\exp U(x) \leq \prod_{i \in S} \frac{\exp(\alpha_i x_i)}{x_i!},$$

et $\sum_{\mathbb{N}^S} \exp U(x)$ converge ; sinon, si par exemple $\beta_{1,2} > 0$, on a, pour x_1 et x_2 assez grands,

$$\exp U(x_1, x_2, 0, \ldots, 0) = \frac{\exp\{\alpha_1 x_1 + \alpha_2 x_2 + \beta_{1,2} x_1 x_2\}}{x_1! x_2!} \geq \frac{\exp\{\beta_{1,2} x_1 x_2 / 2\}}{x_1! x_2!}.$$

Le terme minorant étant celui d'une série divergente, U n'est pas admissible.

Cette condition d'admissibilité $\beta_{ij} \leq 0$ traduit une *compétition* entre sites voisins. Si on veut autoriser la *coopération* entre sites, on peut :

1. Soit borner l'espace d'état E à une valeur $K < \infty$, $E = \{0, 1,, \ldots, K\}$, par exemple en considérant les variables $Z_i = \inf\{X_i, K\}$ censurées à droite.

2. Soit retenir les lois de Poisson conditionnelles à $\{X \leq K\}$.

Le nouvel espace d'état étant fini, ces modèles seront toujours admissibles et permettront de recouvrir autant des situations de compétition que des situations de coopération [127; 9].

Auto-modèle exponentiel : $E =]0, +\infty[$

Ce sont des modèles à lois conditionnelles exponentielles :

$$\pi_i(x_i | x^i) \sim \mathcal{E}xp(\mu_i(x^i)), \qquad \mu_i(x^i) = \{\alpha_i + \sum_{j : \langle i,j \rangle} \beta_{ij} x_j\}.$$

Si, pour tout $i \neq j$, $\alpha_i > 0$ et $\beta_{ij} = \beta_{ji} \geq 0$, ces lois se recollent en une loi jointe d'énergie U admissible,

$$U(x) = -\sum_i \alpha_i x_i - \sum_{\langle i,j \rangle} \beta_{ij} x_i x_j,$$

la positivité $\beta_{ij} \geq 0$ traduit une compétition entre les sites i et j. On pourra autoriser la coopération entre sites voisins ($\beta_{ij} < 0$) soit en tronquant E à $[0, K]$, soit en retenant des lois exponentielles conditionnelles à $X \leq K$.

Arnold et al. [8] généralisent ces modèles aux cliques de plus de 2 points : la loi jointe

$$\pi(x) = Z^{-1} \exp -\{\sum_{A \in \mathcal{C}} \beta_A \prod_{l \in A} x_l\}$$

est admissible si, pour tout $i \in S$, $\beta_{\{i\}} > 0$ et si $\beta_A \geq 0$ dès que $\sharp A \geq 2$. On vérifie facilement que les lois conditionnelles de π en un site sont exponentielles. Arnold et al. [8] présentent également ces généralisations à des potentiels au delà des paires pour des conditionnelles normales, Gamma ou Poisson.

Auto-modèle gaussien : $E = \mathbb{R}$

Une loi gaussienne $X \sim \mathcal{N}_n(\mu, \Sigma)$ sur $S = \{1, 2, \ldots n\}$ dont la covariance Σ est inversible, de matrice de précision $\Sigma^{-1} = Q$, est un modèle de Gibbs d'énergie et de potentiels de singletons et de paires donnés par :

$$U(x) = -(1/2)\, {}^t(x - \mu)Q(x - \mu),$$

$$\Phi_i(x_i) = -\frac{1}{2}q_{ii}x_i^2 + \alpha_i x_i,$$

où $\alpha_i = \sum_j q_{ij}\mu_j$ et $\Phi_{ij}(x_i, x_j) = -q_{ij}x_i x_j$. Cette spécification est admissible ssi Q est d.p.. Ayant pour énergie conditionnelle $U_i(x_i|x^i) = \Phi_i(x_i) + \sum_{j \neq i} \Phi_{ij}(x_i, x_j)$, la loi conditionnelle $\mathcal{L}_i(X_i|x^i)$ est normale de variance q_{ii}^{-1} et de moyenne,

$$\mu_i(x^i) = -q_{ii}^{-1}\sum_{j \neq i} q_{ij}(x_j - \mu_j).$$

Un tel modèle est aussi un CAR gaussien.

Auto-modèle markovien avec covariables (AMMX)

Sans contraintes, un modèle non-stationnaire est de trop grande dimension paramétrique pour être utile dans la pratique. Dans chacun des auto-modèles précédents, on peut réduire cette dimension en modélisant le paramètre $\theta = \{(\alpha_i, \beta_{ij}),\ i \neq j, i, j \in S\}$ à partir de covariables observables $x = (x_i,\ i \in S)$ et/ou des poids $\{(a_i), (w_{ij})\}$ connus, w étant une matrice symétrique : par exemple, le choix $\beta_{ij} = \delta w_{ij}$ et $\alpha_i = \sum_{j=1}^p \gamma_j a_i x_{ij}$ où $x_i = {}^T(x_{i1}, \ldots, x_{ip}) \in \mathbb{R}^p$ est une covariable observable, conduit à un modèle à $p + 1$ paramètres.

Auto-modèles à états mixtes

Le résultat du théorème (2.2) a été généralisé par Handouin et Yao [109] au cas de familles exponentielles (2.11) dont le paramètre A_i est multidimensionnel, $A_i(\cdot) \in \mathbb{R}^p$. Dans ce cas, le produit $A_i(\cdot)B_i(x_i)$ est remplacé par le produit scalaire $\langle A_i(\cdot), B_i(x_i)\rangle$. Cette généralisation permet de définir des auto-modèles à états mixtes de la façon suivante.

Considérons que X est une v.a. à valeurs dans l'*espace d'état mixte* $E = \{0\} \cup]0, \infty[$ avec une masse p en 0 et une densité g_φ sur $]0, \infty[$ si $X > 0$. Par exemple, X est le module de la vitesse d'un objet, égale à 0 si l'objet est immobile et > 0 sinon ; ou encore, X est la hauteur de pluie tombée un jour donné dans une station, égale à 0 s'il n'a pas plu et > 0 sinon. Le paramétré $(p, \varphi) \in \mathbb{R}^{1+k}$ est multidimensionnel dès que $\varphi \in \mathbb{R}^k$, $k \geq 1$. Notons δ_0 la fonction de Dirac en 0 et supposons que g_φ appartienne à la famille exponentielle,

$$g_\varphi(x) = g_\varphi(0) \exp {}^t\varphi t(x).$$

Quelques manipulations simples montrent que, relativement à la mesure de référence $\lambda(dx) = \delta_0(dx) + \nu(dx)$ sur l'espace d'état mixte, X admet la densité de probabilité,

$$f_\theta(x) = (1 - p)g_\varphi(0) \exp{}^t\theta B(x),$$

où $B(x) = ({}^t\delta_0(x), t(x))$ et $\theta = -\log \dfrac{(1 - p)g_\varphi(0)}{p} \varphi.$

La construction d'un auto-modèle à états mixtes consistera alors à considérer des lois conditionnelles $\pi_i(x_i|x_{\partial i})$ de densité $f_\theta(\cdot|x_{\partial i})$, le recollement de ces lois étant assuré par la généralisation du théorème (2.2) au cas d'un paramètre multidimensionnel. Ces modèles sont utilisés dans [31] en analyse du mouvement, le champ des vitesses conditionnelles retenu étant un auto-modèle gaussien mixte positif, c-à-d le champ conditionnel de module de gaussiennes centrées autorisant des masses > 0 pour les vitesses nulles.

Exemple 2.2. Mortalité par cancer dans la région de Valence (Espagne)

Suivant Ferrandiz et al. [78], nous présentons une modélisation permettant l'analyse de données épidémiologiques de cancers (vessie, colon, prostate et estomac) dans la région de Valence (Espagne). L'objectif est de voir si la concentration en nitrate dans l'eau potable a un effet ou non sur ces cancers, cette région d'intense activité agricole concentrant en effet d'importantes quantités de fertilisants. La région de Valence est composée de 263 cantons, i étant le chef-lieu de canton et X_i agrégeant sur la période 1975–1980 le nombre de décès dans le canton, pour un type de cancer. Deux covariables sont retenues : z_1, le pourcentage de la population de plus de 40 ans, et z_2, la concentration en nitrate dans l'eau potable distribuée.

Classiquement, l'analyse statistique des $X = \{X_i, i \in S\}$ utilise un modèle log-linéaire de régression poissonnienne incorporant les variables explicatives appropriées $z_i = {}^T(z_{i1}, \ldots, z_{ip})$ (ici $p = 2$),

$$(X_i|x^i, z_i) \sim \mathcal{P}(\lambda_i),$$

où $\log(\lambda_i) = \alpha_i + \sum_{k=1}^p \beta_k z_{ik}$. Ce modèle postule l'indépendance des comptages, ce qui est mis en doute.

Un auto-modèle de Poisson permet de lever cette hypothèse : il préserve l'explication de X_i à partir des covariables z mais autorise la dépendance de X_i, des variables $x_{\partial i}$ voisines étant des auto-covariables influençant X_i. Ces modèles permettront de détecter s'il y a ou non dépendance spatiale entre les $\{X_i\}$ et/ou si d'autres covariables, facteurs de risque, présentant une dépendance spatiale ont été oubliées dans le modèle. L'auto-modèle poissonnien retenu est le suivant :

$$(X_i|x^i, z_i) \sim \mathcal{P}(\lambda_i), \quad \log(\lambda_i) = \alpha_i + \sum_{k=1}^p \beta_k z_{ik} + \sum_{j\,:\,\langle i,j \rangle} \gamma_{i,j} x_j. \qquad (2.15)$$

Les paramètres (α_i) captent les propensions à la maladie propres à chaque site $i \in S$, les paramètres (β_k) l'influence des covariables (z_k) alors que les $(\gamma_{i,j}, j \in \partial i, i \in S)$ mesurent l'influence des $x_{\partial i}$ aux sites voisins sur X_i.

Il y a deux interprétations concernant les paramètres γ :

1. Ils peuvent mesurer une influence réelle directe entre variables X_j voisines, comme c'est naturel pour un phénomène de contagion (ce n'est pas le cas ici).

2. Ils peuvent capter et résumer d'autres facteurs de risque non-présents dans le modèle et présentant une structure spatiale : au site i, ces effets cachés sont alors pris en charge par les (auto)covariables observables $x_{\partial i}$. Tester que $\gamma \neq 0$ signifie que ces facteurs sont significatifs. En général, il y a confusion entre ces deux origines.

Pour que le modèle soit admissible, les paramètres γ du modèle doivent être ≤ 0, des valeurs positives pouvant être acceptées à condition de tronquer les variables de réponse x_i, ce qui est raisonnable car x_i ne peut dépasser la population du canton i.

Sous sa forme (2.15), le modèle est inutilisable car il y a plus de paramètres que d'observations. D'autre part, il faut identifier la relation de voisinage spatial entre cantons.

Concernant γ et la relation de voisinage, Ferrandiz et al. [78] proposent la modélisation suivante : si u_i est la population du canton i, si d_{ij} est la distance entre les chefs-lieux de cantons i et j, la relation de voisinage $\langle i,j \rangle$ et les paramètres γ_{ij} vont se déduire des indices de proximité (a_{ij}) suivants :

$$\langle i,j \rangle \text{ si } a_{ij} = \frac{\sqrt{u_i u_j}}{d_{ij}} > a \text{ et } \gamma_{ij} = \gamma a_{ij}.$$

$a > 0$ est soit une valeur préalablement fixée ou encore a est considéré comme un paramètre du modèle.

Quant aux α_i, ils sont modélisés sur la base d'un seul paramètre α :

$$\alpha_i = \alpha + \log(u_i).$$

L'interprétation du coefficient 1 devant $\log(u_i)$ est que l'on suppose que le nombre moyen λ_i de décès est proportionnel à l'effectif u_i de la population du canton i. On obtient ainsi un modèle à $p + 2$ paramètres (ici 4 paramètres), $\theta = (\alpha, (\beta_k), \gamma)$:

$$(X_i | x^i, z_i) \sim \mathcal{P}(\lambda_i), \qquad \log(\lambda_i) = \alpha + \log(u_i) + \sum_{k=1}^{p} \beta_k x_{ik} + \gamma \sum_{j:\langle i,j \rangle} a_{i,j} x_j.$$

$$(2.16)$$

Si $\gamma = 0$, on retrouve la régression poissonnienne log-linéaire d'intercept α, de covariables x et de compensateur $\log(u)$.

2.5 Dynamique d'un champ de Markov

Ce paragraphe est une illustration de l'utilisation des champs de Gibbs en modélisation de dynamiques spatiales. Les modèles proposés sont semi-causaux et se prêtent bien à la simulation et à l'estimation, chaînes de Markov temporelles (homogènes ou non) de champs de Markov (conditionnels) spatiaux [98]. Une autre famille est celle des modèles linéaires $STARMA$ (pour Spatio-temporal $ARMA$) de Pfeifer et Deutsch [76; 174], faciles à manipuler et très utilisés en économétrie spatiale (cf. également Cressie [48, §6.8]).

2.5.1 Chaîne de Markov de champ de Markov (CMCM)

Soit $X = \{X(t), t = 1, 2, \ldots\}$, où $X(t) = (X_i(t), i \in S)$ et $S = \{1, 2, \ldots, n\}$, une chaîne de Markov homogène sur $\Omega = E^S$. Notant $y = x(t-1)$ et $x = x(t)$ deux états successifs de la chaîne, la transition $y \mapsto x$ peut s'écrire :

$$P(y, x) = Z^{-1}(y) \exp U(x|y),$$

où $Z(y) = \int_\Omega \exp U(z|y) dz < \infty$ si l'énergie conditionnelle $U(\cdot|y)$ est presque sûrement admissible en y. Si de plus, conditionnellement à y, $X(t)$ est un champ de Markov sur S, on peut modéliser $U(\cdot|y)$ à partir de potentiels Φ_A et Φ_{BA} :

$$U(x|y) = \sum_{A \in \mathcal{C}} \Phi_A(x) + \sum_{B \in \mathcal{C}^-, A \in \mathcal{C}} \Phi_{B,A}(y, x), \tag{2.17}$$

où $\mathcal{C}$ et $\mathcal{C}^-$ sont deux familles de parties de S décrivant deux types d'interactions associées à deux graphes $\mathcal{G}$ et $\mathcal{G}^-$:

1. Les potentiels d'*interaction instantanée* $\{\Phi_A, A \in \mathcal{C}\}$: $\mathcal{C}$ définit le graphe *non-orienté* des voisins instantanés $\mathcal{G}(\mathcal{C})$.

2. Les potentiels d'*interaction temporelle* $\{\Phi_{B,A}(y, x), B \in \mathcal{C}^-, A \in \mathcal{C}\}$. $\mathcal{C}^-$ définit un graphe *orienté* $\mathcal{G}^-$: $\langle j, i \rangle^-$ pour $j \in B$ et $i \in A$ traduit que le site j au temps $(t-1)$ a une influence sur le site i au temps t. En général, $\langle j, i \rangle^-$ n'implique pas $\langle i, j \rangle^-$.

Un site $i \in S$ a donc des voisins instantanés $\partial i = \{j \in S : \langle i, j \rangle\}$ et des voisins du passé $\partial i^- = \{j \in S : \langle j, i \rangle^-\}$. Les flèches de dépendance sont : $(j, t) \longleftrightarrow (i, t)$ si $\langle i, j \rangle$ et $(j, t-1) \longrightarrow (i, t)$ si $\langle j, i \rangle^-$. Le modèle (2.17) est semi-causal, chaîne de Markov dans le temps et champ de Markov conditionnel dans l'espace. La loi conditionnelle de $X_\Lambda(t)$, $\Lambda \subset S$, conditionnelle à $(y = x(t-1), x^\Lambda = x^\Lambda(t))$, a pour énergie :

$$U_\Lambda(x_\Lambda|y, x^\Lambda) = \sum_{A \in \mathcal{C} : A \cap \Lambda \neq \emptyset} \{\Phi^A(x) + \sum_{B \in \mathcal{C}^-} \Phi_{B,A}(y, x)\}.$$

L'extension de ces modèles à un contexte temporel non-homogène et/ou avec une mémoire plus grande ne présente pas de difficultés.

2.5.2 Exemples de dynamiques

Dynamique auto-exponentielle

L'énergie conditionnelle :

$$U(x|y) = -\sum_{i \in S}(\delta_i + \alpha_i(y))x_i - \sum_{\{i,j\} \in \mathcal{C}} \beta_{ij}(y)x_i x_j$$

définit une dynamique auto-exponentielle admissible si, pour tout $i, j \in S$, $\delta_i > 0$, $\alpha_i(\cdot) \geq 0$ et $\beta_{ij}(\cdot) = \beta_{ji}(\cdot) \geq 0$. On peut spécifier les fonctions $\alpha_i(\cdot)$ et $\beta_{ij}(\cdot)$, par exemple à partir d'une covariable exogène x : $\alpha_i(y) = \sum_{j \in \partial i^-} \alpha_{ji} y_j$ et $\beta_{ij}(y) = \beta_{ij}$.

Dynamique auto-logistique

Cette dynamique, schématisée par la Fig. 2.6-a, admet pour transition conditionnelle :

$$P(y, x) = Z^{-1}(y) \exp\{\sum_{i \in S}(\delta + \alpha \sum_{j \in S: \langle j,i \rangle^-} y_j)x_i + \beta \sum_{i,j \in S: \langle i,j \rangle} x_i x_j\}. \quad (2.18)$$

Exemple 2.3. Dynamique de contamination racinaire de l'hévéa

Une forme simplifiée d'un modèle proposé par Chadoeuf et al. [41] pour étudier le processus de contamination racinaire de l'hévéa est la suivante : on suppose que la localisation spatiale est unidimensionnelle, $i \in S = \{1, 2, \ldots, n\} \subset \mathbb{Z}$ et que le processus d'état binaire $\{Z_i(t), i \in S$ et $t = 0, 1, 2, \ldots\}$ vérifie :

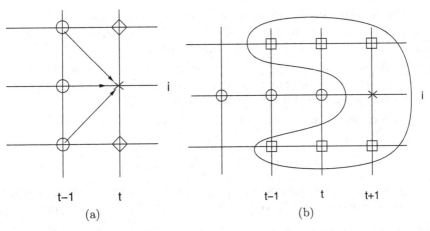

t−1   t   t−1   t   t+1

(a)   (b)

Fig. 2.6. (a) Graphes de la dynamique auto-logistique : $\bigcirc$, voisins de (i, t) du passé ; $\diamond$, voisins de (i, t) instantanés. (b) Graphe du modèle de contamination racinaire de l'hévéa : $\square$, voisins de l'état $\times = (i, t+1)$ sachant que l'état $\bigcirc = (i, t)$ est sain.

1. $Z_i(t) = 0$ si l'état racinaire de l'hévéa en (i, t) est sain, $Z_i(t) = 1$ sinon.

2. La contamination est sans guérison : si $Z_i(t) = 0$, alors $Z_i(t') = 0$ pour $t' < t$ et si $Z_i(t) = 1$, alors $Z_i(t') = 1$ pour $t' > t$.

3. La contamination est markovienne aux ppv, de mémoire temporelle 2. La Fig. 2.6-b représente l'ensemble des sites (j, t') voisins du site $(i, t+1)$.

Considérons le vecteur $\tilde{X}_i(t) = (Z_i(t-2), Z_i(t-1), Z_i(t))$. On peut identifier $\tilde{X}_i(t)$ avec $X_i(t)$, une chaîne de Markov à 4 états $\{0, 1, 2, 3\}$ ainsi définie : (i) $X_i(t) = 0$ si $Z_i(t) = 0$; (ii) $X_i(t) = 1$ si $Z_i(t) = 1$ et $Z_i(t-1) = 0$; (iii) $X_i(t) = 2$ si $Z_i(t-1) = 1$ et $Z_i(t-2) = 0$; (iv) enfin, $X_i(t) = 3$ si $Z_i(t-2) = 1$.

Reste à modéliser la transition $P(y, x)$ de $y = x(t)$ vers $x = x(t+1)$; un exemple de choix d'énergie est :

$$U(y, x) = \sum_{i \,:\, y_i = 0} \alpha(x_i) + \sum_{\langle i, j \rangle \,:\, y_i y_j = 0} \beta(x_i, x_j)$$

en imposant les contraintes d'identifiabilité, $\alpha(0) = 0$ et, pour tout a, b, $\beta(a, 0) = \beta(0, b) = 0$.

Dans la définition de U, il suffit de limiter la sommation aux potentiels de singletons $\alpha(y_i, x_i)$ aux seuls sites i pour lesquels $y_i(t) = y_i = 0$ (on note alors $\alpha(x_i) = \alpha(0, x_i)$) : en effet, si $y_i(t) \geq 1$, l'arbre en i est malade et le restera. De même, la sommation sur les potentiels de paires est limitée aux sites voisins $\langle i, j \rangle$ tels que $y_i(t) \times y_j(t) = 0$: en effet, dans le cas contraire, les arbres en i et j sont malades à l'instant t et le resteront. La dimension paramétrique de ce modèle est 12.

Exercices

2.1. Contraintes de recollement de lois conditionnelles.
$S = \{1, 2, \dots, n\}$, $E = \{0, 1, 2, \dots, K - 1\}$ et $\mathcal{F} = \{\nu_i(x_i | x^i), i \in S\}$ est une famille *non-contrainte* de lois conditionnelles à états dans E.

1. Quelle est la dimension paramétrique de $\mathcal{F}$? Quel est le nombre de contraintes que l'on doit imposer à $\mathcal{F}$ si on veut que $\mathcal{F}$ s'identifie aux lois conditionnelles d'une loi jointe π définie sur E^S ?

2. On considère le noyau aux 2-ppv sur $\mathbb{Z}$ pour un processus à états dans $E = \{0, 1, \dots, K - 1\}$:

$$Q(y | x, z) = P(X_0 = y | X_{-1} = x, X_{+1} = z).$$

Quelle est la dimension paramétrique de Q ? A quelles conditions ces lois conditionnelles sont-elles celles d'un champ de Markov aux 2-ppv ?

2.2. Recollement de lois bivariées [8].

1. Utilisant la caractérisation (2.1), vérifier que les deux familles de densités conditionnelles,

$$f_{X|Y}(x|y) = (y + 2)e^{-(y+2)x}\mathbf{1}(x > 0),$$

$$f_{Y|X}(y|x) = (x + 3)e^{-(x+3)y}\mathbf{1}(y > 0),$$

se recollent en une loi jointe (X, Y). Identifier les densités marginales et jointes.

2. Les deux densités ci-dessous se recollent-elles en une loi jointe ?

$$f_{X|Y}(x|y) = y\,\mathbf{1}(0 < x < y^{-1})\mathbf{1}(y > 0),$$

$$f_{Y|X}(y|x) = x\,\mathbf{1}(0 < y < x^{-1})\mathbf{1}(x > 0).$$

2.3. Dimension paramétrique d'un modèle complet.

Soit $f : E^S \to \mathbb{R}$ une fonction réelle définie sur $E = \{0, 1, \ldots, K-1\}$, où $S = \{1, 2, \ldots, n\}$, et telle que $f(\mathbf{0}) = 0$. f est alors associée à des potentiels $\Phi = \{\Phi_A, A \subset S \text{ et } A \neq \emptyset\}$ par la formule d'inversion de Moëbius. Ces potentiels sont identifiables et vérifient (2.3). Vérifier que les $K^n - 1$ paramètres de f se retrouvent dans ceux de Φ.

2.4. Recollement de lois conditionnelles gaussiennes.

On considère l'énergie U sur $\mathbb{R}^2$ définie par :

$$U(x, y) = -\{a_1 x + a_2 y + b_1 x^2 + b_2 y^2 + cxy + d_1 xy^2 + d_2 x^2 y + ex^2 y^2\}.$$

1. Vérifier que si $e > 0$, $b_1 > 0$ et si $d_2 < 4eb_1$, alors l'énergie conditionnelle $U(x|y)$ est admissible et que c'est celle d'une loi gaussienne dont on identifiera les paramètres. Même question pour $U(y|x)$.

2. On note $\delta_1 = \inf_x\{b_2 + d_1 x + (e/2)x^2\}$, $\delta_2 = \inf_y\{b_1 + d_2 y + (e/2)y^2\}$ et $\delta = \inf\{\delta_1, \delta_2\}$. Montrer que $U(x, y)$ est admissible sous la condition :

$$b_1, b_2, e > 0, \ d_1 < 2b_2 e, \ d_2 < 2b_1 e, \ |c| < \delta.$$

En déduire un exemple de loi sur $\mathbb{R}^2$ qui est non gaussienne mais dont les lois conditionnelles sont gaussiennes.

2.5. Modèle de Gibbs sur le réseau triangulaire plan.

1. Identifier le modèle stationnaire aux 6 plus proches voisins sur le réseau triangulaire plan et à 3 états $E = \{a, b, c\}$: cliques, potentiels, dimension paramétrique, loi conditionnelle en un site, loi conditionnelle sur une partie. Expliciter le modèle si $E \subset \mathbb{R}$.

2. Même question mais : (i) le modèle est isotropique ; (ii) le modèle a au plus des potentiels de paires ; (iii) les potentiels Φ_A sont invariants par permutation sur A.

3. Mêmes questions pour un modèle à deux états.

2.6. Champ de Markov pour la segmentation de texture.

On modélise un champ (X, Λ) sur $S = \{1, 2, \ldots, n\}^2$ et à valeurs dans $E = \mathbb{R} \times \{1, 2, \ldots, K\}$ de la façon hiérarchique suivante :

la "texture" Λ suit le modèle de Potts (2.6) aux 8-ppv ;

conditionnellement à λ, on adopte l'un des modèles $(X|\lambda)$:

1. $(X_i|\lambda_i = k) \sim \mathcal{N}(0, \sigma_k^2)$ est une texture gaussiene de rugosité.

2. $(X_i|\lambda_i = k) \sim \mathcal{N}(\mu_k, \sigma^2)$ est une texture de niveau de gris.

3. Sur une plage de label constant k, X est une texture de covariation modélisée par un CAR gaussien isotropique aux 4-ppv de paramètre (α_k, σ_e^2), $0 \le \alpha_k < 1/4$.

1. Expliciter les différents modèles (cliques, potentiels).

2. On observe X : déterminer les lois $(\Lambda|X)$, $(\Lambda_i|\Lambda^i, X)$. Utilisant l'échantillonneur de Gibbs (cf. §4.2), simuler $(\Lambda|X)$.

2.7. Restauration d'un signal gaussien.

1. $Y = h * X + \varepsilon$ est l'observation résultant de la h-convolution du signal gaussien $X = \{X_i, i \in S\}$ bruitée additivement par ε, un $BBG \sim \mathcal{N}(0, \sigma^2)$ indépendant de X. Expliciter les modèles : (X, Y), $(X|y)$ et $(X_i|x^i, y)$, $i \in S$, dans les deux situations suivantes :

   (a) $S = \{1, 2, \ldots, n\}$, X est le CAR stationnaire aux 2-ppv et $(h * x)_i = a(X_{i-1} + X_{i+1}) + bX_i$;

   (b) $S = \{1, 2, \ldots, n\}^2$, X est le CAR stationnaire aux 4-ppv et $h * X = X$.

2. On observe $Y = y$: simuler $(X|y)$ par échantillonnage de Gibbs (cf. §4.2).

2.8. Une loi ne vérifiant pas la condition de positivité (2.9).

On considère un processus $\{X(t), t \ge 0\}$ évoluant dans le temps sur $S = \{1, 2, 3\}$ et à valeurs $\{0, 1\}^3$. $X_i(t)$ repère l'état du site $i \in S$ au temps $t \ge 0$ avec : $X_i(t) = 0$ si l'état est sain, $X_i(t) = 1$ sinon. On suppose qu'un état infecté ne peut guérir. Si $x(0) = (1, 0, 0)$ et si la contamination de t à $(t + 1)$ se fait aux ppv de façon i.i.d. avec une probabilité δ, déterminer la loi $\pi(2)$ de $X(2)$. Vérifier que $\pi(2)$ ne satisfait pas la condition de positivité, c-à-d qu'il existe $x = (x_1, x_2, x_3)$ telle que $\pi_i(2)(x_i) > 0$ pour $i = 1, 2, 3$ mais $\pi(2)(x) = 0$.

2.9. Modèle causal et écriture bilatérale associée.

1. Soit Y une chaîne de Markov sur $E = \{-1, +1\}$ de transitions $p = P(Y_i = 1|Y_{i-1} = 1)$ et $q = P(Y_i = -1|Y_{i-1} = -1)$.

   (a) Démontrer que Y est un champ de Markov bilatéral aux 2-ppv.

   (b) En déduire que le noyau conditionnel bilatéral s'écrit

   $$Q(y|x, z) = Z^{-1}(x, z) \exp\{x(\alpha + \beta(y + z))\},$$

   où $\alpha = (1/2)\log(p/q)$ et $\beta = (1/4)\log\{pq/[(1 - p)(1 - q)]\}$.

   (c) Interpréter les situations : $\alpha = 0$; $\beta = 0$.

2. Sur $\mathbb{Z}$ et pour $E = \{0, 1\}$, donner la représentation bilatérale markovienne du processus de Markov homogène de mémoire 2 et de transition

$$P(Y_i = 1 | Y_{i-2} = a, Y_{i-1} = b) = p(a, b).$$

Un champ de Markov aux 4-ppv sur $\mathbb{Z}$ est-il en général une chaîne de Markov de mémoire 2 ?

3. On considère sur $S = \{1, 2, \ldots, n\}$ le modèle d'énergie :

$$U(y) = a \sum_{i=1}^{n} y_i + b \sum_{i=1}^{n-1} y_i y_{i+1} + c \sum_{i=1}^{n-2} y_i y_{i+2}.$$

On partitionne S en $I \cup P$, où I est l'ensemble des indices impairs, P celui des indices pairs. Vérifier que (Y_I / y_P) est une chaîne de Markov.

4. On considère sur $\mathbb{Z}^2$ un champ Y binaire causal pour l'ordre lexicographique, de loi conditionnelle en (i, j) dépendant des seuls sites $(i - 1, j)$ et $(i, j - 1)$ du passé. Donner la modélisation bilatérale de Y.

2.10. Chaîne et champ de Markov échantillonnés.

1. Une chaîne de Markov $Y = (Y_1, Y_2, \ldots, Y_n)$ de loi initiale $\nu \sim Y_1$ et de transitions $\{q_i, i = 1, \ldots, n-1\}$ a pour loi :

$$P_\nu(y) = \nu(y_1) \prod_{i=1}^{n-1} q_i(y_i, y_{i+1}).$$

Montrer que Y observée un instant sur deux est encore une chaîne de Markov. Expliciter sa loi (transition, potentiels) si la transition est homogène et pour un espace d'états $E = \{0, 1\}$.

2. Un champ de Markov Y aux 4-ppv sur le tore $S = \{1, 2, \ldots, n\}^2$ est observé sur $S^+ = \{(i, j) \in S : i + j \text{ est paire}\}$. Montrer que Y_{S+} est un champ de Markov de cliques maximales $\{C_{ij} = \{(i, j), (i+2, j), (i+1, j+1), (i+1, j-1)\}$, $(i, j) \in S\}$. Déterminer la loi de Y_{S+} si Y est stationnaire et $E = \{0, 1\}$.

3. Montrer que la propriété de Markov du (b) se perd : (i) si Y est markovien aux 8-ppv ; (ii) si on échantillonne Y sur $S_2 = \{(i, j) \in S : i \text{ et } j \text{ pairs}\}$.

2.11. Modèle de champ de Markov bruité.
Soit Y un champ de Markov binaire aux 2-ppv sur $S = \{1, 2, \ldots, n\}$. On suppose que Y_i est transmis avec erreur, l'observation Z_i étant caractérisée indépendamment site par site par la loi :

$$P(Y_i = Z_i) = 1 - \varepsilon = 1 - P(Y_i \neq Z_i).$$

Ecrire la distribution jointe de (Y, Z). Le signal reçu Z est-il un champ de Markov ? Vérifier que $(Y | Z)$ est un champ de Markov conditionnel. Expliciter ses distributions conditionnelles $(Y_i | Y^i, Z)$.

2.12. Reconstruction d'un système de plages colorées.

Sur $S = \{1, 2, \ldots, n\}^2$, on veut reconstruire une image $x = \{x_i, i \in S\}$ à quatre modalités $x_i \in E = \{a_1, a_2, a_3, a_4\}$ au vu d'une observation y, la dégradation de x au travers de canaux bruités se faisant de façon i.i.d. au taux $p < 1/4$:

$$P(Y_i = X_i) = 1 - 3p \quad \text{et} \quad P(Y_i = a_k | X_i = a_l) = p, \qquad \forall i \in S,\ k \neq l.$$

1. Démontrer que, pour $n(y, x) = \sum_{i \in S} \mathbf{1}(x_i = y_i)$:

$$\pi(y|x) = c(p) \exp\left\{ n(y, x) \log \frac{1 - 3p}{p} \right\}.$$

2. On retient pour loi a priori de x le modèle de Potts (2.6) de paramètre β à quatre modalités. Montrer que :

   a) $\pi(x|y) = c(y, p) \exp\left\{ -\beta n(x) + n(y, x) \log \dfrac{1 - 3p}{p} \right\}$;

   b) $\pi_i(x_i | y, x^i) = c_i(y, p, x^i) \exp U(x_i | y, x^i)$ avec

$$U(x_i | y, x^i) = -\beta \left\{ \sum_{j \in S\,:\,\langle i,j \rangle} \mathbf{1}(x_i = x_j) + \log \frac{1 - 3p}{p} \times \mathbf{1}(y_i = x_i) \right\}.$$

3. Reconstruction de x par la méthode du *Marginal Posterior Mode* (MPM [150] ; cf. aussi [96; 224]). Cette reconstruction consiste à retenir, en chaque site $i \in S$, le mode marginal de $(X_i | y)$:

$$\widehat{x}_i = \operatorname*{argmax}_{x_i \in E} \pi_i(x_i | y).$$

La loi marginale $\pi_i(x_i | y)$ de la loi de Gibbs $(X|y)$ étant analytiquement incalculable, on évaluera ce mode par méthode de Monte Carlo. Utilisant l'échantillonneur de Gibbs (cf. Ch. 4) pour la simulation de $(X|y)$ à partir de ses lois conditionnelles $\pi_i(x_i | y, x^i)$, écrire l'algorithme de reconstruction de x par MPM.

Application : pour un choix de S et de partition de $S = A_1 \cup A_2 \cup A_3 \cup A_4$ définissant x, opérer le bruitage de canal $x \mapsto y$ pour $p = 1/5$. Reconstruire $\widehat{x}_\beta(y)$ par MPM pour différents choix de paramètre de régularisation β.

3

Processus ponctuels spatiaux

Alors qu'aux Ch. 1 et 2 les sites de $S \subseteq \mathbb{R}^d$ où ont lieu les observations sont fixés sur un réseau prédéterminé non aléatoire, ici c'est la *répartition spatiale aléatoire* $x = \{x_1, x_2, \ldots\}$ de ces sites qui nous intéresse. On dit que x est la réalisation d'un processus ponctuel (PP) X, le nouvel espace des états x s'identifiant aux parties localement finies de S. Pour les PP marqués, une observation de "marque" m_i est en plus attachée à chaque site observé x_i.

Les PP sont utilisés dans des disciplines variées (Diggle [62]), en écologie et en foresterie (répartition d'espèces végétales ; [154]), en épidémiologie spatiale (positions ponctuelles de malades ; [141]), en sciences des matériaux (modèles de porosité ; [197]), en séismologie et géophysique (épicentres et éventuellement intensités de tremblements de terre), en astrophysique (positions d'étoiles d'une nébuleuse ; [163]).

La Fig. 3.1 présente trois exemples de réalisations de PP : (a) est une répartition "au hasard" de fourmilières dans une forêt, aucune structure spatiale ne semble apparaître ; la répartition (b), plus régulière, est celle des centres de cellules d'un tissu cellulaire, chaque centre préservant un espace propre alentour ; enfin pour (c), qui représente une répartition de pins dans une forêt finlandaise, les points ont tendance à s'agréger autour de points parents.

La théorie probabiliste des processus ponctuels est technique et nous ne l'aborderons pas ici dans toute sa généralité. Notre objectif est de donner une approche privilégiant la description des modèles de PP les plus utilisés et de leurs principales statistiques. Certaines notions telles la loi d'un PP, la mesure de Palm d'un PP, l'intensité conditionnelle de Papangélou, la propriété de Markov aux plus proches voisins, seront présentées de façon heuristique mais requièrent des justifications théoriques plus approfondies que l'on pourra trouver par exemple dans les livres de Daley et Veres-Jones [56], Stoyan et al. [204], van Lieshout [217], Møller et Waagepetersen [160]. Notre présentation s'est en partie inspirée de l'article de synthèse de Moller et Waagepetersen [161] qui est un exposé moderne, concit et non technique des principaux modèles de PP et de leur statistique.

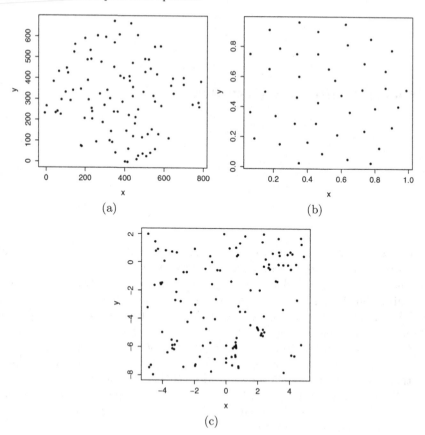

Fig. 3.1. Exemples de répartition ponctuelle : (a) 97 fourmilières (données `ants` du *package* `spatstat`) ; (b) 42 centres de cellules d'une section histologique observée au microscope (données `cells` de `spatstat`) ; (c) 126 pins d'une forêt finlandaise (données `finpines` de `spatstat`).

3.1 Définitions et notations

Soit S un fermé de $\mathbb{R}^d$, $\mathcal{B}$ (resp. $\mathcal{B}(S)$, $\mathcal{B}_b(S)$) l'ensemble des boréliens de $\mathbb{R}^d$ (resp. des boréliens de S, des boréliens bornés de S), ν la mesure de Lebesgue sur $\mathcal{B}_d$. La réalisation x d'un processus ponctuel X sur S est la donnée d'une collection *localement finie* de points de S,

$$x = \{x_1, x_2, \ldots\}, \qquad x_i \in S,$$

c-à-d une partie $x \subset S$ telle que $x \cap B$ est finie pour toute partie B borélienne bornée. Notons $\mathcal{N}_S$ l'ensemble des configurations localement finies, $x, y \ldots$ des configurations sur S et x_i, y_i, ξ, η des points de ces configurations. Suivant Daley et Vere-Jones [56] (cf. aussi [217]),

Définition 3.1. *Un processus ponctuel sur S est une application X d'un espace de probabilité $(\Omega, \mathcal{A}, \mathbb{P})$ dans l'ensemble $\mathcal{N}_S$ des configurations localement finies telle que pour tout borélien borné A, le nombre de points $N(A) = N_X(A)$ de points de X tombant dans A est une variable aléatoire.*

Par exemple, si $S = [0,1]^2$ et si U et $V : (\Omega, \mathcal{A}, \mathbb{P}) \to [0,1]$ sont deux v.a. uniformes indépendantes, $X = \{(U,V)\}$, $X = \{(U,U), (U,V), (U^2,V)\}$ sont des PP sur S mais $X = \{(U^n, V^m), n, m \in \mathbb{N}\}$ ne l'est pas car 0 est p.s. un point d'accumulation de X.

Dans cette définition, S peut être remplacé par un espace métrique complet général. Notons que la réalisation d'un processus ponctuel est au plus infinie dénombrable et sans points d'accumulation. Si S est bornée, $N_X(S)$ est presque sûrement finie et le PP est dit fini. On ne considérera ici que des PP *simples* n'autorisant pas la répétition de points : dans ce cas, la réalisation x du PP coïncide avec un sous-ensemble de S.

3.1.1 Espace exponentiel

Si S est bornée, l'espace E des configurations des états d'un PP X sur S s'identifie avec la réunion des espaces E_n des configurations à n points sur S, $n \geq 0 : E = \bigcup_{n \geq 0} E_n$, appelé l'espace exponentiel des configurations, est muni de la tribu $\mathcal{E}$ qui rend mesurables toutes les variables de comptage $N(A) : E \longrightarrow \mathbb{N}$, $N(A) = \sharp(x \cap A)$ où $A \in \mathcal{B}_b(S)$. La tribu $\mathcal{E}_n$ sur E_n est la trace de $\mathcal{E}$ sur E_n. Des exemples d'événements de $\mathcal{E}$ sont : "il y a au plus 50 points dans la configuration x" ; "les points de x sont tous distants d'au moins r, $r > 0$ donné" ; "0 est un point de x", "il n'y a aucun point dans $A \subset S$".

La loi du processus ponctuel X est la probabilité P image sur $(E, \mathcal{E})$ de $\mathbb{P}$. Cette loi est caractérisée sur la sous-tribu de $\mathcal{A}$ qui rend mesurable toutes les variables de comptage $N(A)$, $A \in \mathcal{B}_b(S)$, par les lois jointes finies-dimensionnelles de ces variables.

Définition 3.2. *La distribution fini-dimensionnelle d'un processus ponctuel X est la donnée pour tout $m \geq 1$ et tout m-uplet $(A_1, A_2, \ldots, A_m)$ de $\mathcal{B}_b(S)$ des distributions sur $\mathbb{N}^m$ de $(N(A_1), N(A_2), \ldots, N(A_m))$.*

Si S n'est pas compacte, la loi d'un PP est définie de la même façon, les configurations x (éventuellement infinies) étant finies sur tout borélien borné.

PP stationnaire, PP isotropique

Un PP sur $\mathbb{R}^d$ est *stationnaire* si, pour tout $\xi \in \mathbb{R}^d$, la loi du PP translaté $X_\xi = \{X_i + \xi\}$ est la même que celle de X ; le PP est *isotropique* si la loi de ρX, X après ρ-rotation, est identique à celle de X pour toute rotation ρ. L'isotropie implique la stationnarité.

Processus ponctuel marqué

Soit K un espace métrique (en général $K \subseteq \mathbb{R}^m$) ; un *processus ponctuel marqué* (PPM) (X, M) sur $S \times K$ est un PP sur $S \times K$ tel que X soit un PP sur S : $(x, m) = \{(x_1, m_1), (x_2, m_2), \ldots\}$ où $m_i \in K$ est la marque associée au site x_i. Des exemples d'espace de marques sont : $K = \{m_1, m_2, \ldots, m_K\}$ (K types de points, cf. Fig. 3.2-a), $K = \mathbb{R}^+$ (la marque est une mesure $r \geq 0$ associée à chaque point, cf. Fig. 3.2-b), $K = [0, 2\pi[\times \mathbb{R}^+$ (la marque est un segment centré en x, d'orientation $\theta \in [0, 2\pi[$ et de longueur $l \geq 0$).

Notons $B(x, r) \subset S$ la boule de $\mathbb{R}^2$ de centre x et de rayon $r > 0$. Un exemple de PP marqué est la donnée de centres $X = \{x_i\} \subset \mathbb{R}^2$, réalisations d'un PP et de marques les boules fermées $B(x_i, r_i)$ centrées en x_i et de rayons suivant des lois i.i.d., lois elles-mêmes indépendantes de X. En morphologie mathématique [197; 204], l'ensemble aléatoire fermé $\mathcal{X} = \cup_{x_i \in X} B(x_i, r_i)$ est appelé un *processus booléen*.

Un PP marqué de fibres [204] est associé à des marques curvilignes m_i attachées à x_i, par exemple un segment centré en x_i, de longueur $l_i \sim \mathcal{E}xp(l^{-1})$ et d'orientation θ_i uniforme sur $[0, 2\pi[$ indépendante de l_i, les (θ_i, l_i) étant i.i.d. et indépendantes de X ; de tels PPM sont utilisés en science du sol pour modéliser la répartition spatiale d'un réseau racinaire dans un volume $S \subset \mathbb{R}^3$.

Un PP multivarié $X = (X(1), X(2), \ldots, X(M))$ peut être vu comme un PPM à nombre fini M de marques : pour chaque $m = 1, \ldots, M$, $X(m)$ est le sous-ensemble de S qui repère les positions de l'espèce m. X s'identifie alors au

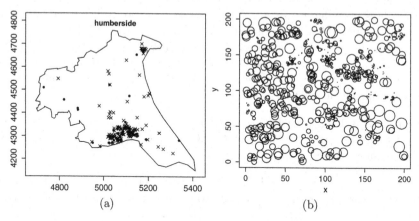

(a)	(b)

Fig. 3.2. (a) Un exemple de PP à 2 marques (données `humberside` du *package* `spatstat`) : localisations de 62 cas (•) de leucémie chez l'enfant (district de North-Humberside, Grande Bretagne, période 1974–1982) et de 141 résidences (×) d'enfants non-malades tirées au hasard dans le registre des naissances. (b) Un exemple de PP à marques continus (données `longleaf` de `spatstat`) : positions et tailles de 584 aiguilles de pins dans un sous-bois, la taille d'une aiguille de pin étant ici proportionnelle au rayon du cercle.

processus PPM $\widetilde{X} = \cup_{m=1}^M X(m)$ superposition des $X(m)$. La Fig. 3.2 donne la réalisation d'un PPM à deux états, sain ou malade, répartition géographique de cas de leucémie chez l'enfant (cf. [53] et l'exercice 5.14).

3.1.2 Moments d'un processus ponctuel

Si les moments d'ordre 1 (espérance) et d'ordre 2 (covariance) sont à la base de l'étude des processus à valeurs réelles, ici les notions adaptées aux PP sont les *mesures de moment d'ordre p, $p \geq 1$* : le moment d'ordre p d'un PP est la *mesure* sur $(S, \mathcal{B}(S))^p$ définie sur les produits $B_1 \times \ldots \times B_p$ par :

$$\mu_p(B_1 \times \ldots \times B_p) = E(N(B_1) \ldots N(B_p)).$$

Moment d'ordre 1 et intensité ρ d'un PP

La *mesure d'intensité* λ de X est la mesure de moment d'ordre 1 :

$$\lambda(B) = \mu_1(B) = E(N(B)) = E\{\sum_{\xi \in X} \mathbf{1}(\xi \in B)\}.$$

Généralement, $\lambda(d\xi)$, la probabilité qu'il y ait un point de X dans le volume infinitésimal $d\xi$ autour de ξ, est modélisée à partir d'une *densité d'intensité* $\rho(\xi)$, $\lambda(d\xi) = \rho(\xi)d\xi$. Si X est stationnaire, λ est invariante par translation : $\lambda(B) = \tau\nu(B)$ où τ, l'intensité constante de X, est le nombre moyen de points de X par volume unité.

Moment factoriel et intensité ρ_2 d'ordre 2

La covariance de variables de comptage va s'exprimer à partir de la mesure de moment d'ordre 2, $\mu_2(B_1 \times B_2) = E(N(B_1)N(B_2))$. Cependant, notant $\sum_{\xi,\eta \in X}^{\neq}$ la somme étendue aux sites $\xi \neq \eta$ distincts de X, la décomposition,

$$\begin{aligned} \mu_2(B_1 \times B_2) &= E\{\sum_{\xi \in X} \mathbf{1}(\xi \in B_1) \times \sum_{\eta \in X} \mathbf{1}(\eta \in B_2)\} \\ &= E\{\sum_{\xi,\eta \in X} \mathbf{1}((\xi,\eta) \in (B_1, B_2))\} \\ &= E\{\sum_{\xi \in X} \mathbf{1}(\xi \in B_1 \cap B_2)\} + \mathbb{E}\{\sum_{\xi,\eta \in X}^{\neq} \mathbf{1}((\xi,\eta) \in (B_1, B_2))\}, \end{aligned}$$

montre que μ_2 a une composante mesure sur $\mathcal{B}(S)$ et une autre mesure sur le produit $\mathcal{B}(S) \times \mathcal{B}(S)$. Cette singularité disparaît en considérant la mesure de *moment factoriel α_2 d'ordre 2* définie sur les événements $B_1 \times B_2$ par :

$$\begin{aligned} \alpha_2(B_1 \times B_2) &= E\{\sum_{\xi,\eta \in X}^{\neq} \mathbf{1}((\xi,\eta) \in (B_1, B_2))\} \\ &= \mu_2(B_1 \times B_2) - \lambda(B_1 \cap B_2). \end{aligned}$$

α_2 coïncide avec μ_2 sur le produit d'événements disjoints, (Λ, α_2) apportant la même information sur X que (Λ, μ_2).

Si $h_1 : \mathbb{R}^d \to [0, \infty)$ et $h_2 : \mathbb{R}^d \times \mathbb{R}^d \to [0, \infty)$ sont deux applications mesurables, un argument classique de la théorie de la mesure [160, Appendice C] conduit aux identités :

$$E\{\sum_{\xi \in X} h(\xi)\} = \int_{\mathbb{R}^d} h_1(\xi)\lambda(d\xi),$$

et

$$E\{\sum_{\xi, \eta \in X}^{\neq} h_2(\xi, \eta)\} = \int_{\mathbb{R}^d} \int_{\mathbb{R}^d} h(\xi, \eta)\alpha_2(d\xi, d\eta).$$

D'autre part, si B_1 et B_2 sont mesurables bornées de S, il est facile de voir que :

$$Cov(N(B_1), N(B_2)) = \alpha_2(B_1 \times B_2) + \mu_1(B_1 \cap B_2) - \mu_1(B_1)\mu_1(B_2).$$

Si $\xi \neq \eta$, $\alpha_2(d\xi \times d\eta)$ est la probabilité que X présente un point dans le volume infinitésimal $d\xi$ autour de ξ et un point dans le volume infinitésimal $d\eta$ autour de η. Si α_2 est absolument continue par rapport à la mesure de Lebesgue sur $(S, \mathcal{B}(S))^2$, sa densité $\rho_2(\xi, \eta)$ est la *densité d'intensité d'ordre deux* de X. Si X est stationnaire (resp. isotropique), $\rho_2(\xi, \eta)$ ne dépend que de $\xi - \eta$ (resp. $\|\xi - \eta\|$).

Corrélation de paires repondérée

L'une des questions centrales dans l'étude des processus ponctuels est de savoir si les points de la réalisation d'un PP ont une tendance à s'attirer ou au contraire à se repouser ou enfin à ne pas s'influencer. Cette dernière hypothèse d'indépendance spatiale, que nous noterons CSR (pour *Complete Spatial Randomness*), traduit que les points se répartissent dans S indépendamment les uns des autres, mais pas nécessairement uniformément. Les PP de Poisson (PPP) couvrent exactement cette classe de processus, les PPP stationnaires correspondant à la situation où la densité ρ est constante.

Sans faire d'hypothèse de stationnarité, Baddeley et al. [13] définissent une fonction $g(\xi, \eta)$, dite fonction de *corrélation de paires repondérée*, qui est un bon indicateur au second ordre de la dépendance spatiale : si $\rho(\xi)$ et $\rho(\eta) > 0$,

$$g(\xi, \eta) = \frac{\rho_2(\xi, \eta)}{\rho(\xi)\rho(\eta)}. \tag{3.1}$$

Il est facile de voir que

$$g(\xi, \eta) = 1 + \frac{Cov(N(d\xi), N(d\eta))}{\rho(\xi)\rho(v)d\xi d\eta},$$

ce qui conduit à l'interprétation :

1. $g(\xi, \eta) = 1$ si les points apparaissent indépendamment (hypothèse CSR).

2. $g(\xi, \eta) > 1$ traduit une attraction entre les points (covariance de paire positive).

3. $g(\xi, \eta) < 1$ traduit une répulsion entre les points (covariance de paire négative).

On dira que le PP X est *stationnaire au second ordre pour la corrélation repondérée* si :

$$\forall \xi, \eta \in S : g(\xi, \eta) = g(\xi - \eta). \tag{3.2}$$

On verra que des PP (par exemple des PP de Cox log-gaussiens) peuvent être stationnaires au second ordre pour la corrélation repondérée sans être stationnaire au premier ordre. Cette corrélation g permettra de construire des tests d'indépendance spatiale sans faire l'hypothèse que l'intensité du PP est stationnaire.

Comme pour les processus à valeurs réelles, les mesures de moments à l'ordre 1 et 2 de deux PP peuvent coïncider mais leurs configurations spatiales être assez différentes : en effet la loi d'un PP dépend aussi des mesures de moments d'ordres supérieurs.

3.1.3 Exemples de processus ponctuels

Modèle défini par ses densités conditionnelles à $n(\mathbf{x}) = n \geq 0$

Si S est bornée, la loi de X peut être décrite en se donnant :

1. Les probabilités $p_n = P(N(S) = n)$ qu'une configuration soit à n points, $n \geq 0$.

2. Les densités g_n de x sur E_n, l'ensemble des configurations à n points, $n \geq 1$.

Une densité g_n sur E_n est en bijection avec une densité f_n (relative à la mesure de Lebesgue) sur S^n invariante par permutation des coordonnées :

$$f_n(x_1, x_2, \ldots, x_n) = \frac{1}{n!} g_n(\{x_1, x_2, \ldots, x_n\}).$$

Notant $B_n^* = \{(x_1, x_2, \ldots, x_n) \in S^n \text{ t.q. } \{x_1, x_2, \ldots, x_n\} \in B_n\}$ l'événement associé à $B_n \in \mathcal{E}_n$, la probabilité de $B = \bigcup_{n \geq 0} B_n$ est alors donnée par :

$$P(X \in B) = \sum_{n \geq 0} p_n \int_{B_n^*} f_n(x_1, x_2, \ldots, x_n) dx_1 dx_2 \ldots dx_n.$$

L'inconvénient d'une telle approche est que les probabilités p_n doivent être spécifées, ce qui est peu réaliste dans la pratique. On verra que lorsque X est défini par une densité jointe *inconditionnelle* f (cf. §3.4), les p_n sont implicitement données par f.

Points indépendants : processus binomial à n points

Soit S une partie bornée de $\mathbb{R}^d$ de volume $\nu(S) > 0$. Un *PP binomial* sur S à n points est constitué de n points i.i.d. uniformément répartis sur S : si $\{A_1, A_2, \ldots, A_k\}$ est une partition borélienne de S, alors la variable aléatoire $(N(A_1), N(A_2), \ldots, N(A_k))$ suit une loi multinomiale $\mathcal{M}(n; q_1, q_2, \ldots, q_k)$ de paramètres $q_i = \nu(A_i)/\nu(S)$, $i = 1, \ldots, k$. Ce modèle s'étend aux répartitions i.i.d. de n points sur S, chaque point étant placé dans S avec une densité non nécessairement uniforme ρ : une telle répartition conditionnelle à $n(x) = n$ points est celle d'un PP de Poisson à n points d'intensité ρ (cf. §3.2).

Plus de régularité spatiale : le modèle à noyau dur

Une façon de "régulariser" une configuration spatiale est d'interdire que des points soient trop proches. Ce qui est bien adapté chaque fois qu'un individu i placé en x_i nécessite un espace propre : modèles de sphères impénétrables en physique, répartition d'arbres dans une forêt, répartition d'animaux sur un territoire, centres de cellules d'un tissu cellulaire, répartition d'un type de commerce dans une ville. Ces modèles sont des cas particuliers du modèle de Strauss, un modèle de Gibbs défini par sa densité inconditionnelle (cf. §3.4.2).

Répartition avec agrégats : le PP de Neyman-Scott

Plaçons-nous dans le contexte suivant d'une dynamique de population :

1. X, qui repère la position des parents, est un PP de Poisson.
2. À la génération suivante, chaque parent x_i engendre des descendants Y_{x_i} en nombre K_{x_i} et en position Y_{x_i} autour de x_i, les variables (K_{x_i}, Y_{x_i}) étant i.i.d. et indépendantes de X.

Le processus de Neyman-Scott [163] est alors la superposition $D = \cup_{x_i \in x} Y_{x_i}$ des descendants de la première génération (cf. Fig. 3.4). Ce modèle présente des agrégats autour des parents si les lois de répartition spatiale des descendants sont concentrées autour des parents. Les généralisations de ce modèle sont multiples : autre choix de répartition spatiale des parents X, dépendances entre les descendants (compétitions), lois de descendance non-identiques (variabilité de fertilité parentale), etc. On verra que ces modèles rentrent dans la classe des PP de Cox (cf. §3.3).

On distingue trois grandes classes de PP :

1. Les PP de Poisson (PPP) modélisent une répartition spatiale "au hasard" (CSR, cf. Fig. 3.3-a). Ils sont caractérisés par leur intensité $\rho(\cdot)$, qui n'est pas nécessairement homogène.
2. Les PP de Cox sont des PPP conditionnels à un environnement aléatoire. Ils modélisent des répartitions spatiales *moins régulières* présentant par exemple des agrégats, comme pour le PP de Neyman-Scott (cf. Fig. 3.4).

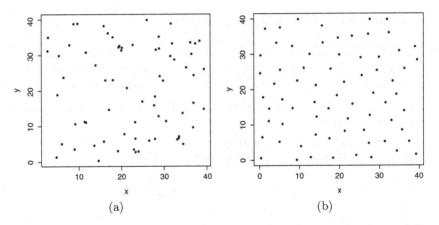

Fig. 3.3. Comparison des deux répartitions spatiales de $n = 70$ points sur $S = [0, 40]^2$. (a) Au hasard : réalisation d'un PP binomial; (b) plus régulière : réalisation d'un PP à noyau dur avec l'interdition que les points soient plus proche que 3.5.

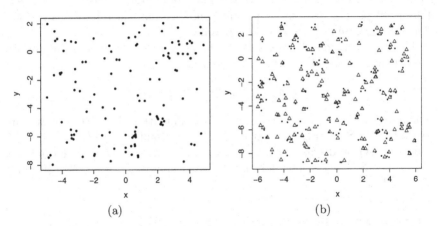

Fig. 3.4. (a) Données réelles : localisations de 126 pins d'une forêt finlandaise (données `finpines` de `spatstat`); (b) simulation d'un processus de Neyman-Scott ajusté sur les données (a) où : le nombre de descendants $K \sim \mathcal{P}(\mu)$; la position d'un descendant (•) autour d'un parent ($\triangle$) suit une loi $\mathcal{N}_2(0, \sigma^2 I_2)$. Les paramètres estimés par la méthode décrite au §5.5.3 sont $\widehat{\mu} = 0.672$, $\widehat{\lambda} = 1.875$, $\widehat{\sigma}^2 = 0.00944$.

3. Les PP de Gibbs sont définis à partir d'une spécification conditionnelle. Ils sont utiles pour modéliser des répartitions spatiales *plus régulières* que celle d'un PPP, par exemple la répartition d'un modèle à noyau dur où chaque point préserve un espace vital autour de lui (cf. Fig. 3.3-b et §3.4).

3.2 Processus ponctuel de Poisson

Soit λ une mesure positive sur $(S, \mathcal{B}(S))$ de densité ρ, λ étant finie sur les boréliens bornés. Un *processus ponctuel de Poisson de mesure d'intensité* $\lambda(\cdot) > 0$ et d'intensité $\rho(\cdot)$ (on note $\mathrm{PPP}(\lambda)$ ou $\mathrm{PPP}(\rho)$) est caractérisé par :

1. Pour tout $A \in \mathcal{B}_b(S)$ de mesure $0 < \lambda(A) < \infty$, $N(A)$ suit une loi de Poisson de paramètre $\lambda(A)$.
2. Conditionnellement à $N(S)$, les points de $x \cap A$ sont distribués de façon i.i.d. avec une densité proportionnelle à $\rho(\xi)$, $\xi \in A$:

$$P(N(A) = n) = e^{-\lambda(A)} \frac{(\lambda(A))^n}{n!}$$

et

$$g_n(\{x_1, x_2, \ldots, x_n\}) \propto \rho(x_1)\rho(x_2) \ldots \rho(x_n).$$

Cette caractérisation implique que, si $A_i, i = 1, \ldots, p$ sont p boréliens disjoints, les v.a. $N(A_i), i = 1, \ldots, p$ sont indépendantes. Le PPP est *homogène* d'intensité ρ, si $\lambda(\cdot) = \rho\nu(\cdot)$; à l'indépendance dans la répartition s'ajoute alors l'uniformité de la répartition spatiale.

Un choix classique de modélisation de $\rho(\cdot) \geq 0$ est un modèle log-linéaire dépendant de covariables $z(\xi), \xi \in S$, observables :

$$\log \rho(\xi) = {}^t z(\xi)\beta, \qquad \beta \in \mathbb{R}^p.$$

Simulation d'un processus de poisson. La simulation d'un $\mathrm{PPP}(\rho)$ sur une partie bornée S (cf. Fig. 3.5) est réalisée en utilisant la méthode de rejet (cf. appendice A) ou d'*effacement de points* : si la densité $\rho(\cdot)$ est majorée par $c < \infty$ sur S, l'algorithme suivant réalise la simulation d'un $\mathrm{PPP}(\rho)$ sur S (cf. Ex. 3.8) :

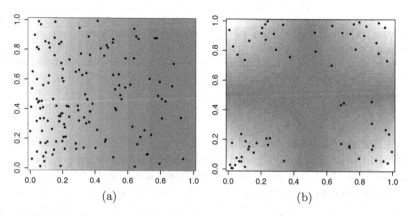

(a)   (b)

Fig. 3.5. Réalisations d'un PPP inhomogène sur $[0,1]^2$ d'intensité : (a) $\lambda(x,y) = 400e^{-3x}$ $(E(N(S)) = 126.70)$; (b) $\lambda(x,y) = 800\,|0.5 - x|\,|0.5 - y|$ $(E(N(S)) = 50)$.

1. Simuler $X_h = \{x_i\}$, un PPP homogène sur S d'intensité c.
2. Effacer indépendamment les x_i avec la probabilité $(1 - \rho(x_i)/c)$.

3.3 Processus ponctuel de Cox

Soit $\Lambda = (\Lambda(\xi))_{\xi \in S}$ un processus ≥ 0 sur S localement intégrable : presque surement, pour tout borélien B borné, $\int_B \Lambda(\xi)d\xi < \infty$. Un processus ponctuel de Cox X gouverné par $\Lambda = (\Lambda(\xi))_{\xi \in S}$ est un PPP de densité aléatoire Λ, Λ modélisant un environnement aléatoire. Si la densité Λ est stationnaire, X l'est aussi. L'exemple le plus simple de processus de Cox est le PPP mixte où $\Lambda(\xi) = \xi$ est une v.a. > 0 constante sur S. Les processus de Cox s'introduisent naturellement dans un contexte bayésien où l'intensité $\lambda_\theta(\cdot)$ dépend d'un paramètre θ suivant une loi a priori π.

3.3.1 Processus de Cox *log*-Gaussien

Introduit par Moller et al. [159], ces modèles admettent une intensité log-linéaire avec effet aléatoire :

$$\log \Lambda(\xi) = {}^t z(\xi)\beta + \Psi(\xi), \qquad (3.3)$$

où $\Psi = (\Psi(\xi))_{\xi \in S}$ est un processus gaussien centré de covariance $c(\xi, \eta) = Cov(\Psi(\xi), \Psi(\eta))$ assurant l'intégrabilité locale de Λ. La Fig. 3.6 donne la réalisation d'un tel modèle pour deux choix de covariance du champ sous-jacent. Les mesures de moments de ces processus se manipulent bien ; en particulier, on a [159] :

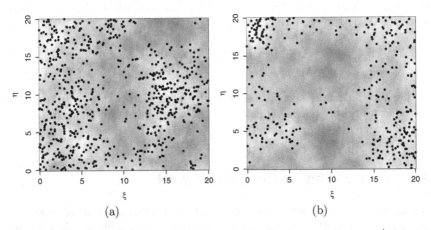

(a)   (b)

Fig. 3.6. Deux répartitions spatiales d'un PP de Cox log-gaussien avec ${}^t z(\xi) = 1$, $\beta = 1$. Le fond grisé figure l'intensité de la réalisation du champ gaussien sous-jacent de covariance : (a) $c(\xi, \eta) = 3 \exp\{-\|\xi - \eta\|/10\}$; (b) $c(\xi, \eta) = 3 \exp\{-\|\xi - \eta\|^2/10\}$.

$$\log \rho(\xi) = {}^t z(\xi)\beta + c(\xi,\xi)/2, \qquad g(\xi,\eta) = \exp(c(\xi,\eta)),$$

où g est la corrélation de paire repondérée (3.1), la correspondance entre c et g étant bijective. Si Ψ est stationnaire (resp. isotropique), X est stationnaire (resp. isotropique) au second ordre pour la corrélation repondérée g.

3.3.2 PP doublement poissonnien

Encore appelés *shot noise process*, ce sont des processus de Cox X d'intensité

$$\Lambda(\xi) = \sum_{(c,\gamma)\in\varphi} \gamma k(c,\xi), \tag{3.4}$$

où φ est la réalisation d'un PPP sur $S \times \mathbb{R}^+$, $k(c,\cdot)$ étant une densité sur S centrée en c. Ainsi, X est la superposition de PPP indépendants d'intensité $\gamma k(c,\cdot)$ pour une répartition de Poisson des (c,γ). Ces PP doublement poissonnien modélisent des configurations avec agrégats comme la répartition d'une espèce végétale résultant d'un processus de dissémination de graines.

Pour le processus de Neyman-Scott [163 et §3.1.3], les centres c suivent un PP de Poisson stationnaire d'intensité τ et γ est constant, correspondant au nombre moyen de descendants issus de chacun des parents placés en c. Le processus de Neyman-Scott est stationnaire d'intensité $\tau\gamma$. Le PP de Thomas [213] correspond à une loi de dispersion gaussienne $k(c,\cdot) \sim \mathcal{N}_d(c,\sigma^2 Id)$ autour de chaque centre c. Un processus de Thomas est isotropique de corrélation repondérée sur $\mathbb{R}^2$ [160],

$$g(\xi,\eta) = g(\|\xi,\eta\|), \qquad g(r) = 1 + \frac{1}{4\pi\kappa\sigma^2} \exp\left\{-\frac{r^2}{4\sigma^2}\right\}.$$

On peut également considérer des modèles inhomogènes où la mesure Λ qui gouverne X dépend de covariables $z(\xi), \xi \in S$ [220],

$$\Lambda(\xi) = \exp({}^t z(\xi)\beta) \sum_{(c,\gamma)\in\varphi} \gamma k(c,\xi).$$

Ce modèle, de même corrélation de paires repondérées g que (3.4), permet d'étudier les propriétés de dépendance au second ordre tout en autorisant une non-homogénéité au premier ordre (cf. exemple 5.15).

3.4 Densité d'un processus ponctuel

On supposera dans ce paragraphe que S est une partie bornée de $\mathbb{R}^d$. Une façon de modéliser un PP est de définir sa densité de probabilité f relativement à celle d'un PP de Poisson homogène de densité 1. Cette approche permet en particulier de définir les PP de Gibbs.

Généralement, la densité f d'un PP n'est connue qu'à un facteur multiplicatif près, $f(x) = cg(x)$, où g est analytiquement connue. Ceci est sans conséquence uant à la simulation d'un PP par une méthode MCMC, méthode qui requiert la seule connaissance de g (cf. §4.4). Par contre, pour l'estimation par maximum de vraisemblance du modèle $f_\theta(x) = c(\theta)g_\theta(x)$, $c(\theta)$, qui est une constante analytiquement incalculable, devra être approchée par méthode MCMC (cf. §5.5.6).

3.4.1 Définition

Soit $S \subset \mathbb{R}^d$ un borélien borné et Y_ρ un PPP de mesure d'intensité $\lambda > 0$, λ admettant une densité ρ. Le développement de Poisson suivant donne la probabilité de tout événement $(Y_\rho \in F)$,

$$P(Y_\rho \in F) = \sum_{n=0}^{\infty} \frac{e^{-\lambda(S)}}{n!} \int_{S^n} \mathbf{1}\{x \in F\}\rho(x_1)\rho(x_2)\dots\rho(x_n)dx_1 dx_2 \dots dx_n,$$

où $x = \{x_1, x_2, \dots, x_n\}$. Cette formule permet de définir la densité d'un PP par rapport à la loi de Y_1, un PPP(1). Soit ν la mesure de Lebesgue sur S.

Définition 3.3. *X admet la densité f par rapport à Y_1, le PPP d'intensité 1, si pour tout événement $F \in \mathcal{E}$, on a :*

$$P(X \in F) = E[\mathbf{1}\{Y_1 \in F\}f(Y_1)]$$
$$= \sum_{n=0}^{\infty} \frac{e^{-\nu(S)}}{n!} \int_{S^n} \mathbf{1}\{x \in F\}f(x)dx_1 dx_2 \dots dx_n.$$

La probabilité d'une configuration à n points est donc :

$$p_n = \frac{e^{-\nu(S)}}{n!} \int_{S^n} f(x)dx_1 dx_2 \dots dx_n.$$

Conditionnellement à $n(x) = n$, les n points de X ont une densité jointe symétrique $f_n(x_1, x_2, \dots, x_n) \propto f(\{x_1, x_2, \dots, x_n\})$: f_n n'est connue qu'à un facteur multiplicatif près et p_n est analytiquement incalculable du fait de la complexité du calcul de l'intégrale multiple. L'une des rares densités qui s'explicite complètement est celle du PPP(ρ),

$$f(x) = e^{\nu(S)-\lambda(S)} \prod_{i=1}^{n} \rho(x_i), \qquad (3.5)$$

si $x = \{x_1, x_2, \dots, x_n\}$. En général, on écrira $f(x) = cg(x)$ où $g(x)$ est connue et c est une constante de normalisation inconnue.

Intensité conditionnelle de papangelou

Une densité f est *héréditaire* si, pour toute configuration finie de points $x \subset S$,

$$f(x) > 0 \text{ et } y \subset x \Longrightarrow f(y) > 0. \tag{3.6}$$

Cette condition, vérifiée pour les densités usuelles, traduit que toute sous-configuration d'un configuration de densité > 0 est elle-même de densité > 0.

Si f est héréditaire, l'intensité de Papangelou [168] de $\xi \notin x$ conditionnelle à x est définie par :

$$\lambda(\xi, x) = \frac{f(x \cup \{\xi\})}{f(x)} \text{ si } f(x) > 0, \qquad \lambda(\xi, x) = 0 \text{ sinon.} \tag{3.7}$$

Si $f(x) = c\,g(x)$, $\lambda(\xi, x)$ ne dépend pas de la constante de normalisation c. D'autre part, (3.7) montre que la correspondance entre f et λ est bijective : un PP peut donc être modélisé par son intensité conditionnelle et cette intensité sera utilisée pour les procédures de simulation MCMC ainsi que pour l'estimation paramétrique par pseudo-vraisemblance conditionnelle.

$\lambda(\xi, x)$ peut être interprétée comme étant la densité de la probabilité qu'il y ait un point de X en ξ, sachant que la réalisation de X est x ailleurs, l'espérance en X de cette probabilité conditionnelle étant la densité $\rho(\xi)$ de X en ξ [160]

$$E(\lambda(\xi, X)) = \rho(\xi).$$

Pour un PPP(ρ), $\lambda(\xi, x) = \rho$ ne dépend pas de x ; pour les PP markoviens, l'intensité conditionnelle $\lambda(\xi, x) = \lambda(\xi, x \cap \partial\xi)$ ne dépendra que de la configuration x au voisinage $\partial\xi$ de ξ (cf. 3.6.1).

3.4.2 Processus ponctuel de Gibbs

On suppose que X admet une densité $f > 0$:

$$f(x) = \exp\{-U(x)\}/Z, \tag{3.8}$$

l'énergie $U(x)$ étant *admissible*, c-à-d vérifiant pour tout $n \geq 0$:

$$q_n = \int_{S^n} \exp(-U(x))dx_1 dx_2 \ldots dx_n < \infty, \qquad \sum_{n=0}^{\infty} \frac{e^{-\nu(S)}}{n!} q_n < \infty.$$

Pour être admissible, U doit l'être conditionnellement à $n(x) = n$, ceci pour tout n. Une condition suffisante est que $n(x)$ soit borné par un $n_0 < \infty$ et que U soit admissible conditionnellement à tout $n \leq n_0$; par exemple, les modèles à noyau dur excluant les configurations x où deux sites sont à distance $\leq r$, $r > 0$, ont toujours un nombre de points $n(x)$ borné : en effet, sur $\mathbb{R}^2$, si $n(x) = n$, la surface de la réunion des n boules centrées en $x_i \in x$ de rayon r

ne peut excéder celle de S^r, le domaine S dilaté de r : $n(x) \times \pi r^2 \leq \nu(S^r)$. Une autre condition assurant que U est admissible est que U soit bornée.

Si l'énergie est spécifiée à l'aide d'un potentiel Φ, c-à-d si U s'écrit,

$$U(x) = \sum_{y \subset x} \phi(y),$$

on dit que X est un *PP de Gibbs* de potentiel ϕ. Un cas particulier est celui d'une famille exponentielle de densité,

$$f_\theta(x) = c(\theta) \exp({}^t \theta \, T(x)).$$

où $\theta \in \mathbb{R}^p$ un paramètre réel multidimensionnel et $T(x) = \sum_{y \subset x} \psi(y)$ est une statistique de $\mathbb{R}^p$.

PP de Strauss, PP à noyau dur

L'exemple de base d'un PP de Gibbs est associé à des *potentiels* de *singletons* et *de paires*, l'énergie s'écrivant :

$$U(x) = \sum_{i=1}^{n} \varphi(x_i) + \sum_{i=1}^{n} \sum_{j>i}^{n} \psi(\|x_i - x_j\|).$$

Si $r > 0$ est un rayon fixé, le PP de *Strauss* [206] correspond au choix $\varphi(x_i) = a$ et $\psi_{\{x_i, x_j\}}(x) = b\mathbf{1}(\|x_i - x_j\| \leq r)$, de densité $f_\theta(x) = c(\theta) \exp({}^t \theta \, T(x))$ de paramètre $\theta = (a, b) \in \mathbb{R}^2$ où :

$$T_1(x) = n(x), \qquad T_2(x) = s(x) = \sum_{i<j} \mathbf{1}(\|x_i - x_j\| \leq r).$$

T_2 compte le nombre de paires de points "r-voisins". Notant $\beta = e^a$ et $\gamma = e^b$, la densité f s'écrit encore :

$$f_\theta(x) = c(\theta) \beta^{n(x)} \gamma^{s(x)}, \qquad \theta = {}^t(\beta, \gamma). \tag{3.9}$$

Le PP de Poisson homogène correspond à $\gamma = 1$ alors que $\gamma = 0$ définit le *modèle à noyau dur*, de densité :

$$f_{\beta, r}(x) = c\beta^{n(x)} \mathbf{1}\{\forall i \neq j, \|x_i - x_j\| > r\}.$$

L'indicatrice qui apparaît dans la densité à noyau dur exclut toute configuration avec une paire de points à distance $\leq r$ (modèles de sphères impénétrables) ; S étant borné, le nombre $n(x)$ de points de la configuration est borné.

Décrivons les distributions conditionnelles (cf. Fig. 3.7-a,b) et inconditionnelles (cf. Fig. 3.7-c,d) du PP de Strauss.

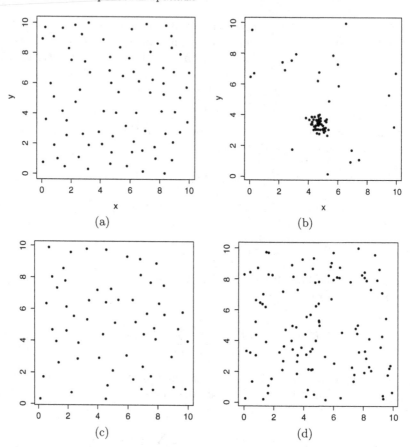

Fig. 3.7. Réalisations d'un PP de Strauss sur $S = [0, 10]^2$, $r = 0.7$: conditionnelles à $n = 80$, (a) $\gamma = 0$, (b) $\gamma = 1.5$; inconditionnelles avec $\beta = 2$, (c) $\gamma = 0$ (noyau dur), (d) $\gamma = 0.8$.

Conditionnellement à $n(x) = n$, $f_{\theta,n}(x) \propto \gamma^{s(x)}$:

Si $\gamma < 1$, le processus X est plus régulier qu'un PP binomial, d'autant plus que γ est proche de 0.

$\gamma = 1$ correspond au processus binomial à n points.

Si $\gamma > 1$, X est moins régulier qu'un PP binomial, d'autant plus que γ est grand : des agrégats apparaissent.

Inconditionnellement, f_θ n'est admissible que si $\gamma \leq 1$. En effet :

si $\gamma \leq 1$ et si $n(x) = n$, $f_\theta(x) \leq c(\theta)\beta^n$ et :

$$\sum_{n \geq 0} \frac{1}{n!} \int_{S^n} f_\theta(x)dx_1 \ldots dx_n \leq c(\theta) \sum_{n \geq 0} \frac{1}{n!} \beta^n (\nu(S))^n = e^{\beta\nu(S)} < +\infty;$$

si $\gamma > 1$, f_θ n'est pas admissible : en effet, notant E l'espérance pour la loi uniforme sur S^n, l'inégalité de Jensen donne,

$$\frac{1}{\nu(S)^n} \int_{S^n} \gamma^{s(x)} dx_1 \ldots dx_n = E(\gamma^{s(X)})$$

$$\geq \exp E(bs(X)) = \exp \frac{n(n-1)}{2} bp(S),$$

où $p(S) = P(\|X_1 - X_2\| < r)$ si X_1 et X_2 sont i.i.d. uniformes sur S. Il est facile de voir que $p(S) > 0$ et que $\sum u_n$ est divergente, où

$$u_n = \frac{(\nu(S)\beta)^n}{n!} \gamma^{n(n-1)bp(S)/2}.$$

Plusieurs généralisations du PP de Strauss sont possibles :

1. En interdisant les paires de points différents à distance moindre que r_0, $0 < r_0 < r$ (*processus de Strauss à noyau dur*) :

$$s(x) = \sum_{i<j} \mathbf{1}(r_0 \leq \|x_i - x_j\| \leq r).$$

Le nombre de points de toute réalisation x étant borné, la densité est toujours admissible ;

2. En "saturant" la statistique $n_{x_i}(x) = \sum_{\xi \in x:\, \xi \neq x_i} \mathbf{1}_{\|x_i-\xi\| \leq r}$ à une valeur $0 < \delta < \infty$ prédéterminée : si $g(x) = \sum_{x_i \in x} \min\{\delta, n_{x_i}(x)\}$, la densité

$$f_\theta(x) = c(\theta)\beta^{n(x)}\gamma^{g(x)}$$

est toujours admissible (*processus de saturation de Geyer*, [87]).

3. En modélisant le *potentiel* de paire par une fonction *en escalier* à k marches :

$$\phi(x_i, x_j) = \gamma_k \text{ si } d(x_i, x_j) \in (r_{k-1}, r_k], \quad \phi(x_i, x_j) = 0 \text{ sinon, } k = 1, \ldots, p,$$

pour un choix prédéterminé de seuils $r_0 = 0 < r_1 < r_2 < \ldots < r_p = r$, $p \geq 1$. Si $s_k(x)$ est le nombre de paires de points $\neq$ de x à distance dans $(r_{k-1}, r_k]$, $k = 1, \ldots, p$, la densité appartient à la famille exponentielle,

$$f_\theta(x; \beta, \gamma_1, \ldots, \gamma_p) = c(\theta)\beta^{n(x)} \prod_{k=1}^{p} \gamma_k^{s_k(x)}$$

f_θ est admissible ssi $\gamma_1 \leq 1$.

4. En faisant intervenir les *triplets* de points de x deux à deux distants de moins de r : si $t(x)$ compte ces triplets, la densité

$$f_\theta(x) = c(\theta)\beta^{n(x)}\gamma^{s(x)}\delta^{t(x)}$$

est admissible ssi $\{\gamma$ et $\delta \leq 1\}$.

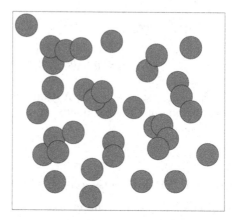

Fig. 3.8. Une réalisation de l'ensemble $B(x)$ permettant de définir l'aire $a(x)$ et le nombre de composantes connexes $c(x)$ (ici $c(x) = 19$).

PP à interaction d'aire ou à interaction de connexité

Les PP de Gibbs à *interaction d'aire* ou à *interaction de connexité* sont d'autres alternatives qui permettent de modéliser, sans contrainte sur les paramètres, des répartitions plus ou moins régulières [17; 217]. Leur densité est de la forme,

$$f_\theta(x) = c\beta^{n(x)}\gamma^{h(x)},$$

où h reste à définir. Pour $r > 0$, notons $B(x) = \bigcup_{x_i \in x} B(x_i, r/2) \cap S$ la réunion (limitée à S) des boules de centres $x_i \in x$ et de rayons r, $a(x)$ l'aire de $B(x)$ et $c(x)$ le nombre de ses composantes connexes (cf. Fig. 3.8). Le PP à *interaction d'aire* correspond au choix $h(x) = a(x)$, celui du PP à *interaction de connexité* au choix $h(x) = c(x)$.

   S étant bornée et $r > 0$, les fonctions a et c sont bornées et les deux densités sont admissibles sans contrainte sur les paramètres (β, γ). Pour chacun des deux modèles, la répartition spatiale sera plus (resp. moins) régulière si $\gamma < 1$ (resp. $\gamma > 1$), $\gamma = 1$ correspondant à un PP de Poisson homogène d'intensité β. Une difficulté dans l'utilisation de ces modèles réside dans le calcul numérique de $a(x)$ et de $c(x)$, calcul qui nécessite de passer par des techniques de discrétisation appropriées.

3.5 Distances au plus proche voisin d'un PP

Les distances aux plus proches voisins (ppv) sont des statistiques utiles pour tester l'hypothèse CSP d'indépendance des points d'un PP spatial. Leurs lois sont liées à la notion de mesures de Palm du PP dont nous donnons ici une approche heuristique.

3.5.1 Les mesures de Palm

Soit X un PP sur S de loi P. La probabilité de Palm P_ξ de X au point ξ est la loi de X conditionnelle à la présence d'un point de X en ξ :

$$\forall F \in \mathcal{E} : P_\xi(F) = P(F | \{\xi \in X\}).$$

La mesure de Palm P_ξ permet de définir les statistiques conditionnelles à la présence d'un point de X en ξ : par exemple la distance au plus proche voisin de $\xi \in X$, $d(\xi, X) = \inf\{\eta \in X$ et $\eta \neq \xi | \xi \in X\}$, ou encore le nombre de points de la configuration dans la boule $B(\xi, r)$ sachant que $\xi \in X$.

La difficulté pour définir P_ξ tient au fait que l'événement conditionnant $\{\xi \in X\}$ est de probabilité nulle : l'approche heuristique consiste à conditionner par l'événement $\{X \cap B(\xi, \varepsilon) \neq \emptyset\}$, de probabilité > 0 si $\varepsilon > 0$ et si la densité d'ordre un de X est > 0, puis de voir si, pour F un événement "extérieur" à ξ, la probabilité conditionnelle,

$$P_{\xi, \varepsilon}(F) = \frac{P(F \cap \{X \cap B(\xi, \varepsilon) \neq \emptyset\})}{P(\{X \cap B(\xi, \varepsilon) \neq \emptyset\})}$$

admet une limite lorsque $\varepsilon \to 0$. Si la limite existe, c'est la mesure de Palm P_ξ ; par exemple, si X est un PPP, les deux événements apparaissant au numérateur sont indépendants pour ε petit et donc $P_{\xi, \varepsilon}$ vaut P : l'interprétation est que pour un PPP, conditionner ou non par la présence d'un point de X en ξ est sans conséquence sur la probabilité des événements ailleurs qu'en ξ.

3.5.2 Deux distances au ppv de X

On distingue deux distances au ppv de X : celle d'un point de la réalisation de X à son ppv et celle d'un point courant de S au ppv de X (cf. Fig. 3.9).

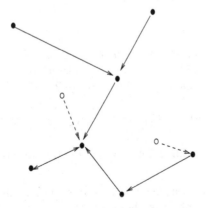

Fig. 3.9. Les deux distances aux ppv. Les ($\bullet$) sont les points observés du processus ponctuel (ici n(x)=7), les ($\circ$) sont les points échantillonnés (ici, 2 sites). En continu : distance d'un événement à l'événement le plus proche. En tirets : distance d'un site échantillonné a l'événement le plus proche.

Distance d'un point $\xi \in X$ à son ppv dans X

La distance $d(\xi, X\backslash\{\xi\})$ d'un point $\xi \in X$ à son ppv dans X a pour fonction de répartition G_ξ :

$$G_\xi(r) = P_\xi(d(\xi, X\backslash\{\xi\}) \leq r), \qquad \xi \in X, \, r \geq 0.$$

Si X est stationnaire, $G_\xi = G$ est indépendante de ξ. Si X est un PPP(λ) homogène sur $\mathbb{R}^2$, $N(B(\xi, r))$ étant une loi de Poisson de paramètre $\lambda\pi r^2$, $G(r) = P(N(B(\xi, r)) = 0) = 1 - \exp\{-\lambda\pi r^2\}$; G est d'espérance $(2\sqrt{\lambda})^{-1}$ et de variance $\lambda^{-1}(\pi^{-1} - 0.25)$.

Distance d'un point courant u à son ppv dans X

La distance $d(\xi, X\backslash\{\xi\})$ d'un point $\xi \in X$ au ppv de X doit être distinguée de la distance $d(u, X)$ d'un point courant $u \in \mathbb{R}^d$ (qui n'appartient pas nécessairement à X) au ppv de X. La distribution de cette deuxième distance est :

$$F_u(r) = P(d(u, X) \leq r), \qquad u \in S, \, r \geq 0. \tag{3.10}$$

Si X est stationnaire, $F_u = F$. Si de plus X est un PPP homogène, $G(r) = F(r)$. Un *indicateur du caractère poissonnien* de X est alors donné par la statistique J :

$$J(r) = \frac{1 - G(r)}{1 - F(r)}.$$

Si X est un PP stationnaire, $J > 1$, $J = 1$ et $J < 1$ indiquent respectivement que X présente plus, autant ou moins de régularité qu'un PPP. L'estimation de J fournira une statistique de test pour l'hypothèse CSR.

3.5.3 Moment réduit d'ordre 2

La fonction K de Ripley

Supposons que X est un PP *isotropique* sur $\mathbb{R}^d$ d'intensité ρ. Un autre indicateur au second ordre de la répartition spatiale des points de X est la fonction K de Ripley [183], ou moment réduit d'ordre 2 :

$$K(h) = \frac{1}{\rho} E_\xi[N(B(\xi, h)\backslash\{\xi\})], \qquad h \geq 0,$$

où E_ξ est l'espérance pour la loi de Palm P_ξ. Il y a deux interprétation de la fonction K :

1. $\rho K(h)$ est proportionnelle au nombre moyen de points de X dans la boule $B(\xi, h)$, ξ non compté et sachant que $\xi \in X$.
2. $\rho^2 K(h)/2$ est le nombre moyen de paires (non ordonnées) de points différents à une distance $\leq h$, un des points appartenant à un sous-ensemble A de surface unité.

Ce moyen réduit d'ordre 2 est invariant par effacement aléatoire uniforme des points : si les points du PP X, de moment K, sont effacés de façon i.i.d. suivant une loi de Bernoulli, le processus résultant X_{eff} aura toujours K comme moment réduit d'ordre 2.

Notant $\rho_2(\xi, \eta) = \rho_2(\|\xi - \eta\|)$ la densité d'ordre 2 de X et b_d le volume de la sphère unité de $\mathbb{R}^d$, on a :

$$K(h) = \frac{d \times b_d}{\rho} \int_0^h \xi^{d-1} \rho_2(\xi) d\xi.$$

En particulier, en dimension $d = 2$,

$$\rho^2 K(h) = 2\pi \int_0^h u \rho_2(u) du, \qquad \rho_2(h) = \frac{\rho^2}{2\pi h} K'(h). \tag{3.11}$$

Plus généralement, Baddeley et al. [13] ont étendu le moment K à la mesure $\mathcal{K}$ de moment factoriel réduite d'ordre 2 pour un PP stationnaire X d'intensité ρ par la formule,

$$\rho^2 \mathcal{K}(B) = \frac{1}{\nu(A)} E \sum_{\xi, \eta \in X} \mathbf{1}[\xi \in A, \eta - \xi \in B], \qquad B \subseteq \mathbb{R}^d. \tag{3.12}$$

$\mathcal{K}(B)$ ne depend pas de $A \subseteq \mathbb{R}^d$ si $0 < \nu(A) < \infty$. $\mathcal{K}$ est liée à la mesure de moment factoriel d'ordre 2 par la formule :

$$\alpha_2(B_1 \times B_2) = \rho^2 \int_{B_1} \mathcal{K}(B_2 - \xi) d\xi \qquad B_1, B_2 \subseteq \mathbb{R}^d. \tag{3.13}$$

Si ρ_2 comme K sont liées à la distribution de la distance entre paires de points, l'équation (3.12) montre qu'elle peut être une estimation non-paramétrique naturelle de K (prendre pour A la fenêtre d'observation ; cf. §5.5.3).

Si X est un PPP homogène, le graphe de $h \mapsto L(h) = h$ est une droite ; une fonction L concave indique des répartitions avec agrégats ; une fonction L convexe indique des répartitions plus régulières que celles d'un PPP. L'estimation de L fournit une autre statistique pour tester l'hypothèse CSR.

D'autre part K peut aussi être utilisée pour mettre en place une méthode d'estimation paramétrique (par exemple par moindres carrés, cf. §5.5.4) si on dispose de son expression analytique.

Par exemple, si X est un PPP homogène sur $\mathbb{R}^d$, $K(h) = b_d \times h^d$; si X est un PP de Neyman-Scott sur $\mathbb{R}^d$ où la position des parents suit un PPP(ρ) homogène, chaque parent engendrant un nombre aléatoire N de descendants de lois de dispersion autour d'un parent à densité isotropique $k(\xi) = g(\|\xi\|)$, alors, posant $G(h) = \int_0^h g(u) du$ [48] :

$$K(h) = b_d h^d + \frac{E(N(N-1))G(h)}{\rho[E(N)]^2}.$$

Un deuxième *indicateur du caractère poissonnien* d'un PP est la fonction,

$$L(h) = \left\{ \frac{K(h)}{b_d} \right\}^{1/d}.$$

La fonction K_{BMW} de Baddeley-Moller-Waagepetersen

Supposons que X soit un PP stationnaire au second ordre pour la corrélation repondérée g (cf. (3.1) et (3.2)) : $g(\xi, \eta) = g(\xi - \eta)$. Baddeley et al. [13] ont étendu le moment réduit d'ordre 2 de Ripley à :

$$K_{BMW}(h) = \int_{\mathbb{R}^d} \mathbf{1}\{\|\xi\| \leq h\} g(\xi) d\xi = \frac{1}{\nu(B)} E \left[\sum_{\xi,\eta \in X \cap B}^{\neq} \frac{\mathbf{1}\{\|\xi - \eta\| \leq h\}}{\rho(\xi)\rho(\eta)} \right].$$
(3.14)

La première égalité est à rapprocher des équations (3.11) (en dimension $d = 2$) et (3.13) (en général). La deuxième égalité ouvre sur une estimation non-paramétrique naturelle de $K_{BMW}(h)$ (cf. (5.5.3)).

3.6 Processus ponctuel de Markov

La notion de PP de Markov a été introduite par Ripley et Kelly [186]. Sa généralisation à la propriété de Markov aux plus proches voisins est due à Baddeley et Møller [12].

3.6.1 Propriété de Markov au sens de Ripley-Kelly

Soit X un PP de densité f par rapport à un PPP(λ), où λ est une mesure à densité positive de masse finie sur les boréliens bornés. Soit $\xi \sim \eta$ une relation de voisinage symétrique sur S : par exemple, pour un $r > 0$ fixé, $\xi \sim_r \eta$ si $\|\xi - \eta\| \leq r$. Le voisinage de $A \subset S$ est

$$\partial A = \{\eta \in S \text{ et } \eta \notin A : \exists \xi \in A \text{ t.q. } \xi \sim \eta\}.$$

On note $\partial\{\xi\} = \partial\xi$ si $\xi \in S$.

Définition 3.4. *Un processus X de densité f héréditaire (3.6) est markovien pour la relation $\sim$ si, pour toute configuration x de densité > 0, l'intensité conditionnelle de Papangélou (3.7) $\lambda(\xi, x) = f(x \cup \{\xi\})/f(x)$ ne dépend que de ξ et de $\partial\xi \cap x$:*

$$\lambda(\xi, x) = \frac{f(x \cup \{\xi\})}{f(x)} = \lambda(\xi; x \cap \partial\xi).$$

La propriété de Markov dit que cette intensité conditionnelle ne dépend que des points de x voisins de ξ.

3.6 Processus ponctuel de Markov 105

Exemples de processus ponctuel markovien

1. Le PP de Poisson d'intensité ρ ayant pour intensité conditionnelle $\lambda(u,x) \equiv \rho(\xi)$ est markovien pour toute relation de voisinage sur S.
2. Le PP de Strauss (3.9), d'intensité conditionnelle

$$\lambda(\xi,x) = \beta \exp\{\log \gamma \sum_{x_i \in x} \mathbf{1}\{\|x_i - \xi\| \le r\},$$

est $\sim_r$-markovien ; ses généralisations à un processus de Strauss à noyau dur et/ou ayant une fonction potentiel en escalier ou avec saturation du potentiel d'interaction de paires (cf. §3.4.2) sont encore $\sim_r$-markovien.
3. Le processus à noyau dur, d'intensité conditionnelle $\lambda(\xi,x) = \beta\mathbf{1}\{\partial\xi \cap x = \emptyset\}$, est $\sim_r$-markovien.

Par contre, comme on va le voir en §3.6.2, pour tout $r > 0$, le PP à interaction de connexité (cf. §3.4.2) n'est pas $\sim_r$-markovien : en effet, deux points de S pouvant être connectés dans $B(x) = \bigcup_{x_i \in x} B(x_i, r/2) \cap S$ tout en étant arbitrairement éloignés, l'intensité conditionnelle $\lambda(\xi,x)$ peut dépendre de points de x arbitrairement éloignés de ξ.

La propriété de Markov (3.4), qui est locale en ξ, s'étend à tout borélien A de S : si X est markovien, la loi de $X \cap A$ conditionnelle à $X \cap A^c$ ne dépend de $X \cap \partial A \cap A^c$, la configuration de X sur $\partial A \cap A^c$.

Comme pour un champ de Markov sur un réseau (cf. 2.3.2), on dispose d'un théorème de Hammersley-Clifford caractérisant la densité d'un PP de Markov en terme de potentiels définis sur les cliques d'un graphe. Une clique pour la relation de voisinage $\sim$ est une configuration $x = \{x_1, x_2, \ldots, x_n\}$ telle que, pour tout $i \ne j$, $x_i \sim x_j$, avec la convention que les singletons soient aussi des cliques. Notons $\mathcal{C}$ la famille des cliques de $(S, \sim)$.

Proposition 3.1. *[186; 217] Un PP de densité f est markovien pour la relation $\sim$ si et seulement s'il existe une fonction $\Phi : E \to [0, \infty)$ mesurable telle que :*

$$f(x) = \prod_{y \subset x, \, y \in \mathcal{C}} \Phi(y) = \exp \sum_{y \subset x, \, y \in \mathcal{C}} \phi(y).$$

$\phi = \log \Phi$ est le potentiel d'interaction de Gibbs et l'intensité conditionnelle de Papangelou s'écrit :

$$\lambda(u,x) = \prod_{y \subset x, \, y \in \mathcal{C}} \Phi(y \cup \{u\}). \qquad \xi \in S \backslash \{x\}. \tag{3.15}$$

Un exemple de densité de PP de Markov à interactions de paires est :

$$f(x) = \alpha \prod_{x_i \in x} \beta(x_i) \prod_{x_i \sim x_j \, , \, i < j} \gamma(x_i, x_j).$$

Le processus de Strauss correspond aux potentiels

$$\beta(x_i) = \beta \quad \text{et} \quad \gamma(x_i, x_j) = \gamma^{\mathbf{1}\{\|x_i - x_j\| \le r\}}.$$

Propriété de Markov pour un PP marqué

La définition de la propriété de Markov et le théorème de Hammersley-Clifford restent inchangés si $Y = (X, M)$ est un PP marqué sur $S \times K$ pour $\sim$ une relation de voisinage symétrique sur $S \times K$. Si (X, M) est à marques indépendantes et si X est markovien pour une relation de voisinage $\sim$ sur S, (X, M) est un PPM markovien pour la relation $(x, m) \sim (y, o) \iff x \sim y$ sur S. Un exemple de modèle isotrope à interaction de paires et à nombre fini de marques $M = \{1, 2, \ldots, K\}$ est donné par la densité en $y = \{(x_i, m_i)\}$:

$$f(y) = \alpha \prod_i \beta_{m_i} \prod_{i<j} \gamma_{m_i, m_j}(\|x_i - x_j\|).$$

Si, pour des réels $r_{kl} > 0$, $k, l \in K$, $k \neq l$, fixés, $\gamma_{kl}(d) \equiv 1$ pour $d > r_{k,l}$, les conditions (1) et (2) sont vérifiées pour la relation de voisinage :

$$(\xi, m) \sim (\xi', m') \iff \|\xi - \xi'\| \leq r_{m,m'}.$$

Y est un PPM markovien.

D'autres exemples de modélisations ponctuelles markoviennes sont présentés dans [160; 11].

Exemple 3.1. Interaction de recouvrement en foresterie

Supposons que la zone d'influence d'un arbre centré en x_i soit assimilé à un disque $B(x_i; m_i)$ centré en x_i et de rayon $m_i > 0$, ces rayons étant bornés par une valeur $m < \infty$. Une interaction de paire traduisant une compétition entre deux arbres i et j peut être modélisée par les potentiels de paires,

$$\Phi_2((x_i; m_i), (x_j; m_j)) = b \times \nu(B(x_i; m_i) \cap B(x_j; m_j)),$$

les potentiels de singletons valant, pour K seuils $0 = r_0 < r_1 < r_2 < \ldots < r_{K-1} < r_K = m < \infty$ prédéterminés :

$$\Phi_i(x_i; m_i) = \alpha(m_i) = a_k \text{ si } r_{k-1} < m_i \leq r_k, \; k = 1, \ldots, K$$

L'énergie associée est admissible si $b < 0$ (compétition entre les arbres), définissant un PP marqué markovien sur $\mathbb{R}^2 \times \mathbb{R}^+$ d'intensité conditionnelle,

$$\lambda((u, h); (x, m)) = \exp\{\alpha(h) + b \sum_{j : \|x_j - u\| \leq 2m} \nu(B(u; h) \cap B(x_j; m_j))\}$$

pour la relation de voisinage $(x, m) \sim (x', m') \iff \|x - x'\| \leq 2m$.

3.6.2 Propriété de Markov aux ppv

Une propriété de Markov plus générale, dite *propriété de Markov aux plus proches voisins* (ppv) a été développée par Baddeley et Møller [12]. Nous allons brièvement la présenter dans le contexte particulier d'un PP à interaction de connexité (cf. §3.4.2), PP qui n'est pas markovien au sens de Ripley-Kelly mais l'est pour une nouvelle relation de voisinage qui dépend de la configuration x, la relation $\sim_x$ aux x-plus ppv.

Soit x une configuration sur S, $r > 0$ fixé et $B(x) = \bigcup_{x_i \in x} B(x_i, r/2) \cap S$: on dira que deux points ξ et η de x sont connectés pour x si ξ et η sont dans une même composante connexe de $B(x)$. On notera $\xi \sim_x \eta$ cette relation de voisinage : $\sim_x$ est une relation sur les points de x qui dépend de x. Notons que deux points de S peuvent être voisins pour $\sim_x$ bien qu'arbitrairement éloignés pour la distance euclidienne : en effet, la connexion par composantes connexes reliera deux points s'il existe une chaîne de r-boules centrée en des points de x et joignant l'un à l'autre.

Soit $c(x)$ le nombre de composantes connexes de $B(x)$. Si S est bornée, la densité du PP à interaction de connexité vaut $f(x) = c\alpha^{n(x)}\beta^{c(x)}$, α et $\beta > 0$ et l'intensité conditionnelle de Papangelou vaut :

$$\lambda(\xi, x) = \alpha\beta^{c(x \cup \{\xi\}) - c(x)},$$

Pour voir que $\lambda(\xi, x)$ peut dépendre d'un point $\eta \in x$ arbitrairement éloigné de u dans S, on peut choisir une configuration z telle que pour $x = z \cup \{\eta\}$, $c(z) = 2$, $c(x) = 1$, $c(x) = c(x \cup \{\xi\}) = 1$. Ainsi, pour tout $R > 0$, X n'est pas markovien au sens de Ripley-Kelly pour la relation de R-voisinage habituelle.

Par contre, si $\eta \in x$ n'est pas connecté à ξ dans $B(x \cup \{\xi\})$, η ne contribue pas à la différence $c(x \cup \{\xi\}) - c(x)$ et $\lambda(\xi, x)$ ne dépend pas de η : X est markovien pour la relation aux ppv par composantes connexes.

Propriété de Markov aux plus proches voisins

Soit $\sim_x$ une famille de relations entre points de x, $x \in E$, le voisinage de $z \subset x$ étant :

$$\partial(z|x) = \{\xi \in x : \exists \eta \in z \text{ t.q. } \xi \sim_x \eta\}.$$

Un processus de densité f est dit *markovien aux plus proches voisins* si f est héréditaire et si la densité conditionnelle $\lambda(\xi, x) = f(x \cup \{\xi\})/f(x)$ ne dépend que de ξ et de $(\partial_{x \cup \{\xi\}}\{\xi\}) \cap x$. La densité d'un processus markovien aux ppv est encore caractérisée par un théorème de Hammersley-Clifford.

Le fait que la relation de voisinage $\sim_x$ dépende de la réalisation x du processus rend plus difficile la vérification d'une propriété de Markov aux ppv : considérons par exemple une densité associée à des potentiels de singletons et de paires :

$$f(x) = c(\alpha, \beta)\alpha^{n(x)} \prod_{x_i \sim_x x_j} \beta(x_i, x_j), \tag{3.16}$$

Il faut en général imposer d'autres contraintes sur la relation $\sim_x$ pour que f soit markovien aux ppv [12]. Ces contraintes sont implicitement vérifiées si, comme on vient de le voir, $\sim_x$ est la relation de voisinage par composante connexe, ou encore si $\{\xi \sim_x \eta\} \equiv \{\xi \sim \eta\}$ où $\sim$ est une relation symétrique sur S et indépendante de x.

Donnons un autre exemple de PP markovien aux ppv.

Exemple 3.2. Relation aux ppv pour la triangulation de Delaunay

Soit x une configuration localement finie de points de $S \subset \mathbb{R}^2$. A chaque site x_i on associe sa *zone d'influence* $\mathcal{P}_i(x)$, la partie de $\mathbb{R}^2$ vérifiant,

$$\xi \in \mathcal{P}_i(x) \iff \forall j \neq i,\ \|\xi - x_i\| \leq \|\xi - x_j\|.$$

Si $x = \{x_1, x_2, \ldots, x_n\}$, la décomposition $S = \cup_{i=1}^n \mathcal{P}_i(x)$ est appelée la *mosaïque de Voronoi* : sauf éventuellement au bord de la fenêtre d'observation S, $\mathcal{P}_i(x)$ est un polygone convexe. A cette décomposition est associée la *triangulation de Delaunay* de x, deux points x_i et x_j distincts de x étant voisins si $\mathcal{P}_i(x)$ et $\mathcal{P}_i(x)$ ont une arête en commun. Ceci définit une relation de voisinage $\sim_{t(x)}$, la relation aux ppv pour la triangulation de Delaunay $t(x)$ de x (cf. Fig. 3.10)

Si ϕ et ψ sont des potentiels de singleton et de paire bornés, un modèle de PP pour cette relation aux ppv est défini par la densité de Gibbs,

$$f(x) = c \exp\{\sum_{i=1}^n \phi(x_i) + \sum_{x_i \sim_{t(x)} x_j} \psi(x_i, x_j)\}.$$

On vérifie que f est une densité markovienne au sens des ppv pour $\sim_{t(x)}$.

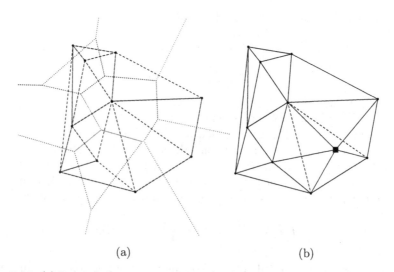

(a)   (b)

Fig. 3.10. (a) Exemple de mosaïque de Voronoi (en pointillés) et de triangulation de Delaunay (en tirets) associées à une configuration x à $n = 10$ points ; (b) modification de la triangulation quand on ajoute le point ■.

3.6.3 PP de Gibbs sur l'espace $\mathbb{R}^d$

L'étude de ces PP est importante pour évaluer les propriétés asymptotiques d'estimateurs d'un modèle de PP observé sur tout $\mathbb{R}^d$. Étant donné une relation symétrique $\sim$ sur $\mathbb{R}^d$ et x une configuration localement finie, on peut étendre la définition d'intensité conditionnelle de Papangelou en posant

$$\lambda(\xi, x) = \exp\left\{ - \sum_{y \subset x \cup \{\xi\},\, y \in \mathcal{C}} \phi(y \cup \{\xi\}) \right\}, \qquad \xi \in \mathbb{R}^d,$$

où $\mathcal{C}$ est la famille des cliques pour $\sim$ et ϕ un potentiel sur $\mathcal{N}_{\mathbb{R}^d}$. Il y a plusieurs façons de définir un PP de Gibbs stationnaire sur $\mathbb{R}^d$ [84; 165; 160] :

1. *À partir de spécifications locales (Georgii [84])* : pour tout borélien A borné de $\mathbb{R}^d$, la loi de $X \cap A$ conditionnelle à $X \cap A^c$ ne dépend de $X \cap \partial A \cap A^c$, la configuration de X sur $\partial A \cap A^c$, de densité par rapport à un PPP(1),

$$\pi(x_A | x_{\partial A}) = Z^{-1}(x_{\partial A}) \exp\{- \sum_{y \subset x_A \cup x_{\partial A},\, y \cap x_A \neq \emptyset} \phi(y)\};$$

2. *À partir de représentations intégrales* (Nguyen et Zessin [165]) : pour toute fonction $h : \mathbb{R}^d \times \mathcal{N}_{\mathbb{R}^d} \to [0, \infty)$,

$$E[\sum_{\xi \in X} h(\xi, X \setminus \{\xi\})] = \int_{\mathbb{R}^d} E\left[h(\eta, X) \lambda(\eta, X)\right] d\eta. \qquad (3.17)$$

Cette représentation intégrale est à la base de la définition des "résidus" d'un PP (cf. §5.5.7).

Spécifier un PP par ses représentations locales soulève les mêmes difficultés que celles rencontrées pour un champ de Gibbs sur un réseau : existence et/ou unicité, stationnarité, ergodicité, faible dépendance ? Il y a deux façons d'aborder ces questions. Notons $\mathcal{G}(\phi)$ l'ensemble des lois des PP de Gibbs de potentiel ϕ.

1. Si ϕ est un potentiel d'interaction de singletons et de paires invariant par translation, $\phi(x_i) = \alpha$, $\phi(\{x_i, x_j\}) = g(\|x_i - x_j\|)$, Ruelle [190] et Preston [176] montrent que $\mathcal{G}(\phi)$ n'est pas vide pour une large classe de fonctions g : il suffit par exemple qu'existent deux fonctions g_1 et g_2 positives et décroissantes, g_1 sur $[0, a_1[$ et g_2 sur $[a_2, \infty[$, avec $0 < a_1 < a_2 < \infty$, telles que $g(t) \geq g_1(t)$ pour $t \leq a_1$ et $g(t) \geq -g_2(t)$ pour $t \geq a_2$ et vérifiant,

$$\int_0^{a_1} g_1(t)dt = \infty \text{ et } \int_{a_2}^\infty g_2(t) < \infty.$$

2. Une deuxième approche (Klein [131]) associe univoquement à X un processus latticiel X^* de potentiel ϕ^* (cf. §5.5.5) et utilise les résultats sur les champs de Gibbs latticiels (Georgii [85]) assurant que $\mathcal{G}(\phi^*) \neq \emptyset$.

Exercices

3.1. Simulation d'un point uniforme dans une boule.

1. Soient U_1 et U_2 i.i.d. uniformes sur $[0,1]$. Vérifier que le point de co-ordonnées polaires $(R, \Theta) = (\sqrt{U_1}, 2\pi U_2)$ est uniforme sur le disque $B_2(0,1) \subset \mathbb{R}^2$. Quel est le gain de cette procédure circulaire par rapport à la méthode carrée consistant à ne retenir que les points (U_1, U_2) si $U_1^2 + U_2^2 \leq 1$?

2. Proposer une méthode de simulation "sphérique" d'un point uniforme dans la sphère $B_3(0,1) \subset \mathbb{R}^3$. Quel est son gain par rapport à la méthode cubique ?

3.2. Simulation d'un point uniforme sur un borélien.

Vérifier que l'algorithme suivant simule une loi uniforme sur un borélien borné $W \subset \mathbb{R}^2$: commencer par inclure $W \subset R = \cup_{k=1}^K R_k$ dans une réunion finie de rectangles R_k d'intersections deux à deux de mesures nulles, puis :

1. Choisir R_k avec la probabilité $\nu(R_k)/\nu(R)$.

2. Simuler un point x uniforme sur R_k.

   si $x \in W$, garder ce point. Sinon, retourner en 1.

3.3. Processus de Cox.

Soit X un processus de Cox sur S.

1. Montrer que X est surdispersé, c.a.d. : $var(N_X(B)) \geq E(N_X(B))$.

2. Calculer la loi de $N_X(B)$ pour $B \subset S$ si X est subordonné à $Z \equiv \xi$ où ξ suit une loi $\Gamma(\theta_1, \theta_2)$.

3.4. Simulation d'un PPP sur $\mathbb{R}$.

Soit $X = \{X_i\}$ la réalisation d'un PPP(λ) homogène sur $\mathbb{R}^1$, avec les conventions : $X_0 = \inf\{X_i, X_i \geq 0\}$ et pour tout $i \in \mathbb{Z}$, $X_i \leq X_{i+1}$.

1. Montrer que les variables $X_i - X_{i-1}$ sont i.i.d. $\mathcal{E}xp(\lambda)$.

2. Déterminer la loi des v.a. suivantes : (i) X_0 et X_1 ; (ii) $D_1 = \inf\{X_1 - X_0, X_0 - X_{-1}\}$; (iii) $D_1' = \inf\{X_0, -X_{-1}\}$; (iv) $D_2 = $ distance au 2-ème ppv de X_0.

3. Proposer des méthodes de simulation de X sur $[a, b]$.

3.5. Distance au deuxième plus proche voisin.

Soit X un PPP homogène sur $\mathbb{R}^2$ d'intensité ρ.

1. Si $x_0 \in X$ et si $x_1 \in X$ est le point le plus proche de x_0, déterminer la loi de $D_2 = \inf\{d(x_0, x), x \in X \backslash \{x_0, x_1\}\}$.

2. Même question si x_0 est un point courant de $\mathbb{R}^2$.

3.6. Modèle de Matérn-I.

Le modèle de *Matérn-I* [154; 48, p. 669] est un modèle de type "à noyau dur" obtenu de la façon suivante. Soit X_0 un PPP(ρ_0) homogène sur $\mathbb{R}^2$ et $r > 0$; considérant toutes les paires de points de X_0, on élimine tous les points de X_0 apparaissant dans (au moins) une paire de points à distance $\leq r$. Le processus résultant X_1 est le modèle Matérn-I, plus régulier que le PPP initial et sans points à distance $< r$.

1. Démontrer que X_1 est un PP homogène d'intensité $\rho_1 = \rho_0 \exp\{-\pi\rho_0 r^2\}$.

2. Démontrer que l'intensité du second ordre de X_1 est $\alpha_2(h) = \rho_0^2 k(\|h\|)$ où $k(\|s-u\|) = \exp\{-\rho_0 V_r(\|s-u\|)\}$ si $\|s-u\| \geq r$, $k(\|s-u\|) = 0$ sinon, où $V_r(z)$ est la surface de la réunion de deux sphères de rayons r distantes de z.

3. En déduire K, le moment réduit d'ordre 2 de Ripley de X_1.

3.7. Processus de Bernoulli latticiel et PPP.

1. Si $S_\delta = (\delta\mathbb{Z})^d$ est le δ-squelette d-dimensionnel de $\mathbb{R}^d$, le processus de Bernoulli $Y(\delta) = \{Y_i(\delta), i \in S_\delta\}$ de paramètre p est la donnée de variables i.i.d. de Bernoulli de paramètre p. Montrer que si $p = p_\delta = \lambda\delta^d$, le processus de Bernoulli converge vers un PPP(λ) si $\delta \to 0$.

2. Soit X un PPP(ρ) homogène sur $\mathbb{R}^d$, et $Y_i = \mathbf{1}((X \cap [i, i+1[) \neq \emptyset)$, où pour $i \in \mathbb{Z}^d$, $[i, i+1[$ est le cube de côté 1 de base i. Montrer que Y est un processus de Bernoulli.

3. Soit X un PPP(ρ) homogène sur $\mathbb{R}^2$. On définit $Z = \{Z_i, i \in \mathbb{Z}^2\}$ où $Z_i = N(i + A)$ pour $A =]-1, 1]^2$. Calculer $E(Z_i)$ et $Cov(Z_i, Z_j)$.

3.8. Simulation de PP.

Simuler les processus ponctuels suivants sur $S = [0, 1]^2$:

1. Un PPP inhomogène d'intensité $\rho(x, y) = 1 + 4xy$.

2. 20 points d'un processus à noyau dur pour $r = 0.05$.

3. Le processus de Neyman-Scott où : (i) les parents x_i suivent un $PPP(20)$; (ii) les lois du nombre de descendants sont $\mathcal{B}in(10, 1/2)$; (iii) les dispersions autour des x_i sont uniformes sur $B_2(x_i, 0.1)$; de plus il y a indépendance entre toutes ces lois.

4. Un PPM $\{(x_i, m_i)\}$ où $X = (x_i)$ est un PPP(20), avec pour marque :
   (a) Une boule $B_2(x_i, r_i)$ de rayon $r_i \sim \mathcal{U}([0, 0.1])$.
   (b) Un segment centré en x_i, de longueur $\mathcal{E}xp(10)$ et d'orientation uniforme.

3.9. Un modèle de PP bivarié.

$Y = (X_1, X_2)$ est un PP bivarié [217] t.q. X_1 et X_2 sont deux PPP(α) indépendants sur $S \subset \mathbb{R}^2$ conditionnés au fait que, pour un $r > 0$ fixé, $d(X_1, X_2) \geq r$.

1. Montrer que Y a pour densité par rapport au produit de deux PPP(1) indépendants : $f(x_1, x_2) = c\alpha^{n(x_1)+n(x_2)}\mathbf{1}\{d(x_1, x_2) \geq r\}$.

2. Vérifier que l'intensité conditionnelle de Papangelou de Y pour ajouter un point ξ_1 à x_1 vaut : $\lambda(\xi_1, (x_1, x_2)) = \alpha \mathbf{1}\{d(\xi_1, x_2) \geq r\}$. En déduire que Y est un processus de Markov pour la relation : $(\xi, i) \sim (\eta, j) \iff i \neq j$ et $\|\xi - \eta\| < r$: Y est markovien de portée r.

3. Montrer que X_1 est le PP d'interaction d'aire : $f_1(x_1) = c_1 \alpha^{n(x_1)} e^{\alpha a(x_1)}$.

4. Montrer que $X = X_1 \cup X_2$ a pour densité $g(x) = c' \sum^* f(x_1, x_2) = c'' \alpha^{n(x)} k(x)$ où $\sum^*$ (resp. $k(x)$) est l'ensemble (le nombre) des partitions de x en $x_1 \cup x_2$ qui respectent un écartement $\geq r$ entre x_1 et x_2.

5. Soient $B(x) = \cup_{x \in x} B(x, r/2)$ et $c(x)$ le nombre de composantes connexes de $B(x)$. Vérifier que $k(x) = 2^{c(x)}$: X est un PP à interaction de connexité de paramètre $\beta = 2$.

6. Montrer que ces propriétés restent vraies si X_1 et X_2 sont de paramètres différents.

4

Simulation des modèles spatiaux

La simulation d'une loi de probabilité ou d'une variable aléatoire est un outil numérique utile chaque fois que l'on ne dispose pas d'une solution analytique à un problème donné, qu'il soit combinatoire (nombre de façons de placer 32 dominos sur un damier 8×8), de recherche de maximum (recontruction en imagerie bayésienne, cf. 2.2.2) ou analytique (calcul d'une intégrale). Par exemple, le calcul de l'espérance d'une statistique réelle $g(X)$ d'une v.a. X de loi π,

$$\pi(g) = \int_\Omega g(x)\pi(dx),$$

est vite impraticable si X est à valeur dans un espace de grande dimension. La méthode de simulation de Monte Carlo consiste alors à estimer $\pi(g)$ par

$$\overline{g}_n = \frac{1}{n} \sum_{i=1}^{n} g(X_i)$$

le long d'un n-échantillon $\{X_i, i = 1, \ldots, n\}$ de la loi π : la loi forte des grands nombres (LFGN) nous dit en effet que $\overline{g}_n \to \pi(g)$ si $n \to \infty$ et si $g(X)$ est intégrable. De plus, si $Var\{g(X)\} < \infty$, le théorème central limite (TCL) permet de contrôler cette convergence qui a lieu à la vitesse $n^{-1/2}$.

Un autre exemple d'utilisation de la méthode de Monte Carlo est l'évaluation empirique de la distribution d'une statistique (par exemple réelle) $T(X)$: si on ne connaît pas la loi de T (complexité de calculs, pas de résultat asymptotique connu), on estimera sa fonction de répartition F par sa distibution empirique le long d'un n-échantillon de $T(X)$:

$$F_n(t) = \frac{1}{n} \sum_{i=1}^{n} \mathbf{1}(T(X_i) \le t).$$

En particulier, le quantile $t(\alpha)$ de T, défini par $P(T \le t(\alpha)) = \alpha$ sera approché par $T_{([n\alpha])}$ où $T_{(1)} \le T_{(2)} \le \ldots \le T_{(n)}$ est la statistique d'ordre des $(T_i = T(X_i), i = 1, \ldots, n)$ et $[r]$ est la partie entière du réel r. Cette méthode repose donc sur la simulation d'un n-échantillon de X et pour n grand, $T_{([n\alpha])}$ est une bonne approximation de $t(\alpha)$. On peut ainsi dresser des tables statistiques ou des bandes de confiance approximatives mais asymptotiquement exactes pour la statistique T.

Si X peut être simulée par une méthode classique (inversion de la fonction de répartition, méthode d'acceptation-rejet ; cf. [59; 188] et Appendice A), on dispose alors d'une méthode numérique simple permettant un calcul approché de la quantité recherchée.

Cependant, dès π est "compliquée", les méthodes classiques sont inopérantes. Donnons-en deux illustrations pour un champ spatial :

1. Pour X un modèle d'Ising sur $S = \{1, 2, \ldots, 10\}^2$ (cf. § 2.2.2), la méthode d'inversion de la fonction de répartition, classiquement utilisée pour la simulation de v.a. ayant un nombre fini d'états (ici $\Omega = \{-1, +1\}^S$ est fini) est inutilisable car Ω est trop grand ($\sharp\Omega = 2^{100} \simeq 1, 27 \times 10^{30}$) : d'une part, la loi $\pi(x) = c^{-1} \exp U(x)$, $c = \sum_{y \in \Omega} \exp U(y)$ est incalculable ; d'autre part, la division $[0, 1]$ en $\sharp\Omega$ sous-intervalles de longueur $\pi(x), x \in \Omega$, nécessaire à l'inversion de la fonction de répartition, est irréalisable.

2. On veut simuler un processus ponctuel X à noyau dur (cf. § 3.4.2) sur $S = [0, 1]^2$ pour un rayon de noyau dur $r = 0.1$, conditionnellement à une réalisation à $n = 42$ points. Pour cela, on propose la méthode d'acceptation-rejet suivante : on simule n points i.i.d. uniforme sur S et on retient la configuration si les couples de points sont tous à distance $> r$. La probabilité qu'une paire de points soit à distance $\leq r$ étant πr^2, le nombre total moyen de couples à distance $\leq r$ de $n^2 \pi r^2$; si n n'est pas trop grand, ce nombre suivant approximativement une loi de Poisson [33], la probabilité qu'une configuration soit à r-noyau dur est approximativement $\exp -n^2 \pi r^2$, soit 1.48×10^{-22} pour le cas qui nous intéresse ($n = 42$). Cette valeur passe à $5, 2 \times 10^{-13}$ pour $n = 30$, 4×10^{-6} pour $n = 20$, 4% pour $n = 10$. Autant dire que cette méthode rejet est inopérante si $n \geq 20$.

Pour contourner ces difficultés, des algorithmes utilisant une *dynamique de chaîne de Markov* ont été proposés : si une chaîne (X_n) "converge" en loi vers π, X_n donnera une simulation approchée de la loi π pour n grand. Une telle méthode est appelée méthode de Monte Carlo par Chaîne de Markov (MCMC pour *Monte Carlo Markov Chain*). Nous présenterons les deux principaux algorithmes, à savoir l'*échantillonneur de Gibbs* qui est dédié à la simulation d'une loi sur un *espace produit* E^S et l'algorithme de *Metropolis-Hastings* (MH) sur un *espace général*.

Nous commencerons par rappeler les définitions et propriétés de base d'une chaîne de Markov utiles à la construction d'un algorithme MCMC et au contrôle de sa convergence. Pour plus de détails, on pourra consulter [157; 72; 103; 229].

4.1 Convergence d'une chaîne de Markov

Soit π une loi de probabilité absolument continue par rapport à une mesure de référence μ définie sur $(\Omega, \mathcal{E})$. On notera encore π la densité de cette loi. Pour simuler la loi π, on va construire une chaîne de Markov $X = (X_k, k \geq 0)$ sur Ω de transition P telle que la loi de X_n converge vers π. Ainsi, pour k grand, X_k fournira une simulation approchée de π. Commençons par quelques rappels sur les chaînes de Markov.

Soit $X = \{X_n, n \geq 0\}$ un processus à valeur dans $(\Omega, \mathcal{E})$ de loi $\mathbb{P}$. On dit que X est une chaîne de Markov si, pour tout $n \geq 1$, tout événement $A \in \mathcal{E}$ et toute suite $x_0, x_1, x_2, \ldots$ de Ω :

$$\mathbb{P}(X_{n+1} \in A_{n+1} | X_n = x_n, \ldots, X_0 = x_0)$$
$$= \mathbb{P}(X_{n+1} \in A | X_n = x_n) = P_n(x_n, A).$$

La probabilité conditionnelle P_n est la *transition de la chaîne* au pas n ; la chaîne est homogène si $P_n \equiv P$ pour tout n, P étant appelée la transition de la chaîne. En quelque sorte, un processus X est un chaîne de Markov si sa mémoire temporelle vaut 1.

Définitions et exemples

La *transition P* d'une chaîne de Markov homogène sur $(\Omega, \mathcal{E})$ est une application $P : (\Omega, \mathcal{E}) \to [0, 1]$ telle que :

1. Pour tout $A \in \mathcal{E}$, $P(\cdot, A)$ est mesurable.
2. Pour tout $x \in \Omega$, $P(x, \cdot)$ est une probabilité sur $(\Omega, \mathcal{E})$.

Si $X_0 \sim \nu_0$, la loi de $(X_0, X_1, \ldots, X_n)$ d'une chaîne homogène est caractérisée par :

$$P_n(dx_0, dx_1, \ldots, dx_n) = \nu(dx_0) \prod_{i=1}^{n} P(x_{i-1}, dx_i).$$

Pour $k \geq 1$, la loi marginale ν_k de X_k vaut

$$\nu_k(dx_k) = \int_{\Omega} \nu_0(dx) P^k(x, dx_k),$$

où $P^k(x, \cdot) = \int_{\Omega^{k-1}} \prod_{i=1}^{k} P(x_{i-1}, dx_i)$ est la *transition en k pas* de la chaîne. En particulier, la loi de X_1 si $X_0 \sim \nu$ est

$$(\nu P)(dy) = \int_{\Omega} \nu(dx) P(x, dy). \tag{4.1}$$

Si $\Omega = \{1, 2, \ldots, m\}$ est un espace d'état fini, une loi ν sur Ω est représentée par un vecteur ligne de $\mathbb{R}^m$ et la transition $P = (P_{i,j})$ d'une chaîne de Markov par la matrice $m \times m$ des probabilités $P_{i,j} = \Pr(X_{n+1} = j | X_n = i)$: l'indice de ligne i repère l'état initial, celui de colonne, j, l'état final. On dit que P est une matrice stochastique au sens où chaque ligne de P est une distribution de probabilité discrète sur Ω : pour tout $i \in \{1, 2, \ldots m\}$: $\sum_{j=1}^{m} P(i, j) = 1$. Avec ces notations, la transition P^k en k-pas d'une chaîne homogène discrète n'est autre que la puissance P^k de P. La loi de X_k vaut alors νP^k. Ces écritures et propriétés s'étendent sans difficulté au cas d'un espace $\Omega = \{1, 2, 3, \ldots\}$ discret dénombrable.

Les processus suivants sont des chaînes de Markov :

1. Une marche aléatoire réelle définie par la récurrence : $X_{n+1} = X_n + e_n$, $n \geq 0$ où $e = (e_n)$ est une suite i.i.d. sur $\mathbb{R}$.

2. Un processus $AR(1)$ relatif à bruit i.i.d..

3. Si X est un $AR(p)$, la suite des vecteurs $X_n^{(p)} = (X_n, X_{n+1}, \ldots, X_{n+p-1})$ est une chaîne de Markov sur $\mathbb{R}^p$: X est de mémoire p et $X^{(p)}$ de mémoire 1.

4. $X_{n+1} = \Phi(X_n, U_n)$ où $\Phi : \Omega \times [0, 1] \longrightarrow \Omega$ est mesurable et (U_n) est une suite i.i.d. de v.a. uniformes sur $[0, 1]$. Si Ω est un espace discret, toute chaîne de Markov peut s'écrire de cette façon (cf. Appendice A2).

5. *Marche aléatoire sur un graphe* : $\Omega = \{1, 2, \ldots, m\}$ fini est muni d'un graphe $\mathcal{G}$ symétrique tel que tous les points de S communiquent entre eux ; notons $d_i > 0$ le nombre de voisins de i et $\langle i, j \rangle$ si i et j sont voisins. La transition suivante définit une marche aléatoire de Markov sur S :

$$P(i, j) = \frac{1}{d_i} \text{ si } \langle i, j \rangle \qquad \text{et} \qquad P(i, j) = 0 \text{ sinon.} \qquad (4.2)$$

6. *Processus de naissance et de mort* : S est fini muni d'un graphe $\mathcal{G}$ symétrique sans boucle, $x \in \Omega = \{0, 1\}^S$ est une configuration de $\{0, 1\}$ sur S et on considère la dynamique $X_n = x \mapsto X_{n+1} = y$ suivante : choisir au hasard uniforme un site $s \in S$;

   (a) Si $X_n(s) = 1$, maintenir $X_{n+1}(s) = 1$ avec une probabilité $\alpha > 0$; sinon, $X_{n+1}(s) = 0$.

   (b) Si $X_n(s) = 0$ et si un site voisin vaut 1, on propose $X_{n+1}(s) = 1$ avec la probabilité $\beta > 0$; sinon $X_{n+1}(s) = 0$.

   (c) Enfin, si $X_n(s) = 0$ et si tous les voisins de i valent 0, on propose $X_{n+1}(s) = 1$ avec la probabilité $\gamma > 0$; sinon $X_{n+1}(s) = 0$.

Irréductibilité, apériodicité et P-invariance

Soit π une loi sur $(\Omega, \mathcal{E})$; la convergence d'une chaîne de Markov est liée aux trois notions suivantes :

1. P est dite π-*irréductible* si, pour tout $x \in \Omega$ et tout $A \in \mathcal{E}$ tel que $\pi(A) > 0$, il existe $k = k(x, A)$ t.q. $P^{(k)}(x, A) > 0$.

2. π est P-*invariante* si $\pi P = \pi$ où πP est définie en (4.1).

3. P est *périodique* s'il existe $d \geq 2$ et une partition $\{\Omega_1, \Omega_2, \ldots, \Omega_d\}$ de Ω telle que pour tout $i = 1, \ldots, d$, $P(X_1 \in \Omega_{i+1} | X_0 \in \Omega_i) = 1$, avec la convention $d + 1 \equiv 1$. Sinon, on dit que la chaîne est *apériodique*.

La π-irréductibilité traduit le fait que tout événement de π-probabilité > 0 peut être atteint de n'importe quel état initial en un nombre fini de pas avec une probabilité > 0. Si Ω est fini, on dit que la (matrice de) transition P est *primitive* s'il existe un entier $k > 0$ t.q., pour tout i, j, $P^k(i, j) > 0$: on passe de tout état i à tout état j en k pas. Si Ω est fini, l'irréductibilité est impliquée par le fait que P soit primitive.

Si Ω est discret, fini ou dénombrable, et si π est positive (noté $\pi > 0$: $\forall i \in \Omega$, $\pi(i) > 0$), la π-irréductibilité est identique à la communication entre tous les états, i communiquant avec j s'il existe $k(i, j) > 0$ t.q. $P^{k(i,j)}(i, j) > 0$.

La d-périodicité dit que la chaîne de transition P^d vit séparément sur d sous-espaces disjoints d'états Ω_l, $l = 1, \ldots, d$. Une condition suffisante assurant l'apériodicité de la chaîne est que la (densité de) transition vérifie $P(x, x) > 0$ sur un ensemble de x de μ-mesure > 0.

La marche aléatoire (4.2) est irréductible. Il en est de même du processus de naissance et de mort [6] à condition que α, β et $\gamma \in]0, 1[$. La marche aléatoire est apériodique si $\mathcal{G}$ admet au moins une boucle mais ne l'est plus si $m = 2$ sites et si le graphe est sans boucle.

Loi stationnaire d'une chaîne de Markov

Si π est une loi P-invariante, π est une loi stationnaire de X puisque si $X_0 \sim \pi$, $X_k \sim \pi$ pour tout k. Dans ce cas, le processus $X = (X_k)$ est stationnaire.

Convergence d'une chaîne de Markov

Il est facile de vérifier que si (X_k) est une chaîne de Markov de transition P telle que :

$$\text{pour tout } x \in \Omega \text{ et } A \in \mathcal{E} : P^n(x, A) \to \pi(A) \text{ si } n \to \infty,$$

alors π est P-invariante, P est π-irréductible et apériodique. La propriété remarquable à la base de la construction des algorithmes MCMC est la réciproque. Avant d'énoncer cette propriété, définissons la *distance en variation totale* (VT) entre deux probabilités ν_1 et ν_2 sur $(\Omega, \mathcal{E})$:

$$\| \nu_1 - \nu_2 \|_{VT} = \sup_{A \in \mathcal{E}} |\nu_1(A) - \nu_2(A)| .$$

Si une suite $\nu_n \to \nu$ pour la norme en VT, alors $\nu_n \to \nu$ en loi. Si Ω est discret, la norme en VT n'est autre que la demi norme l_1 :

$$\| \nu_1 - \nu_2 \|_{VT} = \frac{1}{2} \| \nu_1 - \nu_2 \|_1 = \frac{1}{2} \sum_{i \in \Omega} |\nu_1(i) - \nu_2(i)| .$$

Théorème 4.1. *Convergence d'une chaîne de Markov (Tierney [214])*

1. *Soit P une transition apériodique, π-irréductible et π-invariante. Alors, π-p.s. en $x \in \Omega$, $\left\| P^k(x, \cdot) - \pi \right\|_{VT} \to 0$ si $k \to \infty$.*

2. *Si de plus, pour tout $x \in \Omega$, $P(x, \cdot)$ est absolument continue par rapport à π $(P(x, \cdot) \ll \pi)$, la convergence a lieu pour tout $x \in \Omega$.*

Sous les conditions (1–2), on a, pour toute loi initiale ν, $\left\| \nu P^k - \pi \right\|_{VT} \to 0$. Si Ω est fini, on a plus précisément [129] :

Théorème 4.2. *Convergence d'une chaîne sur un espace d'état fini*
    Soit P une transition sur Ω fini. On a les équivalences :

1. *Pour tout ν, $\nu P^k \to \pi$ et $\pi > 0$ est l'unique loi invariante de P.*

2. *P est irréductible et apériodique.*

3. *P est primitive.*

De plus, si pour un $k > 0$, $\varepsilon = \inf_{i,j} P^k(i,j) > 0$, si $m = \sharp\Omega$ et si $[x]$ est la partie entière de x, on a :

$$\left\| \nu P^n - \pi \right\|_{VT} \le (1 - m\varepsilon)^{[n/k]}. \tag{4.3}$$

Pour construire un algorithme MCMC de simulation de π, il faudra donc proposer une transition P "facile" à simuler, π-irréductible et apériodique et telle que π soit P-invariante. La π-irréductibilité et l'apériodicité doivent être vérifiées au cas par cas. Rechercher P telle que π soit P-invariante n'est pas simple en général : si par exemple Ω est fini, cette question est liée à la recherche d'un vecteur propre à gauche de P associé à la valeur propre 1, recherche difficile si Ω est de grande taille.

Une façon simple d'assurer la P-invariance de π est de proposer une transition P qui soit π-*réversible*.

Définition 4.1. *Chaîne π-réversible*
    P est π-réversible si

$$\forall A, B \in \mathcal{E} : \int_A P(x, B)\pi(dx) = \int_B P(x, A)\pi(dx).$$

Si π et P sont des lois à densité, la π-réversibilité de P s'écrit :

$$\forall x, y \in \Omega : \pi(x)p(x, y) = \pi(y)p(y, x).$$

Si la transition P d'une chaîne X est π-réversible, alors les lois de couples (X_n, X_{n+1}) et (X_{n+1}, X_n) sont identiques si $X_n \sim \pi$: la loi de la chaîne est inchangée par retournement du temps. D'autre part :

Proposition 4.1. *Si P est π-réversible, alors π est P-invariante*

Preuve. La π-réversibilité de P donne directement :

$$(\pi P)(A) = \int_\Omega \pi(dx) P(x, A) = \int_A \pi(dx) P(x, \Omega) = \pi(A).$$

$\square$

Exemple 4.1. Simulation d'un modèle à noyau dur sur un réseau discret

Soit $S = \{1, 2, \ldots, m\}$ un ensemble fini de sites muni d'un graphe de voisinage symétrique $\mathcal{G}$ sans boucle. Une configuration à noyau dur sur $(S, \mathcal{G})$ est une configuration de $x_i \in \{0, 1\}$ en chaque site $i \in S$ ($x_i = 1$ si i est occupé, $x_i = 0$ si i est vacant) telle que deux sites voisins de S ne peuvent simultanément être occupés. L'espace des configurations possibles est donc :

$$\Omega_0 = \{x \in \{0, 1\}^S \text{ t.q. } x_i x_j = 0 \text{ si } i \text{ et } j \text{ voisins}\}.$$

Les modèles à noyau dur sont utilisés en physique et en dimension 3 pour analyser le comportement d'un gaz sur réseau lorsque des particules de rayon non-négligeable ne peuvent pas se recouvrir. Si π est la loi uniforme sur Ω_0, on peut par exemple s'intéresser au nombre moyen de sites occupés d'une configuration à noyau dur ou à un intervalle de confiance sur ce nombre ; Ω_0 étant de grand cardinal, la simulation de cette loi uniforme est réalisée par l'algorithme suivant (Häggström [103]) :

1. On choisit au hasard uniforme un site i de S.

2. On jette une pièce non-pipée.

3. Si on observe 'Pile' et si les sites voisins de i sont vacants, alors $x_i(n+1) = 1$; sinon $x_i(n+1) = 0$.

4. Si $j \neq i$, $x_{n+1}(j) = x_n(j)$. On retourne en 1.

Montrons que P est π-*réversible* : π étant uniforme, la réversibilité de P équivaut à la symétrie de P : $P(x, y) = P(x, y)$ si $x \neq y$. Soit i le site où a lieu le changement $x_i \neq y_i$ (ailleurs, rien ne change). Deux cas sont possibles : (i) $x_i = 1 \mapsto y_i = 0$ a lieu avec la probabilité $1/2$ puisque seule l'observation d'un tirage "Face" peut conduire à cette réalisation (si on avait tiré 'Pile', les voisins de i étant tous inoccupés, on devrait passer à $y_i = 1$) ; (ii) $x_i = 0 \mapsto y_i = 1$ ne peut être réalisé que si on tire 'Pile' et si les sites voisins de i sont tous inocupés ; cette transition a donc aussi lieu avec la probabilité $1/2$. P est donc symétrique, π est P-réversible donc invariante pour P.

D'autre part, P est *irréductible* : soient $x, y \in \Omega_0$; montrons qu'on peut passer de tout x à tout y de Ω_0 en un nombre fini de pas ; ceci est par exemple réalisable en passant de x à $\mathbf{0}$ (la configuration avec des 0 partout) en effaçant un à un les points où $\mathbf{x}$ vaut 1, puis de $\mathbf{0}$ à y en faisant naître un à un les points où y vaut 1. Si $n(z)$ est le nombre de sites occupés par z, le passage de x à $\mathbf{0}$ est possible en $n(x)$ pas, chacun avec une probabilité $\geq 1/2m$, celui de $\mathbf{0}$ à y en $n(y)$ pas, chacun avec la probabilité $\geq (1/2m)$ on obtient donc,

$$P^{n(x)+n(y)}(x,y) \geq (1/2m)^{n(x)+n(y)} > 0, \qquad \forall x, y \in \Omega_0.$$

Pour vérifier l'*apériodicité*, il suffit de constater que pour toute configuration x, $P(x,x) \geq 1/2$. La chaîne de Markov de transition P réalisera donc la simulation approchée de la loi π.

Pour évaluer le nombre moyen M_0 de points d'une configuration à noyau dur, on déroulera une réalisation $X_0, X_1, X_2, \ldots, X_M$ de la chaîne de transition P (avec par exemple l'état initial $X_0 = 0$) : notant $n(X)$ le nombre de points d'une réalisation X, un estimateur de M_0 est, $\widehat{M_0} = M^{-1} \sum_{k=1}^{M} n(X_k)$. Si c'est la variabilité de cette distribution autour de M_0 qui nous intéresse, on l'estimera par $\widehat{\sigma}^2 = M^{-1} \sum_{k=1}^{M} n(X_k)^2 - (\widehat{M_0})^2$.

4.1.1 Loi des grands nombres et TCL pour une chaîne homogène

Le contrôle de la vitesse de convergence $\overline{g}_n = n^{-1} \sum_{i=1}^{n} g(X_i) \to \pi(g)$ utilise la notion suivante d'*ergodicité géométrique* [157; 71; 188] ;

$$\exists \rho < 1, \ \exists M \in L^1(\pi) \text{ t.q. } \forall x \in \Omega \, \forall k \geq 1 : \ \|P^k(x,\cdot) - \pi(\cdot)\|_{VT} \leq M(x)\rho^k.$$

Théorème 4.3. *LFGN et TCL pour une chaîne de Markov*

1. *LFGN : si X est π-irréductible de loi invariante π et si $g \in L^1(\pi)$, alors, π-p.s. :*

$$\overline{g}_n = \frac{1}{n} \sum_{k=0}^{n-1} g(X_k) \to \pi g = \int g(x)\pi(dx).$$

Posons alors, quand cette quantité existe, les covariances étant prises pour la chaîne stationnaire :

$$\sigma^2(g) = Var(g(X_0)) + 2 \sum_{k=1}^{\infty} Cov(g(X_0), g(X_k)).$$

2. *TCL : si P est géométriquement ergodique, alors $\sigma^2(g)$ existe. Si de plus $\sigma^2(g) > 0$, on a,*

$$\sqrt{n}\,(\overline{g}_n - \pi g) \xrightarrow{loi} \mathcal{N}(0, \sigma^2(g))$$

sous l'une ou l'autre des conditions suivantes : (i) $g \in L^{2+\varepsilon}(\pi)$ pour un $\varepsilon > 0$; (ii) P est π-réversible et $g \in L^2(\pi)$.

4.2 Deux algorithmes markoviens de simulation

Soit π une loi de densité $\pi(x)$ par rapport à la mesure μ sur $(\Omega, \mathcal{E})$. Si Ω est discret, on prendra pour μ la mesure de comptage. Quitte à réduire l'espace d'état, on supposera vérifiée la condition de positivité : pour tout $x \in \Omega$, $\pi(x) > 0$. Pour simuler π, on va construire une chaîne π-irréductible et apériodique de transition P telle que π soit P-invariante.

L'échantillonneur de Gibbs n'est utilisable que sur un espace produit : $\Omega = E^S$. L'algorithme de Metropolis est valable sur un espace d'état général.

4.2.1 Echantillonneur de Gibbs sur un espace produit

Soit $X = (X_i, i \in S)$ une variable sur $S = \{1, 2, \ldots, n\}$ de loi π sur $\Omega = \prod_{i \in S} E_i$. Pour tout $x = (x_1, x_2, \ldots, x_n) \in \Omega$, on suppose que les lois conditionnelles $\pi_i(\cdot|x^i)$, où $x^i = (x_j, j \neq i)$, sont facilement simulables. Considérons les transitions

$$P_i(x, y) = \pi_i(y_i|x^i)1(x^i = y^i), \tag{4.4}$$

qui n'autorisent de changement qu'en un seul site i, à savoir $x_i \mapsto y_i$, ceci avec la probabilité $\pi_i(y_i|x^i)$, x étant inchangée ailleurs ($x^i = y^i$). On va étudier deux échantillonneurs.

Echantillonneur de Gibbs avec balayage séquentiel

Supposons que l'on *visite S séquentiellement*, par exemple dans l'ordre $1 \rightarrow 2 \rightarrow \ldots \rightarrow (n-1) \rightarrow n$: une telle suite de visites de tous les sites de S s'appelle *un balayage* de S. A chaque pas, la valeur x_i en i va être relaxée, c-à-d tirée au hasard, suivant la loi π_i conditionnelle à l'état courant. La (densité de) transition de l'état $x = (x_1, x_2, \ldots, x_n)$ à l'état $y = (y_1, y_2, \ldots, y_n)$ après un balayage de S est donc donnée par :

$$P_S(x, y) = \prod_{i=1}^{n} \pi_i(y_i|y_1, \ldots, y_{i-1}, x_{i+1}, x_{i+2}, \ldots, x_n).$$

Au i-ème pas du balayage, π_i est conditionnée par les $(i-1)$ valeurs y déjà relaxées et par les $(n-i)$ valeurs de x qui n'ont pas encore été relaxées.

Echantillonneur par balayage aléatoire

Soit $p = (p_1, p_2, \ldots, p_n)$ une probabilité > 0 sur S (pour tout i, $p_i > 0$). A chaque pas, un site i est choisi au hasard suivant la loi p et la valeur en ce site est relaxée suivant la loi π_i conditionnelle à l'état courant. La transition pour un changement vaut alors,

$$P_A(x, y) = \sum_{i=1}^{n} p_i \pi_i(y_i|x^i)1(x^i = y^i).$$

Théorème 4.4. *Convergence de l'échantillonneur de Gibbs*

Supposons que, pour tout $x \in \Omega$, $\pi(x) > 0$. Alors les transitions P_S de l'échantillonneur séquentiel et P_A de l'échantillonneur aléatoire sont π-irréductibles, apériodiques et de loi invariante π. De plus, pour toute loi initiale ν, $\nu P^k \rightarrow \pi$.

Preuve. *Echantillonneur séquentiel P_S.* La positivité de π implique celle des densités conditionnelles :

$$\pi_i(x_i|x^i) > 0, \qquad \forall x = (x_i, x^i).$$

On en déduit que, pour tout x, y, $P_S(x, y) > 0$: P_S est π-irréductible et apériodique. Vérifions que π est P_S-invariante. P_S étant la composée des transitions P_i (4.4), il suffit de vérifier que chaque P_i est π-invariante. Or chaque P_i est π-réversible puisqu'en effet,

$$
\begin{aligned}
\pi(x)P_i(x, y) &= \pi(x_i, x^i)\pi_i(y_i|x^i)\mathbf{1}(x^i = y^i) \\
&= \frac{\pi(x_i, x^i)\pi_i(y_i, x^i)}{\pi^i(x^i)}\mathbf{1}(x^i = y^i) \\
&= \pi(y)P_i(y, x)
\end{aligned}
$$

est symétrique en (x, y) : π est donc P_S-invariante. $P_S(x, \cdot)$ étant absolument continue par rapport à π, on en déduit que pour toute loi initiale ν, $\nu P^k \to \pi$.

Si Ω est fini, $\eta = \inf_{i,x} \pi_i(x_i|x^i) > 0$ et $\varepsilon = \inf_{x,y} P(x, y) \geq \eta^n > 0$. D'après (4.3), on a le contrôle :

$$
\forall \nu, \left\| \nu P^k - \pi \right\|_{VT} \leq (1 - m\varepsilon)^k, \qquad m = \sharp\Omega.
$$

Echantillonneur aléatoire P_A. Il faut enchaîner n transitions P_A pour pouvoir obtenir la π-irréductibilité et l'apériodicité de P_A : si par exemple on sélectionne d'abord le site 1, puis 2 et enfin n, on obtient la minoration

$$
\forall x, y \in \Omega : P_A^n(x, y) \geq p_1 p_2 \ldots p_n P_S(x, y) > 0.
$$

P_A est π-réversible puisque,

$$
\begin{aligned}
\pi(x)P_A(x, y) &= \sum_{i=1}^{n} p_i \pi(x_i, x^i)\pi_i(y_i|x^i)\mathbf{1}(x^i = y^i) \\
&= \sum_{i=1}^{n} p_i \frac{\pi(x_i, x^i)\pi_i(y_i, x^i)}{\pi^i(x^i)}\mathbf{1}(x^i = y^i) \\
&= \pi(y)P_A(y, x).
\end{aligned}
$$

π est donc P_A-invariante et l'absolue continuité de $P_A(x, \cdot)$ en π assure la convergence de l'échantillonneur aléatoire. Si Ω est fini, $\delta = \inf_{x,y} P^n(x, y) \geq \nu_1 \nu_2 \ldots \nu_n \eta^n > 0$ et

$$
\left\| \nu P^k - \pi \right\| \leq 2(1 - m\delta)^{[k/n]}.
$$

$\qquad\qquad\qquad\qquad\qquad\qquad\qquad\qquad\qquad\qquad\qquad\qquad\qquad\qquad\square$

Pour construire P, il suffit de connaître π à un facteur multiplicatif près : en effet, si $\pi(x) = c\, e(x)$, les lois conditionnelles π_i ne dépendent pas de c. Cette remarque est importante car le plus souvent (par exemple pour les champs de Gibbs), π n'est connue qu'à un facteur multiplicatif près.

D'autres choix de balayages de S, avec éventuelles répétitions des visites, périodicité ou non des balayages, relaxation sur des parties de S autres que les singletons, assurent encore la convergence $\nu P^n \to \pi$. La seule condition requise pour la convergence de l'échantillonneur est que la suite des balayages visite infiniment chaque site de S [81].

4.2.2 L'algorithme de Metropolis-Hastings (MH)

Proposé par Metropolis en 1953, l'algorithme a pris sa forme générale en 1970 avec Hastings [110] et Robert et Cassella [188], la propriété d'optimalité en "variance" de l'algorithme de Metropolis dans la famille des algorithmes de MH ayant été établie par Peskun ([172] et cf. §4.2.2). Une différence importante avec l'échantillonneur de Gibbs est qu'ici l'espace d'état Ω n'est pas supposé être un produit.

Description de l'algorithme de MH

L'idée de base de l'algorithme de MH est de construire une transition P qui est π-réversible ; P sera donc π-invariante. Ceci se fait en 2 étapes :

1. *Transition de proposition de changement* : on commence par proposer un changement $x \mapsto y$ selon une transition $Q(x, \cdot)$.

2. *Probabilité d'acceptation du changement* : ensuite, on accepte ce changement avec la probabilité $a(x, y)$ où $a : \Omega \times \Omega \to]0, 1]$.

Les deux paramètres de l'algorithme sont Q, la transition de proposition de changement et a la probabilité d'accepter ce changement. Notant $q(x, y)$ la densité de $Q(x, \cdot)$, la transition P de MH s'écrit :

$$P(x, y) = a(x, y)q(x, y) + \mathbf{1}(x = y)\left[1 - \int_\Omega a(x, z)q(x, z)dz\right]. \qquad (4.5)$$

Le choix (Q, a) assurera la π-réversibilité de P si l'équation d'équilibre suivante (detailed balance equation) est satisfaite :

$$\forall x, y \in \Omega : \pi(x)q(x, y)a(x, y) = \pi(y)q(y, x)a(y, x). \qquad (4.6)$$

Imposer la réversibilité implique que q satisfait la condition de symétrie faible : $q(x, y) > 0 \Leftrightarrow q(y, x) > 0$: Q doit être telle que si elle autorise le changement $x \mapsto y$, elle doit aussi autoriser le changement $y \mapsto x$. Pour un tel couple (x, y), définissons le ratio de MH par,

$$r(x, y) = \frac{\pi(y)q(y, x)}{\pi(x)q(x, y)}.$$

Si q est symétrique, $r(x, y) = \pi(y)/\pi(x)$.

Pour que l'agorithme P réalise la simulation de π, reste à vérifier que P est irréductible et apériodique. Pour que P soit irréductible, Q doit l'être, mais ce n'est pas suffisant : l'irréductibilité comme l'apériodicité de P devront être examinées au cas par cas. Si Ω est fini, l'apériodicité est assurée sous l'une des conditions suivantes :

1. Il existe x_0 t.q. $Q(x_0, x_0) > 0$ (pour au moins un état, on s'autorise de ne rien changer).

2. Il existe (x_0, y_0) t.q. $r(x_0, y_0) < 1$: pour l'algorithme de Metropolis (4.8), ceci signifie qu'on peut refuser un changement.

3. Q est symétrique et π n'est pas la loi uniforme.

Pour (1) et (2), il suffit de vérifier que $P(x_0, x_0) > 0$. Examinons (3) : Q étant irréductible, tous les états communiquent entre eux pour la relation : $x \sim y \Leftrightarrow q(x, y) > 0$; π n'étant pas uniforme et tous les états communiquant entre eux, il existe $x_0 \sim y_0$ t.q. $\pi(x_0) > \pi(y_0)$; l'apériodicité résulte alors de la minoration :

$$P(x_0, x_0) \geq Q(x_0, y_0) \left\{ 1 - \frac{\pi(y_0)}{\pi(x_0)} \right\} > 0.$$

Comme pour l'échantillonneur de Gibbs, il suffit de connaître π à un facteur multiplicatif près pour construire la transition P de MH.

La condition d'équilibre (4.6) assurant la π-réversibilité de P est satisfaite si la probabilité d'acceptation de changement a s'écrit $a(x, y) = F(r(x, y))$ pour une fonction $F :]0, \infty[\rightarrow]0, 1]$ vérifiant :

$$\forall \xi > 0 : F(\xi) = \xi F(\xi^{-1}). \tag{4.7}$$

En effet, sous cette condition,

$$a(x, y) = F(r(x, y)) = r(x, y) F(r(x, y)^{-1}) = r(x, y) a(y, x).$$

Deux dynamiques classiques satisfont (4.7) : la *dynamique de Barker* [19] et la *dynamique de Metropolis*. La dynamique de Barker est associée à la fonction $F(\xi) = \frac{\xi}{1+\xi}$: si q est symétrique,

$$F(r(x, y)) = F\left(\frac{\pi(y)}{\pi(x)} \right) = \frac{\pi(y)}{\pi(x) + \pi(y)};$$

on accepte la proposition de changement $x \mapsto y$ si y est plus probable que x.

L'algorithme de Metropolis

La *dynamique de Metropolis* correspond au choix $F(\xi) = \min\{1, \xi\}$. Dans ce cas,

$$a(x, y) = \min\left\{ 1, \frac{\pi(y) q(y, x)}{\pi(x) q(x, y)} \right\} \tag{4.8}$$

et

$$a(x, y) = \min\left\{ 1, \frac{\pi(y)}{\pi(x)} \right\}$$

si q est symétrique.

Dans ce cas, l'algorithme de Metropolis s'écrit :

1. Soit x l'état initial, Choisir y suivant $Q(x, .)$.

2. Si $\pi(y) \geq \pi(x)$, garder y. Revenir en 1.

3. Si $\pi(y) < \pi(x)$, tirer une loi uniforme $\mathcal{U}$ sur $[0,1]$.

   (a) si $\mathcal{U} \leq p = \pi(y)/\pi(x)$, garder y.

   (b) si $\mathcal{U} > p$, garder la valeur initiale x.

4. revenir en 1.

L'échantillonneur de Gibbs est un cas particulier d'algorithme de Metropolis, celui où le changement proposé consiste à tirer un site i au hasard puis à relaxer x_i en y_i suivant la densité $q_i(x, y_i)$ et enfin à accepter y_i avec la probabilité

$$a_i(x, y) = \min\left\{1, \frac{\pi(y)q_i(y, x_i)}{\pi(x)q_i(x, y_i)}\right\}.$$

Les choix $q_i(x, y_i) = \pi_i(y_i|x^i)$ conduisent à $a(x, y) \equiv 1$ et redonnent alors l'échantillonneur de Gibbs.

Exemple 4.2. Un problème de coupe maximale d'ensemble

Soit $S = \{1, 2, \ldots, n\}$ un ensemble de sites, $w = \{w_{i,j}, i, j \in S\}$ une famille de poids réels symétriques sur $S \times S$, $\Omega = \mathcal{P}(S)$ l'ensemble des parties de S, et $U : \Omega \to \mathbb{R}$ définie par :

$$U(A) = \sum_{i \in A, j \notin A} w_{i,j} \quad \text{si } A \neq S \text{ et } A \neq \emptyset, \qquad U(A) = +\infty \text{ sinon.}$$

Considérons le problème combinatoire suivant : *"Déterminer le sous-ensemble $\Omega_{\min}$ des parties $A \in \Omega$ qui réalisent le minimum de U"*,

$$\Omega_{\min} = \{A \in \Omega : U(A) = \min\{U(B) : B \subseteq S\}\}.$$

Ce problème ne peut être résolu en énumérant les valeurs de U car le cardinal de Ω est trop grand. Une façon détournée de répondre à cette question est la suivante : simuler une variable dont la distribution π_β sur Ω est :

$$\pi_\beta(A) = c(\beta) \exp\{-\beta U(A)\} \tag{4.9}$$

En effet, si $\beta > 0$ est très petit, le mode de π_β sera réalisé aux configurations $A \in \Omega_{\min}$. Ainsi, simuler π_β pour β petit est une façon d'approcher $\Omega_{\min}$. Signalons que cet algorithme mime l'un des bons algorithmes pour résoudre ce problème d'optimisation, à savoir l'*algorithme de recuit simulé* (RS ; *Simulated Annealing*) : les simulations du RS se font pour une suite de paramètres $\beta_n \to 0_+$, la convergence de β_n vers 0 devant être lente pour assurer la convergence de X_n vers la π_0 uniforme sur $\Omega_{\min}$ [82; 106; 1; 10; 40]. Pour simuler π_β, on propose l'algorithme de Metropolis suivant :

1. Les uniques changements $A \mapsto B$ autorisés sont : (i) $B = A \cup \{s\}$ si $A \neq S$ et $s \notin A$; (ii) $B = A \backslash \{s\}$ si $A \neq \emptyset$ et $s \in A$.

2. La transition Q de proposition de changement se fait alors en choisissant s uniformément sur S : $Q(A,B) = 1/n$ pour (i) et (ii) ; sinon, $Q(A,B) = 0$.

3. On évalue
   - $\Delta U = U(B) - U(A) = \sum_{j \notin B} w_{s,j} - \sum_{i \in A} w_{i,s}$ si (i)
   - $\Delta U = \sum_{i \in B} w_{i,s} - \sum_{j \notin A} w_{s,j}$ si (ii).

4. Si $\Delta U \leq 0$, on garde B.

5. $\Delta U > 0$, on tire U une loi uniforme sur $[0,1]$; si $U \leq \exp\{-\beta \Delta U\}$, on garde B ; sinon on reste en A.

6. on retourne en 1.

Q est symétrique et P est irréductible : en effet, si E et F sont deux parties de S respectivement à $n(E)$ et $n(F)$ points, un chemin de E à F consiste à effacer un à un les points de E pour arriver à l'ensemble vide $\emptyset$, puis à faire naître un à un les points de F ; ce chemin à $n_E + n_F$ pas est réalisable avec une probabilité $P^{n(E)+n(F)}(E,F) > 0$.

La transition est apériodique si U n'est pas constante : en effet, dans ce cas, il existe deux configurations A et B qui sont Q-voisines telles que $U(A) < U(B)$. La proposition de changement $A \mapsto B$ est refusée avec la probabilité $p = [1 - \exp\{-\beta \Delta U\}] > 0$: $P(A,A) = p/n > 0$ et P est apériodique. Cet algorithme de Metropolis réalise donc la simulation approchée de π_β.

Optimalité en variance de l'algorithme de Metropolis

Si Ω est un espace d'état fini et si H est une transition définissant une chaîne $(X_0, X_1, \ldots)$ convergeant vers π, la limite,

$$v(f,H) = \lim_{n \to \infty} \frac{1}{n} Var\{\sum_{i=1}^{n} f(X_i)\}$$

existe et est indépendante de la loi initiale de la chaîne [128]. L'optimalité du noyau de Metropolis P_M dans la famille de tous les noyaux de MH traduit le fait que, pour tout f et tout noyau P_{MH} de MH, on a [172] :

$$v(f, P_M) \leq v(f, P_{MH}). \tag{4.10}$$

Une explication heuristique de cette propriété est que le noyau de Metropolis favorise davantage le changement d'état que les autres noyaux de MH (P_M est plus "mélangeant" que P_{MH}). Ce résultat d'optimalité reste vrai pour un espace d'état général [215].

4.3 Simulation d'un champ de Markov sur un réseau

4.3.1 Les deux algorithmes de base

Soit X un champ de Markov sur $S = \{1, 2, \ldots, n\}$, à états dans $\Omega = \prod_{i \in S} E_i$ (par exemple $\Omega = E^S$) et de densité :

$$\pi(x) = Z^{-1} \exp U(x), \qquad U(x) = \sum_{A \in \mathcal{C}} \Phi_A(x) \qquad (4.11)$$

où $\mathcal{C}$ est la famille des cliques du graphe de Markov (cf. Ch. 2, Définition 2.2) et $\Phi = (\Phi_A, A \in \mathcal{C})$ le potentiel de Gibbs de X. On peut simuler π de deux façons :

1. Soit en utilisant l'échantillonneur de Gibbs pour les lois conditionnelles :

$$\pi_i(x_i|x^i) = Z_i^{-1}(x_{\partial i}) \exp U_i(x_i|x^i)$$

où $U_i(x_i|x^i) = \sum_{A:A \ni i} \Phi_A(x)$ et $Z_i(x_{\partial i}) = \sum_{u_i \in E_i} \exp U_i(u_i|x^i)$. L'espace E_i n'ayant pas la complexité d'un espace produit, il est suffisant de connaître les énergies conditionnelles $U_i(x_i|x^i)$ pour simuler la loi X_i conditionnelle à x^i.

2. Soit en utilisant une dynamique de Metropolis : si la transition de proposition Q admet une densité q et si q est symétrique, alors, notant $a^+ = \max\{a, 0\}$, la transition de Metropolis admet une densité p qui vaut, si $x \neq y$:

$$p(x, y) = q(x, y) \exp -\{U(x) - U(y)\}^+.$$

Pour la dynamique de Metropolis, le changement peut se faire site par site ou non.

Il existe d'autres algorithmes MCMC : l'exercice 4.11 étudie l'ensemble des transitions MCMC réalisant la simulation de X lorsque la relaxation en un pas se fait site par site ; l'échantillonneur de Gibbs et l'algorithme de Metropolis sont deux cas particuliers de telles transitions.

4.3.2 Exemples

Modèle d'Ising isotropique aux 4-ppv

Si $S = \{1, 2, \ldots, n\}^2$ et $E = \{-1, +1\}$, la loi jointe et les lois conditionnelles valent respectivement, si $v_i = \sum_{j \in \partial i} x_j$ est la contribution des 4-ppv de i,

$$\pi(x) = Z^{-1} \exp\{\alpha \sum_i x_i + \beta \sum_{<i,j>} x_i x_j\}, \qquad (4.12)$$

$$\pi_i(x_i|x^i) = \frac{\exp x_i(\alpha + \beta v_i)}{2ch(\alpha + \beta v_i)}. \qquad (4.13)$$

Dynamique de Metropolis par échange de spins

La proposition Q de changement $x \mapsto y$ est la suivante : on choisit au hasard deux sites $i \neq j$, on permute les spins en i et j et on ne change rien ailleurs : $y_i = x_j$, $y_j = x_i$ et $y^{\{i,j\}} = x^{\{i,j\}}$. La transition de proposition vaut alors :

$$Q(x, y) = \begin{cases} \frac{2}{n^2(n^2-1)} & \text{pour un tel échange,} \\ 0 & \text{sinon} \end{cases}.$$

Il faut remarquer que si $x(0)$ est la configuration initiale, l'algorithme évolue dans le sous-espace $\Omega_{x(0)} \subset \{-1, +1\}^S$ des configurations ayant le même nombre de spins $+1$ (et donc de spins -1) que $x(0)$. La simulation réalisée sera donc celle de π restreinte à ce sous espace $\Omega_{x(0)}$.

Il faut calculer l'accroissement $\Delta U(x, y) = U(y) - U(x)$ pour identifier la transition de Metropolis. Ce calcul est local si X est markovien : par exemple, pour le modèle d'Ising isotropique aux 4-ppv (4.12), on trouve :

$$\Delta U(x, y) = \begin{cases} \beta(x_j - x_i)(v_i - v_j) & \text{si } \|i - j\|_1 > 1, \\ \beta(x_j - x_i)(v_i - v_j) - \beta(x_j - x_i)^2 & \text{sinon.} \end{cases}$$

Un pas de l'algorithme de Metropolis par échange de spins est donc :

1. On tire deux lois uniformes indépendantes sur $\{1, 2, \ldots, n\}^2$ sélectionnant ainsi deux sites i et j.

2. On opère le changement $x \mapsto y$ par permutation de x_i avec x_j.

3. On calcule $\Delta U(x, y)$: si $\Delta U(x, y) > 0$, on accepte y.

4. Sinon, on tire $U \sim \mathcal{U}([0, 1])$, indépendamment du 1 :

   (a) Si $U < \exp \Delta U(x, y)$, on retient y.

   (b) Si $U \geq \exp \Delta U(x, y)$, on reste en x.

Q est irréductible sur Ω_0 puisque deux configurations de Ω_0 se correspondent par une permutation et que toute permutation est un produit fini de transpositions. La transition de Metropolis P est irréductible puisqu'à chaque pas élémentaire, on accepte le changement avec une probabilité > 0.

Si $\beta \neq 0$, U n'est pas constante ; si de plus $x(0)$ n'est pas constante, il existe deux configurations x et y qui sont Q-voisines et telles que $U(y) > U(x)$; ainsi le changement $x \mapsto y$ est refusé avec la probabilité $P(x, x) \geq 2\{1 - \exp \Delta U(x, y)\}/n^2(n^2 - 1) > 0$: la chaîne est apériodique et l'algorithme réalise la simulation de π restreinte à Ω_0.

Simulation des auto-modèles markoviens

Pour un auto-modèle (cf. §2.4), le produit des lois conditionnelles π_i étant absolument continu par rapport à π, l'échantillonneur de Gibbs converge vers π pour toute loi initiale. La Fig. 4.1 montre cette évolution pour deux textures binaires auto-logistiques π.

Simulation d'un vecteur gaussien

Examinons l'échantillonneur de Gibbs d'un vecteur gaussien $X \sim \mathcal{N}_n(m, \Sigma)$, Σ inversible ; posant $Q = \Sigma^{-1}$, la transition associée au balayage $1 \mapsto 2 \mapsto \ldots \mapsto n$ est le produit des i-ièmes relaxations conditionnelles à $z^i = (y_1, \ldots, y_{i-1}, x_{i+1}, \ldots, x_n)$, $i = 1, \ldots, n$, suivant la loi

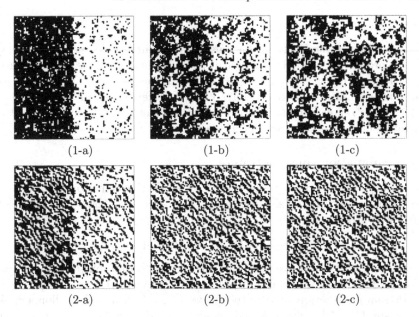

(1-a)   (1-b)   (1-c)

(2-a)   (2-b)   (2-c)

Fig. 4.1. Simulation par échantillonneur de Gibbs de deux textures binaires auto-logistiques sur le réseau $\{1, 2, \ldots, 100\}^2$. La configuration initiale est 1 sur la moitié gauche, 0 sur la moitié droite. Simulations : (a) après un balayage, (b) après 10 balayages, (c) après 1000 balayages. On a considéré : (1) le modèle isotropique aux 4-ppv avec $\alpha = -3$, $\beta = 1.5$; (2) le modèle aux 8-ppv avec $\alpha = 2$, $\beta_{0,1} = -1.2$, $\beta_{1,0} = -1.2$, $\beta_{1,1} = -0.8$ et $\beta_{1,-1} = 1.4$. Les configurations 0 et 1 sont équiprobables pour chacun des deux modèles.

$$\pi_i(x_i|z^i) \sim \mathcal{N}_1\left(-q_{ii}^{-1} \sum_{j:j\neq i} q_{ij}z_j, q_{ii}^{-1}\right).$$

Si le champ est markovien, $\pi_i(x_i|x^i) = \pi_i(x_i|x_{\partial i})$.

La comparaison de cette simulation avec la méthode standard utilisant la décompostion de Cholesky $\Sigma = T\,{}^tT$ de Σ ne conduit pas à une conclusion définitive quant à l'avantage d'une méthode par rapport à l'autre. Par exemple, pour $S = \{1, 2, \ldots, 100\}^2$ Σ est une matrice de dimension $10^4 \times 10^4$:

1. *Via la décomposition de Cholesky* : si ε est un 10^4-échantillon gaussien réduit, $X = T\varepsilon \sim \mathcal{N}_{10^4}(0, \Sigma)$. Le calcul de T est coûteux mais il n'est pas à répéter pour obtenir une autre réalisation de X ; d'autre part, la simulation réalisée est exacte.

2. *Via l'échantillonneur de Gibbs* : la méthode exige un nombre N important de balayages afin que (l'on juge que) l'algorithme entre dans son régime stationnaire [cf. 4.5.1 et 89]. Si par exemple $N = 100$ balayages "suffisent", 100×10^4 simulations gaussiennes sont nécessaires pour simuler une réalisation de X. Il est inutile de connaître la forme de Cholesky de Σ, donc de diagonaliser Σ. En revanche, il faudra recommencer les 100×10^4 simulations pour obtenir une autre réalisation de X. D'autre part, la simulation obtenue est approchée.

Espace d'état produit

L'échantillonneur de Gibbs est bien adapté pour simuler des modèles à espace d'états produit, $E = \Lambda \times \mathbb{R}^n$. Ce type d'espace se rencontre dans de nombreuses applications : par exemple en télédétection spatiale, $\lambda \in \Lambda = \{1, 2, \ldots, r\}$ est un label qualitatif de texture (terre cultivée, forêt, eau, zone aride, etc) et $x \in \mathbb{R}^n$ une réponse multispectrale quantitative attachée à chaque site. Des exemples de tels modèles sont décrits à l'exercice 2.6.

4.3.3 Simulation sous contrainte

Pour $\pi(x) = c \exp U(x)$ une loi sur Ω d'énergie U connue, on veut simuler π_C, la loi π restreinte au sous-ensemble $\Omega_C = \{x \in \Omega : C(x) = 0\} \subset \Omega$ défini par une contrainte $C : \Omega \to \mathbb{R}^+$,

$$\pi_C(x) = \mathbf{1}_{\Omega_C}(x) Z_C^{-1} \exp U(x).$$

Un exemple d'une telle simulation lié à la reconstruction sous contrainte d'un système de failles géologiques est présenté à l'exercice 4.13.

Présentons brièvement deux résultats, l'un relatif à l'échantillonneur de Gibbs sur $\Omega = E^n$, l'autre à la dynamique de Metropolis. Ici, comme pour l'algorithme de recuit simulé, les dynamiques de Markov utilisées sont *inhomogènes*, les transitions $(P_k, k \geq 0)$ étant variables dans le temps. Leurs convergences découlent d'un critère d'ergodicité pour une chaîne inhomogène (cf. Isaacson et Madsen [120]).

L'algorithme est le suivant : soit (λ_k) une suite réelle positive, (π_k) la suite des lois d'énergies U_k pénalisées de U au taux $\lambda_k C$,

$$U_k(x) = U(x) - \lambda_k C(x),$$

et π_k la loi d'énergie U_k. Si $\lambda_k \to +\infty$, les configurations x qui ne réalisent pas $C(x) = 0$ seront progressivement éliminées et il est facile de voir que $\pi_k(x) \longrightarrow \pi_C(x)$ pour tout $x \in \Omega$. On a les résultats :

1. *Dynamique de Gibbs inhomogène [81]* : soit P_k la transition de Gibbs associée à π_k pour le k-ième balayage de S. Si $\lambda_k = \lambda_0 \log k$ avec λ_0 assez petit, la chaîne inhomogène (P_k) converge vers π_C.

2. *Dynamique de Metropolis inhomogène [228]* : soit Q une transition de proposition de changement homogène dans le temps, irréductible et symétrique. Soit P_k le noyau de Metropolis d'énergie U_k,

$$P_k(x, y) = q(x, y) \exp -\{U_k(x) - U_k(y)\}^+, \qquad \text{si } y \neq x.$$

Alors, si $\lambda_k = \lambda_0 \log k$ et si λ_0 est assez petit, la chaîne inhomogène (P_k) converge vers π_C.

Les conditions requises de convergence lente $\lambda_k \to \infty$ sont les analogues (avec $\beta_k = T_k^{-1}$) à la condition de convergence lente $T_k \to 0$ pour la suite des températures T_k dans l'algorithme de recuit simulé ; ces conditions assurent l'ergodicité de la chaîne inhomogène (P_k) [120; 82; 1].

4.3.4 Simulation d'une dynamique de champ de Markov

Supposons qu'une dynamique $X = \{X(t), t = 1, 2, \ldots\}$ d'un champ de Markov $X(t) = (X_i(t),\ i \in S)$, $S = \{1, 2, \ldots, n\}$, soit caractérisée de la façon suivante (cf. §2.5) ; on se donne :

1. La loi initiale de $X(0)$, d'énergie U_0.
2. Les transitions temporelles $P_t(x, y)$ de $x = x(t-1)$ à $y = x(t)$ d'énergie $U_t(x, y)$.

La simulation peut se faire *récursivement* par échantillonnages de Gibbs successifs : on simule $X(0)$, puis $X(t)$, $t \geq 1$ conditionnellement à $x(t-1)$, ceci pour $t = 1, 2, \ldots$. Pour un champ qui est conditionnellement markovien, les lois conditionnelles au "site" espace-temps (i, t) s'explicitent facilement à partir des énergies conditionnelles $U_{t,i}(\cdot|x, y_{\partial i})$: par exemple, pour la dynamique auto-logistique (2.18) de potentiels :

$$\Phi_i(x, y) = y_i\{\alpha_i + \sum_{j \in \partial i^-} \alpha_{ij} x_j(t-1)\} \text{ et } \Phi_{ij}(x, y) = \beta_{ij} y_i y_j \text{ si } i \in S \text{ et } j \in \partial i,$$

$$U_{t,i}(y_{it}|x, y_{\partial i}) = y_{it}\{\alpha_i + \sum_{j \in \partial i^-} \alpha_{ij} x_j(t-1)\} + \sum_{j \in \partial i} \beta_{ij} y_j.$$

L'utilisation de l'échantillonneur de Gibbs est aisée chaque fois que le modèle est markovien dans le temps et dans l'espace, permettant de simuler des évolutions markoviennes homogènes ou non dans le temps : modèle de croissance de taches ou modèle de feu ou de diffusion spatiale, système de particules [74; 73].

Exemple 4.3. Simulation d'un modèle de croissance de tâche

Considérons le modèle suivant de croissance de tache sur $\mathbb{Z}^2$: le champ $X(t) = (X_s(t),\ s \in \mathbb{Z}^2)$ est à états dans $\{0, 1\}^{\mathbb{Z}^2}$, 0 représentant l'état sain, 1 l'état malade. Supposons que X soit sans guérison, c-à-d que si $X_s(t) = 1$, alors $X_s(t') = 1$ pour $t' > t$. Identifiant l'état x avec le sous-ensemble de $\mathbb{Z}^2$ où la configuration vaut 1, un exemple de modèle est spécifié par son état initial (par exemple $X(0) = \{0\}$) et une transition spatio-temporelle $X(t) = x \mapsto y = X(t+1)$ aux ppv n'autorisant que les $y \subseteq x \cup \partial x$, transition d'énergie :

$$U(x, y) = \alpha \sum_{i \in \partial x} y_i + \beta \sum_{i \in \partial x, j \in x \text{ t.q. } \langle i,j \rangle} x_j y_i.$$

L'échantillonneur de Gibbs conditionnel à x balaye alors l'ensemble des sites de ∂x avec des lois de relaxation au site $i \in \partial x$ d'énergies conditionnelles,

$$U_i(y_i|x, y^i \cap \partial x) = y_i\{\alpha + \beta v_i(x)\},$$

où $v_i(x)$ est le nombre de voisins de i dans x.

4.4 Simulation d'un processus ponctuel

Soit X un processus ponctuel (PP) sur S, un borélien borné de $\mathbb{R}^d$. Si X est un PP de Cox ou un PP du type Shot-Noise (cf. §3.3), sa simulation découlera directement de celle d'un PP de Poisson (cf. §4.4.3).

Si X est défini par sa densité inconditionnelle f (cf. §3.4), sa simulation sera réalisée à partir d'une dynamique de MH [88; 160]. L'implémentation de cette dynamique est décrite dans l'aide en ligne du package spatstat de R. Examinons dans un premier temps la simulation conditionnelle à un nombre fixé de points $n(x) = n$.

4.4.1 Simulation conditionnelle à un nombre fixé de points

Supposons que $n(x) = n$ est fixé. Notant $(x \cup \xi) \backslash \eta$ pour $(x \cup \{\xi\}) \backslash \{\eta\}$, l'algorithme de MH propose :

1. De changer $x \to y = (x \cup \xi) \backslash \eta$, $\eta \in x$ et $\xi \in S$, avec la densité $q(x, y) = q(x, \eta, \xi)$.

2. D'accepter y avec la probabilité $a(x, y) = a(x, \eta, \xi)$.

Une probabilité d'acceptation $a(x, y)$ assurant la π-réversibilité du noyau est,

$$a(x, y) = \min\{1, r(x, y)\}, \text{ où } r(x, y) = \frac{f(y)q(y, x)}{f(x)q(x, y)}.$$

Si le changement $x \mapsto y$ est obtenu en supprimant un point uniformément dans x puis en faisant naître ξ uniformément dans S, l'algorithme est irréductible et apériodique, convergeant vers π : apériodique parce que la densité de transition est > 0 ; irréductible car, on peut passer de x à y en n pas, en changeant pas à pas x_i (une mort) en y_i (une naissance), ceci avec une densité de probabilité > 0.

4.4.2 Simulation inconditionnelle

Supposons que la densité f est *héréditaire*, c-à-d vérifie :

$$\text{si pour } x \in \Omega \text{ et } \xi \in S, \ f(x \cup \xi) > 0, \text{ alors } f(x) > 0$$

Autorisant une naissance ou une mort à chaque pas de l'algorithme, les configurations vont circuler dans les différents espaces E_n de configurations à n points. Si $x \in E_n$, $n \geq 1$, un pas de l'algorithme est :

1. Avec une probabilité $\alpha_{n,n+1}(x)$, on ajoute un point $\xi \in S$ choisi avec la densité $b(x, \cdot)$ sur S.

2. Avec la probabilité $\alpha_{n,n-1}(x) = 1 - \alpha_{n,n+1}(x)$, on supprime un point η de x avec la probabilité $d(x, \eta)$.

Pour $n = 0$, on reste dans la configuration vide avec la probabilité $\alpha_{0,0}(\emptyset) = 1 - \alpha_{0,1}(\emptyset)$. Le ratio de MH est :

$$r(x, x \cup \xi) = \frac{f(x \cup \xi)(1 - \alpha_{n+1,n}(x \cup \xi))d(x, \xi)}{f(x)\alpha_{n,n+1}(x)b(x, \xi)} \quad \text{et} \quad r(x \cup \xi, x) = r(x, x \cup \xi)^{-1}.$$

La condition générale de réversibilité de l'algorithme de MH est (4.6). Pour l'algorithme de Metropolis, la probabilité d'acceptation est :

$a(x, x \cup \xi) = \min\{1, r(x, x \cup \xi)\}$ d'accepter la naissance : $x \to y = x \cup \xi$;

$a(x, x\backslash\eta) = \min\{1, r(x, x\backslash\eta)\}$ d'accepter la mort : $x \to y = x\backslash\eta$.

Proposition 4.2. *Ergodicité de l'algorithme de MH*
Si les deux conditions suivantes sont satisfaites :

1. *Sur les lois de naissance b et de mort d : si $n(x) = n$, $f(x \cup \xi) > 0$, $\alpha_{n+1,n}(x \cup \xi) > 0$ et $\alpha_{n,n+1}(x) > 0$, alors $d(x, \xi) > 0$ et $b(x, \xi) > 0$.*

2. *Sur les probabilités de circuler dans les différents espaces E_n : $\forall n \geq 0$ et $x \in E_n$, $0 < \alpha_{n+1,n}(x) < 1$, et (4.6) est satisfaite.*

alors l'algorithme de MH décrit précédemment réalise la simulation du PP de densité f.

La première condition est satisfaite si $b(x, \cdot) = b(\cdot)$ est uniforme sur S et si $d(x, \cdot) = d(\cdot)$ est uniforme sur x.

Preuve. La chaîne est π-invariante. Elle est apériodique puisque $\alpha_{0,1}(\emptyset)$ étant > 0, la probabilité est > 0 de rester dans la configuration vide. Enfin, l'algorithme est π-irréductible : en effet, on passe de $x = \{x_1, x_2, \ldots, x_n\}$ à $y = \{y_1, y_2, \ldots, y_p\}$ avec une densité de probabilité > 0 en faisant d'abord disparaître les n points de x, puis en faisant naître les p points de y. □

Pour les choix uniformes $\alpha_{n+1,n} = 1/2$, $b(x, \cdot) = 1/\nu(S)$, $d(x, \eta) = 1/n$ si $x = \{x_1, x_2, \ldots, x_n\}$ et $\eta \in x$, alors

$$r(x, x \cup \xi) = \frac{\nu(S)f(x \cup \xi)}{n(x)f(x)}.$$

Un pas de l'algorithme de Metropolis $x \to y$ prend alors la forme suivante si $n(x) > 0$:

1. Avec la probabilité 1/2, on propose une naissance uniforme $\xi \in S$; cette naissance est retenue avec la probabilité $\inf\{1, r(x, x \cup \xi)\}$: $y = x \cup \{\xi\}$; sinon la configuration x est inchangée : $y = x$.

2. Avec la probabilité 1/2, une mort a lieu en η un point uniforme de x ; on retient cette mort avec la probabilité $\min\{1, r(x\backslash\eta, x)^{-1}\}$: $y = x\backslash\{\eta\}$; sinon, la configuration x est inchangée : $y = x$. Si $n(x) = 0$, seul le premier pas est réalisé avec la probabilité 1.

4.4.3 Simulation de PP de Cox

La simulation d'un PP de Cox (cf. § 3.3) dérive naturellement de la simulation d'un PP de Poisson. La simulation d'un PPP(ρ) d'intensité ρ est réalisée de la façon suivante ; notons $\lambda(S) = \int_S \rho(u)du < \infty$:

1. Tirer un entier n suivant la loi de Poisson $\mathcal{P}(\lambda(S))$.
2. Tirer n points $x_1, x_2, \ldots, x_n$ i.i.d. de densité ρ sur S.

$x = \{x_1, x_2, \ldots, x_n\}$ est la réalisation sur S d'un PPP(ρ).

La simulation d'un PP de Cox d'intensité aléatoire $(\Lambda(u))_{u \in S}$ s'obtient comme la simulation d'un PPP conditionnel d'intensité Λ. La simulation du champ de densité Λ, continu sur S, sera spécifique au processus de Cox considéré. Par exemple, la simulation de la log-intensité conditionnelle $\log \rho(u) = {}^t z(u)\beta + \Psi(u)$ d'un PP de Cox log-gaussien (3.3) s'obtiendra à partir des covariables observables $(z(u))_{u \in S}$ et de la simulation du processus gaussien Ψ par l'une des méthodes proposées au 4.7.

La simulation d'un PP doublement poissonnien (3.4) s'obtient en deux étapes : la première consiste à déterminer les positions c et l'intensité γ du PPP "parents" ; la deuxième étape réalise la simulation de la dissémination (*cluster*) autour de chaque parent suivant une densité spatiale $\gamma k(c, \cdot)$. Des parents c extérieurs à S pouvant avoir une descendance dans S, on devra s'assurer que la simulation prend en compte cet effet de bord (cf. [160]).

4.5 Performance et contrôle des méthodes MCMC

La difficulté tant théorique que pratique dans l'utilisation d'un algorithme MCMC est de savoir à partir de quel instant n_0 (burn-in time) on peut considérer que la chaîne associée $X = (X_n)$ est entrée dans son régime stationnaire : évaluation de n_0 telle que la loi de X_n, $n \geq n_0$, est proche de la loi stationnaire π de la chaîne ? contrôle de $\|X_n - \pi\|_{VT}$? Nous n'aborderons ici que très brièvement cette question et invitons le lecteur à se reporter entre autres à [89; 188] et aux articles mentionnés ci-après.

4.5.1 Performances d'une méthode MCMC

Deux critères peuvent être utilisés pour évaluer la performance d'une méthode MCMC :

1. Le contrôle de la vitesse de convergence vers 0 de la norme en variation $\|X_k - \pi\|_{VT} = \|\nu P^k - \pi\|_{VT}$ si $X_0 \sim \nu$.
2. Le contrôle de la variance $v(f, P) = \lim_{n \to \infty} \frac{1}{n} Var(\sum_{i=1}^{n} f(X_i))$ d'une moyenne empirique le long d'une trajectoire de la chaîne.

Le résultat de Peskun (4.10) dit que, pour le critère de la variance $v(f, P)$, l'algorithme de Metropolis est le meilleur dans la classe des algorithmes de MH. La variance $v(f, P)$ peut être explicitée à partir du spectre de P si Ω est fini à m points : dans ce cas, la chaîne étant réversible, P est auto-adjointe dans $l^2(\pi)$, l'espace $\mathbb{R}^m$ étant muni du produit scalaire $\langle u, v \rangle_\pi = \sum_1^m u_k v_k \pi(k)$. P est donc diagonalisable sur $\mathbb{R}$; si on note $\lambda_1 = 1 > \lambda_2 > \ldots > \lambda_m > -1$ son spectre et $e_1 = 1$, $e_2, \ldots, e_m$ la base propre associée choisie orthonormale de $l^2(\pi)$, on a [128] :

$$v(f, P) = \sum_{k=2}^m \frac{1 + \lambda_k}{1 - \lambda_k} \langle f, e_k \rangle_\pi^2$$

Pour être utile, la décomposition spectrale de P doit être connue ce qui est rarement le cas.

Le contrôle de la convergence $\left\| \nu P^k - \pi \right\|_{VT} \to 0$ est une question centrale permettant théoriquement de proposer une règle d'arrêt de l'algorithme. Si des résultats existent (théorème de Perron-Frobénius si Ω est fini, $\left\| \nu P^k - \pi \right\|_{VT} \leq C(\nu)(\sup\{|\lambda_2|, |\lambda_m|\})^k$ pour une transition réversible), là encore l'évaluation effective de la vitesse de convergence de l'algorithme est en général impossible car liée à une description précise du spectre de P, et rares sont les cas où cette description précise est possible [61; 191]. D'autre part, lorsque des contrôles explicites existent ((4.3), majoration par le coefficient de contraction de Dobrushin de la transition [65; 120; 96, §6.1]), ils sont généralement inutilisables, un contrôle du type $\left\| \nu P^k - \pi \right\|_{VT} \leq (1 - m\varepsilon)^k$ (cf. Th. 4.2) n'étant utile que si $m\varepsilon$ n'est pas trop petit : or, pour prendre un exemple, pour l'échantillonneur de Gibbs séquentiel d'un modèle d'Ising isotropique aux 4-ppv sur $S = \{1, 2, \ldots, 10\}^2$ et de paramètres $\alpha = 0$ et $\beta = 1$, $m = 2^{100}$, $\varepsilon = \{\inf_{i, x_i, x^i} \pi_i(x_i | x^i)\}^m$ et $m\varepsilon \sim (6.8 \times 10^{-4})^{100}$!

Une alternative, présentée au §4.6, consiste à utiliser un algorithme de simulation exacte [177].

Dans la pratique de la simulation par une méthode MCMC, plusieurs aspects sont à considérer : choix de l'algorithme, facilité d'implémentation et rapidité de l'algorithme, choix de l'état initial, utilisation d'une seule chaîne ou de plusieurs chaînes indépendantes, temps n_0 de stationnarisation de la chaîne, sous-échantillonnage au pas K de la chaîne garantissant la presque indépendance de la sous-suite $(X_{Kn})_n$. Nous nous limiterons ici à la présentation de deux éléments de réponse concernant l'évaluation du temps de stationnarisation n_0 et renvoyons à [89] et [188] pour approfondir le sujet.

4.5.2 Deux méthodes de contrôle de la convergence

Une approche consiste à suivre l'évolution en k d'une statistique $h(X_k)$ de la chaîne $X = (X_k)$. Par exemple, si π appartient à une famille exponentielle, on peut prendre pour h la statistique exhaustive de π. La Fig. 4.2 montre d'une part l'évolution de $n(X_k)$ et de $s(X_k)$ dans la simulation de MH d'un processus de Strauss et d'autre part celle de l'autocorrélation empirique temporelle pour

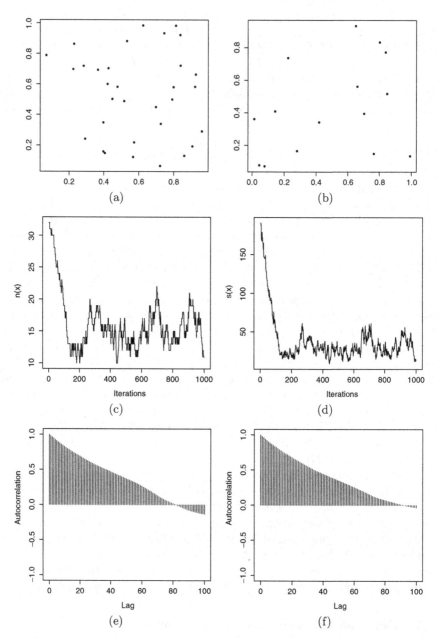

Fig. 4.2. Simulation inconditionnelle d'un processus de Strauss X de paramètres $\beta = 40$, $\gamma = 0.8$, $r = 0.4$ sur $S = [0,1]^2$ par l'algorithme de Metropolis avec choix uniformes : (a) $X_0 \sim PPP(40)$, (b) X_{1000}. Contrôle de la convergence de l'algorithme avec les statistiques $n_S(X_k)$ (c) et $s(X_k)$ (d) au cours du temps et leurs fonctions d'auto-corrélations (e) et (f).

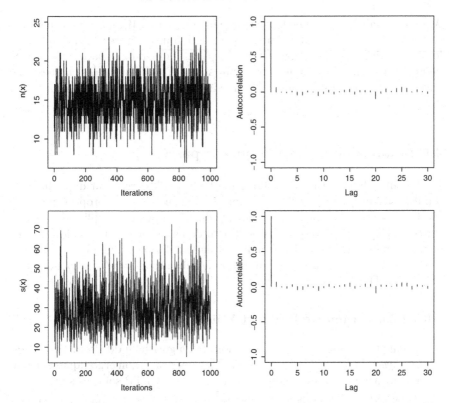

Fig. 4.3. Sous-échantillonnage de la chaîne de simulation d'un processus de Strauss (cf. Fig. 4.2) : à gauche les statistiques $n_S(X_{sk})$ et $s(X_{sk})$, $k = 0, 1, 2, \dots$ avec $s = 100$; à droite les autocorrélations correspondantes.

chacune des statistiques : le choix de $n_0 = 300$ comme temps d'entrée en régime stationnaire semble raisonnable et un décalage temporel de $K = 100$ décorrèle approximativement $h(X_t)$ et $h(X_{t+K})$ (cf. Fig. 4.3).

Une autre approche consiste [80] à dérouler m chaînes indépendantes en parallèle, chaînes initialisées en des états "dispersés", et à comparer leurs variabilités. On suit alors les m trajectoires $\{h_k^{(i)} = h(X_k^{(i)}), k \geq 0\}$. Quand les chaînes atteignent leurs régimes stationnaires, leurs variances doivent être proches. Faisant l'analyse de la variance de ces m chaînes, on calcule B (*beetwen*) et W (*within*) les variabilités inter-chaînes et intra-chaînes :

$$B = \frac{1}{m-1} \sum_{i=1}^{m} (\overline{h}^{(i)} - \overline{h})^2, \qquad W = \frac{1}{m-1} \sum_{1}^{m} S_i^2,$$

où $S_i^2 = (n-1)^{-1} \sum_{k=0}^{n-1} (h_k^{(i)} - \overline{h}^{(i)})^2$, $\overline{h}^{(i)}$ étant la moyenne empirique de h sur la i-ième chaîne, $\overline{h}$ la moyenne sur toutes les chaînes. On peut estimer $Var_\pi(h)$ soit par $V = W + B$, soit par W : V estime sans biais cette variance si

$X_0^{(i)} \sim \pi$, mais V surestime la variance sinon. Quant à W, il sous-estime cette variance pour n fini car la chaîne n'a pas visité tous les états de X. Cependant les deux estimateurs convergent vers $Var_\pi(h)$. On peut donc baser un contrôle de la convergence des chaînes sur la statistique $R = V/W$: si les chaînes sont entrées en régime stationnaire, $R \cong 1$; sinon $R \gg 1$ et on doit poursuivre les itérations.

4.6 Simulation exacte depuis le passé

La difficulté dans l'utilisation d'une méthode MCMC résidant dans du biais d'initialisation $\| \nu P^k - \pi \|_{VT}$, Propp et Wilson [177] ont proposé une méthode de *simulation exacte* par couplage depuis le passé (Coupling From The Past, ou CFTP), simulation qui se libère de ce problème. Leur idée, simple et performante, a innové les techniques de simulation. Pour plus d'informations, on pourra consultera le site `http ://dbwilson.com/exact/` ainsi que l'article de Diaconis et Freedman [60].

4.6.1 L'algorithme de Propp et Wilson

Nous nous limiterons ici à la description de l'algorithme de Propp et Wilson sur un *espace fini* $\Omega = \{1, 2, \ldots, r\}$ où P est une transition ergodique telle que π est P-invariante. Les ingrédients de la méthode CFTP sont les suivants :

(a) *Le simulateur* $\mathcal{S} = (\mathcal{S}_t)_{t \geq 1}$ avec $\mathcal{S}_t = \{f_{-t}(i), i \in \Omega\}$ où $f_{-t}(i)$ suit la loi $P(i, \cdot)$. Les générateurs $(\mathcal{S}_t)$ sont i.i.d. pour des t différents mais les $\{f_{-t}(i), i \in \Omega\}$ peuvent éventuellement être dépendants. L'itération entre $-t$ et $-t+1$ ($t \geq 1$) est,

    1. `Pour chaque` $i \in \Omega$, `simuler` $i \mapsto f_{-t}(i) \in \Omega$.

    2. `Mémoriser ces transitions` $\{i \mapsto f_{-t}(i), i \in \Omega\}$ `de` $-t$ `à` $-t+1$.

La simulation remonte dans le passé en démarrant de $t = 0$.

(b) *Le flot* $F_{t_1}^{t_2} : \Omega \to \Omega$ de t_1 à t_2, $t_1 < t_2 \leq 0$, est la transformation

$$F_{t_1}^{t_2} = f_{t_2-1} \circ f_{t_2-2} \ldots \circ f_{t_1+1} \circ f_{t_1}.$$

$F_{t_1}^{t_2}(i)$ est l'état en t_2 de la chaîne initialisée en i au temps t_1. F_t^0, $t < 0$, vérifie :

$$F_t^0 = F_{t+1}^0 \circ f_t, \text{ avec } F_0^0 = Id. \qquad (4.14)$$

F_t^0 s'obtient récursivement en utilisant r places-mémoires.

(c) *Un instant de couplage pour* $(\mathcal{S})$ est un $T < 0$ t.q. F_T^0 est constante,

$$\exists i_* \in \Omega \text{ t.q. } : \forall i \in \Omega, F_T^0(i) = i_*.$$

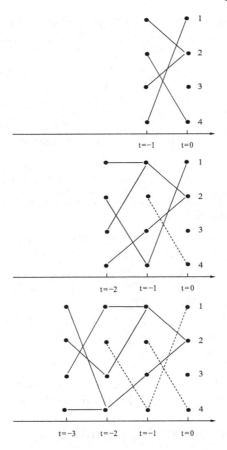

Fig. 4.4. Exemple de trajectoires de l'algorithme de Propp et Wilson sur un espace à 4 états : le temps de couplage est $T_* = -3$, l'état de couplage $i_* = 2$; les chemins rétenus de l'algorithme sont indiqués avec des lignes (———).

Un exemple de déroulement de cet algorithme est donné à la Fig. 4.4. On commence par choisir les flèches aléatoires $i \mapsto j$ qui vont relier les états i au temps $t = -1$ avec des états j au temps $t = 0$ (j est choisi avec la loi $P(i, \cdot)$), ceci pour tous les $i \in \Omega$. Si toutes les flèches ont un même état terminal $j = i_*$, i_* est l'état de couplage pour un temps de couplage $T = -1$. Sinon, on répète la même opération entre l'instant $t = -2$ et l'instant $t = -1$, puis on trace les chemins de longueur 2 issus de tous les états i au temps $t = -2$, chemins qui s'appuyent sur les deux familles de flèches précédentes. De deux choses l'une : soit tous les chemins (de longueur 2) se terminent en un même état i_*, et alors i_* est l'état de couplage pour le temps de couplage $T = -2$; soit ce n'est pas le cas, et on itère l'algorithme entre l'instant $t = -3$ et $t = -2$. Et ainsi de suite jusqu'à trouver le premier instant de couplage. Dans cet exemple, le temps de couplage est $T = -3$ et l'état de couplage $i_* = 2$: il aura fallu remonter 3 fois dans le passé avant que tous les chemins issus de $((i, t), i \in \Omega)$ se couplent à l'instant $t = 0$.

Si quel que soit leur état initial en $T < 0$, les r-chaînes se couplent en i_* à l'instant 0, T est un temps de couplage depuis le passé, i_* un état de couplage. La relation (4.14) nous dit que si $T' < T$, alors T' est encore un temps de couplage avec le même état de couplage. Si

$$T_* = \sup\{-t < 0 : F^0_{-t}(\cdot) \text{ est constante}\}$$

est le premier instant de couplage, on note $F^0_{-\infty} = F^0_{-T_*} = F^0_{-M}$ l'état de couplage commun. Le résultat de simulation exacte est le suivant :

Proposition 4.3. *Le temps de couplage T_* est presque sûrement fini. L'état de couplage $F^0_{-T_*}$ suit la loi π.*

Preuve : La chaîne étant ergodique, il existe $k \geq 1$ tel que, pour tout i, j, $P^k(i, j) > 0$. Ainsi, F^t_{t-k} a une probabilité $\varepsilon > 0$ d'être constante. Les variables F^0_{-k}, F^{-k}_{-2k}, F^{-2k}_{-3k}, ... étant i.i.d. avec une probabilité $\varepsilon > 0$ d'être constante, le lemme de Borel-Cantelli nous dit qu'au moins un de ces événements est réalisé avec une probabilité 1 : $P(T_* < \infty) = 1$.

La suite $\mathcal{S}_t = \{f_{-t}(i), i \in I\}$, $t = -1, -2, \dots$ étant i.i.d., $F^{-1}_{-\infty}$ et $F^0_{-\infty}$ ont même loi ν. D'autre part, $F^{-1}_{-\infty} P = F^0_{-\infty}$: on a donc $\nu P = \nu$, soit $\nu = \pi$ puisque la loi invariante est unique.

$\square$

$\mathcal{S}_1 = \{f_{-1}(i), i \in \Omega\}$ est le germe de la simulation. Le test d'arrêt de la procédure étant implicite, il n'y a pas de biais d'initialisation dans la simulation.

4.6.2 Deux aménagements de l'algorithme

Pour obtenir le flot F^0_t, il faut effectuer $(-t) \times r$ opérations ($-t > 0$ remontées dans le passé et à chaque fois r simulations). Ceci est irréaliste car en général, r, le nombre de points de Ω, est très grand. De plus, r places-mémoires sont nécessaires. Propp et Wilson proposent deux aménagements qui lèvent ces difficultés : le premier propose un simulateur $\mathcal{S}_t = \{f_{-t}(i), i \in \Omega\}$ obtenu à partir d'un unique germe U_{-t} uniforme ; le deuxième, réalisable si Ω est muni d'un ordre partiel $\prec$, est de construire un algorithme "monotone" pour lequel il suffit de tester le couplage partiel $F^0_T(\underline{i}) = F^0_T(\overline{i})$ pour seulement deux états extrêmaux, ce contrôle testant le couplage pour tous les états.

Un unique germe pour définir $\mathcal{S}_{-t}$.

Soit $(U_{-t}, t \geq 1)$ une suite i.i.d. de variables uniformes sur $[0, 1]$ et $\Phi : E \times [0, 1] \to [0, 1]$ mesurable réalisant la transition P (cf. Ex. 4.2) :

$$\forall i, j : P\{\Phi(i, U_{-1}) = j\} = P(i, j).$$

Ainsi, $f_{-t}(i) = \Phi(i, U_t)$ réalise $P(i, \cdot)$. A chaque instant, une seule simulation est nécessaire mais il faut calculer et comparer toutes les valeurs $\Phi(i, U_t)$ pour $i \in \Omega$. Le cas d'une *chaîne monotone* permet de palier cette difficulté.

Algorithme de Monte Carlo monotone

Supposons que Ω soit muni d'un ordre partiel $x \prec y$ pour lequel il existe un élément minimal $\mathbf{0}$ et un élément maximal $\mathbf{1}$:

$$\forall x \in \Omega : \mathbf{0} \prec x \prec \mathbf{1}.$$

On dira que l'algorithme $\mathcal{S}$ est *monotone* si la règle de mise à jour préserve l'ordre $\prec$:

$$\forall x, y \in \Omega \text{ t.q. } x \prec y \text{ alors } \forall u \in [0,1] : \Phi(x, u) \prec \Phi(y, u).$$

Dans ce cas, $F_{t_1}^{t_2}(x, u) = \Phi_{t_2-1}(\Phi_{t_2-2}(\ldots \Phi_{t_1}(x, u_{t_1}), \ldots, u_{t_2-2}), u_{t_2-1})$ où $u = (\ldots, u_{-1}, u_0)$ et la monotonie assure que :

$$\forall x \prec y \text{ et } t_1 < t_2, F_{t_1}^{t_2}(x, u) \prec F_{t_1}^{t_2}(y, u).$$

En particulier, si $u_{-T}, u_{-T+1}, \ldots, u_{-1}$ sont tels que $F_{-T}^0(\mathbf{0}, u) = F_{-T}^0(\mathbf{1}, u)$, alors $-T$ est un temps de couplage depuis le passé : il suffit de suivre les deux trajectoires issues de $\mathbf{0}$ et de $\mathbf{1}$ pour caractériser le temps de couplage, les autres trajectoires $\{F_{-T}^t(x), -T \leq t \leq 0\}$ étant comprises entre $\{F_{-T}^t(\mathbf{0}), -T \leq t \leq 0\}$ et $\{F_{-T}^t(\mathbf{1}), -T \leq t \leq 0\}$.

On peut réaliser l'algorithme de simulation de la façon suivante : on initialise successivement les deux chaînes aux instants $-k$ pour $k = 1, 2, 2^2, 2^3, \ldots$ jusqu'à la première valeur 2^k telle que $F_{-2^k}^0(\mathbf{0}, u) = F_{-2^k}^0(\mathbf{1}, u)$. Les valeurs de u_t sont progressivement mises en mémoire. Le nombre d'opérations est $2 \times (1 + 2 + 4 + \ldots + 2^k) = 2^{k+2}$. Comme $-T_* > 2^{k-1}$, au pire le nombre d'opérations est 4 fois le nombre optimal $-2T_*$ de simulations.

Exemple 4.4. Simulation d'un modèle d'Ising attractif

$S = \{1, 2, \ldots, n\}$, $\Omega = \{-1, +1\}^S$ ($r = 2^n$) est muni de l'ordre :

$$x \prec y \Leftrightarrow \{\forall i \in S, x_i \leq y_i\}.$$

Il y a un état minimal, $\mathbf{0} = (x_i = -1, i \in S)$ et un état maximal, $\mathbf{1} = (x_i = +1, i \in S)$. On dit que la loi d'Ising π est *attractive* si, pour tout i,

$$\forall x \prec y \Rightarrow \pi_i(+1|x^i) \leq \pi_i(+1|y^i). \tag{4.15}$$

Il est facile de voir que si π est associée à l'énergie

$$U(x) = \sum_i \alpha_i x_i + \sum_{i<j} \beta_{i,j} x_i x_j,$$

alors π est attractive si, pour tout i, j, $\beta_{i,j} \geq 0$. Pour un modèle d'Ising attractif, il existe une dynamique monotone : fixons un site i et notons $x \uparrow$ (resp. $x \downarrow$) la configuration $(+1, x^i)$ (resp. $(-1, x^i)$) : (4.15) équivaut à :

$$x \prec y \Rightarrow \frac{\pi(x \downarrow)}{\pi(x \downarrow) + \pi(x \uparrow)} \geq \frac{\pi(y \downarrow)}{\pi(y \downarrow) + \pi(y \uparrow)}.$$

La dynamique définie par :

$$f_t(x, u_t) = \begin{cases} f_t(x, u_t) = x \downarrow \text{ si } u_t < \frac{\pi(x\downarrow)}{\pi(x\downarrow) + \pi(x\uparrow)}, \\ f_t(x, u_t) = x \uparrow \text{ sinon,} \end{cases}$$

est monotone si π est attractif.

L'algorithme de Propp et Wilson utilise l'existence d'un élément minimal **0** et un élément maximal **1** pour la relation d'ordre $\prec$ sur Ω. Cette condition n'est pas toujours vérifiée : par exemple, si pour un PP sur S la relation d'inclusion sur les configurations admet la configuration vide comme élément minimal, elle n'admet pas d'élément maximal. Dans ce contexte, Häggström [104] et Kendall et Møller [130] généralisent l'algorithme CFTP à un algorithme "CFTP dominé" de simulation exacte pour une loi définie sur un espace d'états plus général.

4.7 Simulation d'un champ gaussien sur $S \subseteq \mathbb{R}^d$

On veut simuler un *champ gaussien Y* centré sur $S \subset \mathbb{R}^d$, S fini ou S continu.

Si $S = \{s_1, \ldots, s_m\} \subseteq \mathbb{R}^d$ est *fini*, $Y = (Y_{s_1}, Y_{s_2}, \ldots, Y_{s_m})$ est un vecteur gaussien ; si sa covariance $\Sigma = Cov(Y)$ est d.p., il existe une matrice T triangulaire inférieure de dimension $m \times m$ t.q. $\Sigma = T\,{}^tT$ (décomposition de Choleski de Σ). Alors, $Y = T\varepsilon \sim \mathcal{N}_m(0, \Sigma)$ si $\varepsilon \sim \mathcal{N}_m(0, I_m)$. La méthode de simulation associée à cette décomposition est générale à condition de savoir calculer T, ce qui devient difficile si m est grand ; par contre, une fois T explicitée, il est facile d'obtenir d'autres simulations de Y à partir d'autres échantillons de ε. Comme on l'a vu précédemment (cf. 4.3.2), une méthode alternative, bien adaptée au cas d'un champ gaussien markovien, consiste à utiliser une simulation par échantillonneur de Gibbs.

Si S est un *sous-ensemble continu $S \subseteq \mathbb{R}^d$*, d'autres méthodes, utiles en géostatistique, permettent la simulation du champ. Nous en décrivons quelques unes, invitant le lecteur à consulter le livre de Lantuéjoul [139] pour une présentation très complète du sujet.

4.7.1 Simulation d'un champ gaussien stationnaire

Supposons que l'on sache simuler sur $S \subseteq \mathbb{R}^d$ un champ X stationnaire de L^2, non-nécessairement gaussien, centré, de variance 1 et de fonction de corrélation $\rho(\cdot)$. Soit $\{X^{(i)}, i \in \mathbb{N}\}$ une suite *i.i.d.* de tels champs et

$$Y_s^{(m)} = \frac{1}{\sqrt{m}} \sum_{i=1}^{m} X_s^{(i)}.$$

Alors, pour m grand, $Y^{(m)}$ réalise approximativement un champ gaussien stationnaire centré de corrélation ρ. Examinons alors comment simuler le champ générateur X. Pour la réalisation de ces simulations, nous renvoyons le lecteur à l'aide en ligne du package `RandomFields`.

La méthode spectrale

La formule $C(h) = \int_{\mathbb{R}^d} e^{i\langle u, h\rangle} F(du)$ liant covariance et mesure spectrale montre que F est une probabilité si $Var(X_s) = 1$. Si V est une v.a. de loi F et $U \sim \mathcal{U}(0,1)$ sont indépendantes, on considère le champ $X = (X_s)$ défini par :

$$X_s = \sqrt{2}\cos(\langle V, s\rangle + 2\pi U).$$

Comme $\int_0^1 \cos(\langle V, s\rangle + 2\pi u)du = 0$, $E(X_s) = E(E(X_s|V)) = 0$ et,

$$C(h) = 2\int_{\mathbb{R}^d}\int_0^1 \cos(\langle v, s\rangle + 2\pi u)\cos(\langle v, (s+h)\rangle + 2\pi u)du F(dv)$$

$$= \int_{\mathbb{R}^d} \cos(\langle v, h\rangle)F(dv).$$

X est donc un champ centré de covariance $C(\cdot)$. Ceci suggère l'algorithme :

1. Simuler $u_1, \ldots, u_m \sim \mathcal{U}(0,1)$ et $v_1, \ldots, v_m \sim F$, tous indépendants.
2. Pour $s \in S$, retourner les valeurs

$$Y_s^{(m)} = \sqrt{\frac{2}{m}}\sum_{i=1}^{m}\cos(\langle v_i, s\rangle + 2\pi u_i).$$

Pour choisir m, on contrôlera que les moments d'ordre 3 et 4 de $Y_s^{(m)}$ s'approchent de ceux d'une gaussienne. Cette simulation est réalisable si on sait approcher la mesure spectrale F. C'est le cas si F est à support borné ou si F admet une densité à décroissance rapide à l'infini. Sinon, on peut utiliser la méthode suivante dite des bandes tournantes.

La méthode des bandes tournantes

Cette méthode, proposée par Matheron [139], simule un processus isotropique sur $\mathbb{R}^d$ à partir d'un processus stationnaire sur $\mathbb{R}^1$ (cf. 1.2.2). Soit $S_d = \{s \in \mathbb{R}^d : \|s\| = 1\}$ la sphère de rayon 1 de $\mathbb{R}^d$, Z un processus stationnaire sur $\mathbb{R}^1$, centré, de covariance C_Z et V une direction suivant la loi uniforme sur S_d. On pose $Y_s = Z_{\langle s, V\rangle}$, $s \in S$; Y_s est centré puisque $E(Z_{\langle s, V\rangle}|V = v) = E(Z_{\langle s, v\rangle}) = 0$, de covariance

$$C_Y(h) = E_V[E(Z_{\langle (s+h), V\rangle}Z_{\langle s, V\rangle}|V)]$$

$$= E_V[C_Z(\langle h, V\rangle)] = \int_{S_d} C_Z(\langle h, v\rangle)\tau(dv),$$

où τ est la loi uniforme sur $\mathcal{S}_d$. Considérons alors l'algorithme :

1. **Simuler** m **directions** $v_1, \ldots, v_m \sim \mathcal{U}(\mathcal{S}_d)$.

2. **Simuler** $z^{(1)}, \ldots, z^{(m)}$, m **processus indépendants de corrélations respectives** $C_Z(\langle h, v_i \rangle)$, $i = 1, \ldots, m$.

3. **Pour** $s \in S$ **retourner les valeurs** : $Y_s^{(m)} = m^{-1/2} \sum_{i=1}^m z_{\langle s, v_i \rangle}^{(i)}$.

Notant $C_Y(h) = C_1(\|h\|) = C(\langle h, v \rangle)$ pour $C = C_Z$, la correspondance entre C_1 et C est donnée, pour $d = 2$ et $d = 3$:

$$d = 2 : C(r) = \frac{1}{\pi} \int_0^\pi C_1(r \sin \theta) d\theta \ \text{ et } C_1(r) = 1 + r \int_0^{\pi/2} \frac{dC}{dr}(r \sin \theta) d\theta$$

(4.16)

$$d = 3 : C(r) = \int_0^1 C_1(tr) dt \ \text{ et } C_1(r) = \frac{d}{dr}(rC(r))$$

(4.17)

Par exemple, pour la covariance exponentielle $C(h) = \sigma^2 \exp\{-\|h\|/a\}$ sur $\mathbb{R}^3$, $C_1(r) = \sigma^2(1 - r/a)\exp(-r/a), r \geq 0$.

Dans la pratique, C est donnée et il faut commencer par calculer C_1 (cf. Chilès et Delfiner [43, p. 648] pour les correspondances entre C et C_1). L'examen des formules (4.16) et (4.17) explique pourquoi, pour simuler un champ sur $\mathbb{R}^2$, on utilisera plus volontiers la trace sur $\mathbb{R}^2$ d'une simulation par bandes tournantes sur $\mathbb{R}^3$ que directement les bandes tournantes sur $\mathbb{R}^2$. Par exemple, les simulations de la Fig. 4.5 sont les traces sur $\mathbb{R}^2$ de simulations par bandes tournantes d'un champ sur $\mathbb{R}^3$ de covariance isotropique exponentielle de paramètres $\sigma^2 = 4$ et $a = 10$.

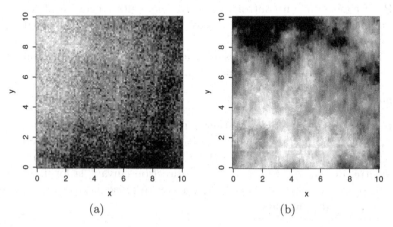

(a)   (b)

Fig. 4.5. Deux réalisations d'un champ gaussien de covariance exponentielle obtenues par la méthode avec m bandes tournantes : (a) $m = 2$, (b) $m = 10$. La simulation est réalisée sur grille discrète 100×100.

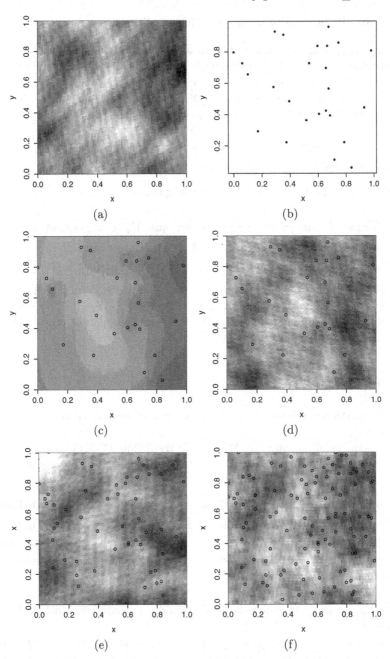

Fig. 4.6. (a) Réalisation sur une grille régulière de 100×100 de $[0,1]^2$ d'un processus gaussien centré de covariance $C(h) = \exp(-\|h\|)$; (b) 25 points échantillonnés ; (c) krigeage étant donné les valeurs aux 25 points de (b) ; (d) simulation conditionnelle à ces 25 valeurs ; (e) simulation conditionnelle à 50 valeurs ; (f) simulation conditionnelle à 100 valeurs.

4.7.2 Simulation gaussienne conditionnelle

Si Y est un champ gaussien centré sur $\mathbb{R}^d$, on veut simuler Y sur $S \cup C \subseteq \mathbb{R}^d$ conditionnellement à l'observation y_C de Y sur un ensemble fini C (cf. Fig. 4.6). Pour cela, on considère une réalisation $X = \{X_s, s \in S\}$ indépendante mais de même loi que Y, $\{\widehat{X}_s, s \in S\}$ le krigeage simple de X sur les valeurs $X_C = \{X_c, c \in C\}$ et les décompositions :

$$X_s = \widehat{X}_s + (X_s - \widehat{X}_s), \qquad Y_s = \widehat{Y}_s + (Y_s - \widehat{Y}_s), \qquad s \in S.$$

On propose l'algorithme suivant :

1. Calculer le prédicteur du krigeage simple $\widehat{Y}_s$, $s \in S$, sachant Y_C.
2. Simuler X sur $S \cup C$ de même loi que Y, indépendant de Y.
3. Calculer le krigeage simple $\widehat{X}_s$, $s \in S$, sachant X_C.
4. Retourner les valeurs $\widetilde{Y}_s = \widehat{Y}_s + (X_s - \hat{X}_s)$ pour $s \in D$.

$\widetilde{Y}_s$ réalise la simulation conditionnelle souhaitée. En effet, $\widetilde{Y}_c = y_c + X_c - X_c = y_c$ si $c \in C$. D'autre part, $\{(X_s - \widehat{X}_s), s \in S\}$ et $\{(Y_s - \widehat{Y}_s), s \in S\}$ ont même loi, la loi du résidu conditionnel de Y en s, cette loi n'étant autre que la loi recentrée de Y conditionnelle à y_C.

Exercices

4.1. Conditions nécessaires pour la convergence d'une chaîne de Markov.
Montrer que si une chaîne de Markov de transition P vérifie que, pour tout x et pour tout événement A, $P^n(x, A) \to \pi$, alors π est P-invariante, P est π-irréductible et P est apériodique.

4.2. Simulation d'une chaîne de Markov sur un espace d'état discret.

1. Soit $P = (P_{ij})$ une transition sur $\Omega = \{1, 2, \ldots\}$ et $\Phi : \Omega \times [0, 1] \to \Omega$ définie par $\Phi(i, u) = j$, si $u \in [\sum_{l=1}^{j-1} P_{i,l}, \sum_{l=1}^{j} P_{i,l}[$, $i, j \in \Omega$, avec la convention $\sum_{l=1}^{0} P_{i,l} = 0$ et, si Ω est fini, le dernier intervalle semi-ouvert est fermé à droite.

   Montrer que si (U_n) est une suite i.i.d. de v.a. $\mathcal{U}(0,1)$, la suite $\{X_0, X_{n+1} = \Phi(X_n, U_n), n \geq 1\}$ réalise la simulation d'une chaîne de Markov de transition P.

2. Vérifier que la chaîne sur $\{1, 2, 3, 4\}$ de transition : $P(1, 1) = P(1, 2) = 1/2 = P(4, 3) = P(4, 4)$, $P(2, 1) = P(2, 2) = P(2, 3) = 1/3 = P(3, 2) = P(3, 3) = P(3, 4)$ est irréductible et apériodique. Quelle est sa loi invariante π. Prenant comme valeur initiale $X_0 = 1$, simuler la chaîne. Vérifier que l'estimation empirique $\widehat{\pi}_n$ (resp. $\widehat{P}_{i,j}^n$) de π (resp. de $P_{i,j}$) basée sur $X_1, X_2, \ldots, X_n$ converge vers π (resp. $P_{i,j}$) si $n \to \infty$.

4.3. Simulation du modèle à noyau dur (cf. Exemple 4.1).
Choisissant le tore $S = \{1, 2, \ldots, 20\}^2$ et la relation de voisinage aux 4-ppv, réaliser la simulation de la loi uniforme sur l'espace des configurations à noyau dur. Evaluer :

1. Le nombre moyen de sites occupés pour une configuration à noyau dur.

2. L'intervalle de confiance centré au niveau 90% pour ce nombre.

4.4. Simulation d'un modèle de Gibbs bivarié.
On considère le processus de Gibbs $Z_i = (X_i, Y_i) \in \{0, 1\}^2$ au 4-ppv sur $S = \{1, 2, \ldots, n\}^2$ d'énergie :

$$U(z) = \sum_{i \in S} \Phi_1(z_i) + \sum_{\langle i,j \rangle} \Phi_2(z_i, z_j)\}$$

où

$$\Phi_1(z_i) = \alpha x_i + \beta y_i + \gamma x_i y_i \text{ et } \Phi_2(z_i, z_j) = \delta x_i x_j + \eta y_i y_j.$$

1. Déterminer les lois $\pi_i(z_i | z^i)$, $\pi_i^1(x_i | x^i, y)$, $\pi_i^2(y_i | x, y^i)$.

2. Construire l'échantillonneur de Gibbs basé sur $\{\pi_i^1, \pi_i^2, i \in S\}$.

4.5. Modèles de Matérn-I et Matérn-II.

1. Soit X un PPP(λ) homogène. Le modèle de Matérn-I [154; 48] s'obtient en effaçant, dans X, tous les couples de points à distance $\leq r$:

$$X^I = \{s \in X : \forall s' \in X, s' \neq s, \|s - s'\| > r\}.$$

Montrer que l'intensité du nouveau processus vaut $\lambda^* = \lambda \exp\{-\lambda \pi r^2\}$. Mettre en oeuvre la simulation d'un tel processus sur $[0, 1]^2$ avec $r = 0.02$ et $\lambda = 30$.

2. Soit X un PPP(λ) homogène. A chaque point s de X on attache une marque continue indépendante Y_s de loi à densité $h(\cdot)$. Le modèle de Matérn-II s'obtient à partir de X en effaçant un point $s \in X$ s'il existe $s' \in X$ à une distance $\leq r$ et si de plus $Y_{s'} < Y_s$. Mettre en oeuvre la simulation d'un tel processus sur $[0, 1]^2$ avec $r = 0.02$, $\lambda = 30$ et h la distribution exponentielle de moyenne 4.

4.6. Simulation d'un champ gaussien bivarié.
On veut simuler la loi gaussienne bivariée sur S d'énergie :

$$U(x, y) = -\sum_{i \in S}(x_i^2 + y_i^2) - \beta \sum_{\langle i,j \rangle}(x_i y_j + x_j y_i), \qquad |\beta| < 1/2.$$

Déterminer les lois conditionnelles $\pi_i(z_i | z^i)$, $\pi_i^1(x_i | x^i, y)$ et $\pi_i^2(y_i | x, y^i)$. Proposer deux procédures de simulation.

4.7. Simulation d'une permutation.
Soit Σ_n l'ensemble des permutations de $\{1, 2, \ldots, n\}$ et π la loi uniforme sur Σ_n. Montrer que la chaîne de transition P sur Σ_n qui permute au hasard deux indices i et j est π-réversible et converge vers π.

4.8. Simulation d'une dynamique spatio-temporelle.
Soit $X = (X(t), t \geq 0)$ une chaîne de Markov sur $\Omega = \{0, 1\}^S$, $S = \{1, 2, \ldots, n\} \subset \mathbb{Z}$, de transition de $x = x(t-1)$ à $y = x(t)$,

$$P(x, y) = Z(x)^{-1} \exp\{\sum_{i \in S} y_i[\alpha + \beta v_i(t) + \gamma w_i(t-1)]\},$$

avec $v_i(t) = y_{i-1} + y_{i+1}$, $w_i(t-1) = x_{i-1} + x_i + x_{i+1}$ et $x_j = y_j = 0$ si $j \notin S$.

1. Simuler cette dynamique par échantillonneur de Gibbs.
2. Pour $\alpha = -\beta = 2$ et $n = 100$, étudier l'évolution des taches $N_t = \{i \in S : X_i(t) = 1\}$ en fonction de γ.
3. Proposer un modèle analogue sur $S = \{1, 2, \ldots, n\}^2 \subset \mathbb{Z}^2$ et le simuler.

4.9. Simulation par échange de spins.
Réaliser la simulation par échange de spins du modèle d'Ising aux 4-ppv de paramètres $\alpha = 0$ et β sur le tore $\{1, 2, \ldots, 64\}^2$, la configuration initiale étant équilibrée entre les deux spins $+1$ et -1. Calculer la corrélation empirique $\rho(\beta)$ à distance 1 et construire la courbe empirique $\beta \mapsto \rho(\beta)$. Même étude en utilisant l'échantillonneur de Gibbs.

4.10. Simulation d'une texture à niveau de gris.
Un Φ-modèle de texture à niveaux de gris $\{0, 1, \ldots, G - 1\}$ a pour d'énergie :

$$U(x) = \theta \sum_{\langle i,j \rangle} \Phi_d(x_i - x_j), \qquad \Phi_d(u) = \frac{1}{1 + (u/d)^2}.$$

Pour ce modèle, les contrastes de niveau de gris augmentent avec d et θ contrôle la corrélation spatiale. Simuler différentes textures par échantillonneur de Gibbs en faisant varier les paramètres θ et d ainsi que le nombre de niveau de gris G.

4.11. Dynamiques de relaxation site par site pour simuler π.
On considère le modèle d'Ising $\pi(x) = Z^{-1} \exp\{\beta \sum_{\langle i,j \rangle} x_i x_j\}$ sur $\{-1, +1\}^S$ où $S = \{1, 2, \ldots, n\}^2$ est muni de la relation aux 4-ppv. On s'intéresse aux dynamiques séquentielles où, à chaque pas, la relaxation P_s est effectuée en *un seul* site s, c-à-d $P_s(x, y) = 0$ si $x^s \neq y^s$. De plus, si $m = m(s) \in \{0, 1, 2, 3, 4\}$ compte le nombre de $+1$ voisins de s, on impose que P_s ne dépende que de m $(P_s(x, y) = P_s(x_s \to y_s | m))$ et soit symétrique $(P_s(-x_s \to -y_s | 4 - m) = P_s(x_s \to y_s | m))$.

1. Montrer que P_s dépend de 5 paramètres $a_0 = P_s(+1 \to -1 | m = 2)$, $a_1 = P_s(+1 \to -1 | m = 3)$, $a_2 = P_s(-1 \to +1 | m = 3)$, $a_3 = P_s(+1 \to -1 | m = 4)$ et $a_4 = P_s(-1 \to +1 | m = 4)$.

2. Montrer que P_s est π-réversible si et seulement si $a_3 = a_4 \exp(-8\beta)$ et $a_1 = a_2 \exp(-4\beta)$. On note alors $a = (a_0, a_2, a_4) \in]0,1]^3$.

3. Donner les valeurs de a correspondant à l'échantillonneur de Gibbs et à la dynamique de Metropolis.

4. Montrer que la dynamique associée à P_s pour un choix uniforme de s est ergodique.

4.12. Modèle de Strauss.
Mettre en oeuvre la dynamique de Metropolis pour simuler un processus de Strauss sur $[0,1]^2$ à $n = 50$ points. Examiner les configurations simulées pour $\gamma = 0.01$, 0.5, 1, 2, 10 et $r = 0.05$.

4.13. Reconstruction d'un système de failles.
Une faille sur $S = [0,1]^2$ est identifiée par une droite d coupant S. A chaque faille d est associée une valuation $V_d : S \longrightarrow \{-1, +1\}$ constante sur chaque demi-espace défini par d. On sait que n failles $R = \{d_1, d_2, \ldots, d_n\}$ coupent S (on connaît n, mais pas R) ; ces n failles conduisent à une valuation résultante $V_R(z) = \sum_{i=1}^{n} V_{d_i}(z)$ pour $z \in S$. L'information disponible est la suivante : on dispose de m puits localisés en m sites connus de S, $\mathcal{X} = \{z_1, z_2, \ldots, z_m\}$ et on observe $V_i = V_R(z_i)$ sur $\mathcal{X}$. On veut reconstruire R. Ce problème peut être vu comme un problème de simulation de n droites intersectant S sous la contrainte (C) :

$$C(R) = \sum_{i=1}^{m} (V_R(z_i) - V_i)^2 = 0.$$

Réaliser la simulation de R sous (C) pour la distribution a priori π suivante : (i) les n-droites sont i.i.d. uniformes et coupent S ; (ii) indépendamment, les valuations associées à chacune d'entre elles sont i.i.d. uniformes sur $\{-1, +1\}$.

Indications : (i) une droite $d(x, y) = x \cos \theta + y \sin \theta - r = 0$ est paramétrée par (θ, r) ; identifier le sous-ensemble $\Delta \subseteq [0, 2\pi[\times [0, +\infty[$ des droites coupant S ; une droite au hasard correspond au choix d'un point au hasard de Δ ; (ii) la valuation associée à d est caractérisée par $V_d(0) = \varepsilon_d \times d(0,0)$, où les ε_d sont i.i.d. uniformes sur $\{-1, +1\}$, indépendants du tirage des droites.

4.14. Simulation sequentielle.
Soit $S = \{s_1, s_2, \ldots\}$ un sous-ensemble discret de $\mathbb{R}^2$. En utilisant le krigeage simple, mettre en oeuvre une procédure récursive de simulation sur S du processus gaussien centré de covariance $C(h) = e^{-\|h\|/4}$.

4.15. Simulation de textures binaires markoviennes.
On considère le tore bidimensionnel $S = \{1, 2, \ldots, n\}^2$ muni de la relation de voisinage : $(i, j) \sim (i', j')$ si $i - i'$ est congrue à n et $j = j'$ ou bien si $i = i'$ et $j - j'$ est congrue à n. On considère un champ d'Ising X sur S, à

états $\{-1, +1\}$, dont les potentiels, invariants par translation, sont associés aux quatre familles de potentiels de paires :

$$\Phi_{1,i,j}(x) = \beta_1 x_{i,j} x_{i+1,j}, \qquad \Phi_{2,i,j}(x) = \beta_2 x_{i,j} x_{i,j+1},$$

$$\Phi_{3,i,j}(x) = \gamma_1 x_{i,j} x_{i+1,j+1} \text{ et } \quad \Phi_{4,i,j}(x) = \gamma_2 x_{i,j} x_{i+1,j-1}$$

X est un champ de Markov aux 8-ppv de paramètre $\theta = (\beta_1, \beta_2, \gamma_1, \gamma_2)$.

1. Démontrer que la loi marginale en chaque site est uniforme : $P(X_i = -1) = P(X_i = +1)$.

2. Ecrire l'algorithme de simulation de X par échantillonnage de Gibbs.

4.16. Bande de confiance sur une corrélation spatiale.
On considère le modèle d'Ising isotropique sur le tore bidimensionnel $S = \{1, 2, \ldots, n\}^2$ d'énergie $U(x) = \beta \sum_{\langle s,t \rangle} x_s x_t$, $\langle s, t \rangle$ étant la relation de voisinage aux 4-ppv (modulo n pour les points du bord).

1. Démontrer que $E(X_i) = 0$ et $Var(X_i) = 1$.

2. On note $\rho(\beta) = E(X_{i,j} X_{i+1,j})$ la corrélation à distance 1. Un estimateur naturel de cette corrélation est :

$$\widehat{\rho}(\beta) = \frac{1}{n^2} \sum_{(i,j) \in S} X_{i,j} X_{i+1,j},$$

où $X_{n+1,j}$ est identifié à $X_{1,j}$. Vérifier que $\widehat{\rho}(\beta)$ estime sans biais $\rho(\beta)$.

3. Comme c'est le cas pour les lois marginales d'un champ de Gibbs, la correspondance $\beta \mapsto \rho(\beta)$ est analytiquement inconnue. Une façon de l'approcher est d'utiliser N réalisations i.i.d. de X par une méthode MCMC, par exemple par échantillonneur de Gibbs. Mettre en oeuvre cette procédure et déterminer la loi empirique de $\widehat{\rho}(\beta)$ ainsi que l'intervalle de confiance bilatéral et symétrique de $\rho(\beta)$ au niveau 95%. Appliquer la méthode pour les valeurs $\beta = 0$ à 1 par pas de 0.1.

4. On se place dans la situation d'indépendance $\beta = 0$. Démontrer que $Var(\widehat{\rho}(0)) = n^{-2}$. Vérifier que, notant $Z_{ij} = X_{i,j} X_{i+1,j}$, Z_{ij} et $Z_{i'j'}$ sont indépendantes si $j \neq j'$ ou si $|i - i'| > 1$. En déduire qu'il est raisonnable de penser que, en situation d'indépendance des $\{X_{ij}\}$, $\widehat{\rho}(\beta)$ est proche d'une variable $\mathcal{N}(0, n^{-2})$ pour n assez grand. Tester cette affirmation en utilisant un N-échantillon de X.

4.17. Une modélisation hiérarchique.
Pour le champ $Y = \{Y_i, i \in S\}$ sur un sous-ensemble discret S muni d'un graphe de voisinage $\mathcal{G}$ symétrique et sans boucle, on considère le modèle hiérarchique suivant :

1. $(Y_i | X_i)$, $i \in S$, sont des variables aléatoires de Poisson conditionnellement indépendantes de moyenne $E(Y_i | X_i) = \exp(U_i + X_i)$.

2. $U_i \sim N(0, \kappa_1)$ sont indépendantes et $X = \{X_i, i \in S\}$ est un champ auto-gaussien intrinsèque de lois conditionnelles (modèle CAR) :

$$(X_i | X_{i-}) \sim \mathcal{N}(|\partial i|^{-1} \sum_{j \in \partial i} X_j, (\kappa_2 |\partial i|)^{-1}),$$

où ∂i est le voisinage de i.

3. $\kappa_i^{-1} \sim Gamma(a_i, b_i)$ sont indépendantes.

Proposer un algorithme de MCMC pour simuler la loi a posteriori de X sachant $Y = y$.

5

Statistique des modèles spatiaux

Nous présentons dans ce chapitre les principales méthodes statistiques pour les trois types de données présentés dans les premiers chapitres. A côté de méthodes statistiques générales applicables aux différentes structures (maximum de vraisemblance, minimum de contraste, moindres carrés, estimation d'un modèle linéaire généralisé, méthodes de moments), on dispose de techniques spécifiques à chaque type de structure : nuées variographiques en géostatistique, pseudo-vraisemblance conditionnelle ou codage d'un champ de Markov, distances aux ppv et vraisemblance composée d'un PP, etc. Sans prétendre à l'exhaustivité, nous exposons les unes et les autres.

Pour des compléments et d'autres développements, nous invitons le lecteur à consulter les livres cités en bibliographie. Nous recommandons également la consultation de l'aide en ligne du logiciel R, libre et disponible sur le site : www.R-project.org ([178] et cf. Appendice D). Cette aide, bien documentée, est régulièrement mise à jour et fournit des références utiles.

D'autre part, lorsque la simulation d'un modèle est facile à mettre en place, les procédures de Monte Carlo (test, validation de modèle) sont utiles si on ne dispose pas de résultats théoriques pour un problème donné.

Lorsque le nombre d'observations est grand, on distingue *deux types d'asymptotique* (Cressie [48]). L'asymptotique *extensive* (*increasing domain asymptotics*) examine la situation où la taille de l'observation croît avec celle du domaine d'observation. Cette situation est adaptée chaque fois que les sites ou les unités d'observation (un canton, une station de mesure, une parcelle agricole) sont séparés ; tel est le cas en épidémiologie ou en géographie spatiale, en modélisation environnementale, en écologie ou en agronomie. L'autre asymptotique, dite *intensive* (*infill asymptotics*), examine la situation d'observations qui se densifient dans un domaine S fixé et borné. Cela peut être le cas en prospection minière (densification des carotages de prospection) ou en analyse radiographique (augmentation de la résolution de l'image). Ces deux domaines de recherche restent très ouverts du fait d'une plus grande technicité "spatiale", de l'absence de certains résultats probabilistes (ergodicité, faible dépendance, TCL) et/ou de la difficulté à vérifier des hypothèses utiles à une démonstration. D'autre part, le développement important des méthodes MCMC, justifiées dans bien des situations, ne pousse pas à l'investissement sur des sujets difficiles. Nous ne parlerons ici que quelques résultats relatifs à l'asymptotique extensive et invitons le lecteur à consulter le livre de Stein [200] ou Zhang et Zimmerman [231] pour se faire une idée sur l'asymptotique intensive.

En statistique spatiale, les *effets de bord* sont plus importants qu'en statistique temporelle. Pour une série chronologique ($d = 1$), le pourcentage de points au bord du domaine $S_N = \{1, 2, \ldots, N\}$ est en N^{-1}, ce qui est sans conséquence sur le biais (la loi asymptotique) d'un estimateur classique renormalisé $\sqrt{N}(\widehat{\theta}_N - \theta)$. Ceci n'est plus vrai si $d \geq 2$: par exemple, pour $d = 2$, le nombre relatif de points de bord du domaine $S_N = \{1, 2, \ldots, n\}^2$, avec $N = n^2$ points, est en $1/\sqrt{N}$, conduisant à un biais pour l'estimateur renormalisé. Une bonne solution proposée par Tukey [216] consiste à "raboter" (*taper* en anglais) les données au bord du domaine spatial (cf. §5.3.1) ; l'autre avantage du rabotage de données est d'accorder moins d'importance aux observations au bord du domaine, observations qui souvent s'écartent du modèle postulé. Pour un PP spatial, une correction de l'effet de bord a été proposée par Ripley [184] (cf. §5.5.3).

Nous présentons d'abord les méthodes statistiques en géostatistique, puis celles adaptées aux modèles au second ordre, ensuite celles traitant des champs de Markov et terminerons par la statistique des processus ponctuels. Trois appendices complètent ce chapitre : l'appendice A expose les méthodes classiques de simulation ; l'appendice B examine l'ergodicité, la loi des grands nombres et le théorème central limite pour un champ spatial ; enfin l'appendice C traite de la méthode générale d'estimation par minimum de contraste ainsi que de ses propriétés asymptotiques ; y sont également reportés quelques démonstrations techniques de résultats du Ch. 5.

5.1 Estimation en géostatistique

5.1.1 Analyse du nuage variographique

Soit X un champ réel intrinsèque sur $S \subset \mathbb{R}^d$, de moyenne constante, $E(X_s) = \mu$ et de variogramme :

$$2\gamma(h) = E(X_{s+h} - X_s)^2 \text{ pour tout } s \in S.$$

On suppose que X est observé en n sites $\mathcal{O} = \{s_1, \ldots, s_n\}$ de S et on note $X(n) = {}^t(X_{s_1}, \ldots, X_{s_n})$.

Supposons dans un premier temps que γ est isotropique. Le nuage variographique ou *nuée variographique* est la donnée des $n(n-1)/2$ points

$$\mathcal{N}_{\mathcal{O}} = \{(\|s_i - s_j\|, (X_{s_i} - X_{s_j})^2/2), i, j = 1, \ldots, n \text{ et } s_i \neq s_j\}$$

du premier cadran de $\mathbb{R}^2$. Comme $(X_{s_i} - X_{s_j})^2/2$ estime sans biais $\gamma(s_i - s_j)$, ce nuage est la bonne représentation de $h \mapsto 2\gamma(h)$. Remarquons que des couples (s_i, s_j) de sites avec un grand carré $(X_{s_i} - X_{s_j})^2$ peuvent apparaître à côté d'autres couples à la même distance mais de petit carré (cf. Fig. 5.1-a). Cela peut donner une indication des données aberrantes locales [175]. A l'état brut, ce nuage ne permet donc pas de bien analyser les caractéristiques du variogramme, telles que la portée, le seuil ou encore la présence d'un effet de pépite. Pour corriger cela, on effectue un lissage du nuage que l'on superpose au nuage de points ; ce lissage est obtenu soit par moyenne locale des carrés, soit, plus généralement, en utilisant un noyau de convolution.

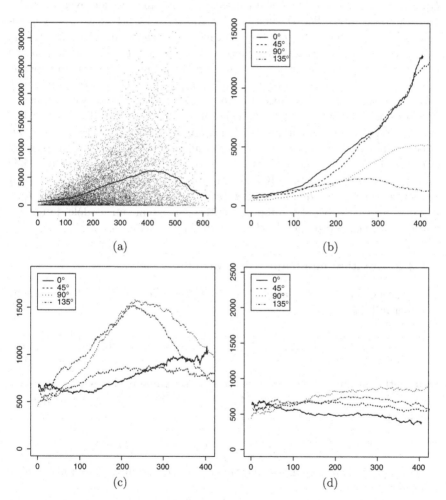

Fig. 5.1. Analyse variographique des données pluie du Parana : (a) nuage variographique sur les données brutes et variogramme isotrope lissé ; (b) variogrammes lissés dans quatre directions ; (c) variogrammes lissés des résidus d'un modèle affine ; (d) variogrammes lissés des résidus d'un modèle quadratique.

A priori, le variogramme 2γ n'est pas isotropique et il est conseillé de consi-dérer plusieurs orientations du vecteur h et d'évaluer les nuées variographiques dans chaque direction à partir des vecteurs $s_i - s_j$ "proches" de cette direction. On détectera ainsi empiriquement une éventuelle anisotropie du variogramme. Un choix classique consiste à retenir les 4 orientations cardinales S, SE, E et NE avec une tolérance angulaire de ± 22.5 degré autour de chacune.

Exemple 5.1. Pluies dans l'Etat du Parana (suite)

On reprend l'exemple (1.8) des pluies $X = (X_s)$ dans l'Etat du Parana (Brésil). La nuée variographique isotrope calculée sur les données brutes X étant très bruitée, on effectue un lissage par noyau gaussien avec un para-mètre de lissage (ici l'écart type) égal à 100 (cf. Fig. 5.1-a). Ce lissage, cal-culé dans les 4 directions cardinales, révèle une claire anisotropie (cf. Fig. 5.1-b). Notons que cette anisotropie peut être due à une non-stationnarité en moyenne : si par exemple $X_{s,t} = \mu + as + \varepsilon_{s,t}$ où ε est intrinsèque et isotropique, $2\gamma_X(s,0) = a^2 s^2 + 2\gamma_\varepsilon(s,0)$ et $2\gamma_X(0,t) = 2\gamma_\varepsilon(s,0)$; ceci montre qu'il peut y avoir confusion entre non-stationnarité au premier ordre et non-isotropie.

L'examen des variogrammes dans les directions $0°$ et $45°$, d'allure quadra-tique, laissent supposer qu'une tendance affine dans ces directions a été ou-bliée ; cette non-stationnarité semblant confirmée par la Fig. 1.9, on propose une surface de réponse affine, $E(X_s) = m(s) = \beta_0 + \beta_1 x + \beta_2 y$, $s = (x,y) \in \mathbb{R}^2$; mais les résidus estimés par MCO restent anisotropiques (cf. Fig. 5.1-c). Pour une surface de réponse quadratique, $m(s) = \beta_0 + \beta_1 x + \beta_2 y + \beta_3 x^2 + \beta_4 xy + \beta_5 y^2$, l'examen des nuées variographiques inviterait à retenir un modèle de résidus stationnaire et isotrope proche d'un bruit blanc (cf. Fig. 5.1-d).

5.1.2 Estimation empirique d'un variogramme

L'estimateur empirique naturel de $2\gamma(h)$ est l'estimateur des moments (Matheron [152]) :

$$\widehat{\gamma}_n(h) = \frac{1}{\#N(h)} \sum_{(s_i,s_j)\in N(h)} (X_{s_i} - X_{s_j})^2, \qquad h \in \mathbb{R}^d. \tag{5.1}$$

Dans cette formule, $N(h)$ est une classe approximante de couples (s_i, s_j) à "distance" h ($h \in \mathbb{R}^d$) pour une tolérance Δ. En situation d'isotropie, on prendra par exemple, pour $r = \|h\| > 0$:

$$N(h) = \{(s_i, s_j) : \ r - \Delta \leq \|s_i - s_j\| \leq r + \Delta \,; i,j = 1,\ldots,n\}.$$

Dans la pratique, on choisit d'estimer le variogramme $2\gamma(\cdot)$ en un nombre fini k d'espacements,
$$\mathcal{H} = \{h_1, h_2, \ldots, h_k\}$$
de telle sorte que chaque classe comporte au moins 30 couples de points [48] : le choix de la famille d'espacements $\mathcal{H}$ doit "bien" couvrir le domaine de $\gamma(\cdot)$

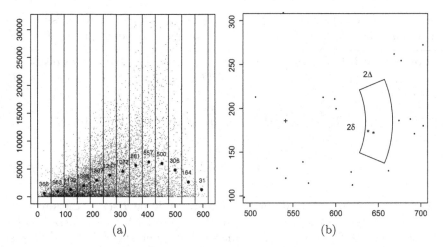

(a)   (b)

Fig. 5.2. (a) Nuée variographique et espacements isotropiques pour les données de pluies dans l'Etat du Parana et effectifs des couples de points qui tombent dans l'espacement ; les (•) indiquent l'estimation empirique du variogramme γ ; (b) sites s_j (∗) tels que $s_i - s_j \in \mathcal{V}_{\Delta,\delta}(h, \alpha)$ pour un site s_i (+), avec $\|h\| = 109.15$, $\alpha = 0$, $\Delta = 15.59$, et $\delta = \pi/8$.

et répondre à cette contrainte d'effectifs (cf. Fig. 5.2-a). Pour l'estimation d'un modèle paramétrique (cf. §5.1.3), $\mathcal{H}$ devra également rendre le paramètre identifiable. Plus généralement, sans hypothèse d'isotropie et pour le vecteur $h = r(\cos\alpha, \sin\alpha)$ de direction α dans $\mathbb{R}^2$, on prendra (cf. Fig. 5.2-b) :

$$N(h) = \{(s_i, s_j) : s_i - s_j \in \mathcal{V}_{\Delta,\delta}(h, \alpha) \, ; \, i, j = 1, \ldots, n\},$$
$$\mathcal{V}_{\Delta,\delta}(h) = \{v = u(\cos\beta, \sin\beta) \in \mathbb{R}^2 \text{ où } |u - r| \leq \Delta \text{ et } |\beta - \alpha| \leq \delta\}.$$

Si X est stationnaire au second ordre, la covariance est estimée empiriquement par

$$\widehat{C}_n(h) = \frac{1}{\#N(h)} \sum_{s_i, s_j \in N(h)} (X_{s_i} - \overline{X})(X_{s_j} - \overline{X}), \qquad h \in \mathbb{R}^d, \qquad (5.2)$$

où $\widehat{\mu} = \overline{X} = n^{-1} \sum_{i=1}^n X_{s_i}$ estime sans biais la moyenne μ.

Un avantage de $2\widehat{\gamma}_n(h)$ en comparaison de $\widehat{C}_n(h)$ est de ne pas demander l'estimation préalable de la moyenne μ. De plus, sous hypothèse de stationnarité intrinsèque, $2\widehat{\gamma}_n(h)$ estime sans biais de $2\gamma(h)$ là où un biais apparaît pour $\widehat{C}_n(h)$.

La proposition suivante précise la loi de $2\widehat{\gamma}_n(h)$ si X est gaussien (sans hypothèse gaussienne, cf. Prop. 5.3), ce résultat découlant des propriétés des formes quadratiques d'un vecteur gaussien. En effet $2\widehat{\gamma}(h)$ s'écrit comme $^tXA(h)X$ où $A(h)$ est une matrice $n \times n$ symétrique s.d.p. de coefficients $A_{s_i,s_j} = -1/\#N(h)$ si $s_i \neq s_j$ et $A_{s_i,s_i} = (\#N(h) - 1)/\#N(h)$ sinon. La matrice $A(h)$ étant de rang $\leq \sharp N(h)$, notons $\lambda_i(h)$ les $\sharp N(h)$ valeurs propres non-nulles de $A(h)\Sigma$. Puisque $A(h)\mathbf{1} = 0$, on peut supposer que $\mu = 0$.

Proposition 5.1. *Loi du variogramme empirique d'un processus gaussien*
Si $X \sim \mathcal{N}_n(0, \Sigma)$, alors $\widehat{\gamma}(h) \sim \sum_{i=1}^{\sharp N(h)} \lambda_i(h)\chi_{i1}^2$ pour des χ^2 i.i.d. à 1-ddl.
En particulier :

$$E(\widehat{\gamma}(h)) = Trace(A(h)\Sigma) \quad et \quad Var(\widehat{\gamma}(h)) = 2 \times Trace\{A(h)\Sigma\}^2.$$

Preuve. La preuve est classique :

1. $Y = \Sigma^{-1/2}X$ suit une loi $\mathcal{N}_n(0, I_n)$ et $\widehat{\gamma}(h) = {}^tY\Gamma Y$ où $\Gamma = {}^t\Sigma^{1/2}A(h)\Sigma^{1/2}$;

2. Si $\Gamma = {}^tPDP$ est la décomposition spectrale de Γ (P orthogonale, D matrice des valeurs propres (λ_i) de Γ), alors ${}^tY\Gamma Y = \sum_{i=1}^n \lambda_i Z_i^2$ où les variables (Z_i) sont i.i.d. gaussiennes réduites : en effet ${}^tY\Gamma Y = {}^tZDZ$ si $Z = PY$ et $Z \sim \mathcal{N}_n(0, I_n)$.

3. La proposition découle alors du fait que ${}^t\Sigma^{1/2}A(h)\Sigma^{1/2}$ et $A(h)\Sigma$ ont les mêmes valeurs propres et que $E(\chi_{i1}^2) = 1$ et $Var(\chi_{i1}^2) = 2$.

□

L'estimation $\widehat{\gamma}(h)$ étant peu robuste aux valeurs élevées de $X_{s_i} - X_{s_j}$, Cressie et Hawkins [49; 48, p. 74] proposent l'estimateur robustifié :

$$\overline{\gamma}_n(h) = \left\{0.457 + \frac{0.494}{\#N(h)}\right\}^{-1} \left\{\frac{1}{\#N(h)} \sum_{(s_i,s_j)\in N(h)} |X_{s_i} - X_{s_j}|^{1/2}\right\}^4.$$

$|X_{s_i} - X_{s_j}|^{1/2}$, d'espérance proportionnelle à $\gamma(s_i - s_j)^{1/4}$, est en effet moins sensible aux grandes valeurs de $|X_{s_i} - X_{s_j}|$ que ne l'est $(X_{s_i} - X_{s_j})^2$ et le dénominateur est un facteur qui débiaise, pour $\#N(h)$ grand, $2\overline{\gamma}_n$. D'autre part, Cressie et Hawkins montrent que l'erreur quadratique moyenne de $\overline{\gamma}_n$ est moindre que celle de $\widehat{\gamma}_n$.

5.1.3 Estimation paramétrique d'un modèle de variogramme

Les modèles de variogramme $\gamma(\cdot; \theta)$ présentés au chapitre 1 (cf. §1.3.3) dépendent d'un paramètre $\theta \in \mathbb{R}^p$ généralement inconnu. Nous allons présenter deux méthodes d'estimation de θ, les moindres carrés et le maximum de vraisemblance.

Estimation par moindres carrés

L'estimation de θ par *moindres carrés ordinaires* (MCO) est une valeur

$$\widehat{\theta}_{MCO} = \underset{\alpha\in\Theta}{\operatorname{argmin}} \sum_{i=1}^k (\widehat{\gamma}_n(h_i) - \gamma(h_i; \alpha))^2, \qquad (5.3)$$

où k est le nombre de classes retenues pour l'estimation empirique $\widehat{\gamma}_n$ de γ aux écartements $\mathcal{H} = \{h_1, h_2, \ldots, h_k\}$. Dans cette expression, on peut remplacer $\widehat{\gamma}_n(h_i)$ par l'estimation robustifiée $\overline{\gamma}_n(h_i)$.

Comme pour une régression, la méthode des MCO n'est en général pas efficace car les $\widehat{\gamma}_n(h_i)$ ne sont ni indépendants ni de même variances. On pourra lui préférer l'estimation par *moindres carrés généralises* (MCG) :

$$\widehat{\theta}_{MCG} = \underset{\alpha \in \Theta}{\operatorname{argmin}} \, {}^t(\widehat{\gamma}_n - \gamma(\alpha))\{Cov_\alpha(\widehat{\gamma}_n)\}^{-1}(\widehat{\gamma}_n - \gamma(\alpha)), \qquad (5.4)$$

où $\widehat{\gamma}_n = {}^t(\widehat{\gamma}_n(h_1), \ldots, \widehat{\gamma}_n(h_k))$ et $\gamma(\alpha) = {}^t(\gamma(h_1, \alpha), \ldots, \gamma(h_k, \alpha))$. Le calcul de $Cov_\alpha(\widehat{\gamma}_n)$ se révélant souvent difficile, la méthode des *moindres carrés pondérés* (MCP) est un compromis entre les MCO et les MCG, les carrés étant pondérés par les variances des $\widehat{\gamma}_n(h_i)$. Par exemple, dans le cas gaussien, puisque $var_\alpha(\widehat{\gamma}_n(h_i)) \simeq 2\gamma^2(h_i, \alpha)/\#N(h_i)$, on retiendra :

$$\widehat{\theta}_{MCP} = \underset{\alpha \in \Theta}{\operatorname{argmin}} \sum_{i=1}^k \frac{\#N(h_i)}{\gamma^2(h_i; \alpha)} \left(\widehat{\gamma}_n(h_i) - \gamma(h_i; \alpha)\right)^2. \qquad (5.5)$$

Des études par simulations [232] montrent que les performances de l'estimateur par MCP restent relativement bonnes en comparaison des MCG.

Les trois méthodes précédentes relèvent d'un même principe, l'*estimation par moindres carrés* (EMC) : pour $V_n(\alpha)$ une matrice $k \times k$ symétrique, d.p., de forme paramétrique connue, on veut minimiser la distance $U_n(\alpha)$ entre $\gamma(\alpha)$ et $\widehat{\gamma}_n$:

$$\widehat{\theta}_{EMC} = \underset{\alpha \in \Theta}{\operatorname{argmin}} \, U_n(\alpha) \text{ où } U_n(\alpha) = {}^t(\widehat{\gamma}_n - \gamma(\alpha))V_n(\alpha)(\widehat{\gamma}_n - \gamma(\alpha)). \qquad (5.6)$$

La méthode EMC est un cas particulier d'estimation par minimum de contraste (cf. Appendice C). Comme l'indique la proposition suivante, la consistance (resp. la normalité asymptotique) de $\widehat{\theta}_n = \widehat{\theta}_{EMC}$ découle de la consistance (resp. la normalité asymptotique) de l'estimateur empirique $\widehat{\gamma}_n$. Notons :

$$\Gamma(\alpha) = \frac{\partial}{\partial \alpha}\gamma(\alpha)$$

la matrice $k \times p$ des p dérivées du vecteur $\gamma(\alpha) \in \mathbb{R}^k$ et posons :

(V-1) Pour tout $\alpha_1 \neq \alpha_2$ de Θ, $\sum_{i=1}^k (2\gamma(h_i, \alpha_1) - 2\gamma(h_i, \alpha_2))^2 > 0$.

(V-2) θ est intérieur à Θ et $\alpha \mapsto \gamma(\alpha)$ est de classe $\mathcal{C}^1$.

(V-3) $V_n(\alpha) \to V(\alpha)$ en P_α-probabilité où V est symétrique, d.p., $\alpha \mapsto V(\alpha)$ étant de classe $\mathcal{C}^1$.

Proposition 5.2. *Convergence et normalité asymptotique de l'EMC (Lahiri et al. [138]).*

Supposons vérifiées les conditions (V1–3) et notons θ la vraie valeur inconnue du paramètre.

1. *Si $\widehat{\gamma}_n \longrightarrow \gamma(\theta)$ P_θ-p.s., alors $\widehat{\theta}_n \longrightarrow \theta$ p.s..*

2. *Supposons de plus que, pour une suite (a_n) tendant vers l'infini,*

$$a_n(\widehat{\gamma}_n - \gamma(\theta)) \xrightarrow{loi} \mathcal{N}_k(0, \Sigma(\theta)) \qquad (5.7)$$

où $\Sigma(\theta)$ est d.p. et que la matrice $\Gamma(\theta)$ est de rang plein p. Alors :

$$a_n(\widehat{\theta}_n - \theta) \xrightarrow{loi} \mathcal{N}_p(0, \Delta(\theta))$$

où

$$\Delta(\theta) = B(\theta) {}^t\Gamma(\theta)V(\theta)\Sigma(\theta)V(\theta)\Gamma(\theta) {}^tB(\theta)$$

avec $B(\theta) = ({}^t\Gamma(\theta)V(\theta)\Gamma(\theta))^{-1}$.

Commentaires :

1. L'étude de la convergence (5.7) fait l'objet du paragraphe suivant dans le contexte plus général d'un modèle avec une tendance linéaire.

2. La condition (V-1) est une condition d'identifiabilité paramétrique de modèle : si $\alpha_1 \neq \alpha_2$, les k espacements $\mathcal{H} = \{h_1, h_2, \ldots, h_k\}$ permettent de distinguer les deux variogrammes $\gamma(\cdot, \alpha_1)$ et $\gamma(\cdot, \alpha_2)$. Cette condition nécessite qu'il y ait au moins p vecteurs h_i d'identification : $k \geq p$.

3. La preuve de la consistance de $\widehat{\theta}_n$ utilise la continuité des fonctions $\alpha \mapsto \gamma(\alpha)$ et $\alpha \mapsto V(\alpha)$; la différentiabilité est nécessaire pour établir la normalité asymptotique de $\widehat{\theta}_n - \theta$.

4. Pour la méthode des MCO ($V(\alpha) \equiv Id_k$) et si on peut choisir $k = p$, $\Delta(\theta) = \Gamma^{-1}(\theta)\Sigma(\theta) {}^t(\Gamma^{-1}(\theta))$.

5. La méthode est efficace en prenant pour $V_n(\alpha)$ l'inverse de la matrice de variance de $\widehat{\gamma}_n$. Cette matrice étant difficile à obtenir, Lee et Lahiri [144] proposent de l'estimer par sous-échantillonnage, leur procédure restant asymptotiquement efficace.

6. Ce résultat permet de construire un test de sous-hypothèse sur le paramètre θ.

5.1.4 Estimation du variogramme en présence d'une tendance

Reste à voir sous quelles conditions l'estimateur empirique $\widehat{\gamma}_n$ est asymptotiquement normal satisfaisant (5.7). Nous présentons ici un résultat de Lahiri et al. [138] qui assure cette propriété dans le contexte plus général d'un modèle linéaire :

$$X_s = {}^tz_s\delta + \varepsilon_s, \qquad \delta \in \mathbb{R}^p \qquad (5.8)$$

avec un résidu champ intrinsèque centré,

$$E(\varepsilon_{s+h} - \varepsilon_s)^2 = 2\gamma(h, \theta), \qquad \theta \in \mathbb{R}^q.$$

Ce modèle, de paramètre $(\delta, \theta) \in \mathbb{R}^{p+q}$, peut être approché de deux façons différentes.

Si c'est le paramètre moyen δ qu'on privilégie, comme c'est le cas en économétrie, on lira (5.8) comme une régression spatiale ; dans ce cas, θ est un paramètre auxiliaire qu'il faut préalablement estimer (par $\widetilde{\theta}$) afin d'estimer efficacement δ par la méthode des MCG pour la variance estimée $Var_{\widetilde{\theta}}(\varepsilon)$ (cf. § 5.3.4).

Si c'est le paramètre de dépendance θ que l'on privilégie, comme en analyse spatiale, δ sera un paramètre auxiliaire, estimé par exemple par les MCO. Dans ce cas, la méthode d'estimation du variogramme est la suivante :

1. On estime δ par $\widehat{\delta}$ par une méthode ne nécessitant pas la connaissance de θ, par exemple par les MCO.

2. On calcule ensuite les résidus estimés $\widehat{\varepsilon}_s = X_s - {}^tz_s\widehat{\delta}$.

3. On estime enfin le variogramme empirique de $\widehat{\varepsilon}$ sur $\mathcal{H}$ par (5.1).

Posons alors le cadre de l'asymptotique considérée. Soit $D_1 \subset \mathbb{R}^d$ un ouvert de mesure de Lebesgue $d_1 > 0$, contenant l'origine et à bord régulier (∂D_1 est la réunion finie de surfaces rectifiables de mesures finies, par exemple $D_1 =]-1/2, 1/2]^d$, ou $D_1 = B(0, r)$, $r > 0$). On suppose que le domaine d'observations est :

$$D_n = (nD_1) \cap \mathbb{Z}^d.$$

Dans ce cas, $d_n = \sharp D_n \sim d_1 n^d$ et, du fait de la géométrie de D_1, $\sharp(\partial D_n) = o(\sharp D_n)$. Posons alors les conditions suivantes :

(VE-1) $\exists \eta > 0$ t.q. $E|\varepsilon_s|^{4+\eta} < \infty$; X est α-mélangeant (cf. B.2), vérifiant :

$$\exists C < \infty \text{ et } \tau > \frac{(4+\eta)d}{\eta} \text{ tels que, } \forall k, l, m : \alpha_{k,l}(m) \leq Cm^{-\tau};$$

(VE-2) $\sup_{h \in \mathcal{H}} \sup\{\|z_{s+h} - z_s\| : s \in \mathbb{R}^d\} < \infty$;

(VE-3) $\|\widehat{\delta}_n - \delta\| = o_P(d_n^{-1/4})$, où $\widehat{\delta}_n$ est un estimateur de δ.

Proposition 5.3. *Convergence gaussienne du variogramme empirique [138].*
Sous les conditions (VE-1-3) :

$$d_n^{-1/2}(\widehat{\gamma}_n - \gamma(\theta)) \xrightarrow{loi} \mathcal{N}_k(0, \Sigma(\theta))$$

où

$$\Sigma_{l,r}(\theta) = \sum_{i \in \mathbb{Z}^d} cov_\theta([\varepsilon_{h_l} - \varepsilon_0]^2, [\varepsilon_{i+h_r} - \varepsilon_i]^2), \qquad l, r = 1, \ldots, k.$$

Commentaires :

1. (VE-1) assurent la normalité si X est de moyenne constante. Ceci est une conséquence du TCL pour le champ des carrés $\{[\varepsilon_{i+h_r} - \varepsilon_i]^2\}$ qui est mélangeant (cf. §B.3 pour ce résultat et des exemples de champs mélangeants). Si X est un champ gaussien stationnaire dont la covariance décroît exponentiellement, (VE-1) est satisfaite.

2. (VE-2) et (VE-3) assurent que, si $\widehat{\delta}_n \to \delta$ à une vitesse suffisante, le résultat précédent se maintient en travaillant avec les résidus estimés. Cette condition est à rapprocher d'un résultat de Dzhaparidze ([75], cf. §5.3.4) montrant l'efficacité de l'estimateur $\widehat{\psi}_1$ obtenu au premier pas de l'algorithme de Newton-Raphson pour la résolution d'un système d'équations $F(\widehat{\psi}) = 0$ à condition que l'estimateur initial $\widehat{\psi}_0$ soit consistant à une vitesse suffisante.

3. Des conditions standards sur la suite des régresseurs et sur le modèle des résidus permettent de contrôler la variance de l'estimateur des MCO de β (cf. Prop. 5.7) et donc de vérifier la condition (VE-3).

4. Si on ajoute (V) aux conditions (VE), on obtient la normalité asymptotique pour l'EMC $\widehat{\theta}$ (5.8).

5. Lahiri et al. [138] étudient un contexte d'asymptotique mixte où, à côté de l'actuelle asymptotique extensive, on densifie les points dans D_n. Par exemple, pour des résolutions spatiales de plus en plus fines au pas $h_n = m_n^{-1}$ dans chaque direction, $m_n \in \mathbb{N}^*$ et $m_n \longrightarrow \infty$, le domaine d'observation est :

$$D_n^* = nD_1 \cap \{\mathbb{Z}/m_n\}^d.$$

Si le nombre de points d'observation se trouve multiplié par le facteur $(m_n)^d$, la vitesse reste inchangée par rapport à l'asymptotique extensive pure, toujours en $\sqrt{d_n} \sim \sqrt{\lambda(nD_1)}$, la covariance asymptotique $\Sigma^*(\theta)$ valant :

$$\Sigma_{l,r}^*(\theta) = \int_{\mathbb{R}^d} cov_\theta([\varepsilon_{h_l} - \varepsilon_0]^2, [\varepsilon_{s+h_r} - \varepsilon_s]^2)ds, \qquad l, r = 1, \ldots, k.$$

On retrouve là une situation classique en statistique des diffusions ($d = 1$) selon que l'on observe la diffusion de façon discrète ($D_n = \{1, 2, \ldots, n\}$), ou de façon de plus en plus fine au pas m_n^{-1} ($D_n^* = \{k/m_n, k = 1, \ldots, nm_n\}$), ou encore de façon continue sur $D_n = [1, n]$, $n \to \infty$: chaque fois, la vitesse est en $\sqrt{n}$, seul le facteur modulant cette vitesse variant d'un schéma à l'autre.

Maximum de vraisemblance

Si X est un vecteur gaussien de moyenne μ et de covariance $Var(X) = \Sigma(\theta)$, la log-vraisemblance vaut :

$$l_n(\theta) = -\frac{1}{2}\left\{\log|\Sigma(\theta)| + {}^t(X - \mu)\Sigma^{-1}(\theta)(X - \mu)\right\}. \qquad (5.9)$$

Pour maximiser (5.9), on itère le calcul du déterminant $|\Sigma(\theta)|$ et de la covariance inverse $\Sigma^{-1}(\theta)$, ce qui exige $O(n^3)$ opérations [149]. Si $\widehat{\theta}$ est l'estimation du MV de θ, celle du variogramme est $2\gamma(h, \widehat{\theta})$.

Les propriétés asymptotiques de l'estimateur du maximum de vraisemblance dans le cas gaussien sont décrites au §5.3.4 qui traite de l'estimation d'une régression spatiale gaussienne.

5.1.5 Validation d'un modèle de variogramme

Le choix d'un modèle de variogramme dans une famille de modèles paramétriques peut se faire en utilisant le principe de parcimonie de Akaike pour le contraste des MC pénalisés [4; 114] (cf. §C.3). Une fois un modèle $\mathcal{M}$ retenu, reste à le valider. Une première façon consiste à plonger $\mathcal{M}$ dans un modèle dominant $\mathcal{M}^{max}$ et à tester $\mathcal{M} \subset \mathcal{M}^{max}$. Décrivons deux autres procédures alternatives "non-paramétriques".

La validation croisée

Le principe de la validation croisée est d'éliminer à tour de rôle chaque observation et de la prévoir à l'aide des autres observations en utilisant le krigeage (cf. 1.9) sans réestimer le modèle de variogramme : en chaque site, on dispose de la valeur observée X_{s_i} et d'une valeur prévue $\widehat{X}_{s_i}$. La validation utilise le critère de l'erreur quadratique normalisée moyenne,

$$EQNM = \frac{1}{n} \sum_{i=1}^{n} \frac{(X_{s_i} - \widehat{X}_{s_i})^2}{\tilde{\sigma}_{s_i}^2}$$

où $\tilde{\sigma}_{s_i}^2$ est la variance de krigeage. Si le modèle de variogramme est valide et bien estimé, on obtiendra une valeur de l'$EQNM$ proche de 1. Si, en première approximation, on suppose que les erreurs normalisées $(X_{s_i} - \widehat{X}_{s_i})/\tilde{\sigma}_{s_i}$ sont normales réduites indépendantes, on validera le modèle si, notant $q(n, \beta)$ le β-quantile d'un χ_n^2 :

$$q(n, \alpha/2) \leq nEQNM \leq q(n, 1 - \alpha/2).$$

L'analyse graphique des erreurs renormalisées est utile pour valider un modèle. Une répartition spatiale homogène des erreurs > 0 et des erreurs < 0 est une indication de bonne adéquation de modèle (cf. Fig. 5.5-a). Par contre, la Fig. 5.5-b indique qu'il y a hetéroscédasticité des résidus.

Validation par méthode de Monte Carlo : bootstrap paramétrique

Soit $\widehat{\theta}$ un estimateur du paramètre θ du variogramme $\gamma(\cdot, \theta)$ à valider. On réalise m simulations $(X^{(j)}, j = 1, \ldots, m)$ i.i.d. d'un champ intrinsèque sur $S = \{s_1, s_2, \ldots, s_n\}$ de variogramme $\gamma(\cdot; \widehat{\theta})$. Pour chaque simulation j, on calcule les estimations empiriques $\{\widehat{\gamma}_n^{(j)}(h_i), i = 1, \ldots, k\}$ sur $\mathcal{H}$ ainsi que leurs enveloppes inférieures $\widehat{\gamma}_{inf}(h_i) = \min_{j=1,\ldots,m} \widehat{\gamma}_n^{(j)}(h_i)$ et supérieures $\widehat{\gamma}_{sup}(h_i) = \max_{j=1,\ldots,m} \widehat{\gamma}_n^{(j)}(h_i)$, $i = 1, \ldots, k$. Accordant le même poids à chaque simulation, ces deux enveloppes définissent un intervalle de confiance approximatif empirique de niveau $1 - 2/(m + 1)$:

$$P(\widehat{\gamma}_n^{(j)}(h_i) < \widehat{\gamma}_{inf}(h_i)) = P(\widehat{\gamma}_n^{(j)}(h_i) > \widehat{\gamma}_{sup}(h_i)) \leq \frac{1}{m + 1}.$$

On représente alors graphiquement les fonctions $h_i \to \widehat{\gamma}_{inf}(h_i)$ et $h_i \to \widehat{\gamma}_{sup}(h_i)$, $i = 1, \ldots, k$: si les estimations empiriques initiales $\widehat{\gamma}_n(h_i)$ sont dans la bande de confiance $\{[\widehat{\gamma}_{inf}(h_i), \widehat{\gamma}_{sup}(h_i)], \; i = 1, \ldots, k\}$, on conclut raisonnablement que X est un processus intrinsèque de variogramme $\gamma(\cdot, \theta)$ (cf. la Fig. 5.4-b) ; sinon, on rejette le modèle $\gamma(\cdot, \theta)$, l'examen des causes de ce rejet pouvant servir à proposer un modèle alternatif. Signalons cependant que cette procédure est conservative, favorisant le maintien de l'hypothèse à valider.

Exemple 5.2. Nuage radioactif de Tchernobyl et pluie journalière en Suisse

On dispose des cumuls pluviométriques journaliers provenant du réseau météorologique suisse relevés le 8 mai 1986, jour où le nuage de Chernobyl se déplaçait au-dessus de l'Europe. La pluie journalière étant un bon indicateur des effets des retombées radioactives, ces données permettaient d'évaluer les risques de contamination à la suite de la catastrophe de Chernobyl. Ces données ont fait l'objet d'un concours où les chercheurs étaient invités à proposer leurs modèles et leurs méthodes de prévision : 100 données étant disponibles (données `sic.100` dans le package `geoR`) sur les 467 du réseau Suisse (cf. Fig. 5.3), il était demandé de prévoir au mieux les 367 données non-disponibles (cachées mais connues) pour le critère de l'écart quadratique [70].

Si les estimateurs (5.1) et (5.2) ne garantissent pas la condition c.d.n. que doit satisfaire un variogramme (cf. Prop. 1.2), ils permettent néanmoins d'estimer un modèle paramétrique (1.3.3) : le Tableau 5.1 présente les estimations obtenues en utilisant `geoR` pour le variogramme de Matérn à trois paramètres (a, σ^2, ν) (cf. 1.3.3).

La Fig. 5.4-a compare les semi-variogrammes obtenus par MCO, MCP et MV gaussien. L'EQNM (cf. Tableau 5.1) obtenue par validation croisée pour

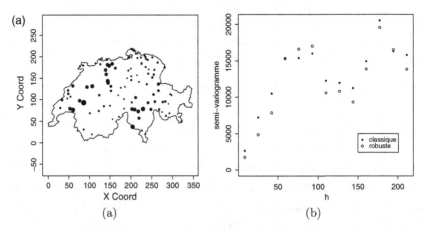

Fig. 5.3. (a) Données de pluie pour 100 stations météorologiques suisses : les dimensions des symboles sont proportionnelles à l'intensité de la pluie ; (b) les 2 estimations non-paramétriques du semi-variogramme pour 13 classes de distance.

Tableau 5.1. Estimations paramétriques, MCO, MCP et MV du semi-variogramme de Matérn pour les données de pluie en Suisse et EQNM de validation croisée.

	$\widehat{a}$	$\widehat{\sigma}^2$	$\widehat{\nu}$	EQNM
MCO	17.20	15135.53	1.21	1.37
MCP	18.19	15000.57	1.00	1.01
MV	13.40	13664.45	1.31	1.09

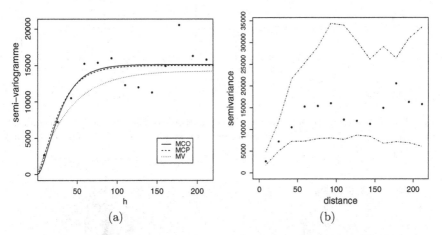

(a)   (b)

Fig. 5.4. (a) Les 3 estimations paramétriques du semi-variogramme ; (b) estimations empiriques de γ comparées aux enveloppes inférieure et supérieure (en pointillés) obtenues à partir de 40 simulations du modèle de Matérn estimé (paramètres $\widehat{a} = 18.19$, $\widehat{\sigma}^2 = 15000.57$ et $\widehat{\nu} = 1.0$).

l'estimateur des MCP conduit à valider le modèle de Matérn et l'estimation par MCP. Cette validation est confirmée par la Fig. 5.4-b qui montre que les 13 estimations empiriques de γ sont toutes dans la bande de confiance empirique à 95% obtenue à partir de 40 simulations du modèle de Matérn estimé. Les figures 5.5-a et 5.5-b qui illustrent le comportement des résidus estimés valident également ce modèle.

Finalement la Fig. 5.6 donne la carte de prévision (a) de pluie par krigeage sur tout le territoire et son écart type (b), l'un et l'autre calculés à partir du modèle estimé.

Exemple 5.3. Pluies dans l'Etat du Parana (suite)

Continuons l'examen de la modélisation des pluies dans l'Etat du Parana. L'analyse variographique effectuée dans l'exemple 5.1 envisage soit la présence d'une surface de réponse affine avec variogramme anisotropique, soit une surface de réponse quadratique et un variogramme bruit blanc. On propose ici d'estimer et de choisir entre trois modèles :

1. Modèle A : $m(s) = \beta_0 + \beta_1 x + \beta_2 y$ et une covariance isotropique exponentielle avec un effet pépitique,

$$C(h) = \sigma^2 \exp(-\|h\|/\phi) + \tau^2 \mathbf{1}_0(h).$$

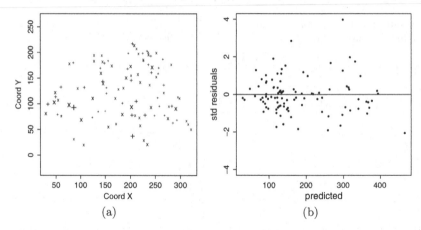

Fig. 5.5. Données de pluies suisses : (a) répartition spatiale des erreurs normalisées positives $(+)$ et négatives $(\times)$; (b) graphique des erreurs normalisées en fonction des valeurs prédites.

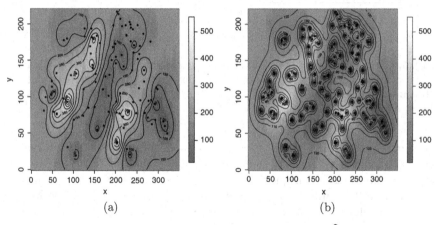

Fig. 5.6. Krigeage des données de pluies suisses (a) prévision $\widehat{X}_s$ et (b) écart type de l'erreur de prédiction.

2. Modèle B : $m(s) = \beta_0 + \beta_1 x + \beta_2 y$ et une covariance exponentielle avec un effet pépitique et une anisotropie géométrique,

$$C(h) = \sigma^2 \exp(-\|A(\psi, \lambda)h\|/\phi) + \tau^2 \mathbf{1}_0(h),$$

où $A(\psi, \lambda)$ est la rotation autour de l'origine de $\mathbb{R}^2$ d'angle ψ suivie de l'homothétie de rapport $0 \leq 1/\lambda \leq 1$ sur le nouvel axe des y.

3. Modèle C : $m(s) = \beta_0 + \beta_1 x + \beta_2 y + \beta_3 x^2 + \beta_4 xy + \beta_5 y^2$ et

$$C(h) = \sigma^2 \exp(-\|h\|/\phi) + \tau^2 \mathbf{1}_0(h).$$

Tableau 5.2. Résultats de l'estimation par MV gaussien pour les données de pluies de l'Etat du Parana. lv est la valeur du logarithme de la vraisemblance gaussienne et m est le nombre de paramètres.

Modèle	lv	m	AIC	$EQNM$
A	-663.9	6	1340	0.98
B	-660.0	8	1336	1.14
C	-660.2	9	1338	0.99

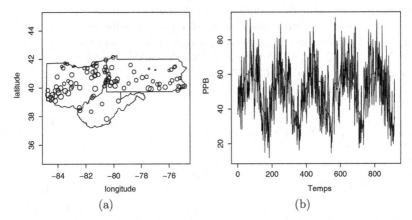

(a)   (b)

Fig. 5.7. Données d'ozone pour 106 stations de trois états des Etats-Unis : (a) répartition spatiale des stations ; les dimensions des symboles sont proportionnelles à l'intensité moyenne sur l'année ; (b) évolution temporelle de la moyenne sur les 106 stations et composante périodique estimée.

Notons que A est un sous-modèle de B et de C. Notant lv la log-vraisemblance gaussienne des observations et m le nombre de paramètres du modèle, on obtient les résultats du Tableau (5.2). Formellement (c-à-d en appliquant le résultat classique du test de rapport de vraisemblance), le modèle B est préférable à A alors que A et C ne sont pas significativement différents. Le critère AIC conduit au choix du modèle anisotropique B là où le critère de l'EQNM (qui mesure l'écart quadratique moyen de prédiction (par krigeage) des données aux données réelles) retient le modèle C : les modèles B et C sont des concurrents.

Exemple 5.4. Analyse de données spatio-temporelles de niveaux d'ozone

Les données étudiées ici sont les maximums des moyennes horaires sur huit heures consécutives des niveaux d'ozone mesurés dans 106 stations des états de l'Ohio, de la Pensylvanie et de la Virginie occidentale (Etats-Unis, cf. Fig. 5.7-a) du 1er mai au 31 octobre pour les années 1995–1999, ce qui fait 184 observations par site par année. Les données originales, disponibles à l'adresse http ://www.image.ucar.edu/GSP/Data/O3.shtml, ont été recentrées après un ajustement préalable par MCO pour chaque station s sur une composante saisonnière commune à toutes les stations (cf. Fig. 5.7-b),

$$\mu_{s,t} = \alpha_s + \sum_{j=1}^{10} [\beta_j \cos(2\pi jt/184) + \gamma_j \sin(2\pi jt/184)].$$

On se restreint ici à l'analyse des données de mai à septembre de la dernière année, retenant le mois d'octobre pour la prévision et la validation de modèle. Subsistent, hors données manquantes, 15,133 observations.

La spécification d'un modèle spatio-temporel commence par l'inspection visuelle de l'estimation empirique du variogramme spatio-temporel $2\gamma(h,u) = Var(X_{s+h,t+u} - X_{s,t})$, $(h,u) \in \mathbb{R}^2 \times \mathbb{R}$. Dans le cas d'un processus stationnaire au second ordre, $\gamma(h,u) = (C(0,0) - C(h,u))$. L'estimateur des moments pour un processus stationnaire et isotropique est :

$$2\widehat{\gamma}_n(h,u) = \frac{1}{\#N(h,u)} \sum_{(s_i,s_j;t_i,t_j)\in N(h,u)} (X_{s_i,t_i} - X_{s_j,t_j})^2, \qquad h \in \mathbb{R}^d$$

avec

$$N(h,u) = \{(s_i,s_j;t_i,t_j): \ \|h\| - \Delta_S \le \|s_i - s_j\| \le \|h\| + \Delta_S,$$
$$|u| - \Delta_T \le |t_i - t_j| \le |u| + \Delta_T ; i,j = 1,\dots,n\}.$$

On représente alors graphiquement (cf. Fig. 5.8) les estimations empiriques de γ pour différents choix d'espacements h_k, u_l. La Fig. 5.8-a montre que la corrélation spatiale instantanée décroît avec la distance tout comme la corrélation temporelle en un même site. On considère alors quatre modèles pour la covariance spatio-temporelle $C(h,u)$, souples dans leur utilisation et cohérents avec le comportement des variogrammes empiriques :

Modèle A :
$$C(h,u) = \sigma^2(1 + |u/\psi|^a + \|h/\phi\|^b)^{-3/2},$$

avec $0 < a,b \le 2$, $\phi,\psi > 0$ (c'est un cas particulier du modèle (1.18)).
Modèle B :

$$C(h,u) = \sigma^2(1 + |u/\psi|^a)^{-3/2} \exp\left\{ -\frac{\|h/\phi\|}{(1 + |u/\psi|^a)^{b/2}} \right\},$$

avec $0 < a \le 2$, $0 \le b \le 1$ (c'est le modèle (1.17) de l'exemple 1.7).
Modèle C : le modèle B avec $b = 0$ (C est donc un modèle séparable).
Modèle D :

$$C(h,u) = \sigma^2(1 + |u/\psi|^a)^{-b} M_c \left(\frac{\|h/\phi\|}{(1 + |u/\psi|^a)^{b/2}} \right),$$

avec $0 < a \le 2$, $0 \le b \le 1$, où $M_c(v) = (2^{b-1}\Gamma(c))^{-1} v^c \mathcal{K}_c(v)$, $c > 0$ est le modèle de Matèrn. Le modèle D est un modèle de la classe (1.16).

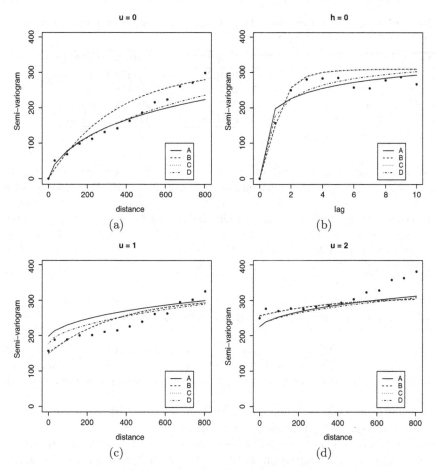

Fig. 5.8. Estimations empiriques (•) et paramétriques du semi-variogramme spatio-temporel des données de niveau d'ozone pour différentes classes de distance et de modèles : (a) $\gamma_n(h_k, 0)$; (b) $\gamma_n(0, u_l)$; (c) $\gamma_n(h_k, 1)$; (d) $\gamma_n(h_k, 2)$.

Les paramètres sont estimés par MCP en minimisant le critère :

$$W(\theta) = \sum_{k=1}^{m_t} \sum_{l=1}^{m_s} \frac{|N(h_k, u_l)|}{\gamma(h_k, u_l; \theta)^2} \left(\widehat{\gamma}(h_k, u_l) - \gamma(h_k, u_l; \theta)\right)^2, \qquad (5.10)$$

où m_s (resp. m_t) est le nombre d'espacements spatiaux (resp. temporels) retenus pour l'ajustement. Cette méthode est la plus utilisée car l'évaluation d'une vraisemblance gaussienne (5.9) est coûteuse ($O(N^3)$ opérations pour N observations ; signalons cependant qu'une façon de contourner cette difficulté est d'approximer la vraisemblance [126; 201; 79]).

Deux approches sont considérées pour choisir un modèle. La première utilise simplement $W(\widehat{\theta})$, le critère (5.10) des MCP. La deuxième est basée sur la

Tableau 5.3. Estimations paramétriques du semi-variogramme par la méthode des MCP pour les données d'ozone.

Modèle	$\widehat{a}$	$\widehat{b}$	$\widehat{c}$	$\widehat{\sigma}^2$	$\widehat{\phi}$	$\widehat{\psi}$	$W(\widehat{\theta})$	EQM
A	0.67	0.32	–	461.87	1920.20	11.58	134379.3	161.46
B	2.00	0.21	–	310.15	347.13	1.34	200141.4	151.84
C	2.00	–	–	309.70	347.30	1.36	200303.0	152.03
D	1.69	0.23	0.29	392.69	1507.78	0.77	110462.1	155.61

qualité de prévision que permet le modèle : à l'aide du krigeage simple pour le mois d'octobre 1999, on calcule la prévision $\widehat{x}_{s,t}$ d'un jour pour chaque station en utilisant les données des trois jours précédents; la qualité de la prévision sur les 3075 observations disponibles est évaluée par l 'erreur quadratique moyenne $EQM = \sum_{s,t}(x_{s,t} - \widehat{x}_{s,t})^2/3075$. Le Tableau 5.3 donne les résultats : les modèles non-séparables sont meilleurs, D en particulier. Pour le critère de prédiction, le meilleur modèle est C.

5.2 Autocorrélation sur un réseau spatial

On supposera dans ce paragraphe que X est un champ réel défini sur un réseau discret $S \subset \mathbb{R}^d$, non-nécessairement régulier, S étant muni d'un *graphe d'influence* $\mathcal{R}$ (a priori orienté), $(i,j) \in \mathcal{R}$ signifiant que j a une influence sur i, $j \neq i$.

D'autre part, on se donne une *matrice de poids* positifs bornés $W = \{w_{ij}, (i,j) \in \mathcal{R}\}$ quantifiant les degrés d'influence de j sur i, avec, pour tout i, $w_{ii} = 0$ et $w_{ij} = 0$ si $(i,j) \notin \mathcal{R}$. Le choix de W, laissé à l'expert, est une étape importante de la modélisation de R) qui dépend du problème considéré. Si i représente une région géographique (un canton), Cliff et Ord [45] proposent par exemple de faire dépendre w_{ij} de la distance euclidienne $d(i,j) = \|i - j\|$, du pourcentage $f_{i(j)}$ de la frontière de i partagée avec j, de l'intensité $c_{i,j}$ des réseaux de communication entre i et j si on est en zone urbaine, etc. Par exemple,

$$w_{ij} = f_{i(j)}^b d(i,j)^{-a}$$

avec a et $b > 0$ donne des poids w_{ij} importants pour des cantons voisins, d'autant plus que la part de frontière de i commune à j est importante. W est la matrice de contiguïté du graphe $\mathcal{R}$ si $w_{ij} = 1$ pour $(i,j) \in \mathcal{R}$ et 0 sinon. La matrice de contiguïté normalisée est associée aux poids normalisés $w_{ij}^* = w_{ij}/\sum_{k \in \partial i} w_{ik}$.

On distingue classiquement deux indices de mesure de dépendance spatiale globale sur le réseau $(S, \mathcal{R})$: l'indice de Moran évalue une corrélation spatiale et l'indice de Geary un variogramme spatial.

5.2.1 L'indice de Moran

Soit X un champ réel du second ordre observé sur une partie $D_n \subset S$ de cardinal n. Supposons dans un premier temps que X est centré et notons $\sigma_i^2 = Var(X_i)$. Soit W une matrice $n \times n$ de poids connus : une W-mesure de l'autocovariance spatiale globale est,

$$C_n = \sum_{i,j \in D_n} w_{i,j} X_i X_j.$$

Cette autocovariance doit être normalisée pour fournir une autocorrélation.

Sous l'hypothèse (H_0) d'*indépendance spatiale* des X_i, il est facile de voir que :

$$Var(C_n) = \sum_{i,j \in D_n} (w_{ij}^2 + w_{ij} w_{ji}) \sigma_i^2 \sigma_j^2.$$

Ainsi, sous (H_0), $I_n = \{Var(C_n)\}^{-1/2} C_n$ est une variable centrée réduite. Si les σ_i^2 sont connus, un test asymptotique de (H_0) s'obtiendra si on dispose d'un théorème central limite (TCL) pour C_n. Si les variances sont connues à un facteur multiplicatif près, $\sigma_i^2 = a_i \sigma^2$, $a_i > 0$ connus, on estimera σ^2 par $\widehat{\sigma}^2 = \frac{1}{n} \sum_{i \in D_n} X_i^2 / a_i$ et on considérera l'indice C_n renormalisé par son écart type estimé.

L'indice de Moran est la généralisation de I_n au cas où X est de moyenne et de variance constantes mais inconnues, $E(X_i) = \mu$ et $Var(X_i) = \sigma^2$. Ces paramètres étant estimés respectivement par $\overline{X} = n^{-1} \sum_{i \in D_n} X_i$ et $\widehat{\sigma}^2 = n^{-1} \sum_{i \in D_n} (X_i - \overline{X})^2$, l'*indice de Moran* est :

$$I_n^M = \frac{n \sum_{i,j \in D_n} w_{ij} (X_i - \overline{X})(X_j - \overline{X})}{s_{0,n} \sum_{i \in D_n} (X_i - \overline{X})^2}, \tag{5.11}$$

où $s_{0n} = \sum_{i,j \in D_n} w_{ij}$. Posant $s_{1n} = \sum_{i,j \in D_n} (w_{ij}^2 + w_{ij} w_{ji})$, on a

$$I_n^M = \frac{s_{1n}^{1/2}}{s_{0n}} \{\widehat{Var}(C_n)\}^{-1/2} C_n = \frac{s_{1n}^{1/2}}{s_{0n}} \widehat{I}_n.$$

Puisque s_{0n} et s_{1n} sont de l'ordre n, et que, sous (H_0), $E(C_n) = 0$ et $\widehat{\sigma}^2 \xrightarrow{Pr} \sigma^2$, on a, sous (H_0) :

$$E(I_n^M) = o(1) \quad \text{et} \quad Var(I_n^M) = \frac{s_{1n}}{s_{0n}^2} (1 + o(1)).$$

Même s'il ressemble à un coefficient de corrélation, l'indice I_n^M peut sortir de l'intervalle $[-1, +1]$ (cf. Ex. 5.2). I_n^M est d'autant plus grand que des valeurs semblables apparaissent en des sites voisins, d'autant plus petit que des valeurs dissemblables apparaissent en des sites voisins. Dans le premier cas, on parle d'agrégation ou de coopération spatiale, dans le deuxième de répulsion ou de compétition spatiale. Le cas d'observations indépendantes correspond à une valeur de I_n^M proche de 0.

Signalons que l'indice de Moran peut également être construit pour des données binaires ou pour des données ordinales [45].

Indice de Moran à distance d.

Supposons que W est la matrice de contiguïté spatiale d'un graphe $\mathcal{R}$,

$$w_{ij} = 1 \qquad \text{si } (i,j) \in \mathcal{R},\ w_{ij} = 0 \text{ sinon.}$$

Pour $d \geq 1$ entier, on dira que j est d-voisin de i s'il existe une suite $i_1 = i$, $i_2, \ldots, i_d = j$ telle que $w_{i_l,i_{l+1}} \neq 0$ pour $l = 1,\ldots,d-1$ et que ce chemin est de longueur minimum. Ainsi, i_2 est voisin de i, i_3 de i_2, $\ldots$ et enfin j est voisin de i_{d-1}. A cette relation est associée le graphe de voisinage $\mathcal{R}^{(d)}$ et sa matrice de contiguïté $W^{(d)}$ à distance d; relativement à $W^{(d)}$, on définit les indices de Moran $I^M(d)$ à distance $d \geq 1$ de la même façon qu'en (5.11). Notons que $W^{(d)} \equiv \{W^d\}^*$ où $M_{ij}^* = 0$ (resp. 1) si $M_{ij} = 0$ (resp. $M_{ij} \neq 0$).

Pour tester l'hypothèse d'indépendance spatiale (H_0), on aura recours soit à un test asymptotique soit à un test de permutation.

5.2.2 Test asymptotique d'indépendance spatiale

Supposons que S est un ensemble infini de sites séparés par une distance minimum > 0. Soit (D_n) une suite strictement croissante de sous-ensembles finis de $S \subset \mathbb{R}^d$, W une matrice de poids bornés connus sur le graphe $\mathcal{R} \subset S^2$ de portée R à voisinages de tailles uniformément bornées,

$$W = (w_{ij}, i,j \in S) \qquad \text{avec } w_{ii} = 0 \text{ et } w_{ij} = 0 \text{ si } \|i - j\| > R,$$
$$\exists M < \infty \text{ t.q. } \forall i,j : |w_{ij}| \leq M \text{ et } \sharp \partial i \leq M.$$

Le résultat de normalité asymptotique suivant n'exige pas que X soit gaussien.

Proposition 5.4. *Normalité de l'indice de Moran sous (H_0)*

Supposons que :

$$\exists \delta > 0 \ t.q. \ \sup_{i \in S} E(|X_i|^{4+2\delta}) < \infty \ et \ \liminf_n \frac{s_{1n}}{n} > 0.$$

Alors, sous l'hypothèse (H_0) d'indépendance spatiale, l'indice de Moran est asymptotiquement gaussien :

$$\frac{s_{0n}}{\sqrt{s_{1n}}} I_n^M \xrightarrow{loi} \mathcal{N}(0,1).$$

Démonstration : Montrons ce résultat dans le contexte simplifié où les variables X_i sont centrées. Il suffit de prouver la normalité asymptotique de C_n. Or :

$$C_n = \sum_{\widetilde{S}_n} Z_i, \quad \text{où } Z_i = X_i V_i \text{ et } V_i = \sum_j w_{ij} X_j$$

et $\widetilde{S}_n = \{i \in D_n \text{ t.q. } \partial i \subseteq D_n\}$. Mais, sous (H_0), les variables $Z_i = X_i V_i$ sont $2R$-dépendantes, c-à-d indépendantes dès que $\|i - j\| > 2R$. D'autre part, leurs moments d'ordre $2 + \delta$ sont uniformément bornés. Ainsi Z satisfait les conditions d'un TCL pour champ mélangeant (cf. B.3) : sous (H_0), I_n est asymptotiquement gaussien.

$\square$

Calcul exact de l'espérance et de la variance de I_n^M si X est gaussien

Si les X_i sont i.i.d. $\mathcal{N}(\mu, \sigma^2)$, le résultat précédent peut être précisé car on sait alors calculer les moments exacts de I_n^M. On a, sous (H_0) et sous hypothèse gaussienne [45] :

$$E(I_n^M) = -\frac{1}{n-1} \quad \text{et} \quad Var(I_n^M) = \frac{n^2 s_{1n} - n s_{2n} + 3 s_{0n}^2}{(n^2 - 1) s_{0n}^2} - \frac{1}{(n-1)^2},$$

où $s_{2n} = \sum_{i \in D_n} (w_{i.} + w_{.i})^2$, $w_{i.} = \sum_{i \in D_n} w_{ij}$ et $w_{.j} = \sum_{j \in D_n} w_{ij}$. Le calcul de ces deux moments repose sur le résultat suivant de Pitman :

Proposition 5.5. *Soit $X = (X_1, X_2, \ldots, X_n)$ un n-échantillon $\mathcal{N}(0, 1)$, $h(X)$ une fonction réelle homogène de degré 0 de X et $Q(X) = \sum_{i=1}^n X_i^2$. Alors les variables $h(X)$ et Q sont indépendantes.*

Preuve. Si $v < 1/2$, on a,

$$M(u, v) = \mathbb{E}(\exp\{iuh(X) + vQ(X)\})$$

$$= (2\pi)^{-n/2} \int_{\mathbb{R}^n} \exp\{iuh(x) - \frac{1}{2}(1 - 2v)Q(x)\} \, dx_1 dx_2 \ldots dx_n.$$

Effectuons le changement de variable : pour $j = 1, \ldots, n$, $x_j = y_j \sqrt{1 - 2v}$. h étant homogène de degré 0, $h(x) = h(y)$ et

$$M(u, v) = (2\pi)^{-n/2} \times (1 - 2v)^{-n/2} \int_{\mathbb{R}^n} \exp\{iuh(y) - (1/2)Q(y)\} dy_1 dy_2 \ldots dy_n$$

$$= (1 - 2v)^{-n/2} \mathbb{E}(\exp\{iuh(X)\})$$

$h(X)$ et $Q(X)$ sont donc indépendants. $\qquad \square$

Ce résultat permet de calculer les moments de l'indice de Moran $I = P/Q$, rapport de formes quadratiques : I, homogène de degré 0, est indépendant de $Q(X)$ et donc, pour tout $p \geq 1$,

$$E(P^p) = E(I^p Q^p) = E(I^p)E(Q^p) \text{ soit } E(I^p) = \frac{E(P^p)}{E(Q^p)}.$$

Reste alors à évaluer les moments des formes quadratiques du numérateur et du dénominateur. Notons que ce résultat reste vrai si $(X_1, X_2, \ldots, X_n)$ est un n-échantillon $\mathcal{N}(\mu, \sigma^2)$: il suffit de remplacer $\sum_{i=1}^n X_i^2$ par $Q(X) = \sum_{i=1}^n (X_i - \overline{X})^2$. Pour l'identification des moments, on remarquera que $Q(X)$ suit alors une loi $\sigma^2 \chi_{n-1}^2$.

5.2.3 L'indice de Geary

L'indice de Geary mesure la dépendance spatiale comme un variogramme :

$$I_n^G = \frac{(n-1)\sum_{i,j\in D_n} w_{ij}(X_i - X_j)^2}{2s_{0n}\sum_{i\in D_n}(X_i - \overline{X})^2}.$$

I^G est d'autant plus petit que des valeurs semblables apparaissent en des sites voisins, d'autant plus grand sinon. I^G est sensible aux différences importantes pour des couples de points voisins là où I^M est sensible aux données extrêmes de X.

Sous les conditions de la proposition (5.4) et sous (H_0), I_n^G est asymptotiquement gaussien :

$$\sqrt{\frac{s_{0n}}{2s_{1n} + s_{2n}}}(I_n^G - 1) \sim \mathcal{N}(0,1).$$

Si X est gaussien, on a, exactement :

$$\mathbb{E}(I_n^G) = 1, \qquad Var(I_n^G) = \frac{(2s_{1n} + s_{2n})(n-1) - 4s_{2n}}{2(n+1)s_{0n}}.$$

5.2.4 Test de permutation d'indépendance spatiale

D'une façon générale, la loi permutationnelle d'une statistique réelle $I(X)$ de $X = (X_i,\ i = 1,\ldots,n)$, conditionnellement aux n valeurs observées ($x_i,\ i = 1,\ldots n$), est la loi uniforme sur l'ensemble des valeurs $I_\sigma = I(x_\sigma)$ de I pour les $n!$ permutations σ de $\{1, 2, \ldots, n\}$. Le niveau de significativité bilatéral (resp. unilatéral) associé est :

$$p_a = \frac{1}{n!}\sum_\sigma \mathbf{1}\{|I_\sigma| > a\} \qquad (\text{resp. } p_a^* = \frac{1}{n!}\sum_\sigma \mathbf{1}\{I_\sigma > a\}).$$

Lorsque l'énumération de toutes les permutations n'est pas possible, on recourt à la méthode Monte Carlo en choisissant au hasard, pour m assez grand, m permutations $\{\sigma_1, \sigma_2, \ldots, \sigma_m\}$ pour lesquelles on calcule les valeurs I_σ et les seuils de Monte Carlo associés p_a^{MC} et p_a^{MC*}.

Pour tester l'hypothèse d'indépendance (H_0) : les X_i sont *i.i.d.*, sans connaître la loi commune aux X_i, on pourra utiliser la loi permutationnelle de l'indice de Moran et/ou de l'indice de Geary. La justification du test est que, sous (H_0), une permutation des $\{X_i\}$ ne change pas la loi globale de X,

$$(X_i,\ i = 1,\ldots,n) \sim (X_{\sigma(i)},\ i = 1,\ldots,n).$$

L'avantage d'une méthode permutationnelle est de fournir un test approché non-asymptotique sans faire d'hypothèse sur la loi de X.

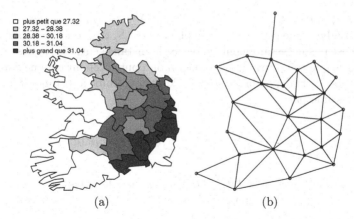

□ plus petit que 27.32
□ 27.32 – 28.38
▨ 28.38 – 30.18
▨ 30.18 – 31.04
■ plus grand que 31.04

(a)   (b)

Fig. 5.9. (a) Pourcentage de la population présentant le groupe sanguin A dans les 26 comtés de l'Irlande ; (b) graphe d'influence $\mathcal{R}$ (symétrique) sur les 26 comtés.

Tableau 5.4. Taux du groupe sanguin A : indices de Moran et de Geary et statistiques associées.

	Index	t^a	p^a	p^a_{MC}
Moran	0.554	4.663	0	0.001
Geary	0.380	-4.547	0	0.001

Si les n valeurs observées (x_i, $i = 1, \ldots, n$) sont différentes, l'espérance $\mathbb{E}_P$ de l'indice de Moran I^M sous la loi permutationnelle vaut, sous (H_0) (cf. Ex. 5.3) :

$$\mathbb{E}_P(I_n^M) = -\frac{1}{n-1}.$$

Exemple 5.5. Pourcentage du groupe sanguin A dans 26 comtés de l'Irlande

La Fig. 5.9 représente le pourcentage des individus de groupe sanguin A dans les 26 comtés de l'Irlande (cf. [45] et les données **eire** du package **spdep**). La Fig. 5.9-a montre une ressemblance claire entre voisins, deux comtés étant voisins s'ils ont une frontière commune (cf. Fig. 5.9-b). On calcule (cf. Tableau 5.4) les indices de Moran et Geary $t^a = (I^a - E(I^a))/\sqrt{Var(I^a)}$, $a = M, G$ (cf. **spdep**) pour cette relation de voisinage et $w_{ij} = 1/|\partial i|$ pour $(i, j) \in \mathcal{R}$, 0 sinon, ainsi que les niveaux de significativité p^a (gaussien) et p^a_{MC} (pour la loi permutationnelle avec $m = 1000$). Les résultats confirment cette dépendance spatiale.

D'autres statistiques de test de permutation d'indépendance spatiale

D'autres statistiques que l'indice de Moran ou l'indice de Geary peuvent être retenues pour tester l'indépendance spatiale. Suivant Peyrard et al. [173], considérons un champ $X = \{X_{i,j}, (i, j) \in S\}$ observé sur la grille régulière

$S = \{(i,j) : i = 1,\ldots,I\,; j = 1,\ldots,J\}$, X mesurant le degré de gravité d'une maladie d'une espèce végétale plantée sur S. Bien que S soit régulier, la maille n'est pas nécessairement carrée. Si la distance entre les lignes i est plus importante que celle entre les colonnes j, on pourra retenir comme statistique d'évaluation de la dépendance spatiale le variogramme à distance d le long de la ligne, estimé par :

$$\Gamma(d) = \widehat{\gamma}(0,d) = \frac{1}{I(J-1)} \sum_{i=1}^{I} \sum_{j=1}^{J-d} (X_{i,j} - X_{i,j+d})^2, \qquad d \geq 1.$$

Pour tester l'*indépendance totale* (H_0^G) entre tous les sites, on considérera les permutations Σ sur l'ensemble S de tous les sites et les valeurs associées,

$$\Gamma_\Sigma(d) = \frac{1}{I(J-1)} \sum_{i=1}^{I} \sum_{j=1}^{J-d} (X_{\Sigma(i,j)} - X_{\Sigma(i,j+d)})^2, \qquad d \geq 1.$$

Le test de Monte Carlo de (H_0^G) peut être réalisé pour toute distance d en construisant une bande de confiance pour $\gamma(0,d)$ avec des quantiles prédéterminés sur la base de m permutations globales Σ choisies au hasard (cf. Fig. 5.11-a) : si $\widehat{\gamma}(0,d)$ sort significativement de cette bande, on rejetera (H_0^G).

Pour tester l'*indépendance entre les lignes* i, (H_0^L), on retiendra comme indicateurs les variogrammes à distance d le long des colonnes et on les comparera à ceux calculés pour des permutations σ portant sur les seuls indices de ligne i :

$$\Delta(d) = \widehat{\gamma}(d,0) = \frac{1}{J(I-1)} \sum_{i=1}^{I-d} \sum_{j=1}^{J} (X_{i+d,j} - X_{i,j})^2, \qquad d \geq 1,$$

$$\widehat{\gamma}_\sigma(d,0) = \frac{1}{J(I-1)} \sum_{i=1}^{I-d} \sum_{j=1}^{J} (X_{\sigma(i)+d,j} - X_{\sigma(i),j})^2, \qquad d \geq 1.$$

Le test Monte Carlo de (H_0^L) est alors construit sur la base de m permutations de lignes σ choisies au hasard (cf. Fig. 5.11-b). D'autres choix de permutations sont possibles pour tester cette hypothèse.

Exemple 5.6. Dépérissement de la lavande

D'autres méthodes de permutations appliquées à d'autres tests (homogénéité spatiale, indépendance de deux champs X et Y, indépendance conditionnelles, etc.) sont examinées dans [173] afin d'explorer des données sur une grille régulière. Considérons l'une de leurs études.

Une parcelle comporte $I = 11$ lignes et $J = 80$ colonnes de plants de lavande. Deux plants consécutifs d'une même ligne sont espacés de 20 cm alors que les lignes de culture sont espacées de 1 m. La parcelle est atteinte

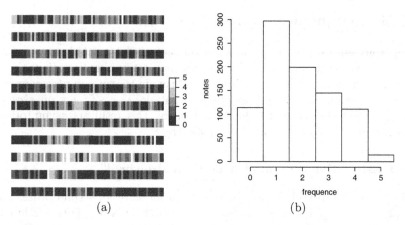

(a)   (b)

Fig. 5.10. (a) Répartition spatiale des notes (de 1 à 5) de dépérissement de la lavande cultivée du plateau de Sault ; (b) histogramme des notes de dépérissement (Peyrard et al. [173].)

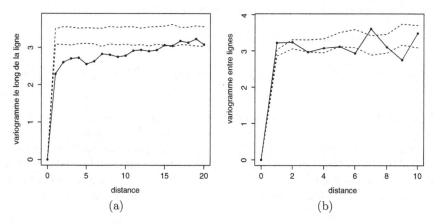

(a)   (b)

Fig. 5.11. (a) Test d'indépendance totale par permutation ; (b) Test d'indépendance entre lignes. Les courbes en pointillés correspondent aux limites de confiance à 2.5% et 97.5%.

de dépérissement (le mycoplasme) et on note de 0 (sain, pixels noirs) à 5 (fortement atteint, pixels blancs) l'état sanitaire de chaque plan (cf. Fig. 5.10). Les résultats des tests sont donnés pour $m = 200$ permutations et des niveaux de confiance 2.5% et 97.5%. Pour le test d'indépendance globale (H_0^G) (cf. Fig. 5.11-a), $\Gamma(d)$ sort toujours de la bande de confiance construite : il n'y a pas indépendance globale. Pour le deuxième test (H_0^L) d'indépendance entre les lignes (cf. Fig. 5.11-b), $\Delta(d)$ sort de la bande de confiance pour $d = 1, 6$ et 7, se plaçant à sa limite pour $d = 2, 3$ et 5 : on rejette également l'indépendance entre les lignes.

5.3 Statistique des champs du second ordre

Supposons que X soit un champ réel du second ordre défini sur un réseau discret S. Nous examinerons d'abord le cas où X est un champ stationnaire sur $S = \mathbb{Z}^d$, puis celui où X est un champ AR sur un réseau non-nécessairement régulier et enfin le cas d'une régression spatiale $X = Z\delta + \varepsilon$ où ε est un résidu champ spatial centré du second ordre. Des résultats asymptotiques sont présentés dans le cas où X est gaussien.

5.3.1 Estimation d'un modèle stationnaire sur $\mathbb{Z}^d$

Soit X un champ réel sur $\mathbb{Z}^d$, centré et stationnaire au second ordre. Pour simplifier, on supposera que l'observation $X(n)$ de X est faite sur le cube $D_n = \{1, 2, \ldots, n\}^d$, le nombre d'observations étant $N = n^d = \sharp(D_n)$. Au problème des effets de bord près, les résultats présentés ici généralisent de façon naturelle ceux obtenus pour une série chronologique stationnaire $(d = 1)$.

Covariance empirique et rabotage des données

La covariance empirique à distance $k \in \mathbb{Z}^d$ vaut :

$$\widehat{C}_n(k) = \frac{1}{N} \sum_{i, i+k \in D_n} X_i X_{i+k}, \qquad k \in \mathbb{Z}^d. \tag{5.12}$$

Le choix d'une normalisation commune par N^{-1} pour tous les k fait de $\widehat{C}_n(\cdot)$ une fonction s.d.p., de support $\Delta(n) = D_n - D_n = \{i - j : i, j \in D_n\}$.

En statistique spatiale, les *effets de bord* de D_n augmentent avec la dimension d du réseau : en effet, à $N = n^d$ nombre d'observations fixé, le pourcentage de points au bord de D_n est en $dn^{-1} = dN^{-1/d}$, nombre qui augmente avec d. Ainsi, pour les covariances empiriques, un calcul simple montre que :

$$\lim_n \sqrt{N} E(\widehat{C}_n(k) - C(k)) = \begin{cases} 0 & \text{si } d = 1 \\ -\{|k_1| + |k_2|\} & \text{si } d = 2 \\ +\infty & \text{si } d > 2 \text{ et } k \neq 0 \end{cases}.$$

Sur $\mathbb{Z}$, l'effet de bord, en $n^{-1} = N^{-1}$, est sans conséquence sur le biais asymptotique ; sur $\mathbb{Z}^2$, il est en $N^{-1/2}$ et devient significatif, du même ordre que la vitesse $N^{-1/2}$; pour $d \geq 3$, ce biais est dominant.

Pour éliminer ce biais, une première solution consiste à remplacer dans l'expression de la covariance empirique la normalisation en N^{-1} par $N(k)^{-1}$ où $N(k)$ est le nombre de couples (X_i, X_{i+k}) intervenant dans (5.12) ; mais rien ne garantit alors la s.d.p. de la covariance estimée.

Pour remédier à ces inconvénients, Tukey [216] définit des données $X^w(n)$ *rabotées* au bord de D_n (*tapered data*) par le rabot w. Pour $d = 1, 2, 3$ et pour un rabotage convenable, ces estimateurs ne présentent pas les défauts soulignés précédemment, ceci sans perte d'efficacité. Le rabotage peut aussi améliorer l'analyse statistique car il diminue le poids des observations au bord du domaine, observations qui souvent s'écartent du modèle.

Définissons ce rabotage. Soit $w : [0,1] \longrightarrow [0,1]$, $w(0) = 0$, $w(1) = 1$, un *profil de rabotage* croissant de classe $\mathcal{C}^2$. Le w-rabot rabotant $100(1-\rho)\%$ des données de bord est défini, pour $0 \leq \rho \leq 1$, par :

$$h(u) = \begin{cases} w(2u/\rho) & \text{si } 0 \leq u \leq \rho/2 \\ 1 & \text{si } \rho/2 \leq u \leq 1/2 \end{cases} \quad \text{et}$$

$$h(u) = h(1-u), \qquad \text{pour } 1/2 \leq u \leq 1.$$

Par exemple, le rabot de Tukey-Hanning est $w(u) = 2^{-1}(1 - \cos\pi u)$. Les données rabotées $X^w(n)$ sont :

$$X_i^w = a_n(i)X_i, \text{ où } a_n(i) = \prod_{k=1}^{d} h\left(\frac{i_k - 0.5}{n}\right), \qquad i \in D_n.$$

La covariance empirique rabotée $\widehat{C}_n^w$ s'obtient alors à partir des données rabotées $X^w(n)$: pour $d = 1, 2, 3$ et un choix $\rho_n = o(n^{-1/4})$, le biais d'un estimateur "raboté" n'est pas contribuant (Dalhaus et Künsch [57] ; [96, Ch. 4]).

Pseudo-vraisemblance gaussienne de Whittle

Supposons que X soit paramétré par sa densité spectrale f_θ, où θ est intérieur à Θ, un compact de $\mathbb{R}^p$. Le spectrogramme raboté

$$I_n^w(\lambda) = \frac{1}{(2\pi)^d} \sum_k \widehat{C}_n^w(k) e^{i\lambda k}$$

n'est autre que l'estimation de $f_\theta(\lambda)$ associée aux covariances empiriques rabotées : comme pour une série temporelle, $I_n^w(\lambda)$ est un mauvais estimateur de $f_\theta(\lambda)$ à fréquence fixée. Par contre, sous forme intégrée, le spectrogramme (raboté) conduit à de bonnes estimations. En particulier, si X est gaussien, Whittle [222] a montré qu'une bonne approximation de la log-vraisemblance de $X(n)$ est, à une constante additive près, égal à $-2U_n(\theta)$ où :

$$U_n(\alpha) = \frac{1}{(2\pi)^d} \int_{T^d} \left\{ \log f_\alpha(\lambda) + \frac{I_n^w(\lambda)}{f_\alpha(\lambda)} \right\} d\lambda, \qquad T = [0, 2\pi[. \qquad (5.13)$$

De plus, que X soit gaussien ou non, la minimisation de U_n conduit à une bonne estimation de θ sous des conditions raisonnables : $-2U_n(\theta)$ est appelée la *pseudo log-vraisemblance de Whittle* ou encore *pseudo log-vraisemblance gaussienne* de X. Si $(c_k(\theta), k \in \mathbb{Z}^d)$ sont les coefficients de Fourier de f_θ^{-1}, une autre expression de U_n est obtenue à partir de l'identité :

$$(2\pi)^{-d} \int_{T^d} I_n^w(\lambda) f_\alpha^{-1}(\lambda) d\lambda = \sum_k c_k(\theta) \widehat{C}_n^w(k).$$

Soit $\widehat{\theta}_n = \underset{\alpha \in \Theta}{\arg\min}\, U(\alpha)$ un estimateur du minimum de contraste U_n (cf. Appendice C). Présentons les propriétés asymptotiques de $\widehat{\theta}_n$ lorsque X est un champ gaussien. Pour cela, notons :

$$\Gamma(\theta) = (2\pi)^{-d} \int_{T^d} \{(\log f)_\theta^{(1)}\,^t(\log f)_\theta^{(1)}\}(\lambda)d\lambda,$$

$$e(h) = \left[\int_0^1 h^4(u)du\right]\left[\int_0^1 h^2(u)du\right]^{-2}$$

et supposons que

(W1) : Il existe $0 < m \leq M < \infty$ t.q. $m \leq f_\theta \leq M$.

(W2) : θ est identifiable, c.a.d. $\theta \mapsto f_\theta(.)$ est injective.

(W3) : $f_\theta(\lambda)$ est indéfiniment dérivable en λ; $f_\theta^{(2)}$ existe et est continue en (θ, λ).

Théorème 5.1. *[57; 96] Si X est un champ gaussien stationnaire vérifiant (W), alors $\widehat{\theta}_n \xrightarrow{Pr} \theta$. De plus, si $\Gamma^{-1}(\theta)$ existe, on a, pour les dimensions $d \leq 3$,*

$$n^{d/2}(\widehat{\theta}_n - \theta) \xrightarrow{loi} \mathcal{N}_p(0, e^d(h)\Gamma^{-1}(\theta)).$$

Commentaires :

1. Les hypothèses (W) sont vérifiées si X est un ARMA, un SAR ou un CAR identifiable.

2. L'hypothèse (W3) implique que X soit exponentiellement α-mélangeant : en effet, si f est analytique, les covariances de X décroissent exponentiellement et X étant gaussien, cela implique que X est exponentiellement mélangeant (cf. Appendice B, B.2). Cette faible dépendance jointe au TCL pour un champ α-mélangeant (B.3) permet d'obtenir la normalité asymptotique du gradient $U_n^{(1)}(\theta)$ du contraste (condition (N2) du C.2.2). L'hypothèse $f \in \mathcal{C}^\infty$ en λ peut être affaiblie.

3. Le résultat est vrai sans rabotage ($e(h) = 1$) pour $d = 1$. Pour les dimensions $d = 2$ et 3, on peut choisir un h_n-rabotage tel que $e(h_n) \downarrow 1$. Dans ce cas, $\widehat{\theta}_n$ est asymptotiquement efficace.

4. Le test d'une sous-hypothèse définie par une contrainte $(H_0) : C(\theta) = 0$, où $C : \mathbb{R}^k \longrightarrow \mathbb{R}^l$ est régulière de classe $\mathcal{C}^2$, s'obtiendra en constatant que $C(\widehat{\theta}_n)$ est asymptotiquement gaussien et centré sous (H_0).

5. Si X n'est pas gaussien, on a encore convergence la gaussienne de $\widehat{\theta}_n$ si X est stationnaire à l'ordre 4, X_0 admettant un moment d'ordre $4 + \delta$ pour un $\delta > 0$ et si le coefficient de α-mélange de X décroît assez vite [57; 96]. La variance asymptotique de $\widehat{\theta}_n$ vaut alors

$$Var(n^{d/2}\widehat{\theta}_n) \sim e^d(h)\Gamma^{-1}(\theta)[\Gamma(\theta) + B(\theta)]\Gamma^{-1}(\theta),$$

où $f_{4,\theta}$ est la densité spectrale des cumulants d'ordre 4 (cf. [96]), nulle si X est gaussien, et,

$$B(\theta) = \frac{(2\pi)^d}{4} \int_{T^{2d}} \frac{f_{4,\theta}(\lambda, -\lambda, \mu)}{f_\theta(\lambda) f_\theta(\mu)} (\log f_\theta)^{(1)}(\lambda) \; {}^t(\log f_\theta)^{(1)}(\mu) d\lambda d\mu.$$

Identification d'un $CAR(M)$ gaussien par contraste de Whittle pénalisé

Soit $M \subset (\mathbb{Z}^d)^+$, le demi-plan positif de $\mathbb{Z}^d$ pour l'ordre lexicographique, $m = \sharp M$. Si X est un $CAR(P_0)$ gaussien où $P_0 \subseteq M$, l'objectif est d'identifier P_0 dans la famille des CAR de supports $P \subseteq M$, $\sharp P = p$. L'identification par contraste pénalisé (cf. Appendice C, C.3) consiste à estimer P_0 par :

$$\widehat{P}_n = \underset{P \subseteq M}{\operatorname{argmin}} \left\{ U_n(\widehat{\theta}_P) + \frac{c_n}{n} p \right\}$$

où $\widehat{\theta}_P = \underset{\theta \in \Theta_P}{\operatorname{argmin}} U_n(\theta)$. Θ_P est l'ensemble des $\theta \in \mathbb{R}^p$ tels que la densité spectrale f_θ du $CAR(P)$ associée est strictement positive partout. Ici, U_n est le contraste de Whittle et c_n est la vitesse de pénalisation portant sur la dimension du modèle. On a alors le résultat d'identification suivant [102, Prop. 8] : si

$$2C_0 \log\log n \le c_n \le c_0 n,$$

pour un $c_0 > 0$ assez petit et un $C_0 < \infty$ assez grand, alors,

$$\widehat{P}_n \longrightarrow P_0 \text{ en } P_{\theta_0}\text{-probabilité}.$$

5.3.2 Estimation d'un modèle auto-régressif

Un champ réel centré du second ordre observé sur $S = \{1, 2, \ldots, n\}$ est un vecteur aléatoire $X = X(n) = {}^t(X_1, X_2, \ldots, X_n) \in \mathbb{R}^n$ centré caractérisé par sa matrice de covariance $\Sigma = Cov(X)$. Examinons les deux situations d'autorégression spatiale (cf. 1.7.4) :

1. *L'auto-régression simultanée (SAR)* :

$$X_i = \sum_{j \in S: j \neq i} a_{i,j} X_j + \varepsilon_i,$$

où ε est un BB de variance σ^2. Si A est la matrice $A_{i,i} = 0$ et $A_{i,j} = a_{i,j}$ si $i \neq j$, $i, j \in S$, alors $X = AX + \varepsilon$ est bien défini dès que $(I - A)$ est inversible, sa covariance valant :

$$\Sigma = \sigma^2 \{ {}^t(I - A)(I - A) \}^{-1}. \tag{5.14}$$

Pour l'estimation, il faudra *s'assurer de l'identifiabilité* des paramètres A du SAR.

2. *L'auto-régression conditionnelle (CAR)* :

$$X_i = \sum_{j:j\neq i} c_{i,j} X_j + e_i \text{ où } Var(e_i) = \sigma_i^2 > 0 \text{ et } Cov(X_i, e_j) = 0 \text{ si } i \neq j.$$

Si C est la matrice $C_{i,i} = 0$ et $C_{i,j} = c_{i,j}$ si $i \neq j$, $i, j \in S$, et D la matrice diagonale de coefficients $D_{i,i} = \sigma_i^2$, le modèle s'écrit $(I - C)X = e$ et

$$\Sigma = D(I - C)^{-1}. \tag{5.15}$$

Dans la procédure numérique d'estimation, il ne faudra pas oublier d'imposer les contraintes, pour tout $i \neq j$: $c_{i,j}\sigma_j^2 = c_{j,i}\sigma_i^2$. Si $\sigma_i^2 = \sigma^2$ pour tout i (resp. si X est stationnaire), ces contraintes sont $c_{i,j} = c_{j,i}$ (resp. $c_{i-j} = c_{j-i}$).

Un *SAR* (resp. un *CAR*) est un *modèle linéaire* dans le paramètre A (resp. C). D'autre part, un *SAR* est un *CAR*, avec $C = {}^tA + A + {}^tAA$, mais on perd alors la linéarité en A. Pour de tels modèles, deux méthodes d'estimation sont envisageables :

1. Le maximum de vraisemblance si X est gaussien, pour la covariance (5.14) ou (5.15) suivant les cas. Si le modèle n'est pas gaussien, cette fonctionnelle "gaussienne" reste une bonne fonctionnelle d'estimation. La méthode est étudiée au paragraphe (5.3.4) dans le contexte de l'estimation d'une régression spatiale.

2. L'estimation par Moindres Carrés Ordinaires (MCO), naturelle puisque qu'un *AR* est un modèle linéaire en $\theta = A$ pour un *SAR*, en $\theta = C$ pour un *CAR*. Les MCO minimisent $\|\varepsilon(\theta)\|^2$ pour un *SAR*, $\|e(\theta)\|^2$ pour un *CAR*. Un avantage des MCO est de fournir un estimateur explicite facile à calculer.

Cependant, pour l'estimation des MCO, une différence importante apparaît entre les modélisations *SAR* et *CAR* :

Proposition 5.6. *L'estimation des MCO d'un modèle SAR est en général non-consistante. Celle d'un CAR est consistante.*

Preuve. La non-convergence des MCO pour un *SAR* est un résultat classique pour un modèle linéaire $Y = \mathcal{X}\theta + \varepsilon$ si les erreurs ε sont corrélées aux régresseurs $\mathcal{X}$ (équations simultanées en économétrie). Pour s'en convaincre, considérons le modèle *SAR* bilatéral sur $\mathbb{Z}^1$,

$$X_t = a(X_{t-1} + X_{t+1}) + \varepsilon_t, \qquad |a| < 1/2.$$

X étant observé sur $\{1, 2, \ldots, n\}$, l'estimation des MCO de a est

$$\widehat{a}_n = \frac{\sum_{t=2}^{n-1} X_t(X_{t-1} + X_{t+1})}{\sum_{t=2}^{n-1}(X_{t-1} + X_{t+1})^2}.$$

Notons $r(\cdot)$ la covariance de X. X étant ergodique, on vérifie facilement que, si $a \neq 0$,

$$\widehat{a}_n \longrightarrow \frac{r_1 - a(r_0 + r_2)}{r_0 + r_2} \neq a.$$

La consistance des MCO pour un CAR résulte des propriétés standards d'un modèle linéaire, les résidus conditionnels e_i étant décorrélés de la variable $\mathcal{X}(i) = \{X_j, \, j \neq i\}$ expliquant X_i, $i = 1, \ldots, n$. □

Les propriétés asymptotiques des MCO d'un CAR gaussien de variances résiduelles toutes égales à σ^2 seront précisées au §5.4.2 ; dans ce cas, les MCO coïncident avec le maximum de la pseudo-vraisemblance conditionnelle (PVC), X étant aussi un champ gaussien markovien (cf. 5.4.2).

5.3.3 Estimation du maximum de vraisemblance

Si X est un vecteur gaussien centré de $\mathbb{R}^n$ de covariance $\Sigma(\theta)$, l'estimateur du maximum de vraisemblance $\widehat{\theta}_n$ de θ maximise

$$l_n(\theta) = -\frac{1}{2} \left\{ \log |\Sigma(\theta)| + {}^t X \Sigma^{-1}(\theta) X \right\}.$$

Le calcul de $\widehat{\theta}_n$ nécessitant une méthode d'optimisation itérative, la difficulté numérique se situe dans le calcul du déterminant $|\Sigma(\theta)|$ et de la forme quadratique ${}^t X \Sigma^{-1}(\theta) X$. Pour une modélisation AR, on connaît la forme paramétrique de la covariance inverse Σ^{-1} et donc de ${}^t X \Sigma^{-1}(\theta) X$:

1. Pour un SAR : ${}^t X \Sigma^{-1}(\theta) X = \sigma^{-2} \| (I - A) X \|^2$; l'estimation du MV est

$$\widehat{\sigma}^2 = \sigma^2(\widehat{\theta}_n) = n^{-1} \left\| (I - A(\widehat{\theta}_n)) X \right\|^2, \quad \text{où}$$

$$\widehat{\theta}_n = \underset{\theta}{\mathrm{argmin}} \{ -2n^{-1} \log |I - A(\theta)| + \log(\sigma^2(\theta)) \}.$$

Le calcul itératif de $|\Sigma(\theta)|$ est simple pour certains modèles. Par exemple, pour le modèle SAR à un paramètre ρ : $(I - \rho W) X = \varepsilon$, W étant symétrique et $I - \rho W$ inversible, $|\Sigma(\theta)| = \sigma^{2n} |I - \rho W|^{-2}$ et $|I - \rho W| = \prod_{i=1}^n (1 - \rho w_i)$. Les valeurs propres $w_1 \leq w_2 \leq \ldots \leq w_n$ n'ont pas à être recalculées au cours des itérations et $\Sigma(\widehat{\rho})$ est d.p. si : (a) $\widehat{\rho} < w_n^{-1}$ si $0 \leq w_1$; (b) $\widehat{\rho} > w_1^{-1}$ si $w_n \leq 0$ et (c) $w_1^{-1} < \widehat{\rho} < w_n^{-1}$ si $w_1 < 0 < w_n$.

2. Pour un CAR, ${}^t X \Sigma^{-1}(\theta) X = \sigma_e^{-2} \, {}^t X (I - C) X$ si $\sigma_i^2 = \sigma_e^2$ pour $i = 1, \ldots, n$:

$$\widehat{\sigma}_e^2 = \sigma_e^2(\widehat{\theta}_n) = n^{-1 t} X (I - A(\widehat{\theta}_n)) X, \quad \text{où}$$

$$\widehat{\theta}_n = \underset{\theta}{\mathrm{argmin}} \{ -2n^{-1} \log |I - A(\theta)| + \log(\sigma_e^2(\theta)) \}.$$

Pour le CAR à un paramètre ρ : $(I - \rho W) X = e$, $|\Sigma(\theta)| = \sigma_e^{2n} |I - \rho W|^{-1}$ et $|I - \rho W| = \prod_{i=1}^n (1 - \rho w_i)$.

5.3.4 Estimation d'une régression spatiale

Une régression spatiale (cf. 1.8) s'écrit, pour $\varepsilon = (\varepsilon_s)$ un champ centré du second ordre,

$$X = Z\delta + \varepsilon. \tag{5.16}$$

où Z la matrice $n \times q$ des conditions exogènes est observée et $\delta \in \mathbb{R}^q$.

Des *modélisations linéaires* de la tendance $E(X)$ sont fournies par les modèles d'analyse de la variance (exogènes Z qualitatives, à un ou plusieurs facteurs), des modèles de régression (Z quantitatives de $\mathbb{R}^q$), des surfaces de réponses $E(X_s) = f(s)$ ou des modèles d'analyse de la covariance (Z de nature mixte). Par exemple :

1. Modèle additif à deux facteurs $I \times J$ ($q = I + J - 1$) :

$$E(X_{i,j}) = \mu + \alpha_i + \beta_j, \qquad i = 1, \ldots, I \text{ et } j = 1, \ldots, J,$$

$$\alpha. = 0, \qquad \beta. = 0.$$

2. Surface de réponse quadratique en $(x, y) \in \mathbb{R}^2$ ($q = 6$) :

$$E(X_{x,y}) = \mu + ax + by + cx^2 + dy^2 + exy.$$

3. Pour z_i une exogène,
$$E(X_i) = {}^t g(z_i)\delta,$$

où $g : E \longrightarrow \mathbb{R}^q$ est connue.

4. Le modèle combine une surface de réponse, une régression et une d'analyse de la variance :

$$E(X_s \mid i, z) = \mu_i + ax + by + {}^t g(z)\delta.$$

Estimation de la régression par MCO

L'estimation des MCO de δ est :

$$\widetilde{\delta} = ({}^t ZZ)^{-1} \, {}^t ZX.$$

Cet estimateur est sans biais, de variance, si $\Sigma = Var(\varepsilon)$,

$$Var(\widetilde{\delta}) = \Delta = ({}^t ZZ)^{-1} \, {}^t Z\Sigma Z \, ({}^t ZZ)^{-1}.$$

Si X est gaussien, $\widetilde{\delta} \sim \mathcal{N}_q(\delta, \Delta)$. Il faut noter :

1. $\widetilde{\delta}$ n'est pas efficace (c'est l'estimateur des MCG qui l'est, cf. (5.18) et § 5.3.4).

2. Si, pour tout i, $Var(\varepsilon_i) = \sigma^2$, l'estimateur habituel de σ^2 basé sur les résidus estimés $\widetilde{\varepsilon} = X - Z\widetilde{\delta}$ est en général biaisé.

3. La statistique habituelle d'un test F de sous-hypothèse portant sur δ déduite de cette estimation ne suit pas en général une loi de Fisher.

4. L'intérêt des MCO est d'être un bon estimateur n'exigeant pas de connaître la structure spatiale Σ : il servira comme estimateur initial dans une procédure itérative d'estimation (cf. § 5.3.4).

Si $\widetilde{\delta}$ est consistant, les MCO permettront d'estimer Σ et de rendre "réalisable" la procédure des MCG. Donnons des conditions assurant cette consistance et précisant la vitesse de consistance. Si A est une matrice symétrique s.d.p., on notera $\lambda_M(A)$ (resp. $\lambda_m(A)$) la plus grande (resp. la plus petite) valeur propre de A. En faisant dépendre l'écriture des matrices Z de (5.16) et $\Sigma = Cov(\varepsilon)$ de n, on a la propriété suivante :

Proposition 5.7. *L'estimateur $\widetilde{\delta}_n$ des MCO est consistant sous les deux conditions suivantes :*

(i) $\lambda_M(\Sigma_n)$ *est uniformément bornée en n.*

(ii) $\lambda_m(\,^t Z_n Z_n) \to \infty$ *si $n \to \infty$ ou encore $(\,^t Z_n Z_n)^{-1} \to 0$.*

Démonstration : $\widetilde{\delta}$ étant sans biais, il suffit de vérifier que la trace (notée tr) de $Var(\widetilde{\delta})$ tend vers 0. Utilisant l'identité $tr(AB) = tr(BA)$, on a, pour $A = (\,^t ZZ)^{-1}\,^t Z$ et $B = \Sigma Z\,(\,^t ZZ)^{-1}$:

$$tr(Var(\widetilde{\delta})) = tr(\Sigma Z(\,^t ZZ)^{-2}\,^t Z) \le \lambda_M(\Sigma)tr(Z(\,^t ZZ)^{-2}\,^t Z)$$

$$= \lambda_M(\Sigma)tr((\,^t ZZ)^{-1}) \le q\frac{\lambda_M(\Sigma)}{\lambda_m(\,^t ZZ)} \xrightarrow[n\to\infty]{} 0.$$

La première inégalité est une conséquence de la majoration, pour Σ et V deux matrices $n \times n$ symétriques et s.d.p. :

$$tr(\Sigma V) \le \lambda_M(\Sigma)tr(V).$$

$\square$

Commentaires :

1. La condition (ii) porte sur le *dispositif expérimental* exogène (Z_n). Si par exemple $(\,^t Z_n Z_n)/n \longrightarrow Q$, où Q est d.p., alors (ii) est satisfaite et la vitesse de convergence en variance est en n^{-1}. Cette condition est satisfaite si, pour $n = m \times r$, Z_n est la répétition de m fois un dispositif fixe R_0 de dimension $r \times q$ de rang plein q $(Q = (\,^t R_0 R_0)/m)$.

2. (i) porte sur le *modèle spatial* Σ et est satisfaite si la covariance γ de X vérifie :

$$\sup_{i \in S} \sum_{j \in S} |\gamma(i,j)| < \infty.$$

Cette condition est satisfaite si X est un ARMA, un SAR ou un CAR stationnaire.

Preuve : Ecrivons $\Sigma_n \equiv \Sigma = (\gamma(i,j))$. Soit $v = (v_1, v_2, \ldots, v_n)$ un vecteur propre non-nul associé à une v.p. $\lambda \geq 0$ de Σ, i_0 vérifiant $|v_{i_0}| = \max_i |v_i|$. $|v_{i_0}|$ est > 0 et l'égalité $\Sigma v = \lambda v$ donne, pour la coordonnée i_0 :

$$\lambda v_{i_0} = \sum_{j \in S} \gamma(i_0, j) v_j.$$

En divisant les deux membres de cette égalité par v_{i_0}, l'inégalité triangulaire appliquée à l'égalité précédente donne le résultat :

$$\sup\{\lambda : \text{valeur propre de } \Sigma\} \leq \sup_{i \in S} \sum_{j \in S} |\gamma(i,j)| < \infty.$$

$\square$

Estimation de la régression par MC Quasi Généralisés

Considérons le modèle (5.16) et supposons dans un premier temps que $\Sigma = Cov(X) = \sigma^2 R$ est connue et inversible. Transformé par prémultiplication par $R^{-1/2}$, $X^* = R^{-1/2}X$ et $Z^* = R^{-1/2}Z$, le modèle (5.16) devient une régression à résidus ε^* bruit blanc BB(σ^2),

$$X^* = Z^* \delta + \varepsilon^*, \tag{5.17}$$

avec $E(\varepsilon^*) = 0$ et $Var(\varepsilon^*) = \sigma^2 Id_n$.

Le modèle (5.17) est donc un modèle linéaire standard et on sait (théorème de Gauss-Markov) que le meilleur estimateur linéaire, sans biais et de moindre variance pour δ est l'estimateur des Moindres Carrés Généralisés (MCG) :

$$\widehat{\delta}_{MCG} = ({}^t Z^* Z^*)^{-1}\, {}^t Z^* X^* = ({}^t Z \Sigma^{-1} Z)^{-1}\, {}^t Z \Sigma^{-1} X, \tag{5.18}$$

avec $Var(\widehat{\delta}_{MCG}) = ({}^t Z \Sigma^{-1} Z)^{-1}$. Si X est gaussien, les MCG coïncident avec le maximum de vraisemblance.

Cependant, en général, Σ n'est pas connue. Si $\Sigma = \Sigma(\theta)$ est de forme paramétrique connue, $\theta \in \mathbb{R}^p$ étant inconnue, la stratégie d'estimation de $\eta = (\delta, \theta) \in \mathbb{R}^{q+p}$ par *moindres carrés quasi généralisés (MCQG)* utilise l'algorithme en deux pas suivant :

1. Estimer δ par MCO : $\tilde{\delta} = ({}^t Z Z)^{-1}\, {}^t Z X$.

2. Calculer les résidus des MCO : $\tilde{\varepsilon} = X - Z\tilde{\delta}$.

3. Sur la base de $\tilde{\varepsilon}$, estimer $\tilde{\theta}$ par une des méthodes développées précédemment (par exemple 5.3-5.4 pour un variogramme).

4. Estimer Σ par $\tilde{\Sigma} = \Sigma(\tilde{\theta})$ puis δ par $MCG(\tilde{\Sigma})$.

Les étapes 2–4 peuvent être itérées jusqu'à la convergence numérique des estimations, donnant $\widehat{\delta}_{MCQG}$. Sous certaines conditions [75; 6] et si l'estimation $\tilde{\delta}$ des MCO de δ converge à une vitesse suffisante (par exemple $n^{1/4}$, cf. Prop. 5.7 et [75]), une itération suffit, les MCG et les $MCQG$ étant alors asymptotiquement équivalents :

$$\lim_n \sqrt{n}(\widehat{\delta}_{MCQG} - \widehat{\delta}_{MCG}) = 0 \text{ en probabilité}$$

et

$$\sqrt{n}(\widehat{\delta}_{MCQG} - \delta) \sim \mathcal{N}_p(0, \lim_n {}^t(Z_n \Sigma_n^{-1} Z_n)^{-1}).$$

Les $MCQG$ sont donc, pour n grand, de bons estimateurs. Étudions le cas d'une régression gaussienne.

MV pour une régression spatiale gaussienne

Supposons que $X \sim \mathcal{N}_n(Z\delta, \Sigma(\theta))$. Si $\Sigma(\theta) = \sigma^2 Q(\tau)$, $\theta = (\sigma^2, \tau)$, l'opposé $l(\delta, \theta)$ de la log-vraisemblance de $X(n)$ s'écrit, à une constante additive près :

$$2l(\delta, \theta) = \log|\Sigma(\theta)| + {}^t(X - Z\delta)\Sigma^{-1}(\theta)(X - Z\delta)$$

$$= n \log \sigma^2 + \log|Q(\tau)| + {}^t(X - Z\delta)Q^{-1}(\tau)(X - Z\delta)/\sigma^2.$$

L'estimation du MV à τ connue est donc :

$$\widehat{\delta} = ({}^tZQ^{-1}(\tau)Z)^{-1}{}^tZQ^{-1}(\tau)X, \tag{5.19}$$

$$\widehat{\sigma}^2 = (X - Z\widehat{\delta})Q^{-1}(\tau)(X - Z\widehat{\delta})/n. \tag{5.20}$$

Le profil $l^*(\tau)$ de la log-vraisemblance en τ s'obtient en remplaçant (δ, σ^2) par leurs estimations dans $l(\delta, (\sigma^2, \tau))$:

$$l^*(\tau) = -\frac{n}{2}\{\log[{}^tXQ^{-1}(\tau)(I - P(\tau))X] + \log|Q(\tau)| + n(1 - \log n)\}, \tag{5.21}$$

$$P(\tau) = Z({}^tZQ^{-1}(\tau)Z)^{-1t}ZQ^{-1}(\tau), \tag{5.22}$$

où P est la projection orthogonale pour la norme $\|\cdot\|_{Q^{-1}}$ sur l'espace engendré par les colonnes de Z. On estime alors τ par $\widehat{\tau}$ en maximisant (5.21), puis δ et σ^2 par (5.19) et (5.20) avec $\widehat{\tau}$.

Utilisant un résultat de Sweeting [210] sur la normalité asymptotique du MV, Mardia et Marshall [149] et Cressie [48, pp. 484–485] montrent que, sous certaines conditions, l'estimateur du MV de la régression $X \sim \mathcal{N}_n(Z\delta, \Sigma(\theta))$, $\widehat{\eta} = (\widehat{\delta}, \widehat{\theta})$ de η est consistant et asymptotiquement gaussien, la variance limite étant donnée par l'inverse de l'information de Fisher du modèle, $J(\delta, \theta) = E_{\delta, \theta}\{l^{(2)}(\delta, \theta)\}$.

Définissons les matrices :

$$\Sigma_i = \partial\Sigma/\partial\theta_i, \ \Sigma^j = \partial\Sigma^{-1}/\partial\theta_j, \ \Sigma_{ij} = \partial^2\Sigma/\partial\theta_i\partial\theta_j, \ \Sigma^{ij} = \partial^2\Sigma^{-1}/\partial\theta_i\partial\theta_j$$

et $t_{ij} = tr(\Sigma^{-1}\Sigma_i\Sigma^{-1}\Sigma_j)$ pour $i,j = 1,\ldots,p$. Notons par ailleurs $(\lambda_l, l = 1,\ldots,n)$ (resp. $(|\lambda_{i;l}|; i = 1,\ldots,p$ et $l = 1,\ldots,n)$, $(|\lambda_{i,j;l}|; i,j = 1,\ldots,p$ et $l = 1,\ldots,n))$ les valeurs propres de Σ (resp. Σ_i, Σ_{ij}) rangées par ordre croissant, et $\|G\| = tr(G {}^tG)$ la norme euclidienne d'une matrice G.

Théorème 5.2. *(Mardia-Marshall [149])*

Supposons que la régression spatiale $X \sim \mathcal{N}_n(Z\delta, \Sigma(\theta))$, $\delta \in \mathbb{R}^q$ et $\theta \in \mathbb{R}^p$, vérifie les conditions suivantes :

(MM-1) $\lambda_n \to e < \infty$, $|\lambda_{i;n}| \to e_i < \infty$ et $|\lambda_{i,j;n}| \to e_{ij} < \infty$ pour $i,j = 1, \ldots, p$

(MM-2) $\|\Sigma\|^{-2} = O(n^{-1/2-\kappa})$ pour un $\kappa > 0$

(MM-3) $t_{ij}/\sqrt{t_i t_j} \longrightarrow a_{ij}$ pour $i,j = 1, \ldots, p$ et $A = (a_{ij})$ est régulière

(MM-4) $({}^t ZZ)^{-1} \longrightarrow 0$

Alors :

$$J^{1/2}(\delta, \theta)\{(\widehat{\delta}, \widehat{\theta}) - (\delta, \theta)\} \xrightarrow{loi} \mathcal{N}_{q+p}(0, I_{q+p}),$$

où $J(\delta, \theta) = \begin{pmatrix} J_\delta & 0 \\ 0 & J_\theta \end{pmatrix}$ pour $J_\delta = {}^t Z \Sigma^{-1}(\theta) Z$ et $(J_\theta)_{ij} = (2^{-1}\mathrm{tr}(-\Sigma^j \Sigma_i))$.

Commentaires :

1. L'obtention de la forme analytique de $J(\delta, \theta)$ est donnée en C.4.1.

2. $J(\delta, \theta)$ ne dépend que de θ : dans la pratique, on estimera $J(\delta, \theta)$ soit en remplaçant θ par $\widehat{\theta}$, soit en utilisant la matrice d'information observée $l^{(2)}(\widehat{\delta}, \widehat{\theta})$.

3. $\widehat{\delta}$ et $\widehat{\theta}$ sont asymptotiquement indépendants.

4. Puisque $\Sigma^j = -\Sigma^{-1}\Sigma_j\Sigma^{-1}$ et $\Sigma_i = -\Sigma\Sigma^i\Sigma$,

$$(J_\theta)_{ij} = 2^{-1}\mathrm{tr}(\Sigma^{-1}\Sigma_j\Sigma^{-1}\Sigma_i) = 2^{-1}\mathrm{tr}(\Sigma^j \Sigma \Sigma^i \Sigma) = -2^{-1}\mathrm{tr}(\Sigma^i \Sigma_j).$$

   On utilisera la première expression de J_θ si $\Sigma(\theta)$ est de forme paramétrique connue (modèle de covariance ou de variogramme), la deuxième si c'est $\Sigma^{-1}(\theta)$ qui est de forme paramétrique connue (modèle SAR ou CAR).

5. Ce résultat de normalité asymptotique permet de construire des tests et des régions de confiance de façon jointe ou séparée pour (δ, θ). Par exemple, la région de confiance approchée au niveau α pour δ est, si $q(p; \alpha)$ le α-quantile d'un χ^2_p,

$$\{\delta : (\widehat{\delta} - \delta) J_{\widehat{\delta}}(\widehat{\delta} - \delta) \leq q(p; \alpha)\}.$$

Donnons un exemple d'identification de $J(\delta, \theta)$: Ord [167] considère la régression spatiale à résidus SAR,

$$X = Z\delta + \varepsilon, \qquad \varepsilon = (I - \theta W)e, \qquad e \sim \mathcal{N}_n(0, \sigma^2 I),$$

où $\theta \in \mathbb{R}$ et W est une matrice de poids connus. Les paramètres du modèle sont $(\delta, (\sigma^2, \theta)) \in \mathbb{R}^{q+2}$. Notant $F = I - \theta W$, $G = WF^{-1}$ et

$$\nu = -\sum_{1}^{n} \frac{w_i^2}{1 - \theta w_i^2},$$

où les (w_i) sont les valeurs propres de W, la matrice d'information $J(\delta, \theta)$ est bloc diagonale de coefficients :

$$J(\delta) = \frac{1}{\sigma^2}\, {}^t(FZ)FZ, \qquad\qquad J(\sigma^2) = \frac{n}{2\sigma^4},$$

$$J(\theta) = tr({}^tGG - \nu), \qquad\qquad J(\sigma^2, \theta) = \frac{tr(G)}{\sigma^2}.$$

Mardia et Marshall [149] précisent leur résultat si le résidu est stationnaire sur $\mathbb{Z}^d$ de covariance :

$$\gamma(i, j; \theta) = \sigma^2 \rho(i - j; \psi).$$

Notons $\rho_i = \partial\rho/\partial\theta_i$ et $\rho_{ij} = \partial^2\rho/\partial\theta_i\partial\theta_j$ pour $i, j = 1, \ldots, p$. Si ρ, les ρ_i et les ρ_{ij} sont sommables sur $\mathbb{Z}^d$ et si X est observé sur $\{1, 2, \ldots, n\}^d$, alors, sous les conditions (MM-3-4), le résultat du théorème (5.2) est vérifié.

Corollaire 5.1. *[149] Supposons que X, observé sur $\{1, n\}^d \subset \mathbb{Z}^d$, soit à résidus gaussiens stationnaires et que les corrélations ρ et ses dérivées ρ_i et $\rho_{ij}, i, j = 1, \ldots, p$, soient sommables sur $\mathbb{Z}^d$. Alors sous les conditions (MM-3) et (MM-4), le résultat du théorème précédent reste valable.*

Exemple 5.7. Pourcentage du groupe sanguin A dans 26 comtés de l'Irlande (suite)

Pour les données résumées par la Fig. 5.9, le test de Moran a indiqué une dépendance spatiale pour la variable "pourcentage". Cette dépendance peut provenir d'autres variables expliquant ce pourcentage, celui-ci étant par exemple plus élevé dans les régions de colonisation anglo-saxonne. Pour cela, on va considérer deux variables explicatives, l'une quantitative, `towns`, le nombre de villes par surface unitaire, et l'autre qualitative, `pale`, qui indique si le comté était ou non sous contrôle anglo-saxon.

La régression du pourcentage sur ces deux variables pour des résidus i.i.d. (modèle (a)) montre que seule `pale` est significative (cf. Tableau 5.5, modèle (a)).

La corrélation spatiale entre les résidus subsiste : pour l'indice de Moran des résidus $I^R = {}^trWr/{}^trr$, on a [7, p. 102] , s'il y a indépendance spatiale, $T = (I_R - E(I_R))/\sqrt{Var(I_R)} \sim \mathcal{N}(0, 1)$ avec $E(I_R) = tr(MW)/(n - p)$ et

$$Var(I_R) = \frac{tr(MWM\,({}^tW + W)) + \{tr(MW)\}^2}{(n - p)(n - p + 2)} - \{E(I_R)\}^2,$$

où $M = I - P$, P étant la projection orthogonale sur l'espace engendré par les covariables Z. La valeur calculée de T étant $t = 1.748$, la corrélation des résidus reste significative au niveau 10%. On propose alors un modèle (b) de régression avec `pale` comme seule covariable et un résidu SAR,

Tableau 5.5. Résultats de l'estimation par MV de plusieurs régressions spatiales sur les données `eire` : (a) modèle avec deux covariables `towns` et `pale` et erreurs i.i.d. gaussiennes ; (b) modèle avec `pale` comme seule covariable et erreurs SAR (écarts types estimés entre (·)).

	Modèles	
Coefficient	(a)	(b)
`Intercept`	27.573 (0.545)	28.232 (1.066)
`towns`	−0.360 (2.967)	–
`pale`	4.342 (1.085)	2.434 (0.764)
ρ	–	0.684 (0.148)

$$r = \rho W r + \varepsilon,$$

pour W la matrice de contiguïté spatiale du graphe de voisinage. Les résultats du MV (cf. Tableau 5.5, modèle (b)) montrent que le paramètre de dépendance ρ est significativement différent de zéro.

Exemple 5.8. Influence des implantations industrielles et de la consommation de tabac sur le cancer du poumon

Cet exemple reprend une étude épidémiologique spatiale de Richardson et al. [182] (cf. données `cancer-poumon` dans le site) portant sur la mortalité par cancer du poumon et ses liens avec l'implantation des industries métallurgiques (*metal*), mécaniques (*meca*) et textiles (*textile*), d'une part, et la consommation de cigarettes (*tabac*), d'autre part.

Lorsque des données épidémiologiques présentent une auto-corrélation spatiale, l'interprétation n'est pas la même s'il s'agit d'une maladie infectieuse (phénomène de diffusion spatiale locale) ou d'une maladie chronique comme c'est le cas ici. Dans ce cas, la corrélation peut trouver son origine dans des covariables présentant elles-mêmes des dépendances spatiales. Si certaines de ces variables sont observables, on les introduira dans une régression tout en veillant à proposer un modèle paramétriquement "parcimonieux". Si les résidus de cette régression restent corrélés, l'une des causes peut être que ces résidus "prennent en charge" d'autres facteurs spatiaux de risques cachés (variations géographiques, influences environnementales, etc).

La variable à expliquer Y (cf. Fig. 5.12) est le taux de mortalité standardisé du cancer du poumon (nombre de décès par cancer/nombre d'habitants) chez les hommes de 35 à 74 ans sur les deux années 1968–1969, taux mesuré sur 82 départements français (données INSERM-CépicDc IFR69).

Les ventes de cigarettes (SEITA) retenues sont celles de 1953, le décalage de 15 ans en arrière permettant de prendre en compte l'influence de la consommation de tabac sur le cancer du poumon. La régression étudiée est,

$$Y = X\beta + u, \qquad Y \text{ et } u \in \mathbb{R}^{82},$$

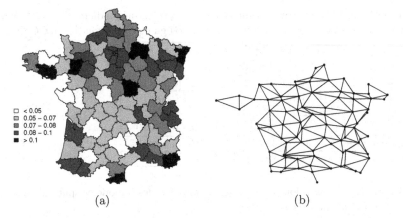

Fig. 5.12. (a) Taux (en pourcentage) de mortalité standardisé du cancer du poumon dans 82 départements français ; (b) graphe d'influence $\mathcal{R}$ (symétrique) sur les 82 départements.

notée (A) si on prend en compte uniquement les 3 variables industrielles et (B) si on ajoute la variable *tabac*. Cinq modèles spatiaux (paramètre θ) sont proposés pour le résidu : les deux premiers sont du type AR sur réseau, les trois suivants sont associés à une structure paramétrique isotropique de la covariance spatiale $\Sigma = Cov(u)$:

1. Le CAR gaussien $u_i = c \sum_{j \in \partial i} w_{ij} x_j + e_i$, $Var(e_i) = \sigma_e^2$ pour W la matrice de contiguïté spatiale des 82 départements.

2. Le SAR gaussien $u_i = b \sum_{j \in \partial i} w_{ij}^* x_j + \varepsilon_i$, $Var(\varepsilon_i) = \sigma_\varepsilon^2$ où W^* est la matrice W où chaque ligne a été normalisée à 1.

3. Le modèle disque : $\Sigma_{i,j} = \sigma^2 f_a(\|i - j\|_2)$.

4. Le modèle de Matérn de paramètres $(\sigma^2; a, \nu)$ (cf. 1.3.3).

5. Le modèle exponentiel pépitique : si $i \neq j$, $\Sigma_{i,j} = \sigma^2 \gamma \exp\{-\lambda \|i - j\|_2\}$, $\gamma \leq 1$ et $= \sigma^2$ sinon.

Le modèle de disque est l'équivalent en dimension 2 du modèle sphérique (cf. 1.3.3), la sphère de rayon a étant remplacée par le disque de rayon a. Notons que ces modèles ne sont pas emboîtés, les trois premiers de dimension 2, les deux derniers de dimension 3.

L'indice de Moran calculé pour la matrice de poids normalisés W^* montre que les variables sont spatialement corrélées (0.53 pour Y, 0.58 pour *tabac*, 0.41 pour *metal* et 0.26 pour *textile*) sauf la variable *meca* (0.12). De même, les résidus des MCO des régressions (A) et (B) sont significativement corrélés.

Le Tableau (5.6) donne le gain en log-vraisemblance entre les MCO (résidus u i.i.d) et chacun des modèles de résidu pour (A) et (B). Ce gain est également évalué par le critère de prédiction Press (Predictive Sum of Squares), somme des carrés des résidus conditionnels (ϵ_i) du modèle, résidus estimés par $\epsilon_i = u_i - \sum_{j:j \neq i} \frac{\sigma^{ij}}{\sigma^{ii}} u_j$ où $(\sigma^{ij})^{-1} = \widehat{\Sigma}(\widehat{\beta}, \widehat{\theta})$.

Tableau 5.6. Gain d'ajustement par MV (χ^2) et de prédiction (Press) pour 5 modèles de résidus et les régressions (A) et (B) en comparaison des MCO.

Régression	A	A	B	B
Modèle	χ^2	Press	χ^2	Press
MCO.	–	1.90×10^{-6}	–	0.96×10^{-6}
CAR	$\chi_1^2 = 25.6$	1.44×10^{-6}	$\chi_1^2 = 2.1$	0.94×10^{-6}
SAR	$\chi_1^2 = 32.0$	1.37×10^{-6}	$\chi_1^2 = 8.2$	0.87×10^{-6}
Disque	$\chi_1^2 = 9.7$	1.40×10^{-6}	$\chi_1^2 = 9.4$	0.88×10^{-6}
Expo+pépite	$\chi_2^2 = 30.4$	1.34×10^{-6}	$\chi_2^2 = 8.4$	0.86×10^{-6}
Matérn	$\chi_2^2 = 25.5$	1.41×10^{-6}	$\chi_2^2 = 8.6$	0.86×10^{-6}

Tableau 5.7. Estimation du MV des paramètres des 5 modèles spatiaux, sous (A) et sous (B) (e.t. pour écarts types).

Régression	A	A	B	B
Modèle	Paramètres	e.t.	Paramètres	e.t.
CAR	$\widehat{c} = 0.175$	0.005	$\widehat{c} = 0.077$	0.057
SAR	$\widehat{b} = 0.613$	0.103	$\widehat{b} = 0.353$	0.138
disque	$\widehat{a} = 94.31$	5.66	$\widehat{a} = 35.73$	4.92
expo+pépite	$\widehat{\gamma} = 0.745$	0.091	$\widehat{\gamma} = 0.554$	0.265
	$\widehat{\lambda} = 0.0035$	0.0018	$\widehat{\lambda} = 0.012$	0.008
Matérn	$\widehat{\nu} = 0.305$	–	$\widehat{\nu} = 0.228$	–
	$\widehat{a} = 112.36$	16.41	$\widehat{a} = 75.19$	23.74

Le quantile d'un χ_1^2 à 95% valant 3.841 (resp. 5.911 pour un χ_2^2), les modélisations spatiales améliorent significativement le modèle de résidus i.i.d. sauf le CAR-(B). L'amélioration de la prédiction est de l'ordre de 30% pour (A) et de (10%) pour (B), la prise en compte de la variable *tabac* faisant, comme attendu, décroître la statistique du χ^2 et le critère Press.

Le Tableau (5.7) donne les estimateurs du MV des paramètres spatiaux et leurs écarts types. Tous les paramètres sont significatifs pour (A) et montrent une dépendance plus faible pour (B). Pour le modèle CAR-(B), c n'est plus significatif. Pour le modèle SAR associé à W^*, b s'interprète comme le poids d'influence du voisinage. Le paramètre $2\widehat{a} \simeq 188$ km du modèle disque représente la distance à partir de laquelle la corrélation s'annule. Le paramètre $\widehat{\nu} = 0.305$ du modèle de Matérn estimé indique une décroissance de type linéaire à l'origine.

Le Tableau (5.8) donne les estimations des régressions (A) et (B) pour trois modèles de résidus, (i) indépendants (MCO), (ii) SAR et (iii) covariance de Matérn. On constatera que la modélisation spatiale a une influence forte sur l'estimation des paramètres mais pas sur leur précision : par exemple, pour (A) et *metal*, la modélisation spatiale réduit de moitié la pente ($\widehat{\beta}_{MCO}/\widehat{\beta}_{SAR} = 1.77$) et la statistique t associée ($t_{\beta_{MCO}}/t_{\beta_{SAR}} = 1.95$); d'autre part, elle a rendu non-significative la variable *textile*. Comme on pouvait s'y attendre, la prise en compte de la variable *tabac* diminue significativement l'ensemble des coefficients et leurs écarts types.

Tableau 5.8. Estimations (et écarts types) des coefficients des régressions (A) et (B) sous trois modèles de résidus : (i) indépendance, (ii) SAR et (iii) Matérn.

Régression et modèle u	Métallurgie	Mécanique	Textile
(A) et MCO	2.46 (0.39)	1.88 (0.63)	1.12 (0.53)
(A) et SAR	1.39 (0.42)	2.11 (0.55)	0.38 (0.49)
(A) et Matérn	1.35 (0.43)	1.90 (0.57)	0.38 (0.50)
(B) et MCO	1.50 (0.27)	1.29 (0.46)	0.84 (0.38)
(B) et SAR	1.11 (0.32)	1.37 (0.45)	0.61 (0.39)
(B) et Matérn	1.05 (0.32)	1.24 (0.44)	0.62 (0.38)

En conclusion, la prise en compte de la structure spatiale du résidu influence significativement l'estimation des régressions (A) et (B), les variables *metal* et *meca* étant significatives mais pas la variable *textile*.

5.4 Estimation d'un champ de Markov

Soit X un champ de Markov sur l'ensemble discret de sites $S \subset \mathbb{R}^d$ et à valeur dans $\Omega = E^S$, S étant muni d'un graphe de voisinage symétrique $\mathcal{G}$. On supposera que la loi P_θ de X est connue via ses spécifications conditionnelles π_θ (cf. Ch. 2, 2.2.1), elle-même associée à un potentiel paramétrique $\Phi_\theta = \{\Phi_{A,\theta}, A \in \mathcal{S}\}$, où θ est intérieur à un compact $\Theta \subset \mathbb{R}^p$. On notera $\mathcal{G}(\pi_\theta)$ l'ensemble des lois sur Ω de spécification π_θ et $\mathcal{G}_s(\pi_\theta)$ celles qui sont stationnaires si $S = \mathbb{Z}^d$. On supposera que le graphe $\mathcal{G}$ ne dépend pas de θ et que X est observé sur $D_n \cup \partial D_n \subset S$, où ∂D_n est la frontière de voisinage de D_n.

On va présenter trois procédures d'estimation de θ ainsi que certaines propriétés asymptotiques : maximum de vraisemblance (MV), maximum de pseudo-vraisemblance conditionnelle (PVC) et estimation par C-codage. On donnera également des résultats d'identification du support de voisinage d'un champ de Markov.

5.4.1 Le maximum de vraisemblance

Si X est de loi $P_\theta \in \mathcal{G}(\pi_\theta)$, la loi de X sur D_n conditionnelle à $x(\partial D_n)$ admet une densité d' énergie H_n (cf. 2.2.1) :

$$\pi_n(x; \theta) = Z_n^{-1}(x_{\partial D_n}; \theta) \exp\{H_n(x; \theta)\}$$

où $H_n(x; \theta) = \sum_{A: A \cap D_n \neq \emptyset} \Phi_A(x; \theta)$.

Consistance du MV : $S = \mathbb{Z}^d$ et π_θ invariante

On suppose que $S = \mathbb{Z}^d$, que π_θ est invariante par translation appartenant à la famille exponentielle $H_n(x; \alpha) = {}^t\alpha\, h_n(x)$,

$$h_{k,n}(x) = \sum_{i \in D_n : (i+A_k) \cap D_n \neq \emptyset} \Phi_{A_k}(\tau_i(x)), \qquad \text{pour } k = 1, \ldots, p, \qquad (5.23)$$

où τ_i est la translation sur $\mathbb{Z}^d$ définie par : $\forall j$, $(\tau_i(x))_j = x_{i+j}$. Dans cette écriture, les $\Phi = \{\Phi_{A_k}, k = 1, \ldots, p\}$ sont p potentiels générateurs mesurables et bornés et $\alpha = {}^t(\alpha_1, \alpha_2, \ldots, \alpha_p) \in \mathbb{R}^p$ est le paramètre du modèle. Notons $\widehat{\theta}_n = Arg \max_{\alpha \in \Theta} \pi_n(x; \alpha)$ l'estimateur du MV sur Θ. Pour simplifier, on supposera que $D_n = [-n, n]^d$. On a le résultat :

Théorème 5.3. *Supposons que X de spécification π_θ invariante par translation (5.23) soit stationnaire. Alors, si les potentiels générateurs sont mesurables et bornés et si la paramétrisation en α de $\pi_{0,\alpha}$, la loi conditionnelle en 0, est propre, alors l'estimation $\widehat{\theta}_n$ du MV est consistante.*

La démonstration de ce résultat est donnée à l'Appendice C, § C.4.2.

Commentaires

1. Une des difficultés du MV réside dans le calcul de la constante de normalisation $Z_n(x_{\partial D_n}; \alpha)$. Nous présenterons au §5.5.6 une méthode MCMC permettant un calcul approché de $Z_n(x_{\partial D_n}; \theta)$ pour un processus de Gibbs.

2. La consistance reste vérifiée si le conditionnement (ici en $x_{\partial D_n}$) se fait par rapport à une condition extérieure $y_{\partial D_n}$ (voire à une suite de conditions extérieures) arbitraire (*MV à conditions frontières fixées*). Il en est de même pour le *MV à conditions frontières libres* qui fait disparaître la contribution d'un potentiel dès que son support déborde de D_n (l'énergie vaut alors $H_n(x; \theta) = \sum_{A \subset D_n} \Phi_A(x; \theta)$).

3. Donnons une condition suffisante assurant que la paramétrisation $\alpha \mapsto \pi_{0,\alpha}$ est propre où,

$$\pi_{0,\alpha}(x/v) = Z^{-1}(v; \alpha) \exp({}^t\alpha\, h(x, v)) \text{ avec } h_k(x, v) = \Phi_{A_k}(x, v).$$

Sans restreindre la généralité du modèle, on supposera vérifiée la contrainte d'identifiabilité des potentiels Φ_{A_k} (cf. (2.3)). Alors, la représentation en α de $\pi_{0,\alpha}$ est propre si :

$$\exists w_i = (x_i, v_i), i = 1, \ldots, K \text{ t.q. } H = (h(w_1), \ldots, h(w_K)) \text{ est de rang } p.$$
$$(5.24)$$

En effet si $\alpha \neq \theta$, $\exists (x, v)$ t.q. ${}^t(\alpha - \theta)h(x, v) \neq 0$ et on en déduit que

$$\frac{\pi_{0,\alpha}(x/v)}{\pi_{0,\alpha}(a/v)} = \exp({}^t\alpha\, h(x, v)) \neq \exp({}^t\theta\, h(x, v)) = \frac{\pi_{0,\theta}(x/v)}{\pi_{0,\theta}(a/v)}.$$

Considérons par exemple le modèle binaire ($E = \{0, 1\}$) sur $\mathbb{Z}^2$ aux 8 ppv et d'énergie conditionnelle,

$$H_0(x_0, v) = x_0\{\alpha + \beta_1(x_1 + x_5) + \beta_{,2}(x_3 + x_7) + \gamma_1(x_2 + x_6) + \gamma(x_4 + x_8)\}$$

où $1, 2, \ldots, 8$ est l'énumération dans le sens trigonométrique des 8-ppv de 0. Notant $x = (x_0, x_1, \ldots, x_8)$, il est facile de voir que les 5 configurations suivantes réalisent (5.24) : $(1, \mathbf{0})$, $(1, 1, \mathbf{0})$, $(1, 0, 0, 1, \mathbf{0})$, $(1, 0, 1, \mathbf{0})$ et $(1, 0, 0, 0, 1, \mathbf{0})$ (dans cette écriture, $\mathbf{0}$ est le vecteur de 0 tel que chaque configuration appartienne à $\mathbb{R}^9$).

4. La consistance du MV est maintenue si π_θ est invariante par translation sans hypothèse d'appartenir à une famille exponentielle à condition que les potentiels $\phi_{A,\alpha}$, $0 \in A$ soient uniformément continus en α, ceci uniformément en x [96].

5. Si l'espace d'état E de X est compact, Comets [46] démontre la consistance du MV *sans supposer la stationnarité* de X ; sa démonstration utilise une inégalité de grandes déviations pour les champs de Gibbs [46; 85; 96] ainsi que la compacité de l'espace $\mathcal{G}_s(\pi_\theta)$. L'intérêt de ce résultat est de ne faire aucune hypothèse sur la loi de X autre que celle de l'invariance par translation de sa spécification conditionnelle. De plus, il est démontré que la convergence se fait à une vitesse exponentielle :

$$\forall \delta > 0, \exists \delta_1 > 0 \text{ t.q. pour } n \text{ grand, } P_\theta(\left\|\widehat{\theta}_n - \theta\right\| \geq \delta) \leq C \exp -\delta_1(\sharp D_n).$$

6. L'obtention d'un résultat général de convergence gaussienne de l'estimation du MV pour un champ de Gibbs est difficile. L'une des raisons est que la loi $P_\theta \in \mathcal{G}(\pi_\theta)$ de X n'étant connue que via ses spécifications conditionnelles, on ne sait pas s'il y a ou non transition de phase, si la loi P_θ de X est faiblement dépendante, par exemple si P_θ est α-mélangeante (cf. B.2). Si P_θ est caractérisée par ses spécifications et si P_θ est α-mélangeante, alors $\widehat{\theta}_n$ est asymptotiquement gaussien si le mélange est assez rapide [96].

Normalité asymptotique du MV et test de sous-hypothèse si X est faiblement dépendant

Notons $d_n = \sharp D_n$ et supposons que $\sharp \partial D_n = o(d_n)$. La normalité asymptotique de l'estimateur $\widehat{\theta}_n$ du MV est établie sous une condition de faible dépendance de X, de régularité $\mathcal{C}^2$ et de bornitude pour les potentiels $\{\Phi_A(\alpha), A \in \mathcal{C}\}, \alpha \in \Theta$ [96, Théorème 5.3.2]. La variance asymptotique de $\widehat{\theta}_n$ s'identifie de la façon suivante. Définissons l'énergie moyenne au site i par :

$$\overline{\Phi}_i(x; \theta) = \sum_{A : i \in A} \frac{\Phi_A(x; \theta)}{\sharp A}$$

et pour μ_θ, la loi de X sous θ, la matrice d'information de Fisher :

$$I_n(\theta) = \sum_{i,j \in D_n} Cov_{\mu_\theta}(\overline{\Phi}_i^{(1)}(x; \theta), \overline{\Phi}_j^{(1)}(x; \theta)).$$

Alors, s'il existe une matrice I_0 déterministe, symétrique et d.p., telle que $\liminf\limits_n d_n^{-1} I_n(\theta) \geq I_0$, alors, pour n grand :

$$(\widehat{\theta}_n - \theta) \sim \mathcal{N}_p(0, I_n(\theta)^{-1}).$$

L'évaluation numérique de $I_n(\theta)$ s'obtiendra par méthode de Monte Carlo sous $\widehat{\theta}_n$.

Notons (H_p) l'hypothèse : $\theta \in \Theta \subset \mathbb{R}^p$ et soit (H_q) une sous-hypothèse de classe $\mathcal{C}^2$ de dimension q paramétrée en $\varphi \in \Lambda \subset \mathbb{R}^q$. Notant $l_n = \log \pi_n(x)$ la log-vraisemblance conditionnelle à $x(\partial D_n)$, on a le résultat de déviance du MV :

$$\text{Sous } (H_q) : 2\{l_n(\widehat{\theta}_n) - l_n(\widehat{\varphi}_n)\} \rightsquigarrow \chi^2_{p-q}.$$

5.4.2 Pseudo-vraisemblance conditionnelle de Besag

La pseudo-vraisemblance conditionnelle (PVC) d'un champ de Markov X est le produit pour les sites $i \in D_n$ des densités conditionnelles en i ; la log-pseudovraisemblance et l'estimation du maximum de PVC sont respectivement :

$$l_n^{PVC}(\theta) = \sum_{i \in D_n} \log \pi_i(x_i \mid x_{\partial i}, \theta) \text{ et } \widehat{\theta}_n^{PVC} = \operatorname*{argmax}_{\alpha \in \Theta} l_n^{PVC}(\alpha).$$

Cette méthode d'estimation, proposée par Besag en 1974 [25], est plus simple à mettre en oeuvre que le MV car elle évite le calcul de la constante de normalisation d'un champ de Markov. D'autre part, quand elle peut être calculée, l'efficacité de la PVC par rapport au MV est bonne si la corrélation spatiale reste modérée (cf. §5.4.4). A titre d'illustration, spécifions cette méthode dans deux contextes particuliers.

Estimation d'une texture de niveaux de gris

Considérons X une texture de Markov sur $\mathbb{Z}^2$, à états $E = \{0, 1\}$, de potentiels $\Phi_{\{i\}}(x) = \beta_0 x_i$ et $\Phi^k_{\{i,j\}}(x) = \beta_k x_i x_j$ si $i - j = \pm k$, $i, j \in \mathbb{Z}^2$ où $k \in L \subset \mathbb{Z}^2$ pour L finie et symétrique, $0 \notin L$. Si X est observée sur le carré $D_n \cup \partial D_n$, la PVC vaut :

$$L_n^{PV} = \prod_{i \in D_n} \frac{\exp x_i(\beta_0 + \sum_{k \neq 0} \beta_k x_{i+k})}{1 + \exp(\beta_0 + \sum_{k \neq 0} \beta_k x_{i+k})}.$$

La Fig. 5.13 donne trois exemples de textures réelles binaires étudiées par Cross et Jain [51].

Ces textures ont été modélisées par des champs de Markov, puis estimées par maximum de PVC. Enfin, les modèles estimés ont été simulés par échantillonneur de Gibbs. L'adéquation visuelle des simulations avec les textures originales montre à la fois la bonne qualité des modélisations retenues mais aussi celle de la méthode d'estimation par PVC.

Estimation

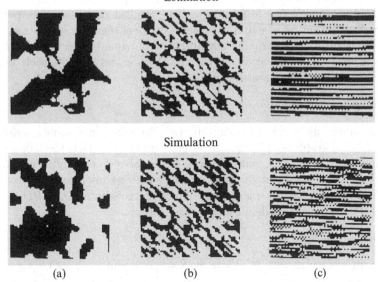

Simulation

(a)   (b)   (c)

Fig. 5.13. Textures binaires réelles 64×64 : estimation et simulation. (a) caillou, (b) liège, (c) rideau. (Cross et Jain [51], ©1983 IEEE.)

CAR gaussien à un paramètre

Considérons un modèle CAR à un paramètre réel β,

$$X_i = \beta \sum_{j:j \neq i} w_{ij} X_j + e_i, \ Var(X_i \mid \cdot) = \kappa, \qquad i = 1, \ldots, n,$$

où W est une matrice symétrique à diagonale nulle. Le modèle associé existe si $C = I - \beta W$ est d.p., c-à-d si $\beta |\lambda| < 1$ pour toute valeur propre λ de W. En situation gaussienne, l'estimation par PVC de β coïncide avec celle des MCO sur les résidus conditionnels e : en effet, $\mathcal{L}(X_i|x_{\partial i}) \sim \mathcal{N}(\beta v_i, \kappa)$ où $v_i = \sum_{j:\langle i,j \rangle} w_{ij} x_j$ et l'opposé de la log-vraisemblance conditionnelle est :

$$l_n^{PVC}(\beta) = cste + \frac{\sharp D_n}{2} \log \kappa + \frac{SCR_n(\beta)}{2\kappa},$$

où

$$SCR(\beta) = \sum_{i \in D_n} (x_i - \beta v_i)^2.$$

Le modèle étant linéaire en β, on obtient :

$$\widehat{\beta} = \frac{{}^t XWX}{{}^t XW^2 X}, \qquad \widehat{\kappa} = \frac{{}^t XX - ({}^t XWX)^2/{}^t XW X}{n}.$$

Pour n grand, les résidus e_i étant décorrélés des v_i pour $i = 1, \ldots, n$, on a [26] : $E(\widehat{\beta}_n) \sim \beta$, $E(\widehat{\kappa}) \sim \kappa$, $Var(\widehat{\beta}_n) = 2tr(W^2)\{tr(C^{-1}W^2)\}^{-2}$ et $Var(\widehat{\kappa}) = 2\kappa^2 tr(C^2)/n^2$.

Nous allons présenter trois résultats asymptotiques concernant l'estimation du maximum de PVC : le premier est un résultat de consistance pour un champ X défini sur un réseau S non-nécessairement régulier ; les deux suivants sont des résultats de normalité asymptotique lorsque la spécification sur $\mathbb{Z}^d$ est invariante par translation, le premier dans le cas de potentiels bornés, l'autre dans le cas de potentiels gaussiens.

Consistance de l'estimation du PMV

On considère que S est un réseau discret dénombrable *non-nécessairement régulier*, $\mathcal{G}$ un graphe symétrique sur S et X un champ markovien sur $(S, \mathcal{G})$ à valeur dans $\Omega = \prod_{i \in S} E_i$ (on s'autorise des espaces d'états différents suivant les sites). X, de loi P_θ et de spécification π_θ (θ est intérieur à un compact $\Theta \subset \mathbb{R}^p$) est observé sur une suite strictement croissante $(D_n \cup \partial D_n)$, $d_n = \sharp\{D_n\}$. Posons quelques définitions et conditions.

Ensemble de codage

C est un *sous-ensemble de codage* de S si, pour tout $i \neq j$ de C, $j \notin \partial i$.

A est un *sous-ensemble de codage fort* si, pour tout $i \neq j$ de A, alors $\partial i \cap \partial j = \emptyset$.

Notons π_i et $\pi_{\partial i}$ les spécifications en i et sur ∂i,

$$m_i(\theta, \alpha; x_{\partial i}) = -E_\theta^{x_{\partial i}} \left\{ \frac{\log(\pi_i(X_i|x_{\partial i}, \alpha)}{\pi_i(X_i|x_{\partial i}, \theta)} \right\} \ (\geq 0)$$

et posons les conditions (C) suivantes :

(C1) *Sur le graphe* $(S, \mathcal{G})$: il existe C un sous-ensemble de codage de S, réunion disjointe de K sous-ensembles de codage fort $\{C_k\}$ tels que, posant $A_n = A \cap D_n$, $c_n = \sharp(C_n)$, $c_{n,1} = \sharp(C_{1,n})$:

(i) $\liminf_n c_{1,n}/c_n > 0$ et $\liminf_n c_n/d_n > 0$.

(ii) $\chi = \prod_{i \in \partial i} E_i$ est un espace fixe de configurations de voisinage si $i \in C_1$.

(C2) *Minoration de* π_α : $\exists c > 0$ t.q., $\forall i \in C_1$, $\forall x_i$, $x_{\partial i}$, $x_{\partial \partial i}$ et $\alpha \in \Theta$: $\pi_i(x_i|x_{\partial i}, \alpha)$ et $\pi_{\partial i}(x_{\partial i}|x_{\partial \partial i}, \alpha) \geq c$, $\pi_{i,\alpha}$ étant, uniformément en i, x_i, $x_{\partial i}$, continue en α.

(C3) *Identifiabilité en* θ *de* π_θ : il existe $m(\theta, \alpha; z) \geq 0$, $(\alpha, z) \in \Theta \times \chi$, λ-intégrable pour tout α telle que :

(i) $m_i(\theta, \alpha; z) \geq m(\theta, \alpha; z)$ si $i \in C_1$.

(ii) $\alpha \mapsto K(\theta, \alpha) = \int_\chi m(\theta, \alpha; z)\lambda(dz)$ est continue admettant un unique minimum en $\alpha = \theta$.

Théorème 5.4. *Consistance de l'estimation par PVC [96]*

Soit X un champ de Markov sur S vérifiant les conditions (C1–3). Alors l'estimateur du maximum de PVC sur D_n est convergent.

Preuve. On va commencer par démontrer la consistance de l'estimateur de C_1-codage (cf. (5.25)). La propriété à la base de la démonstration est *l'indépendance des* $\{X_i,\ i \in C_1\}$ *conditionnellement à* x^{C_1}, la réalisation du champ en dehors de C_1. Montrons d'abord la propriété de *sous-ergodicité* suivante :

Lemme 5.1. *[83; 121; 96] Soit A un sous-ensemble mesurable de* χ, *la fréquence empirique d'apparition de A sur* C_1 *étant définie par :*

$$F_n(A; C_1) = \frac{1}{c_{1,n}} \sum_{i \in C_{1,n}} \mathbf{1}(x_{\partial i} \in A).$$

Alors :

$$\liminf_n F_n(A; C_1) \geq \frac{c}{2}\lambda(A)\ P_\theta\text{-p.s..}$$

Démonstration du lemme : D'après (C2), les variables $\mathbf{1}(X_{\partial i} \in A)$ sont d'espérances $\geq c\lambda(A)$, de variances ≤ 1 et sont, conditionnellement à $x^{\partial C_1}$, indépendantes. La loi forte des grands nombres pour des variables de L^2, conditionnellement à $x^{\partial C_1}$ indépendantes, donne (Breiman [32, Th. 3.27]) :

$$\liminf_n F_n(A; C_1) \geq \frac{c}{2}\lambda(A), \qquad P_\theta^{x^{\partial C_1}}\text{-p.s..}$$

La majoration ne dépendant pas de $x^{\partial C_1}$ reste vraie P_θ-p.s..

$\square$

Suite de la démonstration du théorème : Considérons alors le C_1-contraste de codage,

$$U_n^{C_1}(\alpha) = -\frac{1}{c_{1,n}} \sum_{i \in C_{1,n}} \log \pi_i(x_i \mid x_{\partial i}; \alpha) \tag{5.25}$$

et écrivons $U_n^{C_1}(\alpha) - U_n^{C_1}(\theta) = A_n + B_n$ où :

$$A_n = -\frac{1}{c_{1,n}} \sum_{i \in C_{1,n}} \left\{ \log \frac{\pi_i(x_i \mid x_{\partial i}; \alpha)}{\pi_i(x_i \mid x_{\partial i}; \theta)} + m_i(\theta, \alpha; x_{\partial i}) \right\},$$

A_n étant la somme de variables centrées, de variances bornées (C2) et conditionnellement à x^{C_1} indépendantes, $\lim_n A_n = 0\ P_\theta$ p.s.. On en déduit, P_θ p.s., la suite de minorations :

$$\liminf_n (U_n^{C_1}(\alpha) - U_n^{C_1}(\theta)) = \liminf_n B_n \tag{5.26}$$

$$\geq \liminf_n \int_\chi m(\theta, \alpha; z) F_n(C_1, dz) \text{ (C3)}$$

$$\geq \int_\chi m(\theta, \alpha; z) \liminf_n F_n(C_1, dz)\ \ (\text{car } m \geq 0)$$

$$\geq \frac{c}{2} \int_\chi m(\theta, \alpha; z) \lambda(dz) \stackrel{\circ}{=} K(\theta, \alpha)\ (\text{lemme (5.1)}).$$

L'estimateur de codage étant associé à $U_n^C(\alpha) = \sum_{k=1}^{K} c_{k,n} c_n^{-1} U_n^{C_k}(\alpha)$, sa consistance découle de (5.26), des conditions (C) et du corollaire de la propriété générale de consistance d'une méthode de minimum de contraste (cf. Appendice C, C.2). La consistance de l'estimateur de PVC résulte de ce même corollaire.

□

Les conditions (C1–3) doivent être vérifiées au cas par cas. Examinons deux exemples, l'un associé à un graphe $(S, \mathcal{G})$ irrégulier, l'autre à un champ de spécification invariante par translation sur $S = \mathbb{Z}^d$.

Exemple 5.9. Un modèle d'Ising sur graphe irrégulier

Considérons un modèle d'Ising à états $\{-1, +1\}$ sur un graphe $(S, \mathcal{G})$ tel que (C1) est vérifiée, la spécification en $i \in C$ s'écrivant :

$$\pi_i(x_i \mid x_{\partial i}; \alpha) = \frac{\exp x_i v_i(x_{\partial i}; \alpha)}{2\, ch\{v_i(x_{\partial i}; \alpha)\}},$$

où $v_i(x_{\partial i}; \alpha) = \beta u_i + \gamma \sum_{j \in \partial i} w_{ij} x_j$, pour des poids (u_i) et (w_{ij}) connus, w étant symétrique et vérifiant pour tout i : $\sum_{\partial i} w_{ij} = 1$. Le paramètre du modèle est $\alpha = {}^t(\beta, \gamma)$. Supposons que les poids u et w soient bornés ; les potentiels étant bornés, il est facile de voir que (C2) est vérifiée. D'autre part, on vérifie que $m_i(\theta, \alpha; x_{\partial i}) = m(v_i(\theta), v_i(\alpha))$ où

$$m(a, b) = (a - b) th(a) - \log \frac{ch(a)}{ch(b)} \geq 0,$$

$m(a, b)$ valant 0 si et seulement si $a = b$. Si $\theta = (\beta_0, \gamma_0)$,

$$v_i(x_{\partial i}; \theta) - v_i(x_{\partial i}; \alpha) = (\beta_0 - \beta) u_i + (\gamma_0 - \gamma) \sum_{j \in \partial i} w_{ij} x_j.$$

S'il existe $\delta > 0$ t.q. $\inf_{i \in C} u_i \geq \delta$, (C3) est vérifiée : en effet, pour la configuration $x_{\partial i}^*$ constante sur ∂i (-1 si $(\beta_0 - \beta)(\gamma_0 - \gamma) < 0$ et $+1$ sinon),

$$|v_i(x_{\partial i}^*; \theta) - v_i(x_{\partial i}^*; \alpha)| \geq \delta \|\theta - \alpha\|_1.$$

Exemple 5.10. Champ de Markov sur $\mathbb{Z}^d$ à spécification invariante

Soit X un champ de Markov sur $\mathbb{Z}^d$ de spécification invariante appartenant à la famille exponentielle (5.23), les potentiels $\{\Phi_{A_k}, k = 1, \ldots, K\}$ étant mesurables et uniformément bornés. Si la paramétrisation de $\alpha \mapsto \pi_{\{0\}, \alpha}$ est identifiable, alors les conditions (C1–3) sont satisfaites et la méthode de PVC est consistante. En effet, si $R = \sup\{\|i\|_1, i \in \partial 0\}$, $C = \{a\mathbb{Z}\}^d$ est un ensemble de codage si a est un entier $\geq 2R$; d'autre part, le choix des b-translatés de $C_1 = \{2a\mathbb{Z}\}^d$ pour les 2^d vecteurs $b = (b_1, b_2, \ldots, b_d)$, où $b_i = 0$ ou a, $i = 1, \ldots, d$, définit une partition de C en 2^d sous-ensembles de codage fort pour laquelle (C1) est vérifiée. Quant à (C2), elle résulte directement de la majoration uniforme en (x, α) de l'énergie, $|H_\Lambda(x, \alpha)| \leq c(\Lambda)$.

Normalité asymptotique du PMV

Champ de Markov de spécification invariante par translation Supposons que X soit un champ de Markov sur $S = \mathbb{Z}^d$ de loi $P_\theta \in \mathcal{G}(\pi_\theta)$ à spécification invariante par translation et appartenant à la famille exponentielle (5.23). Notons :

$$J_n(\theta) = \sum_{i \in D_n} \sum_{j \in \partial i \cap D_n} Y_i(\theta)\ {}^t Y_j(\theta), \qquad I_n(\theta) = \sum_{i \in D_n} Z_i(\theta), \qquad (5.27)$$

avec $Y_i(\theta) = \{\log \pi_i(x_i/x_{\partial i}; \theta)\}_\theta^{(1)}$ et $Z_i(\theta) = -\{\log \pi(x_i/x_{\partial i}; \theta)\}_{\theta^2}^{(2)}$.

Théorème 5.5. *Normalité asymptotique de l'estimateur par PVC (Comets et Janzura [47])*

Supposons que X soit un champ de Markov sur $S = \mathbb{Z}^d$ de spécification invariante par translation et appartenant à la famille exponentielle (5.23), les potentiels générateurs $\{\Phi_{A_k}\}$ étant mesurables et bornés. Alors, si $\pi_{i,\theta}$ est identifiable en θ,

$$\{J_n(\widehat{\theta}_n)\}^{-1/2} I_n(\widehat{\theta}_n)\{\widehat{\theta}_n - \theta\} \xrightarrow{loi} \mathcal{N}_p(0, I_p).$$

L'intérêt de ce résultat est qu'il ne fait aucune hypothèse sur la loi globale de X, ni l'unicité de P_θ dans $\mathcal{G}(\pi_\theta)$, ni sa stationnarité et/ou son ergodicité, ni sa faible dépendance. La normalisation aléatoire $\{I_n(\widehat{\theta}_n)\}^{-1/2} J_n(\widehat{\theta}_n)$ ne se stabilise pas nécessairement avec n mais redresse $\{\widehat{\theta}_n - \theta\}$ pour donner la normalité asymptotique. Celle-ci résulte d'un TCL établi pour des fonctionnelles conditionnellement centrées d'un champ de Markov (cf. Appendice B, B.4), la fonctionnelle utilisée ici étant le gradient $Y_i(\theta)$ de la log-densité conditionnelle (cf. [47] dans le cas général ; [99] dans le cas d'un champ ergodique).

X est un CAR gaussien stationnaire sur $\mathbb{Z}^d$.

Soit le $CAR : X_i = \sum_{j \in L^+} c_j(X_{i-j} + X_{i+j}) + e_i$, $i \in D_n$, $Var(e_i) = \sigma^2$. Cette spécification s'écrit encore sous forme matricielle,

$$X(n) = \mathcal{X}_n c + e(n),$$

où $\mathcal{X}_n$ est la matrice $n \times p$ de i-ième ligne ($\mathcal{X}(i) = (X_{i-j} + X_{i+j}), j \in L^+$), $i \in D_n$, et $c = (c_j, j \in L^+) \doteq \theta \in \mathbb{R}^p$. Coïncidant avec les *MCO*, l'estimation $\widehat{c}_n$ du maximum de *PVC* est explicite puisque le modèle est linéaire :

$$\widehat{c}_n = (\mathcal{X}_n \mathcal{X}_n)^{-1} \mathcal{X}_n X(n) \quad \text{et} \quad \widehat{\sigma}_n^2 = \frac{1}{n-p} \sum_{i \in D_n} e_i^2(\widehat{c}_n).$$

Posant $V_j = Cov(\mathcal{X}(0), \mathcal{X}(j))$, notons :

$$G = \sigma^2\{V_0 + \sigma^2 I - 2\sum_{L^+} c_j V_j\} \quad \text{et} \quad \Delta = V_0^{-1} G V_0^{-1},$$

et supposons que $\sum_{L^+} |c_j| < 1/2$: sous cette hypothèse, la loi de X est alors complètement spécifiée, et c'est celle d'un champ gaussien, ergodique dont la covariance est à décroissance exponentielle ; X est donc exponentiellement α-mélangeant (cf. Appendice B, B.2 ; [96]) et on en déduit :

$$\sqrt{n}(\widehat{c}_n - c) \xrightarrow{loi} \mathcal{N}_p(0, \Delta).$$

Le résultat s'étend à d'autres modèles où $c = (c_s,\ s \in L^+)$ est constant sur des sous-ensembles de L^+, comme par exemple pour des sous-modèles présentant des isotropies.

Signalons que la normalité asymptotique de l'estimateur de PVC peut s'obtenir sans condition d'invariance sur la spécification de X à condition que X soit α-mélangeant avec une vitesse de mélange convenable [96, §5.3.2].

Identification de la variance asymptotique de l'estimation par PVC

L'*obtention numérique* de l'estimateur $\widehat{\theta}_n^{PVC}$ de PVC peut se fait en utilisant un logiciel dédié à l'estimation des modèles linéaires généralisés (MLG) dès lors que les spécifications conditionnelles $\{\pi_i(\cdot \mid x_{\partial i}, \theta),\ i \in S\}$ suivent des modèles log-linéaires. En effet, dans ce cas, les covariables de voisinage $x_{\partial i}$ s'ajoutent aux covariables standards d'un MLG et, dans l'optimisation de la fonctionnelle d'estimation, rien ne distingue la PVC de la vraisemblance d'un MLG pour des variables indépendantes.

Par contre les écarts types fournis par le programme "MLG" ne sont pas les bons. En effet, contrairement à la situation standard des MLG, les variables $(X_i \mid x_{\partial i})$ ne sont pas indépendantes et les arguments utilisés pour identifier la variance de l'estimateur du MV d'un MLG ne sont plus valables. Montrons alors comment identifier la variance asymptotique de $\widehat{\theta}_n^{PVC}$.

Comme il a déjà été précisé dans le résultat de Comets et Janzura, cette variance asymptotique va s'exprimer à partir de deux matrices I_n et J_n de pseudo-information (cf. (5.27) et l'Annexe C, Hypothèses (C.2.2)).

Examinons la situation d'un champ de Markov X faiblement dépendant [96, Th. 5.3.3]. Associées aux énergies conditionnelles :

$$h_i(x_i \mid x_{\partial i}, \alpha) = \sum_{A:\, i \in A} \Phi_A(x; \alpha), \qquad i \in S,$$

définissons les deux matrices de pseudo-information $I_n(\theta)$ et $J_n(\theta)$:

$$J_n(\theta) = \sum_{i,j \in D_n} Cov_{\mu_\theta}(h_i^{(1)}(\theta), h_j^{(1)}(\theta)),$$

$$I_n(\theta) = \sum_{i \in D_n} E_{\mu_\theta}\{Var_\theta^{X_{\partial i}} h_i(X_i \mid X_{\partial i}, \theta)\}. \qquad (5.28)$$

S'il existe une matrice déterministe K_0, symétrique et d.p., telle que $\liminf_n d_n^{-1} J_n(\theta)$ et $\liminf_n d_n^{-1} I_n(\theta) \geq K_0$, alors, pour n grand :

$$Var(\widehat{\theta}_n^{PVC}) \simeq I_n^{-1}(\theta)J_n(\theta)I_n^{-1}(\theta).$$

L'obtention numérique de la variance de $\widehat{\theta}_n^{PVC}$ peut provenir de trois modes de calcul :

1. Soit en utilisant le résultat de [47] à partir des évaluations des deux matrices de pseudo-information (5.27).

2. Soit en estimant empiriquement les espérances et variances de (5.28) par méthode de Monte Carlo sous $\widehat{\theta}_n^{PVC}$.

3. Soit par bootstrap paramétrique, le cadre asymptotique n'étant pas requis.

5.4.3 La méthode de codage

Soit X un champ de Markov sur $(S, \mathcal{G})$. Rappelons que C est un *sous-ensemble de codage* de $(S, \mathcal{G})$ si deux points distincts de C ne sont jamais voisins. Dans ce cas, les *variables conditionnelles* $\{(X_i|x_{\partial i}),\ i \in C\}$ *sont indépendantes*. La log-pseudo-vraisemblance de codage l_n^C sur $C_n = C \cap D_n$ et l'estimateur de codage associés sont respectivement,

$$l_n^C(\theta) = \sum_{C_n} \log \pi_i(x_i \mid x_{\partial i}, \theta) \text{ et } \widehat{\theta}_n^C = \underset{\theta \in \Theta}{\text{argmax}}\, l_n^C(\theta).$$

Conditionnellement à x^C, la réalisation du champ extérieure à C, l_n^C est une log-vraisemblance de variables indépendantes, non-identiquement distribuées (n.i.d.) : si par rapport à l'estimation par PVC on perd l'information apportée par les sites $i \in D_n \backslash C_n$, on garde par contre l'expression d'une vraisemblance (conditionnelle à x^C) globale. Ceci permet, sous une condition de sous-ergodicité, de maintenir les propriétés asymptotiques du MV pour des variables indépendantes n.i.d..

D'autre part, si la spécification (π_i) suit un modèle linéaire généralisé (MLG), on pourra utiliser les logiciels dédiés aux MLG pour calculer l'estimation par codage : ici tant l'estimation $\widehat{\theta}_n^C$ donnée par un logiciel MLG que la variance calculée sont correctes, la différence avec la PVC étant qu'ici les variables $\{(X_i|x_{\partial i}),\ i \in C\}$ sont, comme pour un MLG standard, indépendantes.

Plaçons-nous dans le cadre du §5.4.2 et supposons que X vérifie les conditions (C1–3). Notons $\pi_i^{(k)}$, $k = 1, 2, 3$ les dérivées d'ordre k en α de $\pi_{i,\alpha}$ et pour $i \in C$, posons :

$$Z_i = -\frac{\partial}{\partial \theta}\{\log \pi_i(X_i, x_{\partial i}; \theta)\}_\theta^{(1)},$$

$$I_i(x_{\partial i}; \theta) = Var_{\theta, x_{\partial i}}(Z_i) \text{ et } I_n^C(\theta) = \frac{1}{c_n}\sum_{C_n} I_i(x_{\partial i}; \theta).$$

(N1) $\forall i \in S$, $\pi_{i,\alpha}$ est de classe $\mathcal{C}^3(V)$ en α sur un voisinage de θ, et $\pi_i^{-1}, \pi_i^{(k)}$, $k = 1, 2, 3$ sont uniformément bornées en $i, x_i, x_{\partial i}$ et $\alpha \in V$.

(N2) $\exists I(\theta)$, matrice $p \times p$ symétrique déterministe d.p. telle que :

$$\liminf_n \frac{I_n^C(\theta)}{c_n} \geq I(\theta) \qquad (5.29)$$

(5.29) est une condition de *sous-ergodicité* sur X. On a : X sur C. On a :

Théorème 5.6. *Normalité de $\widehat{\theta}_n^C$ et test de codage [97; 96]*

Supposons que X soit un champ de Markov sur $(S, \mathcal{G})$ vérifiant les conditions (C1-3) et (N1-2). Alors :

1. $\{I_n^C(\theta)\}^{1/2}(\widehat{\theta}_n^C - \theta) \xrightarrow{loi} \mathcal{N}_p(0, Id_p)$.
2. *Si $\theta = r(\varphi)$, $\varphi \in \mathbb{R}^q$, est une sous-hypothèse (H_0) de rang q de classe $\mathcal{C}^2(V)$, alors :*

$$2\{l_n^C(\widehat{\theta}_n^C) - l_n^C(\widehat{\varphi}_n^C)\} \xrightarrow{loi} \chi^2_{p-q} \text{ sous } (H_0).$$

Commentaires :

1. Le premier résultat dit que sous la condition de sous-ergodicité (5.29), les résultats du MV pour des observations i.i.d. se maintiennent en prenant l'information de Fisher $I_n^C(\theta)$ conditionnelle à x^C. $I_n^C(\theta)$ peut être estimée par $I_n(\widehat{\theta}_n^C)$ ou à partir des variances empiriques de Monte Carlo sous $\widehat{\theta}_n^C$.

2. Pour vérifier (5.29), on pourra utiliser le résultat de minoration des fréquences empiriques du lemme 5.1 : (5.29) est satisfaite s'il existe $V : \chi \to \mathbb{R}^p$ tel que pour $i \in C$,

$$E_{\theta, x_{\partial i}}(\{\log \pi_i\}_\theta^{(1)}\,{}^t\{\log \pi_i\}_\theta^{(1)}) \geq V^t V(x_{\partial i}) \text{ et } \int_\chi V^t V(y) \lambda_\chi(dy) \text{ est d.p..}$$

3. La démonstration suit la proposition C.2 de l'Appendice C : ici,

$$0 = \sqrt{c_n} U_n^{(1)}(\theta) + \Delta_n(\theta, \widehat{\theta}_n^C)\sqrt{c_n}(\widehat{\theta}_n^C - \theta) \text{ avec } \sqrt{c_n} U_n^{(1)}(\theta) = \frac{1}{\sqrt{c_n}}\sum_{i \in C_n} Z_i.$$

   Les variables $\{Z_i, i \in C\}$ étant centrées, bornées et indépendantes conditionnellement à x^C, on applique, sous (5.29), le TCL pour des variables i.n.i.d. bornées [32, Th. 9.2]. D'autre part, on vérifie que $\Delta_n(\theta, \widehat{\theta}_n^C) + I_n^C(\theta) \xrightarrow{P_\theta} 0$ et sous (N1), $I_n^C(\theta) \equiv J_n^C(\theta)$. La normalité asymptotique de $\sqrt{c_n} U_n^{(1)}(\theta)$ jointe à cette identité donne le résultat annoncé pour le test de rapport de vraisemblance de codage.

4. Plusieurs choix de codage C de S sont possibles : par exemple, pour $S = \mathbb{Z}^2$ et le graphe aux 4-ppv, $C^+ = \{(i, j) : i + j \text{ pair}\}$ et $C^- = \{(i, j) : i + j \text{ impair}\}$ sont deux codages maximaux. A chaque codage C correspond un estimateur $\widehat{\theta}_n^C$, mais les estimateurs associés à deux codages sont dépendants.

Exemple 5.11. Sous-ergodicité pour un champ d'Ising inhomogène

Reprenons l'exemple (5.9) d'un modèle d'Ising inhomogène. L'énergie conditionnelle en $i \in C$ vaut ${}^t\theta h_i(x_i, x_{\partial i})$ où

$$h_i(x_i, x_{\partial i}) = x_i \begin{pmatrix} u_i \\ v_i \end{pmatrix} \text{ et } v_i = \sum_{j \in \partial i} w_{ij} x_j.$$

On vérifie que $I_n^C(\theta) = c_n^{-1} \sum_{i \in C_n} Var_{\theta, x_{\partial i}}(X_i \binom{u_i}{v_i}))$. Commençons par minorer la variance conditionnelle de X_i : notant $p_i(x_{\partial i}, \theta) = P_\theta(X_i = -1 \mid x_{\partial i})$, il est facile de voir qu'il existe $0 < \delta < 1/2$ tel que, uniformément en $i \in C$, $x_{\partial i}$ et θ, $\delta \leq p_i(x_{\partial i}, \theta) \leq 1 - \delta$ et donc $Var_{\theta, x_{\partial i}}(X_i) \geq \eta = 4\delta(1 - \delta) > 0$. Considérons alors un vecteur ${}^t(c, d) \neq 0$, où c et d sont du même signe ; quitte à omettre la contribution de certains sites, on a :

$$(c, d) I_n^C(\theta) {}^t(c, d) \geq \eta \frac{\sum_{i \in C_n : v_i = +1}(ca_i + d)^2}{c_n}. \tag{5.30}$$

La fréquence empirique sur C_n de la configuration constante $x_{\partial i} = \mathbf{1}$ (qui donne $v_i = +1$) étant minorée positivement pour n grand (cf. Lemme 5.1), on en déduit que $\liminf_n \{(c, d) I_n^C(\theta) {}^t(c, d)\} > 0$; si c et d sont de signes opposés, on obtient la même minoration en remplaçant $\sum_{i \in C_n : v_i = +1}(ca_i + d)^2$ par $\sum_{i \in C_n : v_i = -1}(ca_i - d)^2$ dans (5.30) : (5.29) est vérifiée.

Exemple 5.12. Test d'isotropie pour un modèle d'Ising

Soit X le modèle d'Ising sur $\mathbb{Z}^2$ d'énergie conditionnelle en (i, j),

$$(H) : h(x_{i,j}, x_{\partial(i,j)}; \theta) = x_{i,j}(h + \beta_1(x_{i-1,j} + x_{i+1,j}) + \beta_2(x_{i,j-1} + x_{i,j+1})),$$

observé sur $\{1, 2, \ldots, n\}^2$. Pour tester l'isotropie $(H_0) : \beta_1 = \beta_2$, on utilisera la statistique de différence de codage sur $C = \{(i, j) : i + j \text{ est pair}\}$: asymptotiquement, sous (H_0), cette statistique suit un χ_1^2.

D'autres exemples de tests de codage sont présentés à l'exercice 5.8.

Exemple 5.13. Modélisation d'un essai à blanc (suite de l'exemple 1.12).

Examinons à nouveau les données de Mercer et Hall donnant les rendements en blé d'un essai à blanc sur un champ rectangulaire découpé en 20×25 parcelles régulières. L'analyse graphique préalable (cf. Fig. 1.10-b) suggérant qu'il n'y a pas d'effet ligne, on propose de modéliser le rendement par une régression spatiale avec l'effet colonne comme seul effet moyen et un résidu $CAR(L)$ stationnaire,

$$X_t = \beta_j + \varepsilon_t, \qquad t = (i, j),$$

$$\varepsilon_t = \sum_{s \in L(h)} c_s \varepsilon_{t+s} + e_t, \qquad Var(e_t) = \sigma^2,$$

Tableau 5.9. Données de Mercer et Hall : estimation par codage et par MV.

	Codage (pair)			Codage (impair)			MV		
	$\widehat{c}_{10}$	$\widehat{c}_{01}$	l_n^C	$\widehat{c}_{10}$	$\widehat{c}_{01}$	l_n^C	$\widehat{c}_{10}$	$\widehat{c}_{01}$	l_n
$L(0)$	–	–	-104.092	–	–	-116.998	–	–	488.046
L_{iso}	0.196	–	-69.352	0.204	–	-88.209	0.205	–	525.872
$L(1)$	0.212	0.181	-69.172	0.260	0.149	-86.874	0.233	0.177	526.351

ceci pour les voisinages $L(h) = \{(k, l) : 0 < |k| + |l| \le h\}$ de portée $h = 0$ (indépendance) et $h = 1$ (modèle aux 4-ppv). On estime également le modèle $L_{iso}(1)$ isotropique aux 4-ppv. Le Tableau 5.9 présente les estimations par codage et par MV des trois modèles.

On teste ensuite $L(0)$ dans $L_{iso}(1)$. Les deux tests (de codage, du MV) de statistique $T_n^a = 2\{l_n^a(\widehat{\theta}_{n,a}) - l_n^a(\widehat{\varphi}_{n,C})\}$ rejettent l'indépendance (H_0) au niveau 5%. Les deux tests de $L_{iso}(1)$ dans $L(1)$ acceptent l'isotropie.

5.4.4 Précisions comparées du MV, $MPVC$ et du codage

S'il est intuitif qu'on perde de l'information en passant du MV au $MPVC$ tout comme en passant du $MPVC$ au $Codage$, la justification n'est possible que si on sait calculer les variances asymptotiques pour chacune des trois méthodes. C'est possible si X est un modèle d'Ising ergodique [99] ou si X est le champ gaussien markovien isotropique aux 2-d ppv sur $\mathbb{Z}^d$,

$$X_t = \beta \sum_{s:\|s-t\|_1=1} X_s + e_t \ , \ |\beta| < \frac{1}{2d}. \tag{5.31}$$

Retenons ce deuxième exemple : à cette spécification est associé un *unique* champ gaussien X ergodique et exponentiellement mélangeant (cf. B.2). Si ρ_1 note la corrélation à distance 1 et si X est observé sur le cube à n points, les précisions asymptotiques des estimateurs du MV, de PVC et de $Codage$ de β sont respectivement [26],

$$\lim_n (n \times Var\widehat{\beta}_{MV}) = \frac{1}{2(2\pi)^d} \int_{T^d} \left(\frac{\sum_{i=1}^d \cos\lambda_i}{1 - 2\beta \sum_{i=1}^d \cos\lambda_i} \right)^2 d\lambda_1 \ldots d\lambda_d,$$

$$\lim_n (n \times Var\widehat{\beta}_{PMV}) = \begin{cases} \frac{2\beta^2(1-2d\rho_1)^2}{2d\rho_1^2} & \text{si } \beta \neq 0 \\ 1/d & \text{sinon} \end{cases},$$

$$\lim_n (n \times Var\widehat{\beta}_C) = \begin{cases} \frac{\beta(1-2d\beta\rho_1)}{d\rho_1} & \text{si } \beta \neq 0 \\ 1/d & \text{sinon} \end{cases},$$

l'ensemble de codage retenu étant $C = \{i = (i_1, i_2, \ldots, i_d) \in \mathbb{Z}^d \text{ t.q. } i_1 + i_2 + \ldots + i_d \text{ pair}\}$. Le Tableau 5.10 donne, pour $d = 2$, les efficacités relatives

Tableau 5.10. Efficacités relatives $e_1 = MV/Codage$, $e_2 = MV/PMV$ et corrélation ρ_1 aux ppv pour le champ gaussien isotropique aux 4-ppv en fonction de β.

4β	0.0	0.1	0.2	0.3	0.4	0.6	0.8	0.9	0.95	0.99
ρ_1	0.0	0.03	0.05	0.08	0.11	0.17	0.27	0.35	0.60	0.73
e_1	1.00	0.99	0.97	0.92	0.86	0.68	0.42	0.25	0.15	0.04
e_2	1.00	1.00	0.99	0.97	0.95	0.87	0.71	0.56	0.42	0.19

Tableau 5.11. Efficacité $e_1(0) = MV/Codage$ pour un CAR isotropique aux ν-ppv en situation d'indépendance ($\beta = 0$) et pour différents réseaux réguliers à ν voisins.

Réseau régulier S	ν	τ^{-1}	e_1
linéaire	2	2	1
carré	4	2	1
carré+diagonales	8	4	1/2
triangulaire	6	3	2/3
hexagonal	3	2	1
cubique (corps) centré	8	2	1
cubique faces centrées	12	4	1/2
tétraédrique	4	2	1
cubique d-dimensionnel	$2d$	2	1

$e_1(\beta) = MV/codage$ et $e_2(\beta) = MV/PMV$ ainsi que la corrélation $\rho_1(\beta)$ aux ppv pour $0 \leq \beta < 1/2d$ Le Tableau 5.10 montre que la perte d'efficacité du PMV en comparaison du MV est faible si $\beta < 0.15$ (rappelons que pour $d = 2$, on doit imposer $|\beta| < 0.25$).

De façon annexe, on constate que la croissance de $\beta \mapsto \rho_1(\beta)$ est d'abord lente, montant rapidement lorsque $\beta \uparrow .25$, ρ_1 valant 0.85 pour $(1-4\beta) = .32 \times 10^{-8}$ [20; 21]. Une explication de ce comportement est donnée à l'exercice 1.17.

En situation d'indépendance ($\beta = 0$), MV, PVC et $Codage$ ont la même efficacité : si l'égale efficacité du MV et du PMV s'explique facilement, l'efficacité du codage est plus surprenante. En fait, $e_1(0) = 1$ est propre aux lattices réguliers dont la géométrie permet un taux asymptotique de codage optimal $\tau = \lim_n(\sharp C_n/\sharp D_n) = 1/2$: c'est le cas pour $\mathbb{Z}^d$. Le Tableau 5.11 [27] montre que, pour un modèle CAR isotropique aux ν-ppv, $X_i = \beta \sum_{\partial i} X_j + e_i$, $i \in S$, $|\beta| < 1/\nu$, sur un réseau régulier, ceci n'est plus vrai pour les graphes à taux de codage optimal $\tau < 1/2$.

5.4.5 Identification du support d'un champ de Markov

L'objectif est d'identifier le support de voisinage L d'un champ de Markov de spécification locale $\pi_i(x_i \mid x^i) = \pi_i(x_i \mid x_{i+L})$ en utilisant un contraste $\tau(n)$-pénalisé (cf. Appendice C, C.3). Si $L_{\max}$ est un voisinage majorant, on retiendra $\widehat{L}_n$ qui minimise :

$$\widehat{L}_n = \operatorname*{argmin}_{L \subseteq L_{\max}} \left\{ U_n(\widehat{\theta}_L) + \frac{\tau(n)}{n} \, \sharp L \right\}.$$

Nous présentons ici deux résultats.

Identification d'un CAR gaussien sur $\mathbb{Z}^d$

Soit $L_{\max}$ un sous-ensemble fini de $(\mathbb{Z}^d)^+$, le demi-espace positif de $\mathbb{Z}^d$ muni de l'ordre lexicographique, et, pour $m = \sharp L_{\max}$,

$$\Theta = \{c \in \mathbb{R}^m : [1 - 2 \sum_{l \in L_{\max}} c_l \cos({}^t\lambda\, l)] > 0 \text{ pour tout } \lambda \in \mathbb{T}^d\}.$$

Si $\theta \in \Theta$, les équations $X_i = \sum_{l \in L_{\max}} c_l(X_{i-l} + X_{i+l}) + e_i$ avec $E(e_i X_j) = 0$ si $i \neq j$ définissent un $CAR(L_{\max})$. Supposons que le vrai modèle soit un $CAR(L_0)$ gaussien, $L_0 \subseteq L_{\max}$. Si X est observé sur $D_n = \{1, 2, \ldots, n\}^d$, utilisant pour U_n le contraste gaussien de Whittle (cf. (5.13)), on a le résultat suivant : si

$$T \log\log(n) < \tau(n) < \tau \times n,$$

alors $\widehat{L}_n = L_0$ pour n grand si $\tau > 0$ est assez petit et si T est assez grand, par exemple si $\tau(n) = \log(n)$ ou $\tau(n) = \sqrt{n}$ [102, Prop. 8]. De façon plus précise, Guyon et Yao [102] donneent un contrôle des probabilités des deux ensembles de mauvaise paramétrisation du modèle, à savoir l'ensemble de sur-ajustement $M_n^+ = \{\widehat{P}_n \supsetneq P_0\}$ et celui de sous-ajustement $M_n^- = \{\widehat{P}_n \not\supseteq P_0\}$.

Support d'un champ de Markov à nombre fini d'états

Pour $L_{\max} \subset \mathbb{Z}^d$ finie et symétrique, $0 \notin L_{\max}$, considérons X un champ $L_{\max}$-markovien d'espace d'états E fini et de spécification invariante par translation appartenant à la famille exponentielle (5.23). Pour $(x, v) \in E \times E^{L_{\max}}$, notons $\langle \theta, h(x, v) \rangle$ l'énergie conditionnelle en 0, où $\theta \in \Theta \subset \mathbb{R}^m$ et $h = {}^t(h_l(x, v), l = 1, \ldots, m) \in \mathbb{R}^m$. On sait (cf. (5.24)) que si la matrice $H = (h(x, v))$ de colonnes $h(x, v)$, $(x, v) \in E \times E^{L_{\max}}$, est de rang plein égal à m, alors la paramétrisation en θ est identifiable. Supposons que le support de voisinage de X est $L_0 \subseteq L_{\max}$. Considérant le contraste de log-pseudo vraisemblance conditionnelle pénalisé, on montre que si la vitesse de pénalisation vérifie :

$$\tau(n) \to \infty \text{ et } \tau(n) < \tau \times n$$

pour un $\tau > 0$ assez petit, alors $\widehat{L}_n = L_0$ pour n grand [102, Prop. 9]. Signalons que l'identification du support d'un champ de Markov est également étudiée dans [124; 52] ; [52] ne supposant pas connu le modèle majorant $L_{\max}$.

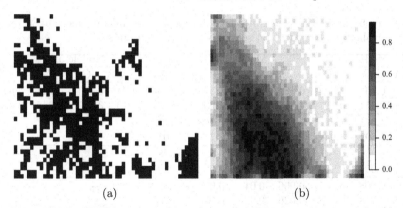

(a)   (b)

Fig. 5.14. (a) image satellitaire X de 40×56 pixels de la région des Nebrodi (Sicile, Italie) : parties cultivées (■) et non cultivées (□) ; (b) prédiction de X à partir des covariables de terrains incluant les auto-covariables de voisinage et l'altitude DTM (modèle (5.34)) pour le paramètre estimé par MV.

Exemple 5.14. Modélisation de la distribution spatiale de l'utilisation d'une terre agricole

Les données étudiées ici [5] proviennent d'une image satellitaire de la région des Nebrodi (Sicile, Italie) (cf. le site http ://stat.uibk.ac.at/smij). L'image (cf. Fig. 5.14) couvre une surface de 2016 km^2 et se compose de $40 \times 56 = 2240$ pixels, chacun représentant une parcelle au sol de 30×30 m^2. La variable de réponse considérée ici est binaire, $X_s = 1$ (resp. $X_s = 0$) repérant que la surface est cultivée (resp. non cultivée). La partie cultivée se compose de terres arables, d'agrumes, d'oliviers ou d'amandiers, alors que la partie non cultivée représente des pâturages, des bois, de la végétation spontanée et tout autre terrain.

On dispose également de covariables de terrain caractéristiques de chaque parcelle : la densité du sol (DS) en gramme centimètre cube, l'épaisseur de la couche de terre arable (HT) en centimètres, la pluviosité annuelle moyenne (PM), la perméabilité du sol en millimètres dans des conditions de saturation (PC) et un modèle numérique de terrain donnant l'altitude en mètres (DTM) de la parcelle. Le but de l'analyse est de déterminer si ces caractéristiques de terrain ont une influence sur l'utilisation du sol.

Pour cela, on va ajuster deux modèles auto-logistiques, le premier aux 4-ppv et le second aux 8-ppv, où, notant $v_1(x_{\partial i}) = \sum_{j:\|i-j\|=1} x_j$ et $v_2(x_{\partial i}) = \sum_{j:\|i-j\|=\sqrt{2}} x_j$,

$$P(X_i = 1 | x_j, j \neq i) = \exp(\eta_i + \delta_i)/\{1 + \exp(\eta_i + \delta_i)\},$$

avec :

$$\eta_i = \beta_0 + \beta_1 DS_i + \beta_2 HT_i + \beta_3 PM_i + \beta_4 PC_i + \beta_5 DTM_i$$

et

$$\delta_i = \beta_6 v_1(x_{\partial i}), \tag{5.32}$$

Tableau 5.12. Estimations du codage des modèles auto-logistiques aux 4- ou aux 8-ppv expliquant la répartition spatiale de l'utilisation du sol.

	Modèle 5.32		Modèle 5.33				Modèle 5.34			
	C_0	C_1	C_0^*	C_1^*	C_2^*	C_3^*	C_0^*	C_1^*	C_2^*	C_3^*
$\widehat{\beta_0}$	0.361	7.029	0.829	−0.888	1.508	13.413	1.998	5.221	0.223	5.643
e.t.	10.351	10.197	14.317	14.807	15.239	14.797	3.080	3.123	3.245	3.009
$\widehat{\beta_1}$	−1.975	−1.625	−1.640	−2.645	−0.168	−1.171	−	−	−	−
e.t.	1.691	1.647	2.419	2.213	2.742	2.301	−	−	−	−
$\widehat{\beta_2}$	0.069	0.045	0.039	0.077	0.020	0.038	−	−	−	−
e.t.	0.051	0.050	0.073	0.067	0.083	0.069	−	−	−	−
$\widehat{\beta_3}$	0.008	−0.001	0.006	0.015	−0.006	−0.012	−	−	−	−
e.t.	0.018	0.018	0.026	0.026	0.027	0.026	−	−	−	−
$\widehat{\beta_4}$	1.360	1.418	1.658	2.461	−0.165	0.969	−	−	−	−
e.t.	1.298	1.273	1.859	1.734	2.069	1.778	−	−	−	−
$\widehat{\beta_5}$	−0.010	−0.011	−0.009	−0.014	−0.002	−0.010	−0.006	−0.010	−0.004	−0.010
e.t.	0.004	0.004	0.005	0.006	0.006	0.005	0.004	0.004	0.004	0.003
$\widehat{\beta_6}$	1.303	1.203	1.150	0.851	1.254	1.015	1.139	0.873	1.248	1.024
e.t.	0.095	0.089	0.156	0.161	0.166	0.158	0.155	0.160	0.165	0.156
$\widehat{\beta_7}$	−	−	0.194	0.515	0.359	0.203	0.177	0.489	0.378	0.206
e.t.	−	−	0.155	0.166	0.154	0.159	0.153	0.159	0.152	0.157

ou encore,

$$\delta_i = \beta_6 v_1(x_{\partial i}) + \beta_7 v_2(x_{\partial i}). \tag{5.33}$$

Le modèle (5.32) est l'un des modèles étudiés par Alfó et Postiglione [5]. On étudiera également le modèle dans lequel, outre les deux covariables de voisinage, seule l'altitude DTM est significative dans les covariables de terrains :

$$\eta_i = \beta_0 + \beta_5 DTM_i + \beta_6 v_1(x_{\partial i}) + \beta_7 v_2(x_{\partial i}). \tag{5.34}$$

Les estimations de β pour le Codage (cf. Tableau 5.12) comme pour le maximum de PVC sont obtenues en utilisant la fonction glm dans R : en effet, la minimisation du contraste associé à chaque méthode correspond à la maximisation de la fonctionnelle de vraisemblance d'un modèle linéaire généralisé, le modèle logistique auquel on a ajouté une (resp. deux) covariable de voisinage.

Pour le modèle (5.32) (resp. (5.33)) deux (resp. quatre) codages sont possibles.

Les variances estimées $Var(\widehat{\beta}_i^{(k)})$ pour chaque codage sont celles données en sortie de la fonction glm : en effet, un contraste de Codage est associé à une vraisemblance (conditionnelle) exacte à laquelle est associée l'information de Fisher (conditionnelle). Dans le cas d'un modèle stationnaire, les variances $Var(\widehat{\beta}_i^{(k)})$ estiment de façon convergente les vraies valeurs.

Si un résumé de l'estimation par codage est obtenu en prenant la moyenne $\widehat{\beta}_i$ des estimations $(\widehat{\beta}_i^{(k)}, k = 1, \ldots, m)$ sur les différents codages, il est

important de noter que ces différents estimateurs de codage ne sont pas indé-
pendants : $\sqrt{\sum_{k=1}^{m} Var(\widehat{\beta}_i^{(k)})}/m$ *n'est donc pas* l'écart-type de $\widehat{\beta}_i$.

Il y a trois procédures pour évaluer les écart-types des estimateurs du
maximum de PVC : nous utilisons ici un *bootstrap* paramétrique, simulant $m = 100$ réalisations $X^{(i)}$ issues du modèle sous $\widehat{\beta}_{PVC}$, en estimant les paramètres
$\beta^{(i)}$ pour chaque $X^{(i)}$ et en retenant la racine carrée de la variance empirique
calculée sur ces 100 estimations.

Pour le MV, on a utilisé l'algorithme de Newton-Raphson par chaîne de
Markov (cf. §5.5.6), la vraisemblance étant approchée par $N = 1000$ simula-
tions $X^{(i)}$ issues d'un modèle sous l'estimateur initial $\psi = \widehat{\beta}^{PVC}$. Ce choix
doit être reconsidéré si les statistiques exhaustives simulées $T^{(1)}, \ldots, T^{(1000)}$
ne contiennent pas dans leur enveloppe convexe la statistique observée T^{obs}
(dans ce cas, il n'y a pas de solution à l'équation de MV). On peut alors
recommander de prendre la première itération retournée par l'algorithme de
Newton-Raphson comme nouvelle valeur initiale ψ et simuler à nouveau des
champs $X^{(i)}$ sous ψ. L'estimateur ainsi obtenu est celui suggéré par Huang et
Ogata [115].

Le Tableau 5.13 donne les estimations des trois modèles pour les trois
méthodes, codage (C), PVC et MV. Ces résultats montrent que les deux

Tableau 5.13. Estimations (Codage, MPV et MV) des modèles auto-logistiques
aux 4 ou aux 8-ppv expliquant la répartition spatiale de l'utilisation du sol. Les
valeurs entre parenthèses figurent les écarts types. La dernière ligne donne, pour le
modèle (5.34), la qualité SSE des prédictions de X pour les 3 méthodes d'estimation.

	Modèle 5.32			Modèle 5.33			Modèle 5.34		
	C	MPV	MV	C	MPV	MV	C	MPV	MV
$\widehat{\beta}_0$	3.695	4.115	-5.140	3.715	3.086	-4.764	3.271	3.394	-0.614
e.t.	7.319	5.618	4.510	7.397	5.896	3.066	1.558	1.936	1.124
$\widehat{\beta}_1$	-1.800	-1.810	-1.230	-1.406	-1.495	-0.950	–	–	–
e.t.	1.196	0.972	0.670	1.213	1.048	0.721	–	–	–
$\widehat{\beta}_2$	0.057	0.057	0.039	0.043	0.047	0.029	–	–	–
e.t.	0.036	0.030	0.020	0.037	0.032	0.021	–	–	–
$\widehat{\beta}_3$	0.003	0.003	0.009	0.001	0.002	0.008	–	–	–
e.t.	0.013	0.009	0.007	0.013	0.010	0.005	–	–	–
$\widehat{\beta}_4$	1.389	1.387	0.897	1.231	1.279	0.660	–	–	–
e.t.	0.918	0.745	0.455	0.932	0.798	0.520	–	–	–
$\widehat{\beta}_5$	-0.010	-0.010	-0.005	-0.009	-0.009	-0.004	-0.007	-0.008	-0.003
e.t.	0.003	0.002	0.002	0.003	0.003	0.002	0.002	0.002	0.001
$\widehat{\beta}_6$	1.253	1.240	1.409	1.068	1.055	1.109	1.071	1.061	1.097
e.t.	0.067	0.092	0.090	0.080	0.142	0.128	0.079	0.099	0.123
$\widehat{\beta}_7$	–	–	–	0.318	0.303	0.294	0.313	0.308	0.319
e.t.	–	–	–	0.079	0.132	0.118	0.078	0.059	0.113
SSE	–	–	–	–	–	–	350.111	347.815	308.118

paramètres auto-régressifs du modèle (5.33) aux 8-ppv sont significatifs et que parmi les covariables de terrain, seule l'altitude est significative. Une sélection de modèle sur la base des valeurs des statistiques $\widehat{\beta}^a / \sqrt{\widehat{Var}(\widehat{\beta}_k^a)}$, $a = C, MPV, MV$ retient, pour chaque méthode, le modèle (5.34).

Finalement, pour ce dernier modèle, on compare les trois méthodes d'estimation par leurs qualités prédictives [226]. Utilisant l'échantillonneur de Gibbs, on simule $m = 100$ réalisations du champ $X^{(i)}$ sous $\beta = \widehat{\beta}$ et on note m_k le nombre de fois qu'au site k on observe $X_k^{(i)} = 1$. Une estimation empirique de la probabilité $P(X_k = 1)$ est $\widehat{p}_k = m_k/m$ et la somme des carrés des écarts résiduels $SSE = \sum_k (X_k - \widehat{p}_k)^2$ est une mesure de l'erreur de prédiction sous l'estimation $\widehat{\beta}$. On remarque que pour ce critère, le MV est meilleur que le maximum de PVC, lui-même meilleur que le codage.

5.5 Statistique pour un processus ponctuel spatial

5.5.1 Test d'homogénéité spatiale basé sur les quadrats

Supposons que $x = \{x_i, i = 1, \ldots, n\}$ soit la réalisation d'un PP sur une partie A elle même intérieure à une fenêtre d'observation plus grande permettant d'éliminer les effets du bord. La première étape d'une modélisation est de tester l'hypothèse CSR :

$$(H_0) \ X \text{ est un PPP homogène sur } A.$$

Pour tester (H_0), il existe diverses techniques dont : (i) les statistiques basées sur les comptages par quadrats, éléments d'une partition de A [62; 48; 194] et (ii) les statistiques basées sur les distances entre paires de points de x (cf. §5.5.3).

La fenêtre d'observation A étant partitionnée en m quadrats disjoints A_i, $i = 1, \ldots, m$, de même mesure $\nu(A_i) = \overline{\nu}$, on relève le nombre de points $N_i = n(A_i)$ de x dans chaque A_i et on considère la statistique :

$$Q = \sum_{i=1}^{m} \frac{(N_i - \overline{N})^2}{\overline{N}}$$

avec $\overline{N} = \sum_{i=1}^{m} N_i/m$. Si X est un PP de Poisson homogène d'intensité τ, les N_i sont des variables de Poisson indépendantes de moyenne $\tau\overline{\nu}$ et la loi de Q est approximée par une loi χ^2 à $m - 1$ dégrés de liberté. L'approximation est jugée raisonnable si $E(N_i) \geq 1$ et si $m > 6$ (Diggle [62]).

La Fig. 5.15 illustre la méthode pour les données **finpines**. On observe $Q_{obs} = 46.70$ et comme $P(\chi_{15}^2 > Q_{obs}) \simeq 0$, on rejette le caractère poissonnien homogène de la distribution des pins.

Cette méthode peut être étendue au test du caractère poissonien d'une distribution spatiale, sans hypothèse d'homogénéité spatiale. Si X est un PPP

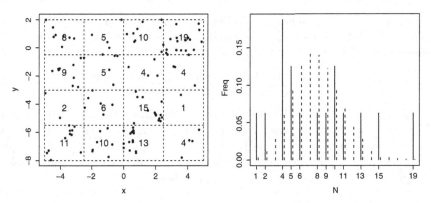

Fig. 5.15. Statistiques des 4×4 quadrats pour les pins finlandais (données **finpines**). A gauche, les 16 quadrats est les comptages N_i associés ; à droite, distribution empirique des N_i (en trait plein) et distribution théorique de Poisson ajustée (en pointillé).

d'intensité $\rho(\cdot, \theta)$, on estime θ par MV (cf. §5.5.2), puis les effectifs théoriques par quadrat par $N_i(\widehat{\theta}) = \int_{A_i} \rho(u, \widehat{\theta}) du$. La statistique du test d'indépendance spatiale devient,

$$Q = \sum_{i=1}^{m} \frac{(N_i - N_i(\widehat{\theta}))^2}{N_i(\widehat{\theta})}.$$

Si m est assez grand et si chaque $N_i(\widehat{\theta}) \geq 1$, la loi de $(Q - m)/2m$ est proche d'une gaussienne réduite s'il y a indépendance spatiale.

5.5.2 Estimation de l'intensité d'un PP

Estimation d'un modèle paramétrique de PPP

Soit X un PP observé sur une partie compacte A de $\mathbb{R}^d$ de mesure positive, $x = \{x_1, \ldots, x_n\}$ sa réalisation à $n = n(A)$ points. Si X est stationnaire, l'intensité τ est estimée par

$$\widehat{\tau} = \frac{n(A)}{\nu(A)}.$$

$\widehat{\tau}$ estime sans biais τ. De plus, si X est un PPP homogène, $\widehat{\tau}$ est l'estimateur du maximum de vraisemblance de τ.

Si X est ergodique (cf. B.1) et si (A_n) est une suite croissante de convexes bornés telle que $d(A_n) \longrightarrow \infty$, où $d(A) = \sup\{r : B(\xi, r) \subseteq A\}$ est le diamètre intérieur de A, alors

$$\widehat{\tau}_n = \frac{n(A_n)}{\nu(A_n)} \to \tau, \qquad p.s..$$

Les PPP homogènes ainsi que les PP de Neyman-Scott dérivant d'un PPP homogène sont homogènes.

Si X est un PPP inhomogène d'intensité $\rho(\cdot;\theta)$ paramétrée par θ, l'estimateur du MV de θ s'obtient en maximisant la log-densité de X sur A (cf. (3.5)) :

$$l_A(\theta) = \sum_{\xi \in x \cap A} \log \rho(\xi;\theta) + \int_A \{1 - \rho(\eta;\theta)\}d\eta. \tag{5.35}$$

Si $\rho(\cdot;\theta)$ suit un modèle log-linéaire, la maximisation de $l_A(\theta)$ est analogue à celle de la log-vraisemblance d'un modèle linéaire généralisé (cf. aussi §5.5.5). Bradley et Turner [14] proposent d'approximer $\int_A \rho(\eta;\theta)d\eta$ par $\sum_{j=1}^{m} \rho(\eta_j;\theta)w_j$ pour des $\eta_j \in A$ et des poids d'intégration w_i convenables, ce qui conduit à la log-vraisemblance approchée,

$$l_A(\theta) \simeq \sum_{\xi \in x \cap A} \log \rho(\xi;\theta) - \sum_{j=1}^{m} \rho(\eta_j;\theta)w_j. \tag{5.36}$$

Si l'ensemble des η_j contient $x \cap A$, (5.36) se réécrit,

$$l_A(\theta) \simeq \sum_{j=1}^{m} \{y_j \log \rho(\eta_j;\theta) - \rho(\eta_j;\theta)\}w_j, \tag{5.37}$$

où $y_j = \mathbf{1}[\eta_j \in x \cap A]/w_j$. Le terme de droite de (5.37) est formellement équivalent à la log-vraisemblance pondérée par des poids w_j pour des variables de Poisson indépendantes de moyenne $\rho(\eta_j;\theta)$ et (5.37) est maximisée en utilisant un logiciel pour le MLG (cf. le package `spatstat`).

La consistance et la normalité asymptotique de cet estimateur du MV sont étudiées dans Rathbun et Cressie [179] et Kutoyants [135].

Précisons le résultat de Rathbun et Cressie. Soit X un PP de Poisson inhomogène d'intensité log-linéaire,

$$\log \rho(\xi;\theta) = {}^tz(\xi)\theta, \ \theta \in \mathbb{R}^p,$$

les $z(\xi)$ étant des covariables observables. Supposons d'autre part que la suite des domaines d'observation bornés (A_n) soit croissante vérifiant $d(A_n) \longrightarrow \infty$ et :

(L1) $\int_A \rho(\xi;\theta)d\xi < \infty$ pour tout le borelien A avec $\nu(A) < \infty$.

(L2) Il existe $K < \infty$ tel que $\nu(\xi \in S : \max_{1 \le i \le p} |z_i(\xi)| > K) < \infty$.

(L3) La matrice $M_n = \int_{A_n} z(\xi)z(\xi)^t d\xi$ est d.p. et vérifie $\lim_n M_n^{-1} = 0$.

Alors $\widehat{\theta}_n = \underset{\theta \in \Theta}{\operatorname{argmax}}\, l_{A_n}(\theta)$ est consistant et pour n grand :

$$(\widehat{\theta}_n - \theta) \sim \mathcal{N}_p(0, I_n(\theta)^{-1}) \text{ où } I_n = \int_{A_n} z(\xi)\,{}^tz(\xi)\exp\{{}^tz(\xi)\theta\}d\xi.$$

Estimation de l'intensité d'un PP

Sans faire d'hypothèse poissonnienne, Møller et Waagepetersen [160] proposent de continuer à utiliser la fonctionnelle $l_A(\theta)$ (5.35) pour estimer le paramètre θ d'un modèle de densité $\rho(\cdot; \theta) : l_A(\theta)$ est une "pseudo-vraisemblance poissonnienne" ou "vraisemblance composée" adaptée à l'évaluation des paramètres d'intensité.

Estimation non-paramétrique d'une intensité

L'estimation non-paramétrique d'une fonction d'intensité $x \mapsto \rho(x)$ est similaire à celle d'une densité de probabilité. Diggle [62] propose l'estimateur,

$$\widehat{\rho}_\sigma(x) = \frac{1}{K_\sigma(x)} \sum_{i=1}^n \frac{1}{\sigma^d} k\left(\frac{x - x_i}{\sigma}\right),$$

où $k : \mathbb{R}^d \to \mathbb{R}^+$ est un noyau symétrique d'intégrale égale à 1, $\sigma > 0$ est un paramètre de lissage et

$$K_\sigma(x) = \int_A \frac{1}{\sigma^d} k\left(\frac{x - \xi}{\sigma}\right) \nu(d\xi).$$

Le choix de σ est important et il est conseillé d'essayer différentes valeurs. A l'inverse, le choix de $k(\cdot)$ l'est moins, des choix classiques étant le noyau gaussien $k(x) = (2\pi)^{-d/2} e^{-\|x\|^2/2}$ ou le noyau d'Epanechnikov $k(x) = c(d) \mathbf{1}(\|x\| < 1)(1 - \|x\|^2)$.

La Fig. 5.16 donne la localisation de 514 érables d'une forêt du Michigan (donnée `lansing` du *package* `spatstat`). Ces données, recalées dans un carré unitaire, montrent une intensité non-constante. Cette intensité est estimée avec un noyau gaussien pour trois valeurs du paramètre de lissage, $\sigma = 0.01$, 0.05 et 0.1.

5.5.3 Estimation des caractéristiques du second ordre

Estimation empirique des distributions aux ppv

Si X est un PP stationnaire, la distribution $G(\cdot)$ de la distance d'un point $\xi \in X$ au ppv de X est (cf. 3.5.2) :

$$G(h) = P_\xi(d(\xi, X \backslash \{\xi\}) \leq h), \ r \geq 0.$$

Soit n le nombre des points de X dans $A_{\ominus h} = \{\xi \in A : B(\xi, h) \subseteq A\}$, le h-intérieur de A, où $B(\xi, h)$ est la boule de centre ξ et de rayon h, et h_i la distance d'un point observé $x_i \in x$, $i = 1, n$, à son ppv dans x. L'estimateur non paramétrique de G est sa fonction de répartition empirique,

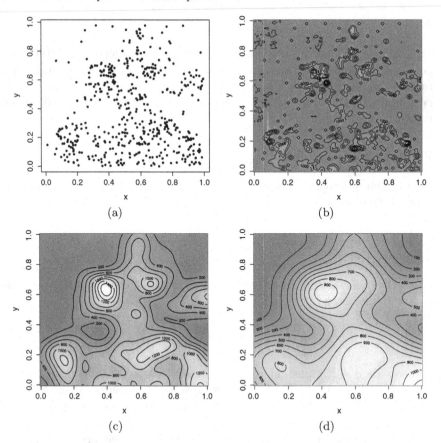

Fig. 5.16. (a) localisations de 514 érables d'une forêt du Michigan. Estimations non-paramétriques de l'intensité avec : (b) $\sigma = 0.01$, (c) $\sigma = 0.05$ et (d) $\sigma = 0.1$.

$$\widehat{G}(h) = \frac{1}{n} \sum_{i=1}^{n} \mathbf{1}_{(0,h_i]}(h).$$

La distribution de la distance d'un point courant $\xi \in \mathbb{R}^d$ au ppv de X est

$$F(h) = P(d(\xi, X \setminus \{\xi\}) \leq h), \ h \geq 0.$$

Pour estimer F, on commence par choisir, indépendamment de X, une grille régulière sur $A_{\ominus h}$. Soit m le nombre des points de la grille et h_i^* la distance d'un point de la grille à son ppv dans X_A, $i = 1, m$. Un estimateur non-paramétrique de F est la fonction de répartition empirique,

$$\widehat{F}(h) = \frac{1}{m} \sum_{i=1}^{n} \mathbf{1}_{(0,h_i^*]}(h).$$

Un estimateur non-paramétrique de l'indicateur J du caractère poissonnien de X est donc :

$$\widehat{J}(h) = \frac{1 - \widehat{G}(h)}{1 - \widehat{F}(h)} \text{ si } \widehat{F}(h) < 1.$$

La première colonne de la Fig. 5.17 donne l'estimation de J pour les données **ants** de fourmilières, **cells** de cellules et **finpines** de pins (cf. Fig. 3.1-a–c). L'hypothèse poissonnienne est acceptable pour la répartition des fourmilières et rejetée pour les deux autres, avec plus de régularité pour les cellules et moins pour les pins.

Un autre outil pour tester le caractère poissonnien d'un PP utilise l'estimation de la fonction K.

Estimation non-paramétrique de la fonction K de Ripley

Commençons par proposer des estimateurs non-paramétriques du moment réduit d'ordre 2, la fonction $\mathcal{K}$ de Ripley ou de son extension. Cette fonction étant définie par (3.12), un estimateur naturel de $\tau^2 \mathcal{K}(B)$ est, si X est homogène d'intensité τ et observé sur A :

$$\tau^2 \widehat{\mathcal{K}}(B) = \frac{1}{\nu(A)} \sum_{\xi, \eta \in X \cap A}^{\neq} \mathbf{1}_B(\xi - \eta).$$

Cet estimateur sous-estime $\tau^2 \mathcal{K}$ car un point au bord de A a moins de voisins dans A qu'un point intérieur. On peut limiter ce biais en "élargissant" A, mais ceci n'est pas toujours possible. Une façon de débiaiser cet estimateur est de considérer [160] :

$$\widehat{\mathcal{K}}_A(B) = \sum_{\xi, \eta \in X \cap A}^{\neq} \frac{\mathbf{1}_B(\xi - \eta)}{\nu(W_\xi \cap W_\eta)}$$

si $\nu(W_\xi \cap W_\eta) > 0$ où $W_\xi = \xi + W$ est le ξ-translaté de W. En effet :

$$\mathbb{E}\left(\widehat{\mathcal{K}}_A(B)\right) = \mathbb{E}\left(\sum_{\xi, \eta \in X}^{\neq} \frac{\mathbf{1}_B(\xi - \eta)\mathbf{1}_A(\xi)\mathbf{1}_A(\eta)}{\nu(W_\xi \cap W_\eta)} \right)$$

$$= \int \frac{\mathbf{1}_B(\xi - \eta)\mathbf{1}_A(\xi)\mathbf{1}_A(\eta)}{\nu(W_\xi \cap W_{\eta-\xi})} \alpha_2(d\xi \times d\eta)$$

$$= \tau^2 \int \int \frac{\mathbf{1}_B(u)\mathbf{1}_A(\xi)\mathbf{1}_A(\xi + \zeta)}{\nu(W_\xi \cap W_{\xi+\zeta})} d\xi \, \mathcal{K}(d\zeta)$$

$$= \tau^2 \int \mathbf{1}_B(\zeta)\mathcal{K}(d\zeta) = \tau^2 \mathcal{K}(B).$$

Si X est un un PP isotropique sur $\mathbb{R}^2$, et si $B = B(0, h)$ est la boule de centre 0 et de rayon h, Ripley [184] propose l'estimateur :

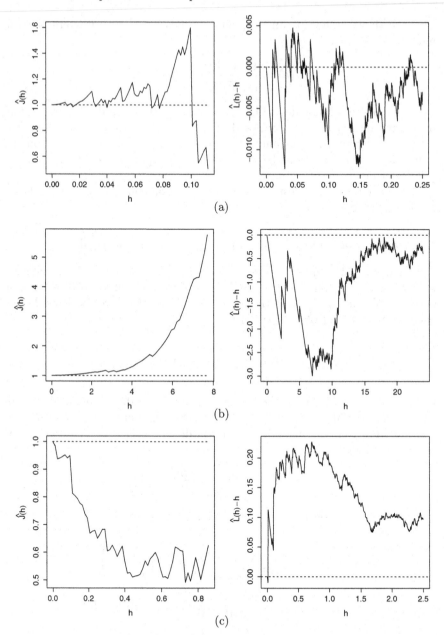

Fig. 5.17. Deux résumés d'ordre 2 : à gauche $h \mapsto \widehat{J}(h)$ et à droite $h \mapsto (\widehat{L}(h) - h)$, pour les trois répartitions spatiales **ants**, **cells** et **finpines** (cf. Fig. 3.1-a–c). Si X est un PPP homogène, $L(h) - h \equiv 0$ et $J \equiv 1$.

$$\widehat{K}_A(h) = \frac{\nu(A)}{n(A)} \sum_{\xi,\eta \in X \cap A}^{\neq} w(\xi,\eta)\mathbf{1}[0 < \|\xi - \eta\| < h],$$

où $w(\xi,\eta)^{-1}$ est la proportion du périmètre du cercle $C(\xi; \|\xi - \eta\|)$ centré en ξ et passant par η qui se trouve dans A. Cet estimateur est non-biaisé si $h < h^*$ où h^* est le plus grand rayon r autorisant un cercle $C(\xi; r)$ centré en un $\xi \in A$ et de bord coupant A. Par exemple, si $A = [0,1]^2$, $h^* = \sqrt{2}$. En dimension $d = 2$, on en déduit l'estimation de L,

$$\widehat{L}(h) = \sqrt{\widehat{K}(h)/\pi}.$$

Théorème 5.7. *(Heinrich [111]) Soit X un PP ergodique et (A_n) une suite croissante de convexes bornés de diamètres intérieurs vérifiant $d(A_n) \longrightarrow \infty$. Notons $\widehat{k}_n(h) = \widehat{\mathcal{K}}_{A_n}(B(0,h))$ et $k(h) = \mathcal{K}(B(0,h))$. Alors, pour tout h_0 fixé,*

$$\lim_n \sup_{0 \le h \le h_0} \left| \widehat{k}_n(h) - k(h) \right| = 0, \qquad p.s. .$$

Démonstration : Par le théorème ergodique (cf. B.1), pour tous les h,

$$\lim_n \widehat{k}_n(h) = k(h), \qquad \text{p.s. .}$$

Un argument du type Glivenko-Cantelli (cf. [55]) conduit au résultat.

$\square$

Tout comme un PP homogène, un PP non-homogène peut présenter des tendances à l'agrégation, à la régularité ou à l'indépendance. Afin d'identifier ce comportement, Baddeley et al. [13] ont étendu la fonction K de Ripley aux PP non-homogènes stationnaires au second ordre pour la corrélation repondérée g (cf. 3.1), introduisant la fonction (cf. (3.14)) :

$$K_{BMW}(h) = \frac{1}{\nu(A)}\mathbb{E}\left[\sum_{\xi,\eta \in X}^{\neq} \frac{\mathbf{1}_{\{\|\xi-\eta\| \le h\}}}{\rho(\xi)\rho(\eta)} \right],$$

dont l'estimateur empirique naturel est :

$$\widehat{K}_{BMW}(h) = \frac{1}{\nu(A)} \sum_{\xi,\eta \in X \cap A}^{\neq} \frac{\mathbf{1}_{\{\|\xi-\eta\| \le h\}}}{\widehat{\rho}(\xi)\widehat{\rho}(\eta)}.$$

Là aussi, une correction de l'effet de bord est possible.

Pour un *PPP inhomogène* et en dimension $d = 2$, on a encore : $K_{BMW}(h) = \pi h^2$. Ainsi, examinant $\widehat{K}_{BMW}(h) - \pi h^2$, on pourra tester l'hypothèse qu'un processus est un PPP inhomogène, tout comme la fonction K de Ripley permettait de tester l'hypothèse qu'un processus est PPP homogène.

Tests de Monte Carlo

En général, la loi des estimateurs précédents, utiles pour construire des tests ou des intervalles de confiance, n'est pas connue. Une procédure approchée "passe partout" utilise la simulation de Monte Carlo. Décrivons l'une de ces procédures.

Supposons que x_A soit la réalisation sur une fenêtre A de X, un PPP homogène sur $\mathbb{R}^2$ d'intensité τ (hypothèse (H_0)). On veut construire un intervalle de confiance pour $G(h)$, la fonction de répartition de la distance d'un point de X au ppv, prise en h. Conditionnellement à $n = n(x)$, on simule m réalisations indépendantes $\mathbf{x}_A^{(i)}$ de X sur A, un PPP($\widehat{\lambda}$) d'intensité $\widehat{\lambda} = n/\nu(A)$ et pour chaque $\mathbf{x}_A^{(i)}$ on calcule $\widehat{K}_i(h)$, $i = 1,\ldots,m$. On approxime alors les quantiles de $\widehat{K}(h)$ à partir de la distribution empirique des $\{\widehat{K}_i(h),\ i = 1, m\}$. Pour tester (H_0), il restera à comparer ces quantiles avec la statistique $\widehat{K}_0(h)$ calculée à partir de l'observation x_A. Si le calcul de $\widehat{K}$ est coûteux , on choisira m réduit, les enveloppes $\widehat{K}_{inf}(h) = \min_i \widehat{K}_i(h)$ et $\widehat{K}_{sup}(h) = \max_i \widehat{K}_i(h)$ définissant, sous (H_0), l'intervalle de confiance au niveau $1 - 2/(m+1)$,

$$P(\widehat{K}_0(h) < \widehat{K}_{inf}(h)) = P(\widehat{K}_0(h) > \widehat{K}_{sup}(h)) \leq \frac{1}{m+1},$$

avec égalité si les valeurs $\widehat{K}_i$ sont différentes. On pourra aussi représenter les fonctions $\widehat{K}_{inf}$, $\widehat{K}_0$, $\widehat{K}_{sup}$ et les comparer avec πh^2 : si $\widehat{K}_0$ est dans la bande de confiance $\{[\widehat{K}_{inf}(h), \widehat{K}_{sup}(h)] : h \geq 0\}$, on conclura que X est un *PPP* homogène.

D'autres fonctions tests du caractère poissonien peuvent être utilisées, par exemple :

$$T = \sup_{h_1 \leq h \leq h_2} |\widehat{K}(h) - \pi h^2| \quad \text{ou} \quad T = \int_0^{h_3} (\widehat{J}(h) - 1)^2 dh,$$

les h_i, $i = 1, 2, 3$ étant des rayons à choisir. On comparera alors la valeur $T_0 = T(x_A)$ obtenue pour l'observation x_A avec l'échantillon ordonné $T^{(1)} \leq T^{(2)} \ldots \leq T^{(m)}$ obtenu en simulant m réalisations indépendantes $x_A^{(i)}$ de X : une région de rejet bilatérale de niveau $\alpha = 2k/(m+1)$ est

$$\mathcal{R} = \{T_0 \leq T^{(k)}\} \cup \{T_0 \geq T^{(m-k+1)}\}.$$

La première colonne de la Fig. 5.17 donne l'estimation de J pour les données ants de fourmilières, cells de cellules et finpines de pins (cf. Fig. 3.1-a–c). L'hypothèse poissonnienne est acceptable pour la répartition des fourmilières, rejetée pour les deux autres, avec plus de régularité pour les cellules et moins pour les pins. L'analyse de ces mêmes données en utilisant $\widehat{L}$ (cf. Fig. 5.17, deuxième colonne) conduit aux mêmes conclusions.

Ces procédures de Monte Carlo s'étendent facilement à d'autres contextes ainsi qu'à la validation d'un modèle général.

Exemple 5.15. Biodiversité dans la forêt tropicale humide

On considére ici un jeu de données analysé par Waagepetersen [220] donnant la répartition spatiale des 3,605 arbres de l'espèce *Beilschmiedia pendula Lauraceae* dans la forêt tropicale humide de Barro Colorado Island (cf. Fig. 5.18-a).

La forêt tropicale humide est caractérisée par une formation végétale arborée haute et dense et un climat chaud et humide. L'une des questions est de savoir si cette répartition est liée à l'altitude (`elev`) et à l'inclinaison du sol (`grad`). Un premier modèle considéré est un PPP d'intensité log-linéaire $\log \rho(\xi; \theta) = {}^t z(\xi)\theta$ avec $z(\xi) = {}^t(1, z_{\texttt{elev}}(\xi), z_{\texttt{grad}}(\xi))$. Les EMV des paramètres et leurs écarts types sont, dans l'ordre, -8.559 (0.341), 0.021 (0.002)

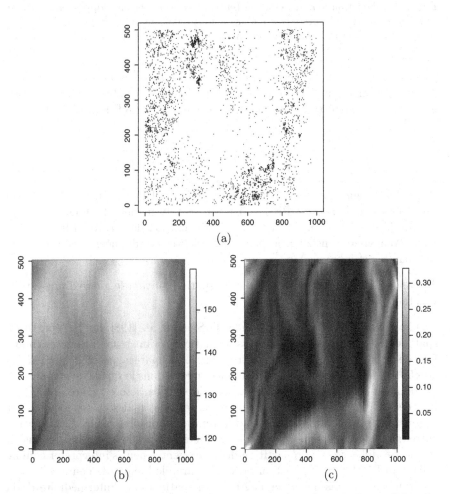

(a)

(b)   (c)

Fig. 5.18. (a) positions des 3,605 arbres d'une zone de la forêt de Barro Colorado ; covariables d'altitude (`elev`, (b)) et d'inclinaison du sol (`grad` (c)).

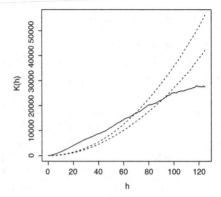

Fig. 5.19. Fonction $\widehat{K}_{BMW}$ estimée (en trait continu) et enveloppes inférieure et supérieure (en tirets) obtenues à partir de 40 simulations (niveau de confiance de la bande 95%) d'un PPP homogène de même intensité estimée.

et 5.841 (0.256). Ainsi, élévation et inclinaison sont significatives, la densité forestière augmentant avec l'une et l'autre de ces covariables. Quant à l'estimation non-paramétrique de K_{BMW} basée sur $\rho(\xi;\widehat{\theta})$ (cf. Fig. (5.19)) :

$$\widehat{K}_{BMW}(h) = \frac{1}{\nu(A)} \sum_{\xi,\eta \in X \cap A}^{\neq} \frac{\mathbf{1}_{\{\|\xi-\eta\|\leq h\}}}{\rho(\xi;\widehat{\theta})\rho(\eta;\widehat{\theta})},$$

elle s'écarte significativement de πh^2, celle d'un PPP d'intensité $\rho(\cdot;\widehat{\theta})$. Ceci remet en cause le modèle PPP, soit au niveau du modèle d'intensité, soit au niveau de l'indépendance spatiale de la répartition des arbres. Plus precisement Waagepetersen [220] propose de modèliser ces données avec un PP de Neyman-Scott inhomogène.

Exemple 5.16. Différence de répartition spatiale suivant le genre d'une espèce végétale

Cet exemple est tiré d'une étude de Shea et al. [198] sur la répartition spatiale de la tulipe aquatique Nyssa aquatica suivant trois caractères (mâle, femelle ou immature), ceci dans trois parcelles marécageuses de dimension 50×50 m^2 en Caroline du Sud (cf. données **nyssa** dans le site). Nous analysons les données sur une seule parcelle pour le seul caractère "genre" (mâle ou femelle, cf. Fig. 5.20). La répartition au hasard des mâles et des femelles est a priori jugée optimale car elle rend la reproduction plus facile. L'agrégation entre mâles ou entre femelles peut s'expliquer quant à elle par des besoins en ressources différents. La répartition des deux genres peut s'interpréter comme celle d'un PPM $Y = (x_i, m_i)$ où m_i est la variable binaire de genre.

Nous choisissons d'évaluer l'agrégation spatiale par l'intermédiaire de la fonction K de Ripley. Si la population des mâles (1) et celle des femelles (0) présente la même agrégation spatiale, alors $D(h) = K_1(h) - K_0(h)$ est

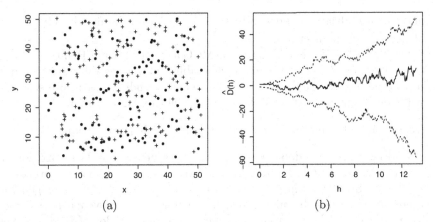

Fig. 5.20. (a) Répartition spatiale de l'espèce Nyssa aquatica selon les caractères mâles ($\bullet$) ou femelles (+); (b) estimation (en continu) de $D(h) = K_1(h) - K_2(h)$ et enveloppes inférieure et supérieure (en tirets) obtenues à partir de 40 simulations (niveau de confiance de la bande 95%).

identiquement nulle. Pour tester cette hypothèse, on considère la statistique $\widehat{D}(h) = \widehat{K}_1(h) - \widehat{K}_0(h)$. La distribution de $\widehat{D}$, sous l'hypothèse nulle, étant difficile à obtenir, nous suivrons une approche de Monte Carlo conditionnelle à la superposition des localisations des mâles et des femelles. Pour cela, on simule k PPM $Y^{(j)} = (x_i, m_i^{(j)})$, $j = 1, k$, où $m^{(j)} = (m_i^{(j)})$ est une permutation aléatoire des marques $m = (m_i)$ et on calcule $\widehat{D}^{(j)}(h) = \widehat{K}_1^{(j)}(h) - \widehat{K}_0^{(j)}(h)$. Pour $k = 40$ simulations, les enveloppes de confiance obtenues (cf. Fig. 5.20-b) montrent que, en dehors du facteur de densité de population, la différenciation sexuelle ne s'exprime pas dans la répartition spatiale.

5.5.4 Estimation d'un modèle parametrique de PP

Si X suit un modèle paramétrique $\mathcal{M}(\theta)$ permettant le calcul de K_θ, on peut estimer θ par MCO en minimisant, pour une puissance $c > 0$ et une portée h_0 à choisir,

$$D(\theta) = \int_0^{h_0} \{\widehat{K}(h)^c - K(h; \theta)^c\}^2 \, dh. \tag{5.38}$$

Diggle [62, p. 87] recommande le choix $h_0 = 0.25$ si $A = [0, 1]^2$, $c = 0.5$ pour les PP réguliers et $c = 0.25$ pour les PP présentant des agrégats. Numériquement, $D(\theta)$ devra être approchée par une somme,

$$D^*(\theta) = \sum_{i=1}^{k} w_i \{\widehat{K}(h_i)^c - K(h_i; \theta)^c\}^2$$

pour des poids w_i convenables. Si la forme analytique de K_θ est inconnue, on utilisera une approximation de Monte Carlo $K^{MC}(\theta) = \sum_{i=1}^{m} \widehat{K}_i(\theta)/m$ en simulant m réalisations indépendantes $x_A^{(i)}$ de X sous le modèle $\mathcal{M}(\theta)$ et en calculant $\widehat{K}_i(\theta)$ pour chaque i.

La consistance de cet estimateur de MCO a été étudiée par Heinrich [111] si X est ergodique. Guan et Sherman [95] établissent la normalité asymptotique des estimateurs sous une condition de mélange, condition satisfaite si X est un PP de Neyman-Scott ou si X est un PP de Cox log-gaussien.

Exemple 5.17. Estimation et validation d'un modèle paramétrique

La Fig. 5.17-c des données finpines laisse penser que la répartition X présente des agrégats. On propose donc de modéliser X par un processus de Neyman-Scott dont la position des parents est un $PPP(\lambda)$ homogène, le nombre de descendants suivant une loi de Poisson de moyenne μ et la position d'un descendant autour d'un parent suivant une loi $\mathcal{N}_2(0, \sigma^2 I_2)$. Les paramètres sont estimés en minimisant (5.38) avec $h_0 = 2.5$, $c = 0.25$, l'intégration étant réalisée sur une grille régulière de 180 points. Pour ce modèle, la fonction K vaut :

$$K(h; \theta) = \pi h^2 + \theta_1^{-1}\{1 - \exp(-h^2/4\theta_2)\},$$

avec $\theta_1 = \mu$ et $\theta_2 = \sigma^2$; on obtient $\widehat{\mu} = 1.875$, $\widehat{\sigma}^2 = 0.00944$ et $\widehat{\lambda} = n(\mathbf{x})/(\widehat{\mu}\nu(A)) = 0.672$. On valide le modèle par Bootstrap paramétrique en simulant $m = 40$ réalisations d'un PP de Neyman-Scott de paramètres $(\widehat{\mu}, \widehat{\sigma^2}, \widehat{\lambda})$: les enveloppes de confiance (cf. Fig. 5.21) montrent que ce choix de modèle est raisonnable, $\widehat{K}_0(h)$ étant dans la bande de confiance pour $h > 0.2$.

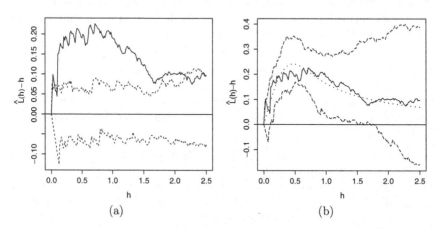

Fig. 5.21. Estimation de $D(h) = L(h) - h$ pour les données finpines (cf. Fig. 3.1-c) : en ligne continue (a, b), l' estimation non-paramétrique de D ; (b) en pointillés, l'estimation paramétrique pour le modèle de N-S. Ces estimations sont ensuite comparées aux enveloppes inférieure et supérieure (en tirets) obtenues à partir de 40 simulations (niveau de confiance de la bande 95%) : (a) d'un PPP homogène de même intensité ; (b) d'un processus de N-S aux paramètres estimés.

5.5.5 Pseudo-vraisemblance conditionnelle d'un PP

Définition de la PVC et obtention de l'estimateur par PVC

La notion de densité conditionnelle d'un PP en un site n'ayant pas de sens, il faut construire une nouvelle notion de pseudo-vraisemblance conditionnelle. Intuitivement, celle-ci peut se déduire de celle d'un champ sur un réseau de la façon suivante [184] :

1. Pour une partition fine de S, on associe au PP le processus latticiel de comptage sur chaque élément de la partition.

2. On définit alors la PVC de ce processus de comptage.

3. On étudie la limite de cette PVC quand la partition "tend" vers 0.

La limite est identifiable si la densité f_θ de X est héréditaire (cf. (3.6)) et si f_θ est *stable*, c-à-d si :

$$\exists c_\theta \text{ et } K_\theta > 0 \text{ finis t.q. : } \forall x, \ f_\theta(x) \leq c_\theta K_\theta^{n(x)}.$$

Considérons alors une suite de partitions emboîtées de S, $A_{i,j} \subseteq A_{i-1,j}$, $(S = \bigcup_{j=1}^{m_i} A_{i,j}, i = 1, 2, \ldots)$, vérifiant, si $\delta_i = \max\{\nu(A_{i,j}), j = 1, m_i\}$,

$$m_i \to \infty, \qquad m_i \delta_i^2 \to 0. \tag{5.39}$$

Théorème 5.8. *Pseudo-vraisemblance d'un PP (Jensen-Møeller, [121])*
Notons μ_S la mesure du $PPP(1)$. Si la densité f_θ de X est héréditaire et stable, alors, sous (5.39) :

$$\lim_{i \to \infty} \prod_{j=1}^{m_i} f_\theta(x_{A_{i,j}}|x_{S \setminus A_{i,j}}) = \exp\{\lambda \nu(S) - \Lambda_\theta(S, x)\} \prod_{\xi \in x} \lambda_\theta(\xi, x \setminus \{\xi\}), \quad \mu_S \text{ p.s.,}$$

où

$$\lambda_\theta(\xi, x) = \frac{f_\theta(x \cup \{\xi\})}{f_\theta(x)} \mathbf{1}\{f_\theta(x) > 0\} \quad et \quad \Lambda_\theta(A, x) = \int_A \lambda_\theta(\eta, x) d\eta.$$

Si $A \in \mathcal{B}(\mathbb{R}^d)$, la PVC de X sur A est définie par :

$$pl_A(x, \theta) = \exp\{-\Lambda_\theta(A, x)\} \prod_{\xi \in x} \lambda_\theta(\xi, x \setminus \{\xi\}). \tag{5.40}$$

La PVC d'un PP est proportionnelle au produit sur les sites x de la réalisation de X des intensités conditionnelles de Papangélou. Si $\xi \in x_A$, la définition de $\lambda_\theta(\xi, x)$ est inchangée quand la densité jointe sur S est remplacée par la densité conditionnelle $f_\theta(x_A|x_{S \setminus A})$. Cette remarque est importante car on peut choisir de modéliser un ensemble de points observés dans une fenêtre d'observation A sans prendre en considération ce qui se passe à l'extérieur ou bien conditionnellement à $S\backslash A$, cette dernière approche évitant les effets du bord.

L'estimateur du maximum de PVC sur S est une valeur

$$\widehat{\theta}_S = \underset{\theta \in \Theta}{\operatorname{argmax}}\, pl_S(x, \theta).$$

Si $f_\theta(x) = Z(\theta)^{-1} h(x) \exp\{^t\theta v(x)\}$ appartient à une famille exponentielle, la PVC est concave, strictement si le modèle est identifiable en θ :

$$\text{si } \theta \neq \theta_0,\ \mu_S\{(\xi, x) : \lambda_\theta(\xi, x) \neq \lambda_{\theta_0}(\xi, x)\} > 0. \tag{5.41}$$

Exemple 5.18. Processus de Strauss

Pour le PP de Strauss (3.9) de densité $f_\theta(x) = \alpha(\theta)\beta^{n(x)}\gamma^{s(x)}$, $\beta > 0$, $\gamma \in [0, 1]$, l'intensité conditionnelle et la PVC valent respectivement,

$$\lambda_\theta(\xi, x) = \beta\gamma^{s(\xi;x)}$$

et

$$pl_S(x, \theta) = \beta^{n(x)}\gamma^{s(x)} \exp\left(-\beta \int_S \gamma^{s(\xi, x)} d\xi\right),$$

où $s(\xi, x) = \sum_{i=1}^{n} \mathbf{1}\{\|\xi - x_i\| \leq r\}$.

Si $\min_{i \neq j} |x_i - x_j| > r$, alors $s(x) = 0$ et la PVC est maximisée quand $\gamma = 0$. Autrement $\widehat{\gamma} > 0$ et on obtient $(\widehat{\beta}, \widehat{\gamma})$ en résolvant $pl_S^{(1)}(x, \widehat{\theta}) = 0$, c-à-d :

$$n(x) = \beta \int_S \gamma^{s(\xi, x)} d\xi \quad \text{et} \quad \sum_{\xi \in x} s(\xi, x \backslash \{\xi\}) = \beta \int_S s(\eta, x)\gamma^{s(\eta, x)} d\eta.$$

Si $\widehat{\gamma} > 1$, on prend $\widehat{\gamma} = 1$ et $\widehat{\beta} = n(x)/\nu(S)$.

L'avantage de la PVC est d'éviter le calcul de la constante de normalisation d'une densité jointe. Il reste cependant à calculer le facteur $\Lambda_\theta(S, x) = \int_S \lambda_\theta(\xi, x) d\xi$. Baddeley et Turner [14] proposent d'approximer l'intégrale par :

$$\log pl_S(x, \theta) \simeq \sum_{i=1}^{n(x)} \log \lambda_\theta(x_i, x \backslash \{x_i\}) - \sum_{i=1}^{m} \lambda_\theta(u_j, x) w_j, \tag{5.42}$$

où u_j, $j = 1, \ldots, m$ sont des points de S et w_i les poids associés à la formule d'intégration. Si l'ensemble des u_j contient x, (5.42) se réécrit,

$$\log pl_S(x, \theta) \simeq \sum_{j=1}^{m} (y_j \log \lambda_j^* - \lambda_j^*) w_j, \tag{5.43}$$

où $\lambda_j^* = \lambda_\theta(u_j, x \backslash \{u_j\})$ si $u_j \in x$, $\lambda_j^* = \lambda_\theta(u_j, x)$ sinon, $y_j = \mathbb{1}[u_j \in x]/w_j$. Le terme de droite de (5.43) est analogue à (5.37) et donc peut être maximisé en utilisant un logiciel d'estimation des MLG.

Asymptotique pour la PVC d'un PP de Gibbs

Consistance de l'estimation par PVC

Si X est un PP observé sur une suite de fenêtres $(S(n))$, Jensen et Møller [121] établissent la consistance de l'estimation par maximum de PVC si X est markovien de portée bornée R (la portée d'un potentiel φ est R si $\varphi(x) = 0$ dès que deux points de x sont distants de plus que R), de spécification conditionnelle invariante par translation dans la famille exponentielle :

$$f_\theta(x_S|x_{\partial S}) = \frac{1}{Z(\theta; x_{\partial S})} \prod_{\emptyset \neq y \subseteq x_S} \prod_{z \subseteq x_{\partial S}} \psi(y \cup z) \exp\{ {}^t\theta\phi(y \cup z)\}.$$

Dans cette écriture, ∂S est le R-voisinage de S, $\psi(x) \geq 0$, $\phi(x) \in \mathbb{R}^k$, avec $\psi(x) = 1$ et $\phi(x) = 0$ si x n'est pas une clique. De plus, l'une ou l'autre des conditions suivantes doit être satisfaite :

(P1) $\forall x$ t.q. $n(x) \geq 2$, $\psi(x) \leq 1$ et ${}^t\alpha\phi(x) \geq 0$ pour α au voisinage de la vraie valeur θ.

(P2) $\exists N$ et $K < \infty$ t.q. si $n(x) \geq 2$, $\psi(x) \leq K$, $\|\phi(x)\| \leq K$ et $n(x_{A_i}) \leq N$, où $\{A_i\}$ est une partition des boréliens bornés recouvrant $S(n)$.

(P1) traduit que les interactions sont répulsives ; (P2) permet de considérer des potentiels attractifs mais pour un processus markovien du type à noyau dur.

Normalité asymptotique de l'estimation par PVC

Utilisant une propriété de type différence de martingale, Jensen et Künsch [123] prouvent que, même en situation de transition de phase, on a la normalité asymptotique de l'EPVC. Précisons leurs conditions. Soit X un PP de Gibbs à interactions de paires, de portée bornée R et de densité,

$$f_\theta(x_S|x_{\partial S}) = \frac{1}{Z(\theta; x_{\partial S})} \exp\{-\theta_1 n(x_S) - \theta_2 \sum_{x_i,\, x_j \in x_S \cup x_{\partial S}} \phi(x_i - x_j)\}.$$

On associe à X un processus latticiel $X^* = (X_i^*)$, où $X_i^* = X \cap S_i$, pour la partition de $\mathbb{R}^d = \bigcup_{i \in \mathbb{Z}^d} S_i$, où $S_i = \tilde{R} \times (i+]-1/2, 1/2]^d)$, $\tilde{R} > R$. Si $D_n \subseteq \mathbb{Z}^d$ est suite croissante tel que $\sharp\partial D_n/\sharp D_n \to 0$, avec $\partial D_n = \{i \in D_n | \exists j \notin D_n : |j - i| = 1\}$, et si X est observé dans la fenêtre $\bigcup_{i \in D_n \cup \partial D_n} S_i$, l'estimation est celle maximisant la pseudo-vraisemblance $pl_{S(n)}(x, \theta)$ de X calculée sur $S(n) = \bigcup_{i \in D_n} S_i$.

On suppose que $\theta_2 > 0$ et que l'une ou l'autre des deux conditions suivantes sur ϕ est satisfaite :

(J1) $0 \leq \phi(\xi) < \infty$.

(J2) $\phi(\xi) = \kappa(\|\xi\|)$, où $\kappa : \mathbb{R}^+ \to \mathbb{R}$ satisfait :

1. $\kappa(r) \geq -K$ pour $K < \infty$, $\kappa(r) = \infty$ si $0 \leq r < r_1$ pour un $r_1 > 0$, et $\kappa(\cdot)$ est de classe $\mathcal{C}^1$ sauf en un nombre fini de points.

2. Pour tout $\theta > 0$, la fonction $\kappa'(r) \exp\{-\theta\kappa(r)\}$ est bornée.

3. Soit $\kappa(r) \to k_0 \neq 0$ si $r \to R$, soit sa dérivée $\kappa'(r) \to k_1 \neq 0$ si $r \to R$.

Si de plus X est stationnaire, Jensen et Künsch [123] montrent que :

$$J_n^{-1/2}(\theta)I_n(\theta)(\widehat{\theta}_n - \theta) \xrightarrow{loi} \mathcal{N}(0, I_2),$$

pour les matrices de pseudo-information,

$$I_n(\theta) = -\frac{\partial^2 pl_{S(n)}(\theta)}{\partial^t\theta\partial\theta},$$

$$J_n(\theta) = \sum_{i\in D_n} \sum_{|j-i|\leq 1,\, j\in D_n} \frac{\partial pl_{S_i}(\theta)}{\partial\theta} \,^t\left(\frac{\partial pl_{S_j}(\theta)}{\partial\theta}\right).$$

Mase [151] a étendu ces résultats au cas d'une PV du second ordre ainsi qu'au cas des PPM.

5.5.6 Approximation Monte Carlo d'une vraisemblance de Gibbs

Soit X un champ de Gibbs (*ponctuel ou latticiel*) de loi P_θ de densité,

$$\pi(x; \theta) = Z^{-1}(\theta)g(x; \theta),$$

où $Z(\theta) = \int g(x; \theta)\mu(dx) < \infty$. La pratique de l'EMV est difficile si le calcul de $Z(\theta)$ l'est. Tel est le cas pour un champ de Gibbs. Décrivons une méthode de Monte Carlo de calcul approché de $Z(\theta)$. Soit θ une valeur courante du paramètre et $\psi \in \Theta$ une autre valeur fixée du paramètre. On estime alors le rapport :

$$\frac{Z(\theta)}{Z(\psi)} = E_\psi\left[\frac{g(X; \theta)}{g(X; \psi)}\right],$$

en utilisant la LFGN sous la loi $\pi(\cdot; \psi)$. Si on ne dispose pas d'une simulation exacte, on utilisera une méthode MCMC qui, comme l'échantillonneur de Gibbs ou l'algorithme de Metropolis-Hastings, n'exige pas la connaissance de $Z(\psi)$. Si x est la réalisation de X, une approximation MC du logarithme du rapport de vraisemblance

$$l(\theta) = \frac{f(x; \theta)}{f(x; \psi)} = \frac{Z(\psi)g(x; \theta)}{Z(\theta)g(x; \psi)},$$

est obtenue en effectuant N simulations de X sous ψ,

$$l_N(\theta) = \log\frac{g(x; \theta)}{g(x; \psi)} - \log\frac{1}{N}\sum_{j=1}^{N}\frac{g(X_j; \theta)}{g(X_j; \psi)}. \tag{5.44}$$

Cette approximation converge vers $l(\theta)$ si $N \longrightarrow \infty$, l'échantillonnage par importance disant que l'approximation est d'autant meilleure que ψ est proche de θ. On obtient ainsi $l_N(\theta)$ et $\widehat{\theta}_N$, l'approximation MC de $l(\theta)$ et de $\widehat{\theta}$, l'estimateur du MV. Si $\pi(x;\theta) = Z(\theta)^{-1}\exp\{{}^t\theta v(x)\}$, (5.44) et sa dérivée s'écrivent :

$$l_N(\theta) = {}^t(\theta - \psi)v(x) - \log N - \log \sum_{j=1}^{N} \exp\left[{}^t(\theta - \psi)v(X_j)\right],$$

$$l_N^{(1)} = v(x) - \sum_{j=1}^{N} v(X_i)w_{N,\psi,\theta}(X_i),$$

où $w_{N,\psi,\theta}(X_i) = \exp\{{}^t(\theta - \psi)v(X_i)\}\{\sum_{j=1}^{N} \exp[{}^t(\theta - \psi)v(X_j)]\}^{-1}$.

$\widehat{\theta}_N$, la valeur maximisant $l_N(\theta)$, dépend de l'observation x et des simulations $X_1, \ldots, X_N$ sous ψ. Mais on peut montrer que, pour N grand, si $\widehat{\theta}$ est l'estimateur exact du MV, l'erreur de Monte Carlo $e_N = \sqrt{N}(\widehat{\theta}_N - \widehat{\theta})$ est approximativement normale [86]. Ainsi, pour un nombre N de simulations important, $\widehat{\theta}_N$ approche $\widehat{\theta}$. Un pas de la méthode de Newton-Raphson s'écrit,

$$\theta_{k+1} = \theta_k - [l_N^{(2)}(\theta_k)]^{-1}\left\{v(x) - \sum_{j=1}^{N} \frac{v(X_i)}{N}\right\},$$

où

$$-l_N^{(2)}(\theta_k) = \sum_{j=1}^{N} \frac{v(X_i)\,{}^tv(X_i)}{N} - \sum_{j=1}^{N} \frac{v(X_i)}{N}\,{}^t\left\{\sum_{j=1}^{N} \frac{v(X_i)}{N}\right\}.$$

En effet $w_{N,\psi,\theta}(X_i) = 1/N$ si $\psi = \theta$ et $Cov(\widehat{\theta})$ est estimée par $-[l_N^{(2)}(\theta_k)]^{-1}$.

L'approximation (5.44) étant d'autant meilleure que ψ est proche de θ, on pourra faire démarrer la procédure itérative de ψ, l'estimation du maximum de PVC de θ.

Algorithme récursif de calcul de l'EMV

Penttinen [169] a appliqué la méthode de Newton-Raphson au cas d'un processus de Strauss. Dans le cas où le nombre $n = n(x)$ de points de x est fixé et si la densité appartient à une famille exponentielle, Moyeed et Baddeley [162] proposent de résoudre l'équation du MV, $E_\theta[v(X)] = v(x)$, par une méthode d'approximation stochastique,

$$\theta_{k+1} = \theta_k + a_{k+1}[v(x) - v(X_{k+1})], \tag{5.45}$$

où a_k est une suite de nombres positifs telle que $a_k \searrow 0$ et $X_{k+1} \sim f_{\theta_k}$ (cf. Younes [230] pour un champ de Gibbs latticiel et Duflo [71] pour les propriétés générales de ces algorithmes). Si on ne dispose pas d'une simulation exacte de X_k, on utilise une méthode MCMC, méthode qui entre dans la classe des algorithmes stochastiques markoviens [23].

Exemple 5.19. Processus de Strauss

Si $n(x) = n$ est fixé, la densité en $x = \{x_1, x_2, \ldots, x_n\}$ est proportionnelle à $\exp\{-\theta s(x)\}$, avec $\theta = \log \gamma$. L'équation (5.45) devient

$$\theta_{k+1} = \theta_k + a_{k+1}[s(X_{k+1}) - s(x))].$$

On peut coupler cette équation avec l'algorithme MCMC pour la simulation de X_k. Si $X_k = x$, la transition vers $X_{k+1} = y$ est la suivante :

1. Supprimer un point $\eta \in x$ choisi uniformément dans x.
2. Générer ξ avec une densité conditionnelle à $(x\backslash\{\eta\})$ proportionnelle à $f((x\backslash\{\eta\}) \cup \{\xi\})$ et retenir $y = x\backslash\{\eta\} \cup \{\xi\}$.

Cette transition est celle d'un échantillonneur de Gibbs à balayage aléatoire sur les indices $\{1, \ldots, n\}$ avec une densité conditionnelle à $(x\backslash\{\eta\})$ proportionnelle à $f(x\backslash\{\eta\}) \cup \{\xi\})$.

Propriétés asymptotiques de l'estimation du MV d'un PP

Il y a peu de résultats relatifs à la consistance et à la normalité asymptotique de l' EMV. Jensen [122] donne une réponse partielle à la normalité asymptotique de l'EMV lorsque X est PP à interactions de paires de densité,

$$f_\theta(x) = \frac{1}{Z(\theta)} \exp\{-\theta_1 n(x) - \theta_2 \sum_{i<j} \phi(x_i - x_j)\}$$

avec $-\infty < \theta_1 < \infty$, $\theta_2 > 0$, et dans l'un ou l'autre des cas suivants :

(J1) X est un processus de Markov à potentiel de portée bornée.

(J2) X est un processus à noyau dur.

Alors, si X satisfait une condition de faible dépendance, l'EMV de θ est asymptotiquement normal.

Exemple 5.20. Modèle expliquant la répartition de pins

Les données `swedishpines` du *package* `spatstat` donnent la répartition de 71 pins d'une forêt suédoise. Analysée par Ripley [185] en utilisant le modèle de Strauss,

$$f_\theta(x) = c(\theta) \exp\{\theta_1 n(x) + \theta_2 s(x)\},$$

où $s(x) = \sum_{i<j} 1(\|x_i - x_j\| \leq r)$, on complète l'étude en estimant le rayon d'interaction r par la valeur $\hat{r}$ maximisant le profil

$$pl_A(r) = \max_\theta pl_A(x, \theta; r)$$

de la pseudo-vraisemblance (cf. Fig. 5.22-a) : on trouve $\hat{r} = 7.5$. Le maximum de pseudo-vraisemblance (cf. Tableau 5.14) est ensuite calculé en utilisant l'approximation (5.42). Pour le maximum de vraisemblance, on a considéré 1000 simulations $X^{(i)}$ obtenues par l'algorithme de Metropolis-Hastings arrêté après 10000 itérations.

Finalement on a validé le modèle en simulant 40 réalisations de X sous $f_{\hat{\theta}_{MV}}$ (cf. Fig. 5.22-b).

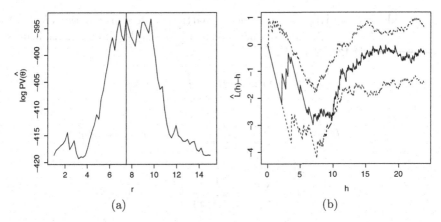

(a)   (b)

Fig. 5.22. Estimation et validation du modèle de Strauss pour la répartition des 71 pins : (a) profil en r de la pseudo-vraisemblance ; (b) estimation non-paramétrique de $L(h) - h = \sqrt{K(h)/\pi} - h$ (ligne continue) comparée aux enveloppes inférieure et supérieure (en pointillés) obtenues à partir de 40 simulations d'un modèle de Strauss de paramètres $\widehat{\theta}_1 = -3.794$, $\widehat{\theta}_2 = -1.266$ et $r = 7.5$.

Tableau 5.14. Estimation du maximum de PVC et du MV du modèle de Strauss (pour $r = 7.5$) expliquant la localisation de 71 pins dans une forêt suédoise. Les valeurs entre parenthèses figurent les écarts types. Les écarts types pour le maximum de PVC sont calculés par *bootstrap* paramétrique en simulant 1000 réalisations.

	$\hat{\theta}_1$	$\hat{\theta}_2$
PVC	-3.937	-1.245
	(0.211)	(0.286)
MV	-3.760	-1.311
	(0.252)	(0.321)

5.5.7 Résidus d'un processus ponctuel

Récemment, Baddeley et al. [16] ont défini les h-résidus d'un PP de Gibbs pour toute fonctionnelle "test" $h : E \to \mathbb{R}$ définie sur l'espace des réalisations. Ces résidus sont particulièrement utiles à la validation de modèle. Nous en présentons brièvement la définition et les propriétés et invitons le lecteur à se reporter à [16] pour une présentation approfondie.

La définition de ces résidus s'appuie sur la représentation intégrale (3.17) d'un PP de Gibbs dont l'intensité de Papangelou est $\lambda(\xi, x)$. Pour un choix de h, définissons la h-*innovation* sur une partie B par :

$$I(B, h, \lambda) = \sum_{\xi \in x \cap B} h(\xi, x \setminus \{\xi\}) - \int_B h(\eta, x)\lambda(\eta, x)d\eta, \ B \subseteq S.$$

Si h dépend du modèle, h devra être estimée préalablement au calcul du résidu.

Baddeley et al. [16] examinent le cas particulier de trois fonctions h, $h=1$, $h = 1/\lambda$ $h = 1/\sqrt{\lambda}$ qui donnent respectivement les innovations brutes, λ-inverse et de Pearson :

$$I(B, 1, \lambda) = N(B) - \int_B \lambda(\eta, x)d\eta;$$

$$I(B, \frac{1}{\lambda}, \lambda) = \sum_{\xi \in x \cap B} \frac{1}{\lambda(\xi, x)} - \int_B 1[\lambda(\eta, x) > 0]d\eta;$$

$$I(B, \frac{1}{\sqrt{\lambda}}, \lambda) = \sum_{\xi \in x \cap B} \frac{1}{\sqrt{\lambda(\xi, x)}} - \int_B \sqrt{\lambda(\eta, x)}d\eta.$$

En s'appuyant sur (3.17), on vérifie que $I(B, h, \lambda)$ est centrée. Si X est un PPP inhomogène d'intensité $\rho(\eta)$, alors $\lambda(\eta, x) = \rho(\eta)$ et la variance de ces innovations vaut :

$$Var(I(B, 1, \rho)) = \int_B \rho(\eta)d\eta,$$

$$Var\left(I(B, \frac{1}{\rho}, \rho)\right) = \int_B \frac{1}{\rho(\eta)}d\eta \text{ et } Var\left(I(B, \frac{1}{\sqrt{\rho}}, \rho)\right) = |B|.$$

Notons que la première équation égale la moyenne à la variance de $N(B)$.

Si $\widehat{h}$ et $\widehat{\lambda}$ estiment h et λ, les h-résidus sont définis par :

$$R(B, \widehat{h}, \widehat{\lambda}) = \sum_{\xi \in x \cap B} \widehat{h}(\xi, x \backslash \{\xi\}) - \int_B \widehat{h}(\eta, x)\widehat{\lambda}(\eta, x)d\eta, \qquad B \subseteq S.$$

Comme pour un modèle linéaire standard (avec intercept) où la somme des résidus est zéro, on a une propriété de centrage pour les résidus bruts $R(B, 1, \widehat{\rho}) = N(x \cap B) - |B|\widehat{\rho}$ d'un PPP homogène d'intensité ρ : si ρ est estimé par MV, $\widehat{\rho} = N(x)/|S|$ et $R(S, 1, \widehat{\rho}) = 0$.

L'utilisation des résidus λ-inverse a été proposée par Stoyan et Grabarnik [203] et les résidus de Pearson sont définis en analogie avec les modèles de régression log-linéaire de Poisson.

De façon similaire, on peut définir innovations et résidus en remplaçant l'intensité de Papangélou λ par l'intensité ρ du PP, ceci pour toute fonction test $h(\cdot)$ telle que $\int_S h(\eta)\rho(\eta)d\eta < \infty$.

L'exemple qui suit présente quelques outils graphiques utiles à la validation d'un modèle. L'heuristique derrière ces outils repose sur le parallélisme existant entre le logarithme de la vraisemblance d'un modèle de régression log-linéaire pour des variables de Poisson et la version discrétisée du logarithme de la pseudo-vraisemblance d'un PP de Gibbs (cf. (5.43) et (5.37)).

Exemple 5.21. Répartition des cellules ganglionnaires de la rétine d'un chat

La Fig. 5.23-a (données **betacells** de **spatstat**) représente la localisation des cellules ganglionnaires du type beta de la rétine d'un chat. Les cellules ganglionnaires sont sensibles à des contrastes de lumière, certaines répondant lorsque le signal est un spot de lumière entouré d'un pourtour sombre (cellule *on*), d'autres à la situation inverse (centre sombre sur fond clair, cellule *off*). La fenêtre d'observation est un rectangle $[0, 1000] \times [0, 753.3]$ μm^2.

Une analyse de van Lieshout et Baddeley [218] montre qu'il y a répulsion entre les cellules d'un même type et que les deux configurations *on* et *off* sont indépendantes. Supposons alors que les localisations sont issues du même processus que l'on cherche à modéliser. Comme pour un modèle linéaire standard, un *outil de diagnostic* utilise le graphique des résidus (en ordonnée)

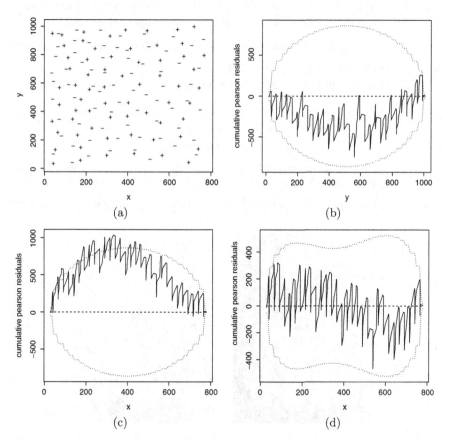

Fig. 5.23. (a) Répartition spatiale des cellules ganglionnaires *on* $(+)$ et *off* $(-)$ de la rétine d'un chat; *graphiques de diagnostic* : (b) en y et (c) en x pour le modèle PPP homogène; (d) pour le modèle PPP inhomogène (5.46). Les lignes en pointillés sont les enveloppes de confiance $C(v) \pm 2\sqrt{Var(C(v))}$.

en fonction d'une covariable spatiale observable ou d'une coordonnée spatiale du site d'observation (en abcisse). Chaque fois qu'un motif apparaît dans le graphique, c'est une indication que le modèle est inadapté. Associée à une covariable spatiale $u(\eta)$, $\eta \in B$, définissons le sous-ensemble de niveau $B(v) = \{\eta \in B : u(\eta) \leq v\}$ et associons la *fonction cumulative* des résidus :

$$C(v) = R(B(v), \widehat{h}, \widehat{\lambda}), \qquad v \in \mathbb{R}.$$

Si le modèle est correctement spécifié, $C(v)$ est approximativement égal à 0. Les Figs. 5.23-b et c donnent respectivement les *courbes de diagnostic* des résidus de Pearson obtenus pour l'estimation d'un PPP homogène en fonction des coordonnées y et x. Les enveloppes de confiance $C(v) \pm 2\sqrt{Var(C(v))}$ sont calculées à partir de l'approximation $Var(C(v)) \approx Var(I(B(v), \widehat{h}, \widehat{\lambda}), \widehat{h}$ et $\widehat{\lambda}$ étant estimées sous l'hypothèse que X est un PPP. La sortie de l'enveloppe pour la courbe relative à x suggère l'existence d'une tendance spatiale en x. L'estimation d'un deuxième modèle de PPP inhomogène d'intensité

$$\rho(\eta; \theta) = \exp\{\theta_1 + \theta_2 x_\eta\}, \qquad \eta = {}^t(x_\eta, y_\eta), \tag{5.46}$$

améliore les résultats (cf. Fig. 5.23-d).

Un deuxième outil de diagnostic est donné par le *champ des résidus lissés* (cf. Fig. 5.24) :

$$l(\eta, x) = \frac{\sum_{x_i \in x} k(\eta - x_i)\widehat{h}(x_i, x\backslash\{x_i\}) - \int_S k(\eta - \xi)\widehat{\lambda}(\xi, x)\widehat{h}(\xi, x)d\xi}{\int_S k(\eta - \xi)d\xi},$$

où k est un noyau de lissage et le dénominateur un facteur de normalisation. Dans le cas des résidus bruts, l'espérance de $l(\eta, x)$ est proportionelle à $\int_S k(\eta - \xi)E[\lambda(\xi, X) - \widehat{\lambda}(\xi, X)]d\xi$: des valeurs positives (resp. négatives) suggèrent

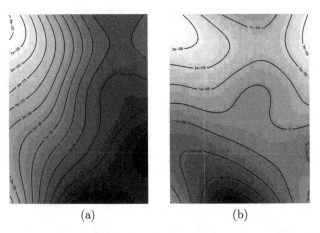

(a)   (b)

Fig. 5.24. Champ des résidus bruts lissés pour : (a) le modèle de PPP homogène ; (b) le modèle de PPP inhomogène (5.46).

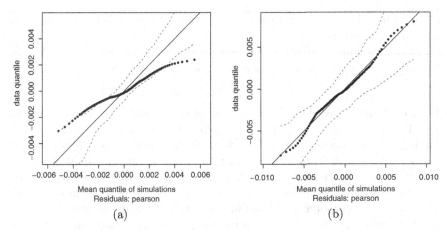

Fig. 5.25. *Q-Q plot* des résidus de Pearson pour : (a) le modèle de PPP inhomogène (5.46) ; (b) le modèle de Strauss (5.47).

que le modèle sous-estime (resp. surestime) la fonction d'intensité. La Fig. 5.24-a montre que le PPP homogène est inadéquat et que le modèle de PPP inhomogène est préférable (cf. Fig. 5.24-b).

Le graphique *Q-Q plot* est un outil suggéré par Baddeley et al. [16] pour valider la composante d'interaction d'un PP. Pour cela, on simule m réalisations $x^{(i)}$, $i = 1, \ldots, m$, du modèle estimé. Pour une grille de points η_j, $j = 1, J$, et pour chaque réalisation $x^{(i)}$, $i = 0, m$ (avec $x^{(0)} = x$), on calcule les résidus lissés $l_j^{(i)} = l(\eta_j, x^{(i)})$ et l'échantillon ordonné $l_{[1]}^{(i)} \leq \ldots \leq l_{[J]}^{(i)}$. Les quantiles observés $l_{[j]}^{(0)}$ sont comparés avec les moyennes des quantiles simulés $\sum_{i=1}^m l_{[j]}^{(i)}/m$. Si le modèle est bien adapté, les deux quantités sont à peu près égales. La Fig. 5.25 donne le *Q-Q plot* pour deux modèles différents : le modèle de PPP inhomogène précédant et le modèle de Strauss d'intensité conditionnelle :

$$\lambda(\eta, x; \theta) = \exp\{\theta_1 + \theta_2 x_\eta + \theta_3 \sum_{x_i \in x} 1(\|\eta - x_i\| \leq r)\}, \quad \theta = {}^t(\theta_1, \theta_2, \theta_3). \quad (5.47)$$

Le rayon d'interaction $\widehat{r} = 74$ a été identifié au point où le profil de la PVC est maximum. La Fig. 5.25 invalide le modèle de PPP inhomogène et valide le modèle de Strauss.

5.6 Modèle hiérarchique spatial et statistique bayésienne

Etant données trois variables aléatoires U, V et W, on peut toujours décomposer la loi jointe d'un triplet (U, V, W) par conditionnements successifs,

$$[U, V, W] = [W|U, V][V|U][U],$$

où $[a]$ dénote la loi de la variable a. Cette décomposition est à la base de la modélisation hiérarchique.

Si le processus d'intérêt X est *non-observé* et si les observations Y sont formées à partir de X, on considère le modèle hiérarchique :

$$[Y, X, \theta_Y, \theta_X] = [Y|X, \theta_Y, \theta_X][X|\theta_X][\theta_Y, \theta_X].$$

Dans cette décomposition, il y a trois niveaux de hiérarchie. Au niveau 1, on spécifie comment se forment les observations Y à partir de X en précisant la loi de Y conditionnelle au processus d'intérêt X et aux paramètres de modèle (θ_Y, θ_X). Le niveau 2 précise la loi du processus d'intérêt X conditionnel aux paramètres (θ_X). Quant au niveau 3, il spécifie l'incertitude sur les paramètres (θ_Y, θ_X). Cette façon de faire confère une certaine souplesse de modélisation qui permet d'incorporer à la fois l'incertitude et les connaissances "a priori" sur le phénomène observé. Cette souplesse jointe au développement des méthodes numériques MCMC rendent utiles et populaires les modèles bayésiens spatiaux.

L'approche la plus courante, que nous suivrons ici, suppose que les observations $Y = {}^t(Y_{s_1}, \ldots, Y_{s_n})$ soient, conditionnellement aux X, indépendantes,

$$[Y|X, \theta_Y, \theta_X] = \prod_{i=1}^{n}[Y_{s_i}|X, \theta_Y, \theta_X],$$

la loi de X étant celle d'un *processus spatial*. Selon le contexte, X est un signal (une image, une forme, des covariables) non-observé que l'on veut extraire (reconstruire) à partir des observations Y. Comme en reconstruction bayésienne d'image (cf. [82]), on apportera une information sur X sous la forme d'une loi a priori sur X.

L'inférence bayésienne pour ce type de modèle est orientée vers l'obtention des différentes *distributions a posteriori* $[X|Y]$, $[\theta_Y|Y]$ et des *distributions prédictives* $[Y_s|Y]$ lorsque le site s n'est pas observé. Généralement, la spécification analytique de ces lois est impossible et c'est la structure conditionnelle du modèle hiérarchique qui permettra leur évaluation empirique par méthode de Monte Carlo et algorithme MCMC (cf. Ch. 4).

Notre objectif ici n'est pas de donner un traitement général de ces modèles mais d'en esquisser une description à partir de deux exemples : le krigeage bayésien pour une régression spatiale et l'analyse bayésienne d'un MLG présentant un effet aléatoire spatial. Nous renvoyons le lecteur au livre de Banerjee et al. [18] pour une approche approfondie des modèles hiérarchiques spatiaux et à [187] et [68] pour une présentation de la statistique bayésienne en général.

5.6.1 Régression spatiale et krigeage bayésien

Considérons une régression avec une composante spatiale aléatoire X,

$$Y_{s_i} = {}^t z_{s_i}\delta + X_{s_i} + \varepsilon_{s_i}, \qquad i = 1, \ldots, n, \qquad \delta \in \mathbb{R}^p, \tag{5.48}$$

où $X = \{X_s\}$ est un champ gaussien non-observé, centré. Nous supposerons pour simplifier que X est stationnaire de covariance $c(h) = \sigma^2 \rho(h, \phi)$ et que $\varepsilon = \{\varepsilon_s\}$ est un BBG de variance τ^2, une erreur locale mesurant la variabilité à micro-échelle (cf. également (1.31) pour d'autres choix de ε).

Les deux premiers niveaux du modèle (5.48) sont spécifiés par :

$$[Y|X, \theta_Y, \theta_X] = \mathcal{N}_n(Z\delta + X, \tau^2 I) \text{ et } [X|\theta_X] = \mathcal{N}_n(0, \sigma^2 R(\phi)),$$

pour la matrice de corrélation $R(\phi) = (\rho(s_i - s_j, \phi))_{i,j=1,n}$.

Retenir des lois gaussiennes a priori sur les paramètres permet un calcul analytique explicite des distributions a posteriori et des distributions prédictives sans recourir à des simulations MCMC (on parle alors de lois conjuguées, cf. [187; 68]). Supposons par exemple que σ^2, ϕ, τ^2 soient connus et que $\delta \sim \mathcal{N}_p(\mu_\delta, \Sigma_\delta)$. Dans ce cas, la loi de δ conditionnelle à Y est :

$$[\delta|Y, \sigma^2, \phi, \tau^2] = \mathcal{N}_p(\tilde{\delta}, \Sigma_{\tilde{\delta}}),$$

où $\tilde{\delta} = (\Sigma_\delta^{-1} + {}^t Z \Sigma^{-1} Z)^{-1}(\Sigma_\delta^{-1}\mu_\delta + {}^t Z \Sigma^{-1} Y)$, $\Sigma_{\tilde{\delta}} = (\Sigma_\delta^{-1} + {}^t Z \Sigma^{-1} Z)^{-1}$ et $\Sigma = \sigma^2 R(\phi) + \tau^2 I$. Quant à la loi prédictive de Y_s en un site s non-observé, elle est donnée par :

$$[Y_s|Y, \sigma^2, \phi, \tau^2] = \int [Y_s|Y, \delta, \sigma^2, \phi, \tau^2][\delta|Y, \sigma^2, \phi, \tau^2]d\delta.$$

Si $\{(Y_s, X_s)|\delta, \sigma^2, \phi, \tau^2\}$ est un processus gaussien, la formule du krigeage universel (1.36) donne :

$$[Y_s|Y, \delta, \sigma^2, \phi, \tau^2] = \mathcal{N}(\widehat{Y}_s, \sigma_{\widehat{Y}_s}^2), \text{ avec :}$$

$$\widehat{Y}_s = {}^t z_s \widehat{\delta} + {}^t c \Sigma^{-1}(Y - Z\widehat{\delta}), \quad c = Cov(X_s, X) \text{ et}$$
$$\sigma_{\widehat{Y}_s}^2 = \sigma^2 - {}^t c \Sigma^{-1} c + {}^t(z_s - {}^t Z \Sigma^{-1} c)({}^t Z \Sigma^{-1} Z)^{-1}(z_s - {}^t Z \Sigma^{-1} c).$$

On en déduit que $[Y_s|Y, \sigma^2, \phi, \tau^2]$ est gaussienne de moyenne et de variance :

$$\mu^* = ({}^t z_s - {}^t c \Sigma^{-1} Z)(\Sigma_\delta^{-1} + {}^t Z \Sigma^{-1} Z)^{-1}\Sigma_\delta^{-1}\mu_\delta +$$
$$\left[{}^t c \Sigma^{-1} + ({}^t z_s - {}^t c \Sigma^{-1} Z)(\Sigma_\delta^{-1} + {}^t Z \Sigma^{-1} Z)^{-1} {}^t Z \Sigma^{-1}\right] Y,$$
$$\sigma^{*2} = \sigma^2 - {}^t c \Sigma^{-1} c$$
$$+ ({}^t z_s - {}^t c \Sigma^{-1} Z)(\Sigma_\delta^{-1} + {}^t Z \Sigma^{-1} Z)^{-1} {}^t({}^t z_s - {}^t c \Sigma^{-1} Z).$$

On remarque que pour une loi a priori peu informative sur le paramètre δ ($\Sigma_\delta \geq kI$ pour k grand), ces formules sont celles du krigeage universel (faire $\Sigma_\delta^{-1} = 0$).

5.6.2 Modèle linéaire généralisé hiérarchique spatial

Le modèle (5.48) présenté au paragraphe précédent n'est pas adapté à des données non-continues (comptage de malades dans une région, franchissement d'un seuil pour un niveau de pollution, variable binaire de présence/absence) ou encore à des données continues présentant de fortes asymétries (données extrêmes de pluie). L'extension naturelle consiste à proposer des modèles linéaires généralisés non-gaussiens (cf. [155]).

Etudiant des données géostatistiques, Diggle et al. [64] suggèrent de considérer le MLG,

$$f(y_{s_i}|X_{s_i}, \delta, \psi) = \exp\left\{\frac{y_{s_i}\eta_{s_i} - b(\eta_{s_i})}{\psi} + c(y_{s_i}, \psi)\right\}, \qquad i = 1, \dots, n,$$

(5.49)

avec $b'(\eta_{s_i}) = \mathbb{E}(Y_{s_i}|X_{s_i}, \delta, \psi)$, et, pour une fonction de lien g (à choisir),

$$g(\mathbb{E}(Y_{s_i}|X_{s_i}, \delta, \psi)) = {}^t z_{s_i}\delta + X_{s_i}.$$

(5.50)

D'autres spécifications sont possibles (cf. [38]). Les équations (5.49) et (5.50) caractérisent le premier niveau du modèle hiérarchique. Au deuxième niveau, on supposera que $\{X_s\}$ est un processus gaussien centré stationnaire de covariance $c(h) = \sigma^2\rho(h, \phi)$.

A la lecture des modèles linéaires (5.48) ou non-linéaires (5.50), on comprend pourquoi l'introduction d'effets aléatoires spatiaux X sur la moyenne (la moyenne transformée) induit une liaison significative entre les moyennes conditionnelles des $(Y_{s_i}|X_{s_i})$ en des sites voisins sans pour autant induire une corrélation entre ces variables. En ce sens, les modélisations hiérarchiques spatiales se distinguent significativement des auto-modèles markoviens spatiaux qui induisent des corrélations spatiales.

Généralement, les lois a posteriori et les lois prédictives ne sont pas calculables analytiquement. Il faut alors utiliser un algorithme MCMC exploitant la structure conditionnelle hiérarchique du modèle pour évaluer empiriquement ces lois. Sans entrer dans le détail du choix des lois de proposition de changement retenues (cf. [64] et [44] pour des adaptations à des modèles spécifiques), décrivons un algorithme de Metropolis associé au traitement du modèle (5.49). Le symbole $\propto$ signifiant "proportionnel à", on va utiliser les identités :

$$[\sigma^2, \phi|Y, X, \delta] \propto [X|\sigma^2, \phi][\sigma^2, \phi],$$

$$[X_{s_i}|Y, X_{s_j}, \delta, \sigma^2, \phi; s_j \neq s_i] \propto [Y|X, \delta][X_{s_i}|X_{s_j}; \sigma^2, \phi, s_j \neq s_i] =$$

$$\prod_{i=1}^{n}[Y_{s_i}|X_{s_i}, \delta][X_{s_i}|X_{s_j}; \sigma^2, \phi, s_j \neq s_i],$$

$$[\delta|Y, X, \beta, s_j \neq s_i] \propto [Y|X, \delta][\delta] = \prod_{i=1}^{n}[Y_{s_i}|X_{s_i}, \delta][\delta].$$

Une itération de l'algorithme de Metropolis de simulation de $((\sigma^2, \phi), X, \delta \mid Y)$ est donnée par les trois pas suivants :

1. Pour (σ^2, ϕ) pour les valeurs initiales $\sigma^{2\prime}, \phi'$.

   (a) Proposer $\sigma^{2\prime\prime}, \phi''$ chacun selon des lois uniformes indépendantes

   (b) Accepter $\sigma^{2\prime\prime}, \phi''$ avec la probabilité :

   $$r(X, (\sigma^{2\prime}, \phi'), (\sigma^{2\prime\prime}, \phi'')) = \min\left\{1, \frac{[X|\sigma^{2\prime\prime}, \phi'']}{[X|\sigma^{2\prime}, \phi']}\right\}.$$

2. Pour X pour $i = 1, n$,

   (a) Proposer X''_{s_i} tiré selon la loi $[X_{s_i}|X'_{s_j}; \sigma^2, \phi, s_j \neq s_i]$ (ceci revient à simuler une gaussienne conditionnelle par krigeage simple (cf. (1.35)).

   (b) accepter X''_{s_i} avec une probabilité,

   $$r(X_{s_i}', X_{s_i}'', Y; \delta) = \min\left\{1, \frac{[Y_{s_i}|X_{s_i}'', \delta]}{[Y_{s_i}|X_{s_i}', \delta]}\right\}.$$

3. Pour δ pour la valeur initiale δ',

   (a) Proposer δ'' selon une loi $[\delta''|\delta']$.

   (b) Accepter δ'' avec une probabilité,

   $$r(\delta', \delta'') = \min\left\{1, \frac{\prod_{i=1}^n [Y_{s_i}|X_{s_i}, \delta''][\delta'|\delta'']}{\prod_{i=1}^n [Y_{s_i}|X_{s_i}, \delta'][\delta''|\delta']}\right\}.$$

Les valeurs initiales σ^2, ϕ, δ sont choisies compatibles avec les lois a priori. Quant aux valeurs initiales $\{X_{s_i}, i = 1, \ldots, n\}$, on pourra choisir $X_{s_i} = g(Y_{s_i}) - {}^t z_{s_i}\delta$ pour $i = 1, \ldots, n$.

L'évaluation de la distribution prédictive de X_s en un site s non-observé nécessite un pas supplémentaire : puisque $[X_s|Y, X, \delta, \sigma^2, \phi] = [X_s|X, \sigma^2, \phi]$, on simule une loi gaussienne conditionnelle dont la moyenne est calculée par krigeage simple au site s, ceci pour les valeurs $X^{(k)}, \sigma^{2(k)}$ et $\phi^{(k)}$ obtenues une fois que l'algorithme est entré en régime stationnaire.

Exemple 5.22. Répartition spatiale d'une espèce animale

L'étude de la répartition spatiale d'une espèce animale peut servir à mesurer l'influence de l'activité humaine sur l'environnement. Les données présentées ici proviennent d'une étude de Strathford et Robinson [205] visant à déterminer quels sont les "paramètres du paysage" pouvant expliquer la fréquentation d'une région par une espèce migratrice d'oiseaux, les *Indigo Bunting*. Quatre facteurs d'utilisation des sols, mesurés au voisinage des sites de

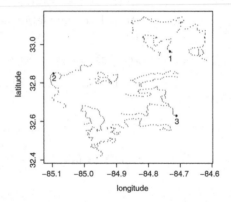

Fig. 5.26. Sites d'observations des oiseaux. Les 3 sites • sont ceux qui nous avons retenu pour la prévision, le site 1 étant celui où le plus grand nombre d'oiseaux a été observé.

comptage, sont retenus : bois (noté M), parcs ouverts, prairies et pâtures (G), forêts primaires (T), surfaces imperméables (routes, maisons, parking ; U). Le plan d'échantillonnage est donné par la Fig. 5.26.

Une modélisation hiérarchique considère que le nombre d'oiseaux Y_s en s est une variable de Poisson conditionnelle aux facteurs observés (G, M, T, U) et à un processus spatial non-observé X :

$$[Y_s|\delta, X_s] = \mathcal{P}(\mu_s),$$

où

$$\mu_s = \delta_1 + \delta_2 G_s + \delta_3 M_s + \delta_4 T_s + \delta_5 U_s + X_s$$

et X est un processus gaussien centré et isotropique, de covariance

$$c(h) = \sigma^2 \exp\{-\|h\|/\phi\},$$

$\sigma^2 > 0$ et $\phi > 0$ inconnus. Les lois a priori pour δ et σ^2 sont choisies non-informatives, c-à-d de grandes variances, et indépendantes ; une analyse préalable retient pour celle de ϕ la loi uniforme sur $[0.03, 0.20]$. Pour obtenir les distributions a posteriori et prévisionnelles, on a utilisé l'algorithme MCMC du package geoRglm avec un temps de "stationnarisation" de 1000 itérations pour chaque simulation, utilisant 50000 simulations pour les estimations avec un sous-échantillonnage tous les 50 pas. Les estimations données à la Fig. 5.27 montrent que tous les facteurs "sols" sont significatifs tout comme l'effet spatial, même si ce dernier n'est pas important.

Nous présentons également les lois des prévisions en trois sites 1, 2 et 3, le site 1 étant le site où le nombre d'oiseaux observés est maximum. On constate sur la Fig. 5.28 que le modèle capte bien la possible absence d'oiseaux mais mal les grands effectifs (comme au site 1).

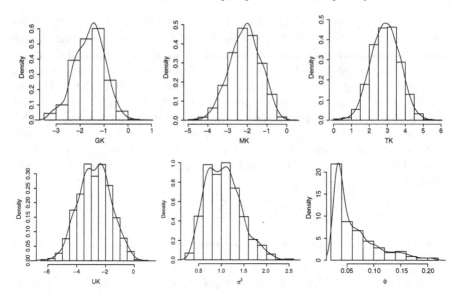

Fig. 5.27. Estimation des lois a posteriori pour les paramètres δ_G, δ_M, δ_T, δ_U ainsi que σ^2 et ϕ.

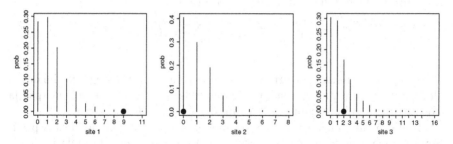

Fig. 5.28. Estimation des lois prédictives du nombre d'oiseaux aux trois sites 1, 2 et 3. Le ● correspond à la valeur observée.

Le MLG (5.49) est bien adapté pour le traitement de données sur réseau dans des contextes variés : épidémiologie (structure spatiale des maladies), traitement d'image (reconstruction), écologie (répartition d'espèces).

Examinons un exemple épidémiologique, celui de l'étude des variations spatiales du risque d'une maladie rare, une hypothèse raisonnable étant que des zones voisines ont tendance à avoir des risques semblables car ces zones partagent des facteurs de risque communs.

Au *premier niveau*, on modélise le nombre de cas (Y_i) de la maladie dans les régions (i) par des variables de Poisson indépendantes,

$$Y_i \sim \mathcal{P}(\theta_i E_i),$$

E_i étant le nombre de cas attendus dans la région i, nombre calculé préalablement à partir de covariables socio-démographiques connues pour chaque région. On pourrait également utiliser pour Y_i un modèle binomial dont l'effectif maximum est la taille u_i de la population de la région i. Le paramètre θ_i, le *risque relatif* spécifique à la zone i, est inconnu et fait l'objet de l'étude. L'estimateur du maximum de vraisemblance de θ_i, $\widehat{\theta}_i = Y_i/E_i$, qui ne tient pas compte de la structure spatiale, a une variabilité proportionnelle à $1/E_i$.

A un *deuxième niveau*, le paramètre θ_i intègrera soit l'hétérogénéité spatiale, soit la dépendance spatiale. Examinons le modèle proposé par Besag et al. [28] : le paramètre θ_i de la régression poissonnienne répond à un modèle log-linéaire,

$$\log(\theta_i) = \alpha_i + \sum_{k=1}^{p} \beta_k x_{ik} + \gamma_i, \qquad (5.51)$$

pour des effets aléatoires α_i et γ_i d'interprétations différentes et des covariables (x_k) observables :

- Les $\alpha_i \sim \mathcal{N}(0, 1/\tau^2)$ sont i.i.d. et représentent une composante d'hétérogénéité spatiale non-structurée.

- Au contraire, les $(\gamma_i, i \in S)$ suivent un modèle spatial structuré, par exemple un CAR gaussien intrinsèque,

$$\mathcal{L}(\gamma_i|\gamma^i) \sim \mathcal{N}\{(\sharp\partial i)^{-1} \sum_{j \in \partial i} \gamma_j, (\kappa^2 \sharp\partial i)^{-1}\}.$$

Dans cette écriture, $\kappa^2 > 0$ est un paramètre contrôlant le lissage spatial des γ, donc des (θ_i). Ce modèle est identifiable si les exogènes x n'incluent pas la constante ; sinon, on ajoute la contrainte $\sum_{i \in S} \gamma_i = 0$.

Enfin, à un *troisième niveau*, on modélise τ^2 et κ^2 par des lois a priori soit Gamma, soit χ^2 avec des hyperparamètres fixés. Cette formulation markovienne conditionnelle rend alors possible l'utilisation d'algorithmes MCMC.

Dans ce modèle, les paramètres τ^2 et κ^2 qui caractérisent la dépendance spatiale ont un effet global qui peut masquer d'éventuelles discontinuités du fait d'un "lissage spatial" trop fort. C'est la raison pour laquelle Green et Richardson [93] développent un modèle qui remplace le champ CAR par des partitions de Potts (2.5) qui permettent d'intégrer des discontinuités spatiales.

Exemple 5.23. Cancer du poumon en Toscane (Italie)

Les données présentées ici (cf. http://stat.uibk.ac.at/smij) sont issues d'une étude épidémiologique de Cattelan et al. [39] sur le cancer du poumon chez les hommes résidant dans l'une des 287 municipalités de Toscane (Italie) nés entre 1925 et 1935 et décédés entre 1971 et 1999. Un objectif de l'étude était de voir si le risque de cancer est lié à l'environnement et au mode de vie. On note Y_i le nombre de décès observés dans la municipalité i et E_i le nombre attendu de décès. La répartition spatiale du risque est estimé par

$\widehat{R}_i = Y_i/E_i$, le taux de mortalité standardisé, estimation du MV du modèle *log*-linéaire de régression poissonnienne pour des variables indépendantes de paramètres R_i inconnus,

$$Y_i \sim \mathcal{P}(\theta_i), \tag{5.52}$$
$$\log(\theta_i) = \log(R_i) + \log(E_i). \tag{5.53}$$

La Fig. 5.29-a montre des estimations plus élevées dans le Nord et le Sud-Ouest mais il subsiste beaucoup de fluctuations.

Ces fluctuations peuvent être dues à des hétérogénéités locales liées à l'environnement et au mode de vie : on les modélise alors par un modèle à effets aléatoires,

$$\log(\theta_i) = \alpha_i + \beta_1 + \gamma_i + \log(E_i), \tag{5.54}$$

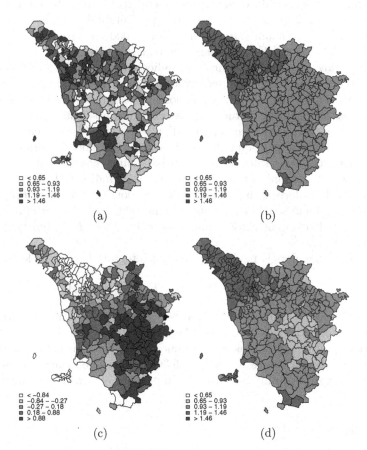

Fig. 5.29. (a) Répartition spatiale du taux de mortalité standardisé du cancer du poumon dans les 287 municipalités de Toscane (Italie) ; (b) risques médians a posteriori estimés selon le modèle (5.53) ; (c) répartition spatiale de l'indice d'instruction en 1951 ; (d) risques médians a posteriori selon le modèle (5.54) incluant l'indice de scolarisation.

les $\alpha_i \sim \mathcal{N}(0, 1/\tau^2)$, i.i.d., représentant une composante d'hétérogénéité spatiale non-structurée et les $(\gamma_i,\ i \in S)$ suivant un modèle CAR gaussien intrinsèque (5.51) avec la contrainte $\sum_{i \in S} \gamma_i = 0$. Finalement on modélise β_1 par une loi gaussienne centrée de variance 100000^2 et τ^2 et κ^2 par des lois a priori Gamma de paramètres 0.5 et 0.0005, valeurs correspondant à des lois non-informatives.

Pour ce modèle, les distributions a posteriori marginales des paramètres d'intérêt ont été approximées par algorithme MCMC. Pour cela, nous avons utilisé l'échantillonneur de Gibbs du logiciel OpenBUGS [212], la version *open source* de WinBUGS [146] ainsi que l'interface R2WinBUGS [209] qui permet d'effectuer l'algorithme MCMC dans l'environnement R. Pour contrôler la convergence de l'échantillonneur de Gibbs, nous avons utilisé deux chaînes indépendantes et la procédure suggérée par Gelman et Rubin [80] telle qu'elle est décrite au §4.5.2, le temps de "stationnarisation" étant de 2000 itérations pour chaque simulation, chaque estimation utilisant 8000 simulations. La Fig. 5.29-b montre clairement l'effet de lissage que réalise le modèle (5.54).

Modèle avec covariables : parmi les indicateurs du mode de vie, celui qui a été retenu ici est l'indice de scolarisation (*education score*) ED_i, quotient du nombre d'habitants illettrés sur le nombre de personnes sachant lire mais n'ayant pas le certificat d'études; plus cet indice est grand, plus faible est le degré de scolarisation. On suppose d'autre part qu'il n'y a pas de risque d'exposition au cancer jusqu'à 20 ans, la variable de mortalité étant associée à la covariable ED retardée de 20 ans et issue du recensement de 1951.

La Fig. 5.29-c donne la répartition spatiale de l'indice ED : il est clair que les niveaux de scolarisation plus élevés de la région Nord-ouest correspondent à des régions d'industrialisation plus ancienne où le taux de mortalité est plus élevé. Cependant la corrélation empirique entre $\widehat{R}_i$ et ED_i, qui vaut -0.20, reste faible.

On considère alors le modèle log-linéaire intégrant la covariable ED,

$$\log(\theta_i) = \alpha_i + \beta_1 + \beta_2 ED_i + \gamma_i + \log(E_i), \qquad (5.55)$$

où β_2 suit une loi gaussienne centrée de variance 100000. Les résultats (cf. Fig. 5.29-d) obtenus par la méthode MCMC montrent des risques médians a posteriori moins lisses et plus réalistes que ceux donnés par le modèle (5.53) : l'estimation du paramètre β_2 (cf. Fig. 5.30) montre une association négative entre le taux de mortalité pour cancer du poumon et le niveau d'éducation.

Exercices

5.1. Potentiels de rétention.

Le jeu de données **potentiels** (voir le site) est issu d'une expérience dans laquelle on sature en eau des échantillons de sols prélevés dans une zone S, on les sature ensuite en eau à 3 pressions différentes et on mesure les potentiels

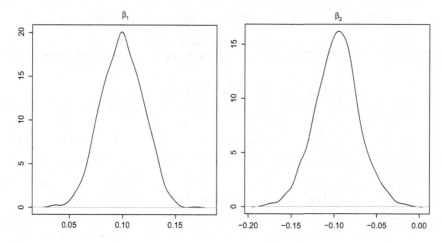

Fig. 5.30. Estimations MCMC des lois a posteriori des paramètres β_1 et β_2 dans le modèle (5.55).

de rétention (W5, W200, W1500). Pour chaque échantillon on dispose aussi des fractions granulométriques pour des classes correspondantes à l'argile et à quatre types de limon du fin au plus grossier (ARG, LF, F3, F4.5, F6.7). La modélisation vise à lier les variables de fonctionnement (potentiel de rétention) avec des variables d'état de la porosité (granulométrie), les secondes étant faciles à observer. On considère d'abord la variable W1500.

1. Estimer empiriquement le variogramme pour différentes directions.

2. Corriger l'éventuelle anisotropie en introduisant les covariables granulo-métriques.

3. Proposer des modèles de variogramme et les estimer. Sélectionner un modèle à l'aide d'un critère AIC gaussien.

4. Proposer des méthodes pour dessiner la carte du potentiel de rétention.

5. Y-a-t'il des différences entre les potentiels mesurés à 3 pressions différentes ?

5.2. Sur l'indice de Moran.
On observe la réalisation $(4, -2, -4, 0, -1, 3)$ de X sur l'ensemble $S = \{1, 2, \ldots, 6\}$ muni du graphe symétrique à 10 arêtes $\mathcal{G} = \{\langle 1, 2\rangle, \langle 1, 3\rangle, \langle 1, 4\rangle, \langle 1, 6\rangle, \langle 2, 3\rangle, \langle 3, 6\rangle, \langle 2, 6\rangle, \langle 3, 4\rangle, \langle 4, 5\rangle, \langle 5, 6\rangle\}$. Calculer l'indice de Moran I^M pour les poids $w_{i,j} = 1$ si $\langle i, j\rangle$, $w_{i,j} = 0$ sinon. Calculer la moyenne et la variance de I^M pour la loi permutationnelle. Comparer avec les résultats de l'approximation normale.

5.3. Calcul de $E(I^M)$ et $Var(I^M)$ sous hypothèse gaussienne.

1. Soit $X = (X_1, X_2, \ldots, X_n)$ un n-échantillon $\mathcal{N}(\mu, \sigma^2)$ et $Z_i = X_i - \overline{X}$ pour $i = 1, \ldots, n$. Vérifier que pour des indices i, j, k, l tous différents :

$$E(Z_i) = 0, \quad E(Z_i^2) = \left(1 - \frac{1}{n}\right)\sigma^2, \quad E(Z_i Z_j) = -\frac{\sigma^2}{n},$$

$$E(Z_i^2 Z_j^2) = \frac{n^2 - 2n + 3}{n^2}\sigma^2, \; E(Z_i^2 Z_j Z_k) = -\frac{n-3}{n^2}\sigma^4, \; E(Z_i Z_j Z_k Z_l) = \frac{3}{n^2}\sigma^4.$$

2. Utilisant le résultat de la proposition 5.5, en déduire l'espérance et la variance de l'indice de Moran sous hypothèse d'indépendance.

3. On suppose que X est un échantillon mais on ne fait pas d'hypothèse sur la loi commune des X_i. Démontrer que, notant $\mathbb{E}_P$ l'espérance pour la loi permutationnelle,

$$\mathbb{E}_P(Z_i) = 0, \;\; \mathbb{E}_P(Z_i^2) = m_2 = \frac{1}{n}\sum_{i=1}^{n} z_i^2, \;\; \mathbb{E}_P(Z_i Z_j) = -\frac{m_2}{n-1}, \;\; \text{si } i \neq j.$$

En déduire que

$$\mathbb{E}_P(I_n^M) = -\frac{1}{n-1}.$$

5.4. Loi limite de l'indice de Moran.
Déterminer la loi asymptotique de l'indice de Moran sous l'hypothèse d'indépendance pour des poids $w_{i,j} = 1$ si $\langle i, j \rangle$, $w_{i,j} = 0$ sinon et pour les graphes suivants :

1. $S = \mathbb{Z}^2$ et la relation aux 4-p.p.v. (resp. aux 8-p.p.v.).

2. S est le réseau triangulaire régulier de $\mathbb{R}^2$ et la relation aux 6-p.p.v.

3. $S = \mathbb{Z}^d$ et la relation aux $2d$-p.p.v.

5.5. Test de factorisation d'une covariance.
Soit X un CAR gaussien, centré, stationnaire et aux 8-ppv sur $\mathbb{Z}^2$.

1. Expliciter ce modèle et le sous-modèle (F) à covariance factorisante.

2. X est observé sur le carré de côté n. Ecrire les équations du MV et du PMV pour chaque modèle. Tester (F). Déterminer sous (F) la loi asymptotique de

$$\Delta = n\left\{(\widehat{r}_{00}\widehat{r}_{11} - \widehat{r}_{10}\widehat{r}_{01})^2 + (\widehat{r}_{00}\widehat{r}_{1,-1} - \widehat{r}_{-1,0}\widehat{r}_{01})^2\right\}.$$

5.6. Estimation d'un modèle CAR aux 4-ppv.
X est un CAR gaussien centré, stationnaire, aux 4-ppv, de paramètre $\theta = (\alpha, \beta, \sigma^2)$, où σ^2 est la variance résiduelle conditionnelle, $|\alpha| + |\beta| < 1/2$. X est observé sur le carré de côté n.

1. Préciser la loi asymptotique de l'estimateur du MV (resp. du MPVC) de θ si les données sont convenablement rabotées au bord. Tester l'isotropie.

2. Même question si $Y = X + \varepsilon$ où ε est BBG(σ^2) indépendant de X.

5.7. Modélisations auto-logistiques de la répartition spatiale d'une espèce végétale.

A On observe la présence ($X_s = 1$) ou l'absence ($X_s = 0$) d'une espèce végétale, la grande laîche (ou carex) dans un terrain marécageux subdivisé en un réseau régulier de 24×24 parcelles (cf. données `laiche` dans le site). On veut ajuster les modèles auto-logistiques invariants par translation suivants : (i) aux 8 ppv (5 paramètres) ; (ii) aux 4 ppv (3 paramètres) ; (iii) aux 4 ppv isotropique (2 paramètres).

1. Estimer ces modèles (paramètres et leurs variances) par MV, MPVC et Codage. Tester l'isotropie aux 4 ppv dans le modèle aux 8 ppv en utilisant la déviance de la vraisemblance et un test de χ^2 de codage. Tester cette même isotropie dans le modèle aux 4 ppv.

2. Quel modèle retiendriez-vous en utilisant le contraste de la PVC pénalisé à la vitesse $\sqrt{n}$ (pour n observations) ?

B Wu et Huffer [226] ont étudié la répartition spatiale de présence/absence d'espèces végétales en fonction de covariables climatiques sur un domaine S ayant $n = 1845$ sites, sous-ensemble d'un réseau 68×60 régulier (cf. données `castanea` dans le site). Les 9 covariables sont : TMM (température annuelle minimum, en degré Celsius), TM (température moyenne du mois le plus froid), TAV (température moyenne annuelle), LT (température minimale sur la période 1931–1990), FZF (nombre de jours avec gelée), $PRCP$ (précipitations annuelles en mm), MI (indice annuel d'humidité moyenne), $PMIN$ (précipitations moyennes des mois secs) et ELV (altitude, en pieds).

1. Dresser la carte du réseau S ainsi que celle de la présence/absence de l'espèce *Castanea pumila*.

   On va étudier les modèles de régression/auto-régression sur les covariables climatiques x_i et l'endogène aux 4 ppv, $v_i = \sum_{j\sim i} y_j$:

   $$P(Y_i = 1 \mid y^i, x) = \frac{\exp \eta_i}{1 + \exp \eta_i},$$

   où $\eta_i = a + {}^t x_i b + c v_i$.

2. Ajuster la régression logistique sur les seules covariables climatiques x_i. Utilisant le critère AIC, quelles covariables retiendriez-vous ?

3. Ajuster le modèle de régression/auto-régression logistique complet par MV, PVC et Codage. La covariable de voisinage v est-elle significative ? Utilisant la log-PVC pénalisée, quelles covariables climatiques retenir ? (constatez que la prise en compte de la variable de voisinage simplifie significativement le modèle).

4. On retient le modèle 3- avec TAM, PR et MI et v comme seules covariables. Afin de comparer les estimations par MV, PVC et Codage, Wu et Huffer proposent de mesurer la distance $DMA = \sum_i |y_i - \widehat{y}_i|$ entre les observations y et leurs prédictions $\widehat{y}$ obtenues pour chaque estimation ($\widehat{y}_i$ est la moyenne empirique en i des réalisations d'un échantillonneur de Gibbs à la valeur estimée du paramètre). Comparer la qualité prédictive des trois méthodes d'estimation.

5.8. Quelques tests du χ^2 de codage.

X est un champ de Markov de spécification invariante par translation sur $S = \{0, 1, \ldots, n-1\}^2 \subset \mathbb{Z}^2$.

1. Décrire le test d'isotropie si X est le modèle d'Ising aux 4-ppv.

2. Un modèle isotropique à K états $E = \{1, 2, \ldots, K\}$ et aux 4-ppv a pour énergie conditionnelle en i, si $x_i = k$:

$$h_i(k, x_{\partial i}) = \alpha_k + \sum_{l:l \neq k} \beta_{kl} n_i(l),$$

où $n_i(l) = \sum_{j \in \partial i} \mathbf{1}(X_j = l)$.

On impose les conditions d'identifiabilité : $\alpha_K = 0$, pour $k \neq l$, $\beta_{kl} = \beta_{lk}$ et pour tout l, $\beta_{Kl} = 0$. Décrire le test d'échangeabilité (E) : β_{kl} est constant sur tout les $k \neq l$.

3. Soit X un champ V-markovien à K états, de spécification invariante par translation, où $V = \partial 0 \subset \mathbb{Z}^2$ est finie et symétrique, $0 \notin V$.

   (a) Ecrire le modèle général de X (faire un choix de V et de K).

   (b) Décrire les sous-modèles suivants : (a) les cliques ont au plus 2 points ; (b) le modèle est isotropique ; (c) : (a)∩(b) ; (d) le modèle est auto-binomial sur $E = \{0, 1, \ldots, K-1\}$.

   (c) Proposer des tests de ces sous-modèles dans le modèle général.

5.9. Estimation d'une dynamique de champ de Markov.

Soit $X = (X(t), t \in \mathbb{N})$, $X(t) = (X_i(t), i \in S) \in \{0, 1\}^S$, une dynamique sur $S = \{1, 2, \ldots, n\}$ modélisée par une chaîne de Markov homogène et ergodique. La transition $x \mapsto y$ de cette dynamique est définie par :

$$p(x, y; \theta) = Z^{-1}(x, \theta) \exp U(x, y, \theta), \text{ avec}$$

$$U(x, y; \theta) = \sum_{i=1}^{n} y_i \{\alpha x_i + \beta(x_{i-1} + x_{i+1}) + \gamma(y_{i-1} + y_{i+1})\}.$$

1. Calculer les lois conditionnelles $\mathcal{L}(X_i(t) \mid x^i(t), x(t-1))$. En déduire la PVC associée.

2. Pour un choix de réseau S et de θ, simuler la dynamique sur T instants successifs, puis estimer θ par PVC.

5.10. Un modèle markovien de croissance de tache.

Un modèle de croissance de taches spécifie la donnée d'une suite croissante $A = \{A(t), t = 0, 1, 2, \ldots\}$ de parties finies de $\mathbb{Z}^2$. Une dynamique markovienne peut être caractérisée par la loi de la tache initiale $A(0) \neq \emptyset$ et les transitions de Markov $P(a(t-1), a(t))$ pour $t \geq 1$. La dynamique est aux ppv si $a(t-1) \subseteq a(t) \subseteq a(t) \cup \partial a(t-1)$, où ∂B est la frontière aux ppv de B. La dynamique aux ppv est locale et indépendante si la transition vérifie :

$$P(a(t-1), a(t)) = \prod_{i \in \partial a(t-1)} P(a_{\partial i}(t-1), a_i(t)).$$

1. Proposer une dynamique markovienne aux ppv. La simuler pour une tache $a(0)$ donnée. Ecrire la PVC du modèle.

2. Même question pour une dynamique locale et indépendante. Démontrer la convergence de l'estimation par PVC et donner sa vitesse.

3. Tester qu'une dynamique markovienne aux ppv est locale et indépendante.

5.11. Indépendance de 2 caractères spatiaux.

$(U_i, V_i) \in \{0, 1\}^2$ sont 2 caractères binaires observés sur $S = \{1, 2, \ldots, n\}^2$. Le modèle est markovien isotropique aux 4-ppv et invariant par translation.

1. Vérifier que le modèle général est à 12 paramètres, de potentiels de singletons et de paires :

$$\phi_1(u, v) = \alpha u + \beta v + \gamma uv,$$

$$\phi_2((u, v), (w, t)) = \delta_1 uw + \delta_2 vt + \delta_3 ut + \delta_4 vw + \delta_5 uwt + \delta_6 vwt$$

$$+ \delta_7 uvw + \delta_8 uvt + \delta_9 uvwt.$$

2. Spécifier et tester le sous-modèle d'indépendance de U et V.

3. Soit (ω) le sous-modèle où, dans ϕ_2, seuls δ_1 et δ_2 sont non-nuls. Déterminer les lois conditionnelles $\pi_i(u_i, v_i \mid \cdot)$ et $\nu_i(u_i \mid \cdot)$, le conditionnement portant sur toutes les autres observations. Construire le test du χ^2 de codage de la sous-hypothèse d'indépendance de U et de V sur la base des lois conditionnelles $\nu_i(\cdot \mid \cdot)$.

5.12. Régression spatiale gaussienne.

On considère le modèle de régression spatiale gaussienne $Z = X\beta + \delta$, Z et $\delta \in \mathbb{R}^n$, $\beta \in \mathbb{R}^p$, où δ est le modèle SAR :

$$(I - \varphi W)\delta = \varepsilon,$$

où $\varepsilon \sim BBG(\sigma^2)$.

Identifier la matrice d'information $J_{p+2}(\theta)$ de $\theta = (\beta, \sigma^2, \delta)$. Même question si δ est un modèle CAR.

5.13. Plan d'expérience sur un champ aléatoire.

p traitements d'effets moyens $\mu = {}^t(\mu_1, \mu_2, \ldots, \mu_p)$ sont appliqués, chacun r fois, sur les $n = r \times p$ parcelles d'un champ $S = \{1, 2, \ldots, n\}$. On observe Y, de moyenne $D\mu$ où D est la matrice $n \times p$ de placement des traitements (D vérifie : ${}^tDD = rI_p$). On suppose que le processus des résidus $X = Y - D\mu$ est un modèle CAR spatial :

$$X = \beta W X + e,$$

où $W_{ij} = 1$ si $|i - j| = 1$, et $W_{ij} = 0$ sinon.

1. Estimer μ par MCO. En déduire une estimation $\widehat{X}$ des résidus.

2. Estimer β par MC conditionnel sur la base de $\widehat{X}$.

3. En déduire l'estimation des $MCG(\widehat{\beta})$ de μ. Interpréter.

5.14. Répartition spatiale ponctuelle des cas de leucémie chez l'enfant.

Une question importante en épidémiologie spatiale est de savoir si la répartition spatiale d'individus malades (*cas*) est la même ou non que celle de la population à risque (*contrôles*). Les données **humberside** du *package* **spatstat** donne la position des 62 cas de leucémie chez l'enfant et de 141 résidences d'enfants sains tirés au hasard dans le registre des naissances de la zone d'étude pour une période fixée (North-Humberside, G.B., 1974–1982). Ces données, réalisation d'un PPM à deux marques (1 pour malade et 0 pour sain) ont été étudiées pour la première fois par Cuzyk et Edwards [53] (cf. Diggle [62]). Tester par la méthode de Monte Carlo que la fonction $D(h) = K_1(h) - K_0(h)$ est nulle, c'est-à-dire qu'en dehors d'un facteur de densité spatiale de la population des enfants, il n'y a pas de risque spatial concernant la leucémie.

5.15. PVC pour un PP à noyau doux (soft core).

Soit X un PP de densité

$$f_\omega(\mathbf{x}) = \alpha(\theta)\beta^{n(\mathbf{x})} \prod_{1 \le i < j \le n} \exp - \left(\frac{\sigma}{\|x_i - x_j\|} \right)^{2/\kappa}$$

sur $S = [0,1]^2$, où $\theta = (\beta, \sigma)'$ avec $\beta > 0$ et $0 \le \sigma < \infty$ sont inconnues et $0 < \kappa < 1$ est connu, $\alpha(\theta)$ étant la constante de normalisation. Analyser l'influence des paramètres σ et κ sur la loi de la configuration spatiale. Écrire le modèle sous forme exponentielle et calculer sa pseudo-vraisemblance.

5.16. MV pour le processus à noyau dur.

Soit X le PP à noyau dur sur $[0,1]^2$ de densité

$$f_\theta(\mathbf{x}) = \alpha(\theta)h(\mathbf{x})\beta^{n(\mathbf{x})},$$

où $h(\mathbf{x}) = \prod_{1 \leq i < j \leq n} \mathbb{1}\{\|x_i - x_j\| \geq \gamma\}$, $\theta = (\beta, \gamma)'$, $\beta > 0$, $\gamma > 0$ et $\alpha(\theta)$ étant la constante de normalisation. Montrer qu'on peut trouver une expression explicite pour l'EMV de γ mais que ce n'est pas possible pour β.

5.17. Analyse des jeu de données lansing et spruce.
Le jeu de données lansing du package spatstat donne la localisation spatiale de trois types de chêne : rouge, blanc et noir.

1. Estimer les caractéristiques au second ordre K et J pour les trois localisations.

2. Tester le caractère poissonnien des répartitions par une méthode Monte Carlo.

Le jeu de données spruce du package spatstat donne la localisation et les diamètres des sapins d'une forêt saxonne. Nous examinerons seulement la variable de localisation.

1. Estimer le modèle de Strauss par la méthode du PMV en identifiant préliminairement le rayon d'interaction r.

2. Valider ce choix de modèle en simulant 40 réalisations du modèle estimé et en utilisant la fonction K.

3. Un modèle avec un potentiel d'ordre deux modélisé par une fonction en escalier est-il préférable ?

Les exercices qui suivent étudient le comportement asymptotique d'estimateur dans un cadre pas nécessairement spatial. Ils font appel aux propriétés de la méthode d'estimation par minimum de contraste présentée à l'Appendice C.

5.18. Convergence des MCO pour un modèle de régression.
On considère le modèle de régression :

$$y_i = f(x_i, \theta) + \varepsilon_i, \qquad i = 1, \ldots, n$$

à résidus (ε_i) i.i.d. $(0, \sigma^2)$, où f est continue en (x, θ), $\mathcal{X} = (x_i)$ sont des réalisations i.i.d. d'une loi g sur $\mathbb{R}^k$ à support compact, et θ est un point intérieur de Θ, un compact de $\mathbb{R}^p$. Ecrire une condition assurant la convergence de l'estimateur des MCO. Peut-on affaiblir l'hypothèse sur $\mathcal{X}$?

5.19. *PVC* pour une loi gaussienne bivariée.
Soit $Z = (X, Y)$ une loi gaussienne bivariée centrée, X et Y étant de variance 1 et de corrélation ρ. On observe un n-échantillon $Z(n) = (Z_1, Z_2, \ldots, Z_n)$ de Z. Ecrire la PVC de $Z(n)$. Montrer que l'estimateur du maximum de PVC de ρ est convergent, asymptotiquement normal. Quelle est son efficacité en comparaison de l'estimateur du MV ?

5.20. Estimation d'une chaîne de Markov inhomogène.
Soit $Y = \{Y_i, \, i \in \mathbb{N}\}$ une chaîne de Markov à espace d'états E fini, de transition $P(Y_{i+1} = z \mid Y_i = y) = p(y, z; \theta, x_i)$ où $x_i \in X$ est une variable exogène observée, X étant un espace compact mesurable $(X, \mathcal{X})$. On suppose que p est continue, de classe $\mathcal{C}^2$ en θ. Soit μ une mesure positive sur $(X, \mathcal{X})$ telle que :

(C1) $\alpha \mapsto \sum_{y \in E} \int_X p(y, \cdot; \alpha, x) \mu(dx)$ est injective.

(C2) $\forall A \in \mathcal{X}, \; \liminf_n (n^{-1} \sum_{i=1}^n \mathbf{1}(x_i \in A)) \geq \mu(A)$.

1. Montrer que sous (C), l'estimation du MV est convergente.

2. Etudier sa normalité et le test asymptotique du rapport de vraisemblance.

3. *Exemple* : $X \subset \mathbb{R}$, F est une fonction de répartition de classe $\mathcal{C}^2$, $f = F' > 0$, $E = \{0, 1\}$ et $p(y, z; x, \alpha, \beta) = F(\alpha x y + \beta y)$. Ecrire (C) ; déterminer la loi asymptotique de l'estimateur du MV. Tester $\alpha = 0$.

5.21. Estimation par pseudo-vraisemblance marginale.
X est un champ réel sur $S = \mathbb{Z}^d$, ergodique, exponentiellement mélangeant, de loi dépendant d'un paramètre $\theta \in \Theta$, un compact de $\mathbb{R}^p$. Soit M un sous-ensemble fini de S, $M_i = M + i$ pour $i \in S$, $g : \mathbb{R}^{|M|} \times \Theta \mapsto \mathbb{R}$ continue, $D_n = \{1, 2, \dots, n\}^d$, et le contraste marginal :

$$U_n(\alpha) = d_n^{-1} \sum_{i \in D_n} g(X(A_i, \alpha)).$$

1. Donner les conditions sur (X, g) assurant la convergence de l'estimateur du minimum de contraste.

2. Etudier la normalité asymptotique de cet estimateur.

3. *Exemple* : on considère Y une chaîne de Markov à états $\{-1, +1\}$ de transition $p = P(Y_i \neq Y_{i-1} \mid Y_{i-1})$. Y est bruitée en chaque site de façon i.i.d., la réponse bruitée X_i vérifiant : $P(X_i = Y_i) = 1 - \varepsilon = 1 - P(X_i \neq Y_i)$. Peut-on identifier $\theta = (p, \varepsilon)$ à partir de la loi du couple (X_0, X_1) ? Estimer θ à partir du contraste marginal des triplets (X_i, X_{i+1}, X_{i+2}). Tester l'indépendance de la chaîne Y.

5.22. Estimation d'une dynamique de champ de Markov par PVC.
Soit $X = (X(t), t \in \mathbb{N})$, $X(t) = (X_i(t), i \in S) \in \{0, 1\}^S$, une dynamique sur $S = \{1, 2, \dots, n\}$ modélisée par une chaîne de Markov homogène et ergodique. La transition $x \mapsto y$ de cette dynamique est définie par :

$$P(X(t+1) = y \mid X(t) = x) = p(x, y; \theta) = Z^{-1}(x, \theta) \exp U(x, y, \theta)$$

où

$$U(x, y; \theta) = \sum_{i=1}^n y_i \{\alpha x_i + \beta(x_{i-1} + x_{i+1}) + \gamma(y_{i-1} + y_{i+1})\}.$$

1. Quelle difficulté rencontre-t-on dans le calcul de la vraisemblance ?

2. Calculer les lois conditionnelles $\mathcal{L}(X_i(t) \mid x^i(t), x(t-1))$. En déduire la PVC associée.

3. Etudier les propriétés asymptotiques de l'estimateur du maximum de PVC (resp. de codage). Tester l'indépendance temporelle ($\alpha = \beta = 0$). Tester l'indépendance spatiale ($\gamma = 0$).

5.23. Consistance de l'estimation par MV de la densité paramétrique d'un PPP.
Soit X un PPP d'intensité $\rho(\cdot, \alpha)$ sur $\mathbb{R}^d$, $\alpha \in \Theta$ un compact de $\mathbb{R}^p$, la vraie valeur inconnue θ du paramètre étant intérieure à Θ. On suppose que X est observé sur la fenêtre $D_n = [0, n]^d$ de mesure d_n.

1. Utilisant l'identité si X est un PPP(ρ) [160],

$$E \sum_{\xi \in X \cap S} h(\xi, X \backslash \{\xi\}) = \int_S E h(\xi, X) \rho(\xi) d\xi,$$

en déduire que la log-vraisemblance $l_n(\alpha)$ de X sous α calculée sur D_n vaut :

$$E[l_n(\theta) - l_n(\alpha)] = K_n(\alpha, \theta) = \int_{D_n} \left\{ \left[\frac{\rho(\eta, \alpha)}{\rho(\eta, \theta)} - 1 \right] - \log \frac{\rho(\eta, \alpha)}{\rho(\eta, \theta)} \right\} \rho(\eta, \alpha) d\eta.$$

2. On suppose que $\rho(\xi, \alpha)$ est uniformément bornée en (ξ, α). En déduire que pour une constante $M < \infty$, on a, uniformément en α :

$$Var_\theta(l_n(\alpha)) \leq M d_n.$$

Notant $U_n(\alpha) = -l_n(\alpha)/d_n$, en déduire que :

$$\liminf_n [U_n(\alpha) - U_n(\theta)] \geq K(\alpha, \theta) = \liminf_n K_n(\alpha, \theta) \text{ en probabilité.}$$

3. Donner une condition d'identifiabilité sur la représentation $\alpha \mapsto \rho(\cdot, \alpha)$ assurant que $K(\alpha, \theta) \neq 0$ si $\alpha \neq \theta$. En déduire que l'estimation du MV de θ est consistante si $n \to \infty$.

A

Simulation de variables aléatoires

Nous présentons ici quelques méthodes classiques de simulation d'une v.a..
Pour une approche plus approfondie, le lecteur pourra consulter le livre de
Devroye [59].

Supposons que l'on dispose d'un générateur U de loi uniforme $\mathcal{U}([0,1])$ sur
$[0,1]$ et que, placé dans une boucle, ce générateur retourne des réalisations
(U_n) i.i.d. $\mathcal{U}([0,1])$.

A.1 La méthode d'inversion

Soit X une v.a.r. de fonction de répartition $F : \mathbb{R} \to [0,1]$ définie, si $x \in \mathbb{R}$,
par $F(x) = P(X \leq x)$: F est croissante, cadlag (continue à droite, limitée à
gauche), de limite 0 en $-\infty$, 1 en $+\infty$. De plus, F est continue partout dès
que X admet une densité g ; dans ce cas, $F(x) = \int_{-\infty}^{x} g(u)du$.

Notons $F^{-1} : [0,1] \to \mathbb{R}$ la *pseudo-inverse* de F définie par :

$$F^{-1}(u) = \inf\{x : F(x) \geq u\} \text{ si } u \in [0,1].$$

La propriété suivante est à la base de la méthode de simulation par inversion : si U est uniforme sur $[0,1]$, alors $X = F^{-1}(U)$ a pour fonction de
répartition F. En effet :

$$P(X \leq u) = P(F^{-1}(U) \leq x) = P(U \leq F(x)) = F(x). \tag{A.1}$$

Chaque fois que F est explicite, $(F^{-1}(U_n), n \geq 1)$ est une suite i.i.d. de v.a.
de loi X. Donnons quelques exemples d'utilisation.

Simulation d'une variable de Bernoulli de paramètre p

$X \in \{0,1\}$ est de loi $p = P(X = 1) = 1 - P(X = 0)$. On tire alors une variable
$U \sim \mathcal{U}([0,1])$: si $U < 1 - p$ on retient $X = 0$; sinon on prend $X = 1$. La
procédure reste valable pour simuler toute loi à valeurs binaires $X \in \{a, b\}$,
$a \neq b$.

Simulation d'une variable prenant un nombre fini de valeurs

Supposons que X prenne K valeurs $\{a_1, a_2, \ldots, a_K\}$ avec les probabilités $p_k = P(X = a_k)$, $k = 1, \ldots, K$, $\sum_1^K p_k = 1$. On construit une partition de $[0, 1[$ en K intervalles adjacents $I_k = [c_{k-1}, c_k[$, $k = 1, \ldots, K$ où $c_0 = 0$, $c_k = \sum_1^k p_i$ pour $k = 1, \ldots, K$ et on tire $U \sim \mathcal{U}([0, 1])$: si $U \in I_k$, on retient $X = a_k$. Cette méthode réalise bien la simulation de X puisque

$$P(c_{k-1} \leq U < c_k) = p_k = P(X = a_k) \qquad \text{pour } k = 1, \ldots, K. \qquad \text{(A.2)}$$

Variable prenant un nombre infini dénombrable de valeurs

Si $X \in E$ prend un nombre infini dénombrable de valeurs, on commencera par déterminer, pour un seuil $\alpha > 0$ petit (par exemple $\alpha = 10^{-3}$) un sous-ensemble fini $E_\alpha \subset E$ concentrant $\geq 1 - \alpha$ de la "masse" totale de X, c-à-d tel que $P(X \in E_\alpha) \geq 1 - \alpha$. Puis on simulera X sur l'ensemble fini des modalités $E_\alpha \cup \{E \backslash E_\alpha\}$, $\{E \backslash E_\alpha\}$ regroupant toutes les modalités en dehors de E_α en un unique état.

Par exemple, pour simuler une loi de Poisson de paramètre λ, on commence par déterminer la valeur n_0 telle que $P(X > n_0) < 10^{-3}$, puis on simule X sur $\{0, 1, 2, \ldots, n_0\} \cup \{plus\}$ de la façon décrite ci-dessus, pour les probabilités :

$$P(X = n) = p_n = e^{-\lambda} \frac{\lambda^n}{n!} \quad \text{si } 0 \leq n \leq n_0 \quad \text{et} \quad P(X \in \{plus\}) = 1 - \sum_0^{n_0} p_n.$$

Remarquons que là aussi, les modalités de X peuvent être qualitatives.

Simulation d'une loi exponentielle

L'identité (A.1) permet de simuler une loi dont l'espace d'état $E \subseteq T$ est continu chaque fois que F^{-1} est explicite. Si $X \sim \mathcal{E}xp(\lambda)$ suit une loi exponentielle de paramètre $\lambda > 0$, alors $F(x) = 0$ si $x < 0$ et $F(x) = 1 - e^{-\lambda x}$ si $x \geq 0$ et on en déduit que, pour tout $u \in [0, 1]$,

$$F^{-1}(u) = -\frac{\log(1 - u)}{\lambda}.$$

U comme $1 - U$ étant uniforme sur $[0, 1]$ si $U \sim \mathcal{U}([0, 1])$, $X = -\log(U)/\lambda$ simule une loi exponentielle de paramètre λ. De même,

$$X = -\frac{\sum_{n=1}^N \log U_n}{\lambda}$$

réalise la simulation d'une loi $\Gamma(\lambda, N)$ pour tout paramètre entier $N \geq 1$. On va voir plus loin comment simuler une telle loi si ce paramètre n'est pas entier.

A.2 Simulation d'une chaîne de Markov à nombre fini d'état

Soit $X = (X_0, X_1, X_2, \ldots)$ une chaîne de Markov homogène à valeur dans l'espace d'état fini $E = \{a_1, a_2, \ldots, a_K\}$ et de transition $P = (p_{ij})$ [120; 103; 229] :

$$p_{ij} = P(X_{n+1} = j \mid X_n = i).$$

Avec la convention $p_{i,0} = 0$, on définit pour chaque $i = 1, \ldots, K$ la partition de $[0, 1[$ en K intervalles adjacents $I_i(j)$:

$$I_i(j) = [c_{j-1}(i), c_j(i)[, \qquad j = 1, \ldots, K$$

où $c_j(i) = \sum_{l=0}^{j} p_{i,l}$.

Considérons alors l'application $\Phi : E \times [0, 1] \to E$ définie, pour tout $i = 1, \ldots, K$ et $u \in [0, 1]$ par :

$$\Phi(a_i, u) = a_j, \qquad \text{si } u \in I_i(j).$$

Si $U \sim \mathcal{U}([0, 1])$, on a alors, pour tout $i, j = 1, \ldots, K$:

$$P(\Phi(a_i, U) = a_j) = P(U \in I_i(j)) = p_{ij}.$$

La suite $\{x_0, X_{n+1} = \Phi(X_n, U_n), n \geq 0\}$ réalise la simulation d'une chaîne de Markov de transition P de condition initiale $X_0 = x_0$. Si $X_0 \sim \nu_0$ est simulée à partir de (A.2), la suite $(U_n, n \geq 0)$ permet de simuler la chaîne de Markov de loi initiale ν_0 et de transition P.

A.3 La méthode de rejet

Cette méthode réalise la simulation d'une v.a. X de densité f sur $\mathbb{R}^p$ à condition de connaître une loi de densité g sur $\mathbb{R}^p$, facile à simuler et telle que, pour tout x, $f(x) \leq cg(x)$ pour un $c < \infty$. Considérons en effet Y une v.a. de densité g et soit $U \sim \mathcal{U}([0, 1])$ indépendante de Y. Alors, la variable conditionnelle suivante est de loi X :

$$(Y \mid \text{si } cUg(Y) < f(Y)) \sim X.$$

En effet, puisque $c = \int cg(y)dy \geq \int f(y)dy > 0$ et que $f(y) = 0$ si $g(y) = 0$, on a :

$$P(Y \in [x, x + dx] \mid cUg(Y) < f(Y)) = \frac{g(x)dx P(U < \frac{f(x)}{cg(x)})}{P(U < \frac{f(Y)}{cg(Y)})}$$

$$= \frac{g(x)\frac{f(x)}{cg(x)}dx}{\int \frac{f(y)}{cg(y)}g(y)dy}$$

$$= f(x)dx = P(X \in [x, x + dx]).$$

Pour que la méthode soit utilisable, Y doit être facile à simuler et c ne doit pas être trop grand (rejet pas trop fréquent) ; quand il est possible, le choix optimal de c est $c = \sup_x f(x)/g(x)$.

Exemple : simulation de lois Gamma et Beta

Une loi Gamma $\Gamma(\lambda, a)$, $\lambda > 0$, $a > 0$, a pour densité

$$f(x) = \frac{\lambda^a}{\Gamma(a)} e^{-\lambda x} x^{a-1} \mathbf{1}(x > 0),$$

où $\Gamma(a) = \int_0^{+\infty} e^{-x} x^{a-1} dx$.

Si $Y \sim \Gamma(1, a)$, alors $X = Y/\lambda \sim \Gamma(\lambda, a)$; d'autre part, la somme $X + Z$ de deux v.a. indépendantes de loi $\Gamma(\lambda, a)$ et $\Gamma(\lambda, b)$ suit une loi $\Gamma(\lambda, a + b)$. Il suffit donc de savoir simuler une loi $\Gamma(1, a)$ pour $a \in]0, 1]$ pour simuler toutes les lois $\Gamma(\lambda, a^*)$ pour $\lambda > 0$, $a^* > 0$.

La simulation de Y, une v.a. de loi $\Gamma(1, a)$, $a \in]0, 1]$, s'obtient par méthode de rejet : on remarque que pour la densité $f(x) = \Gamma(a)^{-1} e^{-x} x^{a-1} \mathbf{1}$ $(x > 0)$ de Y,

$$f \le \frac{a + e}{ae\Gamma(a)} g \, ,$$

où $g(x) = (a + e)^{-1}[e\, g_1(x) + a\, g_2(x)]$ avec $g_1(x) = a\, x^{a-1} \mathbf{1}(0 < x < 1)$ et $g_2(x) = e^{-x+1} \mathbf{1}(1 < x < \infty)$. g_1 est une densité sur $]0, 1[$, g_2 sur $]1, +\infty[$, l'une et l'autre simulables par la méthode d'inversion, et g est le mélange de ces deux lois pour les poids $(e/(a + e), a/(a + e))$. Une première loi uniforme permet de choisir si la réalisation de g est dans $]0, 1[$ ou dans $]1, +\infty[$, après quoi on simule la variable retenue de densité g_i par méthode d'inversion, la simulation de Y étant alors obtenue par la méthode de rejet : trois lois $\mathcal{U}([0, 1])$ sont donc utilisée dans cette simulation. D'autres méthodes peuvent faire l'économie d'une variable uniforme, en particulier en simulant directement la loi de densité g par la méthode d'inversion.

Une loi Beta de paramètres a et $b > 0$, notée $\beta(a, b)$, a pour densité

$$f(x) = \frac{\Gamma(a + b)}{\Gamma(a)\Gamma(b)} x^{a-1}(1 - x)^{b-1} \mathbf{1}(0 < x < 1).$$

La simulation d'une telle loi découlera de la simulation de lois Γ au travers de la propriété suivante : si $X \sim \Gamma(\lambda, a)$ et $Y \sim \Gamma(\lambda, b)$ sont indépendantes, alors $X/(X + Y) \sim \beta(a, b)$.

A.4 Simulation d'une loi gaussienne

Simulation d'une gaussienne réduite $\mathcal{N}(0, 1)$

Les logiciels fournissent un générateur de la loi normale réduite. Celui-ci peut s'obtenir à partir de deux lois U_1 et $U_2 \sim \mathcal{U}([0, 1])$ indépendantes de la façon suivante (méthode de Box-Muller) : les deux variables X_1 et X_2 suivantes sont normales réduites

$$X_1 = \sqrt{-2\log U_1}\cos(2\pi U_2), \qquad X_2 = \sqrt{-2\log U_2}\cos(2\pi U_1).$$

La simulation de $Y \sim \mathcal{N}(m, \sigma^2)$ s'obtiendra de façon affine, $Y = m + \sigma X$, à partir de celle d'une normale réduite X. Les lois log-normale, du χ^2, de Student et de Fisher se simulent facilement à partir du générateur gaussien réduit.

Simulation d'une loi gaussienne multivariée : $Z \sim \mathcal{N}_p(\mu, \Sigma)$

Si Σ est de rang plein, et si p n'est pas trop grand ($p < 5,000$), on recherchera une décomposition (par exemple de Choleski) $\Sigma = A\,{}^tA$ de Σ : alors, si $X = {}^t(X_1, X_2, \ldots, X_p)$ est un p-échantillon gaussien réduit, $\mu + AX$ réalise la simulation de Z. Si $r = \mathrm{rang}(\Sigma) < p$, on commence par rechercher le sous-espace S, de dimension r, support de Z, puis, en se plaçant dans une base orthonormée de S, on simule le vecteur gaussien par la méthode précédente.

B

Théorèmes limites pour un champ aléatoire

B.1 Ergodicité et lois des grands nombres

Nous rappelons ici quelques résultats d'ergodicité et de lois des grands nombres (LGN) pour les processus spatiaux, une loi forte (LFGN) pour un résultat en convergence presque sûr (p.s.) et faible pour une convergence dans L^2.

B.1.1 Ergodicité et théorème ergodique

Soit $X = \{X_s, s \in S\}$ un champ aléatoire réel sur $S = \mathbb{R}^d$ ou $S = \mathbb{Z}^d$. L'ergodicité est une propriété qui renforce la notion de stationnarité et qui permet d'obtenir la convergence *p.s.* d'une moyenne empirique spatiale lorsque le domaine d'observation "tend vers l'infini". Si on se limite à une convergence dans L^2, une ergodicité au second ordre suffira. L'ergodicité est importante en statistique car elle permet d'établir la consistance *p.s.* d'estimateur explicité comme une moyenne spatiale. Cependant il n'est pas indispensable de disposer de cette propriété, très forte, d'ergodicité pour établir une telle consistance ; des conditions de sous-ergodicité, voire des conditions L^2, peuvent suffire (consistance de l'estimation par PVC ou par codage, cf. Th. 5.4 et Th. 5.6 ; consistance de l'estimation par Minimum de Contraste, cf. Appendice C, Th. C.1).

Notant $\Omega = \mathbb{R}^S$ l'espace des états de X et $\mathcal{E}$ sa tribu borélienne, on dira qu'un événement $A \in \mathcal{E}$ est *invariant* par translation si pour tout $i \in S$, $\tau_i(A) = A$ où τ_i est la i-translation sur Ω ainsi définie : pour tout $i \in S$ et $\omega \in \Omega$, $(\tau_i(\omega))_j = \omega_{j-i}$. Les événements invariants forment une sous-tribu $\mathcal{I} \subseteq \mathcal{E}$.

Un processus stationnaire X est caractérisé par le fait que sa loi P est invariante par translation : pour tout événement $A = \{\omega : X_{s_1}(\omega) \in B_1, X_{s_2}(\omega) \in B_2, \ldots, X_{s_n}(\omega) \in B_n\}$ générateur de la tribu borélienne, on a :

$$\forall i \in S : P(A) = P(\tau_i(A)).$$

L'ergodicité renforce cette propriété.

Définition B.1. *Le processus stationnaire* X *est ergodique si pour tout évé-nement invariant* $A \in \mathcal{I}$, $P(A) = 0$ *ou* $P(A) = 1$.

Si X est ergodique, la tribu $\mathcal{I}$ des invariants est triviale. L'interprétation heuristique est que si un événement invariant A est de probabilité > 0, alors il est de probabilité 1, l'ensemble des translatés de A engendrant l'espace de toutes les trajectoires.

L'exemple de base d'un processus ergodique est celui d'une suite de va-riables *i.i.d.*. L'ergodicité peut être vue comme une propriété jointe de sta-tionnarité et d'indépendance asymptotique.

Enonçons alors le théorème ergodique. Si $B(x, r)$ est la boule centrée en x de rayon r, on définit le diamètre intérieur $d(D)$ de $D \subseteq \mathbb{R}^d$ par :

$$d(D) = \sup\{r : B(x, r) \subseteq D\}.$$

Théorème B.1. *(Birkhoff [32] si* $d = 1$*; Tempelman [211] et Nguyen et Zessin [164] si* $d \geq 2$*)*

Supposons que X *soit un processus réel sur* $\mathbb{R}^d$ *, stationnaire, de* L^p *pour un* $p \geq 1$ *et que* (D_n) *soit une suite croissante de convexes bornés telle que* $d(D_n) \longrightarrow \infty$*. Alors :*

1. $\overline{X}_n = |D_n|^{-1} \int_{D_n} X_u du \longrightarrow E(X_0 \mid \mathcal{I})$ *dans* L^p *et p.s. si* $S = \mathbb{R}^d$.

2. *Si de plus* X *est ergodique,* $\overline{X}_n \longrightarrow E(X_0)$ *p.s..*

Sur $S = \mathbb{Z}^d$, on a : $\overline{X}_n = \sharp D_n^{-1} \sum_{i \in D_n} X_i \longrightarrow E(X_0 \mid \mathcal{I})$ dans L^p et p.s. si $S = \mathbb{Z}^d$, la limite p.s. étant $E(X_0)$ si X est ergodique.

B.1.2 Exemples de processus ergodiques

Donnons quelques exemples de processus ergodiques.

- $X = \{X_i, i \in S\}$ est une suite de v.a. réelles *i.i.d.* de L^1 sur un ensemble dénombrable S.

- $Y = \{Y_i = g(X \circ \tau_i), i \in S\}$ où X est ergodique sur S et $g : E^V \longrightarrow \mathbb{R}$, pour $V \subset S$ fini, est une application mesurable.

- X est un champ stationnaire fortement mélangeant [116; 67] :

$$\lim_{\|h\| \to \infty} P(\tau_h(A) \cap B) = P(A)P(B), \qquad \forall A, B \in \mathcal{E}.$$

- X est un champ stationnaire m-dépendant : $\forall U \subset S$ et $V \subset S$ distants d'au moins m, alors les variables $\{X_u, u \in U\}$ et $\{X_v, v \in V\}$ sont indépen-dantes.

- X est un champ gaussien stationnaire sur $\mathbb{R}^d$ ($\mathbb{Z}^d$) dont la covariance C tend vers 0 à l'infini [3] :

$$\lim_{\|h\| \longrightarrow \infty} C(h) = 0.$$

X est un champ de Gibbs sur $\mathbb{Z}^d$ à potentiel invariant par translation et satisfaisant la condition d'unicité de Dobrushin [85].

$N = \{N([0, 1[^d+i), i \in \mathbb{Z}^d\}$ où $N(A)$ est le nombre de points dans A d'un PP ergodique sur $\mathbb{R}^d$ (par exemple un PPP homogène, un PP de Neyman-Scott homogène ou un PP de Cox d'intensité un champ Λ ergodique [204].

Y est un sous-ensemble aléatoire de $\mathbb{R}^d$: $Y = \cup_{x_i \in X} B(x_i, r)$ où X est un PPP homogène (un PP ergodique) sur $\mathbb{R}^d$; Y est un champ booléen sur $\mathbb{R}^d$, $Y_s = 1$ si $s \in Y$ et 0 sinon [43].

L'ergodicité des PP (et des ensembles aléatoires fermés de $\mathbb{R}^d$ qui incluent les PP) est étudiée dans [125; 204; 56] et [135] (cas des PPP). Heinrich [111] et Guan et Sherman [95] utilisent ces propriétés pour prouver la consistance d'estimateurs paramétriques d'un PP. Une façon d'approcher l'ergodicité d'un PP X est de lui associer le processus latticiel $\widetilde{X}$ de ses réalisations sur la partition $\mathbb{R}^d = \cup_{i \in \mathbb{Z}^d} A_i$, où $A_i = [i, i+\mathbf{1}[$, $\mathbf{1}$ étant le vecteur de composantes 1 de $\mathbb{R}^d$, et de vérifier l'ergodicité de $\widetilde{X}$.

B.1.3 Ergodicité et LGN faible dans L^2

Supposons que X soit un champ stationnaire au second ordre sur $\mathbb{R}^d$ de covariance C. On dira que X est ergodique dans L^2 si pour toute suite (D_n) de convexes bornés telle que $d(D_n) \longrightarrow \infty$, alors

$$\overline{X}_n = \frac{1}{|D_n|} \int_{D_n} X_u du \longrightarrow E(X_0) \text{ dans } L^2.$$

Soit F la mesure spectrale de X. On a la loi faible des grans nombres suivante [227, Ch. 3 ; 96, Ch. 3 ; 43]

Théorème B.2. *On a les équivalences :*

(i) *X est ergodique dans L^2.*

(ii) *F n'a pas d'atome en 0 : $F(\{0\}) = 0$.*

(iii) *$|D_n|^{-1} \int_{D_n} C(u)du \longrightarrow 0$.*

En particulier, ces conditions sont satisfaites si $\lim_{\|h\| \to \infty} C(h) = 0$ ou si F est absolument continue.

Ces résultats se transposent directement sur $\mathbb{Z}^d$: par exemple, si F est absolument continue sur T^d,

$$\lim_n \overline{X}_n = E(X_0) \text{ dans } L^2.$$

Si de plus la densité spectrale f est bornée et continue en 0, alors

$$\lim_{n \to \infty} \sharp D_n Var(\overline{X}_n) = (2\pi)^d f(0),$$

la convergence de $\sqrt{\sharp D_n} \overline{X}_n$ étant gaussienne si X est gaussien.

B.1.4 LFGN sous conditions L^2

On dispose aussi de LFGN sous des conditions L^2. Un premier résultat (cf. [32], §3.4) concerne les suites de variables indépendantes mais non (nécessairement) équidistribuées (cf. lemme 5.1) : si $X = \{X_i, i \in \mathbb{N}\}$ sont des v.a.r. indépendantes, centrées et dans L^2, alors $\sum_{i=1}^n X_i \longrightarrow 0$ p.s. dès que $\sum_{i=1}^\infty Var(X_i) < \infty$.

Un autre résultat concerne les estimateurs empiriques de la moyenne μ et de la covariance $C_X(k)$ d'un processus X stationnaire au second ordre sur $\mathbb{Z}^d$ ([96], §3.2) : si $\sum_{h \in \mathbb{Z}^d} |C_X(h)| < \infty$, alors $\overline{X}_n \to \mu$ p.s. ; si de plus X est stationnaire au $4^{\text{ème}}$ ordre, $Y = \{Y_i = (X_i - \mu)(X_{i+k} - \mu), i \in \mathbb{Z}^d\}$ vérifiant, $\sum_{h \in \mathbb{Z}^d} |C_Y(h)| < \infty$, alors $\overline{Y}_n \to C_X(k)$ p.s. ; si X est gaussien, cette dernière condition est satisfaite dès que X est à densité spectrale de carré intégrable.

B.2 Coefficient de mélange fort

Soit $Z = \{Z_i, i \in S\}$ un champ sur un réseau S muni d'une métrique d, A et B deux parties de S, $\mathcal{F}(Z, H)$) la tribu engendrée par Z sur H, une partie de S. Le coefficient de *mélange fort* $\alpha^Z(E, F)$ de Z sur E, F, défini par Ibragimov et Rozanov ([117] ; cf. aussi Doukhan [67]) est :

$$\alpha^Z(E, F) = \sup\{|P(A \cap B) - P(A)P(B)| : A \in \mathcal{F}(Z, E), B \in \mathcal{F}(Z, F)\}.$$

Le champ est α-mélangeant si $\alpha^Z(E, F) \longrightarrow 0$ dès que $dist(E, F) \longrightarrow \infty$.

On utilise également les coefficients α paramétrés par les tailles k et $l \in \mathbb{N} \cup \{\infty\}$ de E et de F ; pour $n \in \mathbb{R}$:

$$\alpha_{k,l}(n) = \alpha^Z_{k,l}(n) = \sup\{\alpha^Z(E, F) : \sharp E \leq k, \sharp F \leq l \text{ et } dist(E, F) \geq n\}.$$

Exemples de champ α-mélangeant

1. Si Z est α-mélangeant, toute fonctionnelle mesurable $Z_W = (f_i(Z_{W_i}))$ qui dépend localement de Z est encore un champ α-mélangeant : plus précisément, si pour tout $i \in S$, (W_i) est une famille de parties t.q. $i \in W_i$ et le diamètre $\delta(W_i)$ de W_i est uniformément borné par Δ, alors $Z_W = (f_i(Z_{W_i}))$ est α-mélangeant où $\alpha^{Z_W}_{k,l}(n) = \alpha^Z_{k,l}(n - 2\Delta)$ dès que $n > 2\Delta$.

2. *Champ R-dépendant :* Z est un champ R-dépendant si, pour tout couple (i, j) à distance $> R$, Z_i et Z_j sont indépendants. Pour un champ R-dépendant, $\alpha^Z(E, F) = 0$ si $d(E, F) \geq R$ et, pour tout k, l, $\alpha^Z_{k,l}$ est nulle si $n \geq 2R$.

3. *Champ gaussien :* soit Z un champ gaussien stationnaire sur $\mathbb{Z}^d$ de densité spectrale f, $f(\lambda) \geq a > 0$ sur le tore $\mathbb{T}^d$. Notons $D_K(f)$ la distance entre f et sa meilleure approximation par un polynôme trigonométrique de degré $(K - 1)$.

$$D_K(f) = \inf\{|f - P| : P(\lambda) = \sum_{|t| < K} c_t \exp\langle \lambda, t \rangle\} \text{ où } |t| = \sum_{i=1}^{d} |t_i|.$$

On a alors ([117] pour $d = 1$; [96, §1.7], pour les champs) :

$$\alpha_{\infty,\infty}(k) \le \frac{1}{a} D_K(f).$$

Si f est continue, ce coefficient tend vers 0 si $k \to \infty$, exponentiellement vite si f est analytique (par exemple, si Z est un $ARMA$). Si Z admet la représentation linéaire $Z_t = \sum_{\mathbb{Z}^d} b_{t-s}\varepsilon_t$ pour un BB gaussien ε, on a, plus précisément :

$$\alpha_{\infty,\infty}(k) \le \frac{2}{a} \|b\|_\infty \{ \sum_{|s| \ge k/2} |sb_s| \}.$$

On dispose aussi d'évaluations du coefficient de mélange pour des champs linéaires non gaussiens [67; 96].

4. *Champ de Gibbs sous la condition d'unicité de Dobrushin* (Dobrushin [66] ; Georgii [85] Guyon [96]).
   La mesure d'influence de Dobrushin $\gamma_{a,b}(\pi)$ d'un site a sur le site b, $a \ne b$ d'une spécification de Gibbs π ($\gamma_{a,b}(\phi)$ si la spécification dérive d'un potentiel ϕ) est définie par :

$$\gamma_{a,b}(\pi) = \sup \frac{1}{2} \|\pi_b(\cdot \mid \omega) - \pi_b(\cdot \mid \omega')\|_{VT},$$

où $\|\cdot\|_{VT}$ est la norme en variation totale, le sup étant pris sur les configurations ω et ω' identiques partout sauf au site a. Si $a = b$, on pose $\gamma_{a,b}(\pi) = 0$. On dit que le potentiel de Gibbs satisfait la condition de Dobrushin si

$$(D) : \alpha(\phi) = \sup_{a \in S} \sum_{b \in S} \gamma_{a,b}(\phi) < 1 \tag{B.1}$$

(D) est une condition suffisante (mais non-nécessaire) assurant qu'il y a au plus une mesure de Gibbs dans $\mathcal{G}(\phi)$. Par exemple, pour le modèle d'Ising sur $\mathbb{Z}^2$, isotropique et aux 4-ppv, de spécification en i,

$$\pi_i(z_i \mid z^i) = \frac{\exp \beta z_i v_i}{\exp -\beta v_i + \exp \beta v_i}, \qquad v_i = \sum_{j : \|i-j\|_1 = 1} z_j$$

la condition exacte d'unicité (Onsager [166] ; Georgii [85]) est $\beta < \beta_c = \frac{1}{2} \log(1 + \sqrt{2}) \simeq 0.441$ alors que la condition de Dobrushin, qui s'explicite facilement dans ce cas, est $\beta < \frac{1}{4} \log 2 \simeq 0.275$.

Si de plus l'espace d'état du champ de Gibbs est polonais (par exemple fini ou compact), muni d'une mesure de référence λ positive et finie et si le potentiel ϕ est sommable, il y aura *existence* et unicité de la mesure de Gibbs μ associée à π : $\mathcal{G}(\phi) = \{\mu\}$; dans ce cas, si ϕ est borné et de portée bornée, l'unique mesure de Gibbs μ vérifie une condition de mélange uniforme exponentiel,

$$\varphi(A, B) \leq C \, (\sharp A) \, \alpha^{d(A,B)},$$

où $\varphi(A, B) = \sup\{|\mu(E\,|\,F) - \mu(E)|,\ E \in \mathcal{F}(A),\ F \in \mathcal{F}(B),\ \mu(F) > 0\,\}$. μ est également fortement mélangeant puisqu'on a toujours $2\alpha(\cdot) \leq \varphi(\cdot)$ [67].

Une difficulté de la statistique asymptotique pour un champ de Gibbs μ connu par sa spécification $\pi(\phi)$ est qu'on ne sait pas en général s'il y a unicité ou non de μ dans $\mathcal{G}(\phi)$. On ne dispose donc pas en général de propriété de faible dépendance. De même, si le potentiel ϕ est invariant par translation ($S = \mathbb{Z}^d$), on ne sait pas si μ est ergodique, voir si μ est stationnaire : ainsi, les outils classiques de la statistique asymptotique (ergodicité, faible dépendance, TCL) ne sont pas toujours utilisables.

5. *Mélange pour un processus ponctuel spatial.*

Un PP de Poisson X, homogène ou non, est α-mélangeant puisque X est indépendant. Cette propriété de mélange s'étend aux PP de Neyman-Scott si les lois de descendance sont spatialement bornées par R : dans ce cas, le PP est $2R$-dépendant.

D'autres exemples de champs α-mélangeant sont présentés dans Doukhan [67].

B.3 TCL pour un champ mélangeant

Soit (D_n) une suite strictement croissante de sous-ensembles finis de $\mathbb{Z}^d$, Z un champ centré réel et de variance finie, $S_n = \sum_{D_n} Z_i$ et $\sigma_n^2 = Var(S_n)$. Notons $(\alpha_{k,l}(\cdot))$ les coefficients de mélange de Z. On a le résultat suivant (Bolthausen [30] ; Gyon [96], sans stationnarité) :

Proposition B.1. *TCL pour un champ réel sur $\mathbb{Z}^d$*
   Supposons vérifiées les conditions suivantes :

(i) $\sum_{m \geq 1} m^{d-1} \alpha_{k,l}(m) < \infty$ *si* $k + l \leq 4$ *et* $\alpha_{1,\infty}(m) = o(m^{-d})$.

(ii) *Il existe* $\delta > 0$ *t.q.* : $\sup_{i \in S} \mathbb{E}\,|Z_i|^{2+\delta} < \infty$ *et*

$$\sum_{m \geq 1} m^{d-1} \alpha_{1,1}(m)^{\delta/2+\delta} < \infty.$$

(iii) $\liminf_n (\sharp D_n)^{-1} \sigma_n^2 > 0$.

Alors, $\sigma_n^{-1} S_n \xrightarrow{loi} \mathcal{N}(0, 1)$.

Commentaires

1. Les conditions sur le mélange sont satisfaites pour un champ gaussien stationnaire de densité suffisamment régulière ou pour un champ de Gibbs sous la condition d'unicité de Dobrushin (B.1).

2. Si on veut utiliser un seul coefficient de mélange, on peut se limiter à $\alpha_{2,\infty}$ et à la condition :

$$\sum_{m \geq 1} m^{d-1} \alpha_{2,\infty}(m) < \infty.$$

3. Le résultat du théorème reste inchangé si $S \subset \mathbb{R}^d$ est un réseau infini dénombrable localement fini : $\exists \delta_0 > 0$ t.q. pour tout $i \neq j$, deux sites de S, $\|i - j\| \geq \delta_0$. En effet, dans ce cas et comme pour le réseau régulier $\mathbb{Z}^d$, la propriété clé est que pour tout $i \in S$, la boule centrée en i de rayon m vérifie, uniformément en i et m : $\sharp\{B(i,m) \cap S\} = O(m^d)$.

4. Comme pour tout TCL, la condition de positivité (iii) peut être délicate à obtenir.

5. Si $Z \in \mathbb{R}^k$ est un champ multidimensionnel, si $\Sigma_n = Var(S_n)$, et si (iii) est remplacée par

$$(iii)' : \liminf_n (\sharp D_n)^{-1} \Sigma_n \geq I_0 > 0,$$

pour une matrice d.p. I_0, alors : $\Sigma^{-1/2} S_n \xrightarrow{loi} \mathcal{N}_k(0, I_k)$.

6. Les conditions données par Bolthausen sur le mélange semblent minimales. Signalons cependant le travail de Lahiri [137] qui établit un TCL à partir des seuls coefficients $\alpha_k^*(n) \equiv \alpha_{k,k}(n)$, $k < \infty$. Les conditions requises sont du type de celles de Bolthausen mais sans l'évaluation des coefficients $\alpha_{k,\infty}(\cdot)$. Ce travail propose également des TCL pour des choix de sites d'observations aléatoires avec la possibilité de densification des sites d'observation (*mixed increasing-domain infill asymptotics*).

B.4 TCL pour une fonctionnelle d'un champ de Markov

Supposons que Z soit un champ de Markov sur $S = \mathbb{Z}^d$, à valeur dans E et de *spécification* π *invariante par translation*. Notons $V_i = \{Z_j, j \in \partial i\}$ les m valeurs dont dépend la spécification locale, $\pi_i(\cdot \mid Z^{\{i\}}) \equiv \pi_i(\cdot \mid V_i)$ et considérons une fonctionnelle mesurable $A : E^{m+1} \longrightarrow \mathbb{R}$ telle que $Y_i = A(Z_i, V_i)$ vérifie, pour tout i, la condition de *centrage conditionnel* :

$$E(Y_i \mid Z_j, j \neq i) = 0. \tag{B.2}$$

L'exemple type où cette condition est vérifiée est le cas où Y est le gradient (en θ) de la pseudo-vraisemblance conditionnelle d'un champ de Markov.

Pour simplifier, supposons que $D_n = [-n, n]^d$ soit la suite des domaines d'observation de Z et notons $S_n = \sum_{D_n} Y_i$.

Nous présentons deux TCL pour la fonctionnelle Y : le premier [99; 123] utilise la propriété d'ergodicité du champ Z, propriété qui remplace celle de mélange. Le deuxième (Comets et Janzura [47]), plus général, suppose uniquement l'invariance par translation de la spécification conditionnelle π de Z et donne une version studentisée du TCL sous une condition d'uniforme positivité de la variance de S_n par observation. Le résultat de Comets et Janzura s'applique donc sans hypothèse d'ergodicité ni de stationnarité du champ, qu'il y ait ou non transition de phase pour la spécification π.

Proposition B.2. *[99; 123; 96]*
Supposons que Z soit un champ de Markov sur $\mathbb{Z}^d$ de spécification invariante par translation, ergodique, la fonctionnelle a étant bornée et vérifiant la condition de centrage (B.2). Alors, si $\sigma^2 = \sum_{j \in \partial 0} E(Y_0 Y_j) > 0$, on a :

$$(\sharp D_n)^{-1/2} S_n \xrightarrow{loi} \mathcal{N}(0, 1).$$

Comme pour chaque TCL, la condition $\sigma^2 > 0$ peut être délicate à établir. Cette condition est établie dans [99] pour le modèle d'Ising isotropique et aux 4-ppv sur $\mathbb{Z}^d$.

Venons-en au résultat de [47]. Définissons $A_n = \sum_{i \in D_n} \sum_{j \in \partial i} Y_i Y_j$ et pour $\delta > 0$, $A_n^\delta = \max\{A_n, \delta \times \sharp D_n\}$. Remarquons que A_n estime sans biais la variance de S_n.

Proposition B.3. *(Comets-Janzura [47])*
Supposons que Z est un champ de Markov sur $\mathbb{Z}^d$ de spécification invariante par translation, que la fonctionnelle a vérifie : $\sup_i \left\| Y_i^4 \right\| < \infty$ ainsi que la condition de centrage (B.2). Définissons la version studentisée de S_n :

$$\zeta_n = A_n^{-1/2} S_n \ \ si \ \ A_n > 0 \ \ et \ \ \zeta_n = 0 \ \ sinon.$$

Alors, sous la condition :

$$\exists \delta > 0 \ tel \ que \ (\sharp D_n)^{-1} E \left| A_n - A_n^\delta \right| \xrightarrow[n \to \infty]{} 0 \tag{B.3}$$

$$\zeta_n \xrightarrow{loi} \mathcal{N}(0, 1).$$

C

Estimation par minimum de contraste

Nous présentons ici la méthode d'estimation d'un modèle paramétrique (ou semi-paramétrique) par *minimum de contraste* (Dacunha-Castelle et Duflo [54]). Certains auteurs parlent encore d'estimation par *pseudo-vraisemblance* (Whittle [222] ; Besag [25]), ou par *quasi-vraisemblance* (McCullagh et Nelder [155]), ou encore d'*estimateurs d'extremum* (Amemiya [6] ; Gourieroux et Monfort [92]). Ces différentes terminologies recouvrent un même principe : la valeur estimée du paramètre maximise une fonctionnelle de "pseudo-vraisemblance" (PV). Cette fonctionnelle se substitue à la vraisemblance quand celle-ci est indisponible, soit parce que le modèle est semi-paramétrique et incomplètement spécifié, soit parce que cette vraisemblance est numériquement incalculable.

Sous de "bonnes conditions" sur la fonctionnelle de pseudo-vraisemblance et sur le schéma d'observations, l'estimation par maximum de pseudo-vraisemblance (MPV) a de bonnes propriétés statistiques : convergence, normalité et test asymptotique pour le paramètre d'intérêt. Ces fonctionnelles, une fois pénalisée par la dimension du modèle, permettent également d'identifier un modèle.

Deux fonctionnelles de pseudo-vraisemblance jouent un rôle central en statistique des processus spatiaux :

1. La *pseudo-vraisemblance gaussienne* pour un modèle du second-ordre. Elle s'obtient en calculant la vraisemblance (ou une approximation de celle-ci) en faisant l'hypothèse que le modèle est gaussien. Ce contraste a été introduit par Whittle [222] pour les séries temporelles et pour les champs sur $\mathbb{Z}^2$ (cf. § 5.3.1).

2. La *pseudo-vraisemblance conditionnelle* (PVC) d'un champ markovien sur un réseau (cf. § 5.4.2), produit des densités conditionnelles en chaque site (Besag [25] ; Guyon [96]). Si ce produit est limité à un sous-ensemble de codage, on obtient la *pseudo-vraisemblance par codage*. La notion de PVC existe aussi pour les processus ponctuels de Markov (cf. 5.5.5).

L'exemple standard de contraste est la fonctionnelle de moindres carrés (estimation d'une régression spatiale (cf. 5.3.4), d'un modèle de variogramme (cf. §5.1.3), d'un processus ponctuel (cf. 5.5.4)). Des contrastes pour modèles spatio-temporels sont proposés dans [41; 98; 100].

D'une façon générale, une fonctionnelle de pseudo-vraisemblance devra répondre aux objectifs suivants :

1. Capter simplement les informations que l'on privilégie sur le modèle.

2. Être numériquement facile à calculer.

3. Rendre identifiable les paramètres du modèle.

4. Permettre (si possible) un contrôle statistique de l'estimateur.

C.1 Définitions et exemples

Considérons $X = \{X_i, i \in S\}$ un processus défini sur un ensemble fini ou dénombrable de sites S. Que notre connaissance sur X soit partielle (modèle semi-paramétrique) ou totale (modèle paramétrique), on notera $\theta \in \Theta \subseteq \mathbb{R}^p$ le paramètre spécifiant l'information qui nous intéresse.

L'objectif est d'estimer θ à partir d'observations $X(n) = \{X_i, i \in D_n\}$, où D_n est un sous-ensemble fini de sites. L'étude asymptotique est associée à une suite (D_n) strictement croissante de domaines d'observation. Pour simplifier, on supposera que θ, la vraie valeur inconnue du paramètre, est un point intérieur à Θ, un compact de $\mathbb{R}^p$; $\alpha \in \Theta$ dénote un point courant de Θ.

Une *fonction de contraste* pour θ est une fonction déterministe

$$K(\cdot, \theta) : \Theta \to \mathbb{R}, \ \alpha \mapsto K(\alpha, \theta) \geq 0,$$

admettant un unique minimum en $\alpha = \theta$. La valeur $K(\alpha, \theta)$ s'interprète comme une pseudo-distance entre le modèle sous θ et celui sous α.

Un *processus de contraste* associé à la fonction de contraste $K(\cdot, \theta)$ et aux observations $X(n)$ est une suite $(U_n(\alpha), n \geq 1)$ de variables aléatoires adaptée à $X(n)$, $U_n(\alpha) = U_n(\alpha, X(n))$, définie pour tout $\alpha \in \Theta$, et telle que :

$$\forall \alpha \in \Theta : \liminf_n [U_n(\alpha) - U_n(\theta)] \geq K(\alpha, \theta), \text{ en } P_\theta\text{-probabilité.} \qquad \text{(C.1)}$$

Cette condition *sous-ergodique* (C.1) traduit que la différence $U_n(\alpha) - U_n(\theta)$ qui estime le contraste de α sur θ sur la base de $X(n)$ sépare asymptotiquement les paramètres. La condition (C.1) peut être renforcée par la condition "ergodique",

$$\lim_n [U_n(\alpha) - U_n(\theta)] = K(\alpha, \theta), \text{ en } P_\theta\text{-probabilité.} \qquad \text{(C.2)}$$

Définition C.1. *L'estimateur du minimum de contraste U_n est une valeur $\widehat{\theta}_n$ de Θ minimisant U_n :*

$$\widehat{\theta}_n = \underset{\alpha \in \Theta}{argmin}\, U_n(\alpha).$$

Donnons quelques exemples.

Exemple C.1. Vraisemblance d'un modèle de Bernoulli

Supposons que les X_i soient des v.a. de Bernoulli indépendantes de paramètres $p_i = p(\alpha, Z_i) = (1 + \exp \alpha Z_i)/(\exp \alpha Z_i)$, où Z_i est une variable exogène réelle, $\alpha \in \mathbb{R}$. Le contraste de la vraisemblance est l'opposé de la vraisemblance, $U_n(\alpha) = -\sum_1^n \log f_i(X_i, \alpha)$. Si les exogènes (Z_i) et α restent bornés, la fonction de contraste

$$K(\alpha, \theta) = \liminf_n \frac{1}{n} \sum_1^n \log \frac{f_i(X_i, \theta)}{f_i(X_i, \alpha)}$$

satisfait (C.1) dès que $\liminf_n n^{-1} \sum_{i=1}^n Z_i^2 > 0$.

Exemple C.2. Contraste des moindres carrés d'une régression

Considérons un modèle de régression (linéaire ou non),

$$X_i = m(Z_i, \theta) + \varepsilon_i, \qquad i = 1, \dots, n$$

expliquant $X_i \in \mathbb{R}$ à partir de l'exogène Z_i, les résidus (ε_i) formant un BBf de variance $\sigma^2 < \infty$. Ce modèle est *semi-paramétrique* car aucune hypothèse n'est faite sur les lois des résidus en dehors du fait que ε soit un BBf. Le contraste des moindres carrés ordinaires (MCO) est défini par :

$$U_n(\alpha) = SCR_n(\alpha) = \sum_{i=1}^n (X_i - m(Z_i, \alpha))^2.$$

Définissons $K(\alpha, \theta) = \liminf_n \sum_{i=1}^n \{m(x_i, \alpha) - m(x_i, \theta)\}^2/n$. Si le dispositif expérimental $\mathcal{Z} = \{Z_i, i = 1, 2, \dots\}$ est tel que $K(\alpha, \theta) > 0$ pour $\alpha \neq \theta$, alors (U_n) est un processus de contraste associé à la fonction de contraste $K(\cdot, \theta)$. Cette condition est par exemple vérifiée si :

1. Les Z_i sont i.i.d. de loi Z : $\mathcal{Z}$ est ergodique.
2. $\mathcal{Z}$ rend le modèle $\theta \mapsto m(\cdot, \theta)$ identifiable, c-à-d :

$$\text{Si } \theta \neq \theta', \text{ alors } P_Z\{z : m(z, \theta) \neq m(z, \theta'\} > 0.$$

Si les résidus sont gaussiens, $U_n(\alpha)$ est, à une constante multiplicative près, l'opposé de la log-vraisemblance.

Si les résidus sont corrélés de matrice de variance R_n connue et inversible, le contraste des *moindres carrés généralisés* (MCG) est,

$$U_n^{MCG}(\alpha) = \|X(n) - m_n(\alpha)\|_{R_n^{-1}}^2,$$

où $m_n(\alpha) = \{m(Z_1, \alpha), \dots, m(Z_n, \alpha)\}$ et $\|u\|_\Gamma^2 = {}^t u \Gamma u$ est la norme associée à la matrice d.p. Γ. Le contraste des *moindres carrés pondérés* correspond à la norme associée à la matrice de variance diagonale,

$$U_n^P(\alpha) = \sum_{i=1}^n \frac{(X_i - m(Z_i, \alpha))^2}{Var(\varepsilon_i)}.$$

Exemple C.3. Méthode de moments, PV marginale

Supposons que $X_1, X_2, \ldots, X_n$ soient des observations réelles d'une même loi μ_θ dépendant d'un paramètre $\theta \in \mathbb{R}^p$. Notons $(\mu_k(\theta), k = 1, \ldots, r)$ les r premiers moments de la loi commune, $(\widehat{\mu}_{n,k}(\theta), k = 1, \ldots, r)$ les estimations empiriques de ces moments. Si D est une distance sur $\mathbb{R}^p$, un contraste pour l'estimation de θ est

$$U_n(\theta) = D((\mu_k), (\widehat{\mu}_{n,k}(\theta))).$$

Une condition nécessaire pour que ce contraste rende θ identifiable est que $r \geq p$. Pour construire un contraste rendant le paramètre identifiable, on peut être amené à considérer, au-delà de la loi marginale μ_θ de X_1, des lois de couples, voir de triplets .... La méthode s'étend au cas où X est à valeur dans un espace d'état E général.

De même, des densités marginales peuvent être utilisées pour construire des estimateurs de θ. Si, par exemple, les couples (X_i, X_{i+1}) sont de même loi, et si ce couple permet d'identifier θ, on pourra utiliser la PV marginale des couples :

$$l_n(\theta) = \sum_{i=1}^{n-1} \log f(x_i, x_{i+1}; \theta).$$

Exemple C.4. Contraste gaussien d'un processus au second ordre

Supposons que $X = (X_t, t \in \mathbb{Z})$ soit une série temporelle réelle, centrée, stationnaire à l'ordre 2, de densité spectrale f_θ. Le spectrogramme associé aux observations $X(n) = (X_1, X_2, \ldots, X_n)$ est l'estimation de la densité spectrale associée aux covariances empiriques $\widehat{r}_n(k)$:

$$I_n(\lambda) = \frac{1}{2\pi} \sum_{k=-n+1}^{n-1} \widehat{r}_n(k) e^{i\lambda k}$$

où $\widehat{r}_n(k) = \widehat{r}_n(-k) = n^{-1} \sum_{i=1}^{n-|k|} X_i X_{i+k}$.

Le spectrogramme $I_n(\lambda)$ est un mauvais estimateur de $f(\lambda)$. Par contre, le contraste de Whittle défini par la régularisation suivante de I_n :

$$U_n(\alpha) = \frac{1}{2\pi} \int_0^{2\pi} \left\{ \log f_\alpha(\lambda) + \frac{I_n(\lambda)}{f_\alpha(\lambda)} \right\} d\lambda$$

est une bonne fonctionnelle pour estimer θ. Sous hypothèse gaussienne, $-2U_n(\alpha)$ approxime la log-vraisemblance. Sans hypothèse gaussienne, U_n conduit encore à une bonne estimation sous de bonnes conditions générales (Dalhaus et Künsch [57]; Guyon [96]; cf. 5.3.1). La fonction de contraste associée à U_n est :

$$K(\alpha, \theta) = \frac{1}{2\pi} \int_0^{2\pi} \left\{ \log \frac{f_\alpha(\lambda)}{f_\theta(\lambda)} - 1 + \frac{f_\alpha(\lambda)}{f_\theta(\lambda)} \right\} d\lambda, \ K(\alpha, \theta) > 0 \text{ si } \alpha \neq \theta.$$

La condition $K(\alpha, \theta) \neq 0$ si $\alpha \neq \theta$ est assurée si la paramétrisation de f_θ en θ est identifiable.

Exemple C.5. Pseudo-vraisemblance conditionnelle (PVC) d'un champ de Markov

Si la vraisemblance d'une chaîne de Markov se calcule bien par récursivité, ce n'est plus le cas pour un champ de Markov spatial qui est fondamentalement un modèle non-causal. La raison tient en partie à la complexité du calcul de la constante de normalisation. La même difficulté se présente pour un modèle de Gibbs général.

C'est la raison pour laquelle Besag a proposé, dans le contexte d'un champ de Markov sur un réseau, d'utiliser la *pseudo-vraisemblance conditionnelle* (PVC), produit des densités conditionnelles en chaque i de D_n,

$$l_n^{PV}(\theta) = \prod_{D_n} \pi_i(x_i \mid x_{\partial i}, \theta). \tag{C.3}$$

Si on limite le produit à un ensemble C de codage, on parlera de *pseudo-vraisemblance sur le codage C*. Pour l'une ou l'autre de ces fonctionnelles, on devra s'assurer de la condition de sous-ergodicité (C.1). Si l'ergodicité du champ est suffisante, elle n'est pas nécessaire. Cette remarque est importante car en général on ne sait pas si un champ de Gibbs est ergodique.

Exemple C.6. Estimation par moindres carrés d'un modèle de variogramme

Si des données géostatistiques sont modélisées par un processus intrinsèque de variogramme $\gamma(\cdot, \theta)$, une façon classique d'estimer θ est de minimiser le contraste des moindres carrés,

$$U_n^{MC}(\theta) = \sum_{i=1}^{k} (\widehat{\gamma}_n(h_i) - \gamma(h_i, \theta))^2.$$

Dans cette expression, $\widehat{\gamma}_n(h_i)$ sont des estimations empiriques du variogramme en h_i, ceci pour k vecteurs (h_i) préalablement choisis (cf. §5.1.3). Cette méthode de moindres carrés est également utilisée pour l'estimation de modèles paramétriques de processus ponctuels spatiaux (cf. §5.5.4).

Exemple C.7. Pseudo-transition marginale d'une dynamique de système de particules

Considérons, à titre d'exemple, une dynamique de présence/absence $X_i(t) \in \{0, 1\}$, $i \in \mathbb{Z}^2$, $t = 0, 1, \ldots$ d'une espèce végétale sur le réseau spatial $\mathbb{Z}^2$. Durett et Levin [74] proposent d'étudier un processus de contact à temps discret à deux paramètres (γ, λ) ainsi caractérisé (cf. Fig. C.1) : soient x et y les configurations aux instants successifs t et $(t+1)$,

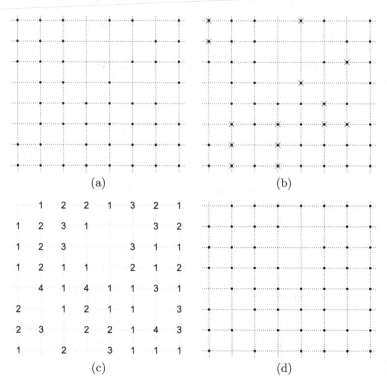

Fig. C.1. Un exemple d'évolution de la dynamique $t \to t + 1$ d'un processus de contact sur un réseau régulier : (a) configuration $X(t)$ au temps t (les • représentent les plantes vivantes) ; (b) plantes (×) qui meurent avec probabilité $\gamma = 0.3$; (c) nombre de semis dans une parcelle après dissémination dans chacune des 4 parcelles voisines de façon i.i.d. avec probabilité $\lambda = 0.25$; (d) configuration $X(t + 1)$ au temps $t + 1$.

1. Une plante en un site i survit avec la probabilité $(1 - \gamma)$.

2. Si une plante survit, elle essaime dans chacune des 4 parcelles voisines de façon i.i.d. avec la probabilité λ.

3. $y_i = 1$ si au moins une plante est présente sur la parcelle i au temps $(t+1)$.

On suppose de plus que tous les tirages définissant cette dynamique sont indépendants dans l'espace et dans le temps.

Après les étapes 1. et 2., notons $z_i \in \{0, 1, 2, 3, 4, 5\}$ le nombre de plantes présentes en i au temps $(t + 1)$; par exemple $z_i = 5$ si $x_i = 1$ et survit et si chaque plante en un site j voisin de i existe, survit et essaime en i. Le point 3. nous dit alors que $y_i = \mathbf{1}\{z_i \geq 1\} = 1$. Si la simulation d'une telle dynamique est simple, le calcul de la transition $P_S(x, y)$ est impossible dès que S est grand : en effet, d'une part, il faut examiner chaque configuration particulière x pour calculer la probabilité jointe de la réalisation $z = \{z_i, i \in S\}$, problème qui est de complexité $2^{\sharp(S)}$; d'autre part, on est en situation de données imcomplètes puisque seules les variables $1\{z_i \geq 1\}$ sont observées et le calcul de la loi de l'observation au temps $(t + 1)$ s'en trouve compliquée.

Guyon et Pumo [101] proposent alors de remplacer cette transition par la *pseudo-transition marginale*

$$M_S(x,y) = \prod_{i \in I(x,S)} P_\theta(X_i(t+1) = y_i \mid x), \qquad (C.4)$$

produit des transitions marginales sur $I(x,S) = \{s \in S : x_s + \sum_{j \in \partial s} x_j \geq 1\}$. Les probabilités en jeu sont faciles à calculer,

$$P_\theta(X_i(t+1) = y_i \mid x) = P_\theta(X_i(t+1) = y_i \mid x_{\{i\} \cup \partial i}).$$

$I(x,S)$ est l'ensemble des seuls sites où x apporte de l'information puisqu'en effet, si $x_s + \sum_{t \in \partial s} x_t = 0$ au temps t, alors $X_{t+1}(s) = 0$.

La *pseudo-vraisemblance marginale* des observations temporelles $\{x_S(0), x_S(1), \ldots, x_S(T)\}$ est alors définie par le produit,

$$M_{S,T}(\theta) = \prod_{t=0}^{T-1} M_S(x(t), x(t+1)).$$

Conditionnellement à la survie du processus, Guyon et Pumo [101] établissent la consistance et la normalité asymptotique de l'estimateur associé à cette PV marginale.

Exemple C.8. Autres exemples

Dans la définition (C.3), $\log \pi_i(x_i \mid x^i, \alpha)$ peut être remplacée par d'autres fonctionnelles $h_i(x(V_i); \alpha)$ mieux adaptées et permettant d'identifier le modèle. Si la dépendance conditionnelle π_i est non-bornée et/ou non-explicite, on peut la remplacer par une fonctionnelle ad hoc : par exemple si $X_i \in \mathbb{R}$ et si on sait calculer $g_i(x(W_i), \alpha) = E_\alpha(X_i \mid x(W_i))$, alors

$$h_i(x(V_i), \alpha) = \{x_i - g_i(x(W_i), \alpha)\}^2 \quad \text{pour} \quad V_i = \{i\} \cup W_i$$

conduit à une pseudo-vraisemblance de *moindres carrés conditionnels* (MCC). Une *pseudo-vraisemblance marginale* pour laquelle $h_i(x(V_i)), \alpha)$ est la log-densité marginale de $X(V_i)$ sous α constitue un autre exemple de contraste.

C.2 Propriétés asymptotiques

Les résultats dans leur version "ergodique" sont dus à Dacunha-Castelle et Duflo [54]. D'autres preuves sont données par Amemiya [6] et Gourieroux-Montfort [92]. La version non-ergodique des propriétés asymptotiques de l'estimation par minimum de contraste est exposée dans ([96], Ch. 3).

C.2.1 Convergence de l'estimateur

On a le résultat de convergence suivant (Hardouin [108] ; Guyon [96]) :

Théorème C.1. $\widehat{\theta}_n \xrightarrow{\text{Pr}} \theta$ *sous les conditions suivantes :*

(C1) $\alpha \mapsto K(\alpha, \theta)$ *est continue ainsi que,* $P_\alpha - p.s.$*, les contrastes* $\alpha \mapsto U_n(\alpha)$.

(C2) (U_n) *vérifie la condition de sous-ergodicité (C.1).*

(C3) Si $W_n(\eta)$ *est le module de continuité de* $U_n(\cdot)$*,* $\exists \varepsilon_k \downarrow 0$ *t.q. pour chaque* k :

$$\lim_n P_\theta(W_n(1/k) \geq \varepsilon_k) = 0. \tag{C.5}$$

Corollaire C.1. *Soit* $U_n = \sum_{i=1}^p a_{n,i} U_{n,i}$*,* $a_{n,i} \geq 0$ *un processus de contraste tel que :*

1. $U_{n,1}$ *satisfait (C1-C2-C3).*

2. *Chaque* $U_{n,i}$ *satisfait (C3).*

3. $a = \liminf_n a_{n,1} > 0$.

Alors l'estimateur du minimum de contraste U_n *est convergent.*

Ce corollaire explique pourquoi les conditions assurant la convergence de l'estimation d'un champ de Markov pour un codage C impliquent celle de l'estimateur par pseudo-vraisemblance conditionnelle U_n (cf. § 5.4.2). En effet, dans ce cas, $U_n = U_{n,C} + \sum_l U_{n,C_l}$ pour une partition $\{C, (C_l)\}$ de S en sous-ensembles de codage et les conditions du corrolaire sont bien satisfaites.

Pour les processus de contrastes convexes, on a le résultat de convergence *p.s.* suivant (Senoussi [196] ; Guyon [96]) :

Proposition C.1. *Si* Θ *est un ouvert convexe de* $\mathbb{R}^p$*, si les contrastes* $\theta \mapsto U_n(\theta)$ *sont convexes et si (C.2) est vérifiée, alors* $\widehat{\theta}_n \xrightarrow{p.s.} \theta$.

Obtention d'un estimateur efficace par algorithme Newton-Raphson

Considérons un estimateur $\widehat{\theta}_n$ de $\theta \in \mathbb{R}^p$ solution d'un système de p équations :

$$F(x(n); \theta) = 0, \theta \in \mathbb{R}^p \tag{C.6}$$

où F à valeur dans $\mathbb{R}^p$. Les estimateurs du minimum de contraste sont de ce type pour $F_n(\theta) = U_n^{(1)}(\theta)$, le gradient de U_n.

La recherche de la solution de (C.6) n'étant pas toujours facile, il est utile d'utiliser l'algorithme de Newton-Raphson initialisé avec un "bon" estimateur $\widetilde{\theta}_n$ facile à obtenir, estimateur conduisant en un pas à θ_n^* donné par :

$$\theta_n^* = \widetilde{\theta}_n - \mathcal{F}^{-1}(\widetilde{\theta}_n) F(\widetilde{\theta}_n), \tag{C.7}$$

où $\mathcal{F}(\alpha)$ est la matrice $p \times p$ d'éléments $F_{i,\alpha_j}^{(1)}(\alpha)$, dérivée en α_j de la composante i de F, $i, j = 1, \ldots, p$.

Si F est assez régulière et si $\widetilde{\theta}_n$ est consistant à une vitesse suffisante, Dzhaparidze [75] montre que θ_n^* est asymptotiquement équivalent à $\widehat{\theta}_n$. Précisons ce résultat. Soit $(v(n))$ une suite réelle tendant vers l'infini : on dira qu'un estimateur $\overline{\theta}_n$ de θ est $v(n)$-consistant si,

$$v(n)(\overline{\theta}_n - \theta) = O_P(1).$$

Deux estimateurs $\overline{\theta}_n$ et θ_n^* sont asymptotiquement $\nu(n)$-équivalents si,

$$\lim_n v(n)(\overline{\theta}_n - \theta_n^*) = o_P(1).$$

Posons alors les conditions :

(DZ-1) L'équation (C.6) admet une solution $\widehat{\theta}_n$ qui est $\tau(n)$-consistante.

(DZ-2) F est de classe $\mathcal{C}^2(\mathcal{V}(\theta))$, pour $\mathcal{V}(\theta)$ un voisinage de θ et $\exists W(\theta)$ régulière non-stochastique t.q.,

$$\lim_n(\mathcal{F}(\theta) - W(\theta)) \overset{P_\theta}{=} 0.$$

(DZ-3) Les dérivées secondes vérifient :

$$\forall \delta > 0,\ \exists M < \infty \text{ t.q. } \lim_n P_\theta\{\sup\{\left\| F^{(2)}(\alpha)\right\|, \alpha \in \mathcal{V}(\theta)\} < M\} \geq 1 - \delta.$$

Proposition C.2. *(Dzhaparidze [75]) Supposons satisfaites les conditions (DZ). Alors, si $\widetilde{\theta}_n$ est un estimateur initial $\widetilde{\tau}(n)$-consistant de θ à la vitesse $\widetilde{\tau}(n) = o(\sqrt{\tau(n)})$, l'estimateur θ_n^* donné par (C.7) est asymptotiquement $\tau(n)$-équivalent à $\widehat{\theta}_n$:*

$$\lim_n \tau(n)(\widehat{\theta}_n - \theta_n^*) = o_P(1).$$

C.2.2 Normalité asymptotique

Quelques notations

Si h est une fonction réelle de classe $\mathcal{C}^2$ au voisinage de θ, $h^{(1)}(\theta)$ dénote le gradient de h (vecteur des dérivées premières en θ), et $h^{(2)}(\theta)$ la matrice hessienne des dérivées secondes en θ. Si A et B sont deux matrices $p \times p$ symétriques, on notera :

$\|A - B\| = \sum_{i,j} |A_{ij} - B_{ij}|$.

$A \geq B$ (resp. $A > B$) si $A - B$ est s.d.p. (resp. d.p.).

Si $A > 0$ admet la décomposition spectrale $A = PD\,{}^tP$, où P est orthogonale et D diagonale, on choisira $R = PD^{\frac{1}{2}}$ comme matrice racine carrée de A : $R\,{}^tR = {}^tRR = A$.

Hypothèses (N) assurant la normalité asymptotique

(N1) Il existe un voisinage V de θ sur lequel U_n est de classe $\mathcal{C}^2$ et une variable aléatoire réelle h, P_θ-intégrable, tels que :

$$\forall \alpha \in V, \left\| U_{n,\alpha^2}(\alpha, x) \right\| \leq h(x).$$

(N2) Les matrices $J_n = Var(\sqrt{a_n} U_n^{(1)}(\theta))$ existent et il existe une suite $(a_n) \longrightarrow \infty$ telle que :

   (N2-1) Il existe J d.p. telle que à partir d'un certain rang, $J_n \geq J$.

   (N2-2) $\sqrt{a_n} J_n^{-1/2} U_n^{(1)}(\theta) \xrightarrow{loi} \mathcal{N}_p(0, I_p)$.

(N3) Il existe une suite de matrices non-stochastiques (I_n) telle que :

   (N3-1) Il existe I d.p. et non-stochastique telle que, à partir d'un certain rang, $I_n \geq I$.

   (N3-2) $(U_n^{(2)}(\theta) - I_n) \xrightarrow{Pr} 0$.

Théorème C.2. *Normalité asymptotique de $\widehat{\theta}_n$ [108; 96]*
  Si $\widehat{\theta}_n$ est convergent et si les conditions (N) sont vérifiées, alors :

$$\sqrt{a_n} J_n^{-1/2} I_n (\widehat{\theta}_n - \theta) \xrightarrow{loi} \mathcal{N}_p(0, I_p).$$

Corollaire C.2. *Si U_n est le contraste de la vraisemblance, alors :*

1. *Sous les hypothèses du théorème précédent, on peut choisir pour $I_n = J_n$, la matrice d'information de Fisher :*

$$\sqrt{a_n} I_n^{-1/2}(\widehat{\theta}_n - \theta) \xrightarrow{loi} \mathcal{N}_p(0, I_p).$$

2. *Sous la condition d'ergodicité $I_n \xrightarrow{Pr} I(\theta) > 0$,*

$$\sqrt{a_n}(\widehat{\theta}_n - \theta) \xrightarrow{loi} \mathcal{N}_p(0, I(\theta)^{-1}).$$

Commentaires

1. J_n et I_n sont des matrices de pseudo-information qu'il faudra "minorer" positivement.

2. La convergence gaussienne (N2-2) résultera d'un TCL pour des variables faiblement dépendantes ou pour un champ conditionnellement centré (cf. Th. B.2).

Exemple C.9. Contraste additif pour un champ latticiel mélangeant [108; 96]

Les conditions (A1–A3) ci-dessous impliquent (N). Elles sont relatives à un champ faiblement dépendant défini sur un réseau S discret de $\mathbb{R}^d$, non-nécessairement régulier, et au contraste additif :

$$U_n(\alpha) = \frac{1}{d_n} \sum_{s \in D_n} g_s(X(V(s)), \alpha).$$

U_n est la somme de fonctionnelles locales $\{g_s,\ s \in S\}$, où $\{V(s),\ s \in S\}$ est une famille de voisinages bornés de $s \in S$ et d_n est le cardinal de D_n. Par exemple, g_s est (l'opposé) du log d'une (pseudo) densité, marginale ou conditionnelle.

(A1) *Sur le lattice $S \subset \mathbb{R}^d$:*

   S est infini, localement fini : $\forall s \in S$ et $\forall r > 0,\ \sharp\{B(s,r) \cap S\} = O(r^d)$.

(A2) *Sur le processus X :* X est α-mélangeant, de coefficient de mélange $\alpha(\cdot) = \alpha_{\infty,\infty}(\cdot)$ (Doukhan [67]; Guyon [96], § B.2) satisfaisant :

   (A2-1) $\exists \delta > 0$ t.q. $\sum_{i,j \in D_n} \alpha(d(i,j))^{\frac{\delta}{2+\delta}} = O(d_n)$.

   (A2-2) $\sum_{l \geq 0} l^{d-1} \alpha(l) < \infty$.

(A3) *Sur les fonctionnelles $(g_s,\ s \in S)$.*

   (A3-1) (N1) est vérifiée uniformément sur V par les $g_s,\ s \in S$.

   (A3-2) $\forall s \in S,\ E_\theta(g_s^{(1)}(\theta)) = 0$ et $\sup_{s \in S, \alpha \in \Theta, k=1,2} \left\| g_s^{(k)}(\alpha) \right\|_{2+\delta} < \infty$.

   (A3-3) il existe deux matrices symétriques I et J d.p. telles que pour n grand :
   $$J_n = Var(\sqrt{d_n} U_n^{(1)}(\theta)) \geq J > 0 \text{ et } I_n = E_\theta(U_n^{(2)}(\theta)) \geq I > 0.$$

Test asymptotique du rapport de pseudo-vraisemblance

Soit (H_p) l'hypothèse de base $\theta \in \Theta \subset \mathbb{R}^p$, de dimension p, et (H_q), $q < p$, une sous-hypothèse définie par la spécification fonctionnelle :

$$(H_q) : \alpha = r(\varphi), \varphi \in \Lambda \text{ un ouvert de } \mathbb{R}^q,\ \theta = r(\phi) \qquad (C.8)$$

où $r : \Lambda \longrightarrow \Theta$ est de classe $\mathcal{C}^2(W)$ sur W, un voisinage de ϕ, la vraie valeur du paramètre sous (H_q). On supposera que (H_q) est de dimension q et que $R = \frac{\partial r}{\partial \alpha}(\phi)$ est de rang q.

Il y a deux façons d'aborder le problème du test de la sous-hypothèse (H_q) : l'une construit un test de différence de contraste ; l'autre est le test de Wald testant que $\alpha = r(\varphi)$ s'exprime sous la forme contrainte $C(\theta) = 0$.

Statistique de différence de contraste

Notons $\overline{U}_n(\varphi) = U_n(r(\varphi))$ le contraste sous (H_q), $\widehat{\varphi}_n$ l'estimateur du minimum de contraste associé, $\overline{\theta}_n = r(\widehat{\varphi}_n)$. Le test de différence de contraste utilise la statistique :

$$\Delta_n = 2a_n \left[U_n(\overline{\theta}_n) - U_n(\widehat{\theta}_n) \right].$$

Soient $\overline{I}_n$, $\overline{J}_n$, $\overline{I}$ et $\overline{J}$ les matrices définies de façon analogue à I_n, J_n, I et J mais pour $\overline{U}_n$, et :

$$A_n = J_n^{1/2}(I_n^{-1} - R\overline{I}_n^{-1}\,{}^t R)J_n^{1/2}.$$

A_n est une matrice s.d.p. de rang $(p-q)$ dont on note $\{\lambda_{i,n}, i = 1, \ldots, p-q\}$ les valeurs propres > 0. Notons $(F_n \overset{\mathcal{L}}{\sim} G_n)$ pour deux suites de fonctions de répartition telles que, pour tout $x \in \mathbb{R}$, $\lim_n(F_n(x) - G_n(x)) = 0$.

Théorème C.3. *Test asymptotique de différence de contraste ([22; 96])*

Supposons que $\widehat{\theta}_n$ soit convergent, que (U_n) (resp. $(\overline{U}_n)$) vérifie les hypothèses (N) sous (H_p) (resp. sous (H_q)). Alors, pour n grand et pour des χ_1^2 indépendants :

$$sous\ (H_q) : \Delta_n = 2a_n \left[U_n(\overline{\theta}_n) - U_n(\widehat{\theta}_n) \right] \overset{\mathcal{L}}{\sim} \sum_{i=1}^{p-q} \lambda_{i,n}\chi_{i,1}^2.$$

Commentaires

1. Si on peut choisir $I_n = J_n$, A_n est idempotente de rang $(p-q)$: on retrouve alors, dans une situation non-nécessairement ergodique, le test du χ_{p-q}^2 du rapport de vraisemblance. On a $I_n = J_n$ pour les contrastes suivants :

   (a) La vraisemblance d'observations indépendantes.

   (b) La vraisemblance d'une chaîne de Markov non-nécessairement homogène.

   (c) Le contraste de codage d'un champ de Markov.

   (d) Plus généralement, un modèle de variables conditionnellement indépendantes, avec une condition de sous-ergodicité sur les variables conditionnantes.

2. Si le modèle est ergodique, notant I (resp. J, $\overline{I}$) la limite de (I_n) (resp. (J_n), $(\overline{I}_n)$), et $\{\lambda_i,\ i = 1, \ldots, p - q\}$ les valeurs propres > 0 de $A = J^{1/2}(I^{-1} - R\overline{I}^{-1}\,{}^t R)J^{1/2}$, alors $\Delta_n \overset{\mathcal{L}}{\sim} \sum_{i=1}^{p-q} \lambda_i\chi_{i,1}^2$ sous (H_q).

Test de spécification sous contrainte

Supposons que (H_q) s'écrive sous une forme contrainte :

$$(H_q) : \psi = C(\theta) = 0,$$

où $C : \mathbb{R}^p \to \mathbb{R}^{p-q}$ est une contrainte de classe $\mathcal{C}^2$ au voisinage de θ de rang $(p - q)$ en θ, $\mathrm{rang}(C_\alpha^{(1)}(\theta)) = p - q$. Une façon directe de tester (H_q) est d'utiliser la statistique de Wald associée à la contrainte : ψ est estimée par $\widehat{\psi}_n = C(\widehat{\theta}_n)$ et le test de (H_q) repose sur la statistique

$$\Xi_n = {}^t\widehat{\psi}_n \Sigma_n^{-1} \widehat{\psi}_n \sim \chi_{p-q}^2 \text{ sous } (H_q)$$

où $\Sigma_n = C^{(1)}(\widehat{\theta}_n)\widehat{Var}(\widehat{\theta}_n) \, {}^tC^{(1)}(\widehat{\theta}_n)$ est la variance estimée de $\widehat{\psi}_n$ sous (H_p).

C.3 Identification d'un modèle par contraste pénalisé

Supposons que l'espace des paramètres vérifie $\Theta \subseteq \mathbb{R}^M$ où $\mathbb{R}^M$ correspond à un modèle majorant, $M < \infty$. Un choix habituel pour une famille $\mathcal{E}$ de modèles envisageables est la famille de parties non-vides de $M = \{1, 2, \dots, M\}$,

$$\delta = \{\theta = (\theta_i)_{i \in M} \text{ t.q. } \theta_i = 0 \text{ si } i \notin \delta\},$$

ou encore une suite croissante d'espaces δ. D'autres choix peuvent se révéler utiles pour intégrer des hypothèses d'isotropie d'un champ.

Identifier le modèle, c'est, au vu de la réalisation $X(n)$, estimer par $\widehat{\delta}_n$ le support $\delta \in \mathcal{E}$ du modèle. Si (a_n) est la vitesse associée au contraste (U_n) (cf. (N2)), on utilise comme fonction de décision le *contraste* (pseudo-vraisemblance) *pénalisé* à la vitesse $c(n)$ par la dimension $|\delta|$ du modèle :

$$W_n(\alpha) = U_n(\alpha) + \frac{c(n)}{a_n} |\delta(\alpha)| \, .$$

Notons :

$$\overline{W}_n(\delta) = \overline{U}_n(\delta) + \frac{c(n)}{a_n} |\delta|$$
$$\text{avec } \overline{U}_n(\delta) = \underset{\alpha \in \Theta_\delta}{\mathrm{argmin}} \, U_n(\alpha).$$

Le choix répondant au principe de parcimonie de Akaike [4] est :

$$\widehat{\delta}_n = \underset{\delta \in \mathcal{E}}{\mathrm{argmin}} \, \overline{W}_n(\delta).$$

Ce choix réalise un compromis entre un bon ajustement (qui exige un modèle assez "grand", $\overline{U}_n(\delta)$ étant décroissante de δ) et un modèle simple et interprétable (modèle explicatif de "petite taille").

On dira qu'un tel critère identifie le vrai modèle si $\widehat{\delta}_n \to \delta_0$: par exemple, une vraisemblance pénalisée permet d'identifier un modèle convexe d'observations i.i.d. [196]. De même, sous de bonnes conditions, le contraste de Whittle d'une série temporelle stationnaire identifie le modèle [199; 107; 34]. L'identification est aussi possible sans hypothèse d'ergodicité.

La preuve de ce type de résultat d'identifiabilité repose d'une part sur le contrôle des probabilités de mauvaise identification de modèle, d'autre part sur une condition du type Loi du Logarithme Itéré pour le gradient $U_n^{(1)}$ du processus de contraste. Ces conditions et les résultats sont présentés dans un cadre général dans [96, §3.4]. De façon plus précise, Guyon et Yao [102] donnent pour une large classe de modèles et de contrastes associés (régression et moindres carrés, AR et contraste de Whittle, champ de Markov et pseudo-vraisemblance conditionnelle, modèle à variance infinie), une description des ensembles de sur- et de sous-paramétrisation de modèle, l'évaluation de leurs probabilités, évaluation dont découle les conditions assurant la consistance du critère pour chaque type de modèle. Pour l'identification d'un modèle de champ de Markov par pseudo-vraisemblance conditionnelle pénalisée, on pourra aussi consulter [124] et [52].

C.4 Preuve de deux résultats du chapitre 5

C.4.1 Variance de l'estimateur du MV d'une régression gaussienne

Soit l la log-vraisemblance d'une régression gaussienne (§ 5.3.4), $l^{(1)} = (l_\delta^{(1)}, l_\theta^{(1)})$; on vérifie directement que $l_\delta^{(1)} = {}^t Z \Sigma^{-1}(Z\delta - X)$. Utilisant l'identité $\partial/\partial \theta_i \log(|\Sigma|) = \mathrm{tr}(\Sigma^{-1}\Sigma_i)$, on obtient :

$$(l_\theta^{(1)})_i = 2^{-1}\{\mathrm{tr}(\Sigma^{-1}\Sigma_i) + {}^t(X - Z\delta)\Sigma^i(X - Z\delta)\}.$$

Identifions alors les 4 blocs de la matrice des dérivées secondes ainsi que leurs espérances.

(i) $l_{\delta^2}^{(2)} = {}^t Z \Sigma^{-1} Z$ est constante, égale à J_δ.

(ii) La i-ième colonne de $l_{(\delta,\theta)}^{(2)}$ valant ${}^t Z \Sigma^i(Z\delta - X)$, $E(l_{(\delta,\theta)}^{(2)}) = 0$.

(iii) $(l_{\theta^2}^{(2)})_{ij} = 2^{-1}\{\mathrm{tr}(\Sigma^{-1}\Sigma_{ij} + \Sigma^i\Sigma_j) + {}^t(X - Z\delta)\Sigma^{ij}(X - Z\delta)\}$; mais

$$E\{{}^t(X - Z\delta)\Sigma^{ij}(X - Z\delta)\} = \sum_{kl} \Sigma^{ij}(k,l)cov(X_k, X_l)$$

$$= \sum_{kl} \Sigma^{ij}(k,l)\Sigma(k,l) = \mathrm{tr}(\Sigma^{ij}\Sigma).$$

On en déduit que $E(l_{\theta^2}^{(2)})_{ij} = 2^{-1}\mathrm{tr}(\Sigma^{-1}\Sigma_{ij} + \Sigma^i\Sigma_j + \Sigma^{ij}\Sigma)$. Dérivant en $\theta_i \times \theta_j$ le produit $\Sigma^{-1}\Sigma \equiv I$, on obtient

$$\Sigma^{-1}\Sigma_{ij} + \Sigma^i\Sigma_j + \Sigma^j\Sigma_i + \Sigma^{ij}\Sigma = 0$$

et donc : $E(l_{\theta^2}^{(2)})_{ij} = -2^{-1}\mathrm{tr}(\Sigma^j\Sigma_i)$.

$\square$

C.4.2 Consistance du MV pour un champ de Markov stationnaire

Nous donnons ici la preuve de la consistance du MV pour un champ de Markov stationnaire sur $\mathbb{Z}^d$ (cf. 5.4.1). La démonstration consiste à vérifier les conditions générales assurant la convergence d'un estimateur du minimum de contraste (cf. C.2). Pour cela, on utilise plusieurs propriétés d'un champ de Gibbs. La première dit que si $\mu = P_\theta \in \mathcal{G}_s(\pi_\theta)$ est stationnaire, alors μ s'exprime comme une combinaison linéaire convexe des éléments extrêmaux μ^* de $\mathcal{G}_s(\pi_\theta)$, lois qui sont ergodiques [85, § 7.3 et § 14.2]. Si on montre la consistance pour chaque composante μ^*, on en déduira la μ-consistance du MV car les éléments extrêmaux sont étrangers entre eux. Il suffira donc de démontrer la consistance pour une telle loi μ^* (qui est ergodique), c-à-d démontrer la consistance du MV si μ est stationnaire et ergodique. A cette fin, notant U_n le contraste égal à l'opposé de la log-vraisemblance de X sur D_n,

$$U_n(x;\alpha) = \frac{1}{\sharp D_n}\{\log Z_n(x_{\partial D_n};\alpha) - H_n(x;\alpha)\},$$

on prouvera la consistance du MV en :

1. Identifiant la fonction de contraste : $K(\mu,\alpha) = \lim_n U_n(\alpha)$.
2. Vérifiant sa continuité en α et que $\alpha = \theta$ est son unique minimum.
3. Constatant que la condition sur le module de continuité de U_n est satisfaite.

Afin d'étudier le comportement limite de U_n, faisons la remarque préliminaire suivante : pour un potentiel général $\phi = (\phi_A, A \in S)$, définissons l'énergie moyenne par site par,

$$\overline{\phi}_i = \sum_{A:i\in A} \frac{\phi_A}{\sharp A},\, i \in S.$$

On vérifie que l'énergie $H_\Lambda(x) = \sum_{A:A\cap\Lambda\neq\emptyset}\phi_A(x)$ de x sur Λ vérifie :

$$H_\Lambda(x) = \sum_{i\in\Lambda}\overline{\phi}_i(x) + \varepsilon_\Lambda(x)$$

où

$$\varepsilon_\Lambda(x) = -\sum_{A:A\cap\Lambda\neq\emptyset \text{ et } A\nsubseteq\Lambda}\phi_A(x)\left\{1 - \frac{\sharp(A\cap\Lambda)}{\sharp A}\right\}.$$

Pour la spécification (5.23) engendrée par les $\{\Phi_{A_k}, k = 1, \ldots, p\}$, on a :

$$|\varepsilon_\Lambda(x)| \leq \sum_{A:A\cap\Lambda\neq\emptyset \text{ et } A\nsubseteq\Lambda}|\phi_A(x)| \leq p \times (\sharp\partial\Lambda) \times \sup_k \|\Phi_{A_k}\|_\infty. \qquad (C.9)$$

En effet, les potentiels sont bornés et $\sharp\{A : \phi_A \neq 0, A \cap \Lambda \neq \emptyset \text{ et } A \nsubseteq \Lambda\} \leq p \times \sharp\partial\Lambda$. D'autre part, si ϕ est invariant par translation, $\overline{\phi}_i(x) \equiv \overline{\phi}_0(\tau_i(x))$. On en déduit que :

$$U_n(x;\alpha) = p_n(x;\alpha) - \frac{1}{\sharp D_n}\sum_{i\in D_n}\overline{\Phi}_i(x;\alpha) + \frac{1}{\sharp D_n}\varepsilon_{D_n}(x;\alpha), \qquad (C.10)$$

où $p_n(x;\alpha) = \frac{1}{\sharp D_n}\log Z_n(x;\alpha)$. Le premier terme de (C.10) tend vers la pression $p(\alpha)$ du potentiel ϕ_α, indépendante de x (cf. [85], §15.3). D'autre part, d'après la majoration (C.9), le troisième terme tend vers 0 uniformément en x puisque $\sharp\partial D_n/\sharp D_n \to 0$. Quant au deuxième terme, il tend vers $-E_\mu(\overline{\Phi}_{\{0\}}(\alpha))$ puisque μ est ergodique et que le potentiel est borné. On obtient donc :

$$U_n(x;\alpha) - U_n(x,\theta) \longrightarrow K(\mu,\alpha) = p(\alpha) - E_\mu(\overline{\Phi}_{\{0\}}(\alpha)) + h(\mu) \geq 0$$

où $h(\mu)$ est l'entropie spécifique de μ ([85], 15.4). La représentation $\alpha \longmapsto \pi_{\{0\},\alpha}$ étant propre, $\mathcal{G}(\pi_\theta)\cap\mathcal{G}(\pi_\alpha) = \emptyset$ si $\alpha \neq \theta$: le principe variationnel ([85], §15.4) dit alors que $K(\mu,\alpha) > 0$ si $\alpha \neq \theta$.

Reste à vérifier la continuité de $\alpha \mapsto K(\mu;\alpha)$ et la condition sur le module de continuité de U_n. Contrôlons d'abord le terme p_n. On a :

$$p_n(x;\alpha) - p_n(x;\beta) = \frac{1}{\sharp D_n}\log\frac{\int_{E^{D_n}}\exp H_n(x;\alpha)\lambda_n(dx_{D_n})}{\int_{E^{D_n}}\exp H_n(x;\beta)\lambda_n(dx_{D_n})}$$

$$= \frac{1}{\sharp D_n}\log\int_{E^{D_n}}\exp\{H_n(x;\alpha)-H_n(x;\beta)\}\pi_{D_n}(dx_{D_n}/x;\beta)$$

$$\geq \frac{1}{\sharp D_n}E_{\pi_{D_n}(\cdot/x;\beta)}\{H_n(x;\alpha) - H_n(x;\beta)\} \text{ (Jensen)}$$

$$= {}^t(\alpha - \beta)\overline{h}_n(x;\beta),$$

où $\overline{h}_n(x;\beta) = {}^t(\overline{h}_{k,n}(x;\beta), k = 1,\dots,p)$, $\overline{h}_{k,n}(x;\beta) = \frac{1}{\sharp D_n}E_{\pi_{D_n}(\cdot/x;\beta)}\{h_{k,n}(x)\}$. On en déduit :

$${}^t(\alpha - \beta)\overline{h}_n(x;\beta) \leq p_n(x;\alpha) - p_n(x;\beta) \leq {}^t(\alpha - \beta)\overline{h}_n(x;\alpha).$$

Notant que si $a \leq u \leq b$, $|u| \leq \max\{|a|,|b|\}$ et que, pour tout $(x;\beta)$, $\overline{h}_{k,n}(x;\beta) \leq \|\Phi_k\|_\infty$, on a :

$$|p_n(x;\alpha) - p_n(x;\beta)| \leq \sum_{k=1}^{p}|\alpha_k - \beta_k|\,\|\Phi_k\|_\infty. \qquad (C.11)$$

La même majoration valant pour la limite $p(\alpha) - p(\beta)$, $K(\mu,\alpha)$ est continue en α. Quant à la condition sur le module de continuité de U_n, elle résulte de la continuité uniforme en (α,x) de U_n, qui est elle-même une conséquence de (C.11) et de l'écriture de l'énergie comme produit scalaire,

$$H_n(x;\alpha) - H_n(x;\beta) = {}^t(\alpha - \beta)h_n(x).$$

$\square$

D

Logiciels

Nous avons utilisé trois logiciels pour effectuer les calculs illustrant les exemples d'application : *R*, *OpenBUGS* et *AntsInFields*.

R est un système d'analyse statistique et graphique créé par Ihaka et Gentleman [118]. C'est à la fois un logiciel et un langage issu du logiciel *S* créé par AT&T Bell Laboratories. Plus précisément, *R* est un langage *orienté-objet* interprété.

R est distribué librement sous les termes de la GNU General Public Licence (GPL) (voir `www.r-project.org`). Son développement et sa distribution sont assurés par le *R Development Core Team*. *R* est disponible sous plusieurs formes : le code est écrit principalement en C (et certaines programmes en Fortran) surtout pour les machines Unix et Linux ou des exécutables précompilés pour Windows, Macintosh et Alpha Unix. Le code et les exécutables sont distribués à partir du site internet `cran.r-project.org` du Comprehensive *R Archive Network* (*CRAN*).

Plusieurs manuels sont distribués avec *R* dans les répertoires du *CRAN*. Pour se faire une idée rapide de *R*, nous conseillons de lire "*R* pour les débutants" d'Emmanuel Paradis. Certaines fonctions pour l'analyse des données sont contenues dans le package de base mais la majorité des méthodes statistiques pour l'analyse de données spatiales par *R* sont distribuées sous forme de *packages* complémentaires.

Les *packages* constituent l'un des points forts de *R* : ce sont des recueils de fonctions développés le plus souvent par des statisticiens qui ont proposé la méthodologie correspondante. Pour nos exemples de données spatiales, nous avons utilisé les *packages* suivants : `geoR`, `RandomFields`, `spatstat`, `spdep`. Il existe d'autres *packages* : pour en savoir plus, on pourra consulter la page : `http://cran.r-project.org/web/views/Spatial.html`.

Donnons un court exemple de commandes afin de se faire une idée de la syntaxe de *R*. Considérons l'exemple (5.16) étudiant la répartition spatiale de la tulipe aquatique. On suppose que les données sont enregistrées dans un fichier `nyssa.txt`, les deux premières colonnes donnant les coordonnées spatiales et la troisième le genre (mâle ou femelle) de la tulipe. La lecture des fichiers de données structurées en colonnes, en format ASCII standard ou

CSV (texte délimité, largeur fixe, etc.) est réalisée par la fonction `read.table`. Ce qui se crée après l'application de la fonction est un "objet" `nyssa` de type tableau de données (*data.frame*). Cet objet est constitué d'une liste :

```
nyssa <- read.table("nyssa.txt", header = TRUE)
```

Chaque composant de la liste est l'équivalent d'un vecteur et les différents éléments de ces composants correspondent aux individus. Pour connaître les noms de ces composantes, il suffit d'invoquer la fonction `names` :

```
names(nyssa)

[1] "x"      "y"      "genre"
```

et pour une composante (par exemple la coordonnée x), on écrit `nyssa$x`.

L'utilisateur va agir sur un objet avec des opérateurs (arithmétiques, logiques et de comparaison) et des fonctions (qui sont elles-mêmes des objets) :

```
library(spatstat)
X <- ppp(nyssa$x, nyssa$y, marks = nyssa$genre,
        window = owin(xrange = c(-1, 53),
        yrange = c(0, 53)))
plot(X)
```

La première ligne rend disponible le *package* `spatstat`. Le package `spatstat`, réalisé par Baddeley et Turner [15], contient les fonctions de manipulation, représentation et certaines fonctions statistiques pour l'analyse de données ponctuelles. La deuxième ligne crée un objet `X` de la classe `ppp` représentant une répartition spatiale bidimensionnelle dans une fenêtre $[-1, 53] \times [0, 53]$. Enfin, on applique à cet objet la fonction `plot` qui donne une représentation de la configuration (cf. Fig. D.1).

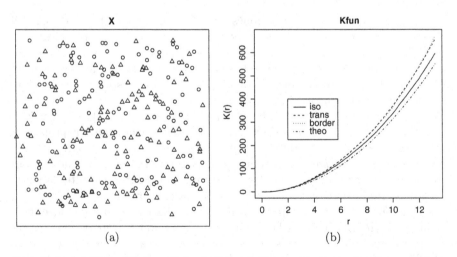

Fig. D.1. (a) Répartition spatiale de l'espèce Nyssa aquatica selon les caractères mâles ($\triangle$) ou femelles $\bigcirc$; (b) fonction théorique K pour un PPP homogène et estimations pour différentes corrections de l'effet de bord.

Pour calculer la fonction K de Ripley, on utilise la fonction `Kest`. La souplesse de R est qu'une nouvelle application de la fonction `plot` à un objet différent donne une représentation de la fonction K. La dernière ligne précise la légende.

```
Kfun <- Kest(X)
plot(Kfun)
legend(2, 400, legend = c("iso", "trans", "border",
       "theo"))
```

BUGS (*Bayesian inference Using Gibbs Sampling*) et sa version pour Windows *WinBUGS* [146] est un logiciel développé pour l'analyse statistique bayésienne en utilisant les méthodes de simulation *MCMC*, notamment l'échantillonneur de Gibbs. Nous avons utilisé la version à code ouvert *OpenBUGS* [212] (disponible sur `mathstat.helsinki.fi/openbugs`). Il est commode de spécifier et d'estimer un modèle hiérarchique spatial avec *BUGS* en utilisant le module *GeoBUGS*. A titre d'exemple, étudions les spécifications de modèle (5.52), (5.53) et (5.54) de l'exemple 5.23 sur le cancer du poumon en Toscane.

```
model {
   gamma[1:N] ~ car.normal(adj[], weights[], num[],
                           kappa)
   for (i in 1 : N) {
      alpha[i]~dnorm(0.0,tau)
      O[i]  ~ dpois(mu[i])
      log(mu[i]) <- log(E[i]) + beta1  + gamma[i]+
                    alpha[i]
      SMRhat[i] <- mu[i]/E[i]
   }
   beta1 ~ dnorm(0.0, 1.0E-5)
   tau   ~ dgamma(0.5, 0.0005)
   kappa ~ dgamma(0.5, 0.0005)
}
```

Il existe aussi des *packages* de R, `BRugs` et `R2WinBUGS` qui fournissent des interfaces entre R et *BUGS*.

AntsInFields est un logiciel développé par Felix Friedrich pour la simulation et l'estimation des champs de Gibbs sur réseau ainsi que pour le traitement d'image. C'est à la fois un bon support didactique pour la simulation et l'estimation des champs de Gibbs et une aide à la recherche. Orienté-objet et modulaire, il est disponible au site `www.antsinfields.de` sous les termes de la GNU Less General Public Licence (LGPL). *AntsInFields* permet la simulation par échantillonneur de Gibbs, par dynamique de Metropolis-Hastings, la simulation exacte et l'optimisation par recuit simulé. Il réalise aussi l'estimation par PVC pour les modèles d'Ising, de Potts et les auto-modèles de Besag et est ouvert aux méthodes bayésiennes en reconstruction d'image.

Littérature

[1] Aarts, E., Korst, J. : Simulated Annealing and Boltzman Machines : Stochastic Approach to Combinatorial and Neural Computing. Wiley, New York (1989)

[2] Abramowitz, M., Stegun, I.A. (eds.) : Handbook of Mathematical Functions. Dover, New York (1970)

[3] Adler, R.J. : The Geometry of Random Fields. Wiley, New York (1981)

[4] Akaike, H. : Fitting autoregressive models for prediction. Annals of the Institute of Statistical Mathematics **21**, 243–247 (1969)

[5] Alfò, M., Postiglione, P. : Semiparametric modelling of spatial binary observations. Statistical Modelling **2**, 123–137 (2002)

[6] Amemiya, T. : Advanced Econometric. Basil Blackwell, Oxford (1985)

[7] Anselin, L. : Spatial Econometrics : Methods and Models. Kluwer, Dordrecht (1988)

[8] Arnold, B.C., Castillo, E., Sarabia, J.M. : Conditional Specification of Statistical Models. Springer, New York (1999)

[9] Augustin, N.H., McNicol, J.W., Marriott, C.A. : Using the truncated auto-poisson model for spatially correlated counts of vegetation. Journal of Agricultural, Biological & Environmental Statistics **11**, 1–23 (2006)

[10] Azencott, R. (ed.) : Simulated Annealing : Parallelization Techniques. Wiley, New York (1992)

[11] Baddeley, A.J., Gregori, P., Mateu, J., Stoica, R., Stoyan, D. (eds.) : Case Studies in Spatial Point Processes Modeling. Lecture Notes in Statistics 185. Springer, New York (2006)

[12] Baddeley, A.J., Møller, J. : Nearest-neighbour Markov point processes and random sets. International Statistical Review **57**, 90–121 (1989)

[13] Baddeley, A.J., Møller, J., Waagepetersen, R.P. : Non- and semiparametric estimation of interaction in inhomogeneous point patterns. Statistica Neerlandica **54**(329–350) (2000)

[14] Baddeley, A.J., Turner, R. : Practical maximum pseudolikelihood for spatial point patterns (with discussion). Australian and New Zealand Journal of Statistics **42**, 283–322 (2000)

[15] Baddeley, A.J., Turner, R. : Spatstat : an R package for analyzing spatial point patterns. Journal of Statistical Software **12**, 1–42 (2005)

[16] Baddeley, A.J., Turner, R., Møller, J., Hazelton, M. : Residual analysis for spatial point processes (with discussion). Journal of the Royal Statistical Society, Series B **67**, 617–666 (2005)

[17] Baddeley, A.J., van Lieshout, M.N.M. : Area-interaction point processes. Annals of the Institute of Statistical Mathematics **46**, 601–619 (1995)

[18] Banerjee, S., Carlin, B.P., Gelfand, A.E. : Hierarchical Modeling and Analysis for Spatial Data. Chapman & Hall/CRC, Boca Raton : FL (2004)

[19] Barker, A.A. : Monte C arlo calculations of the radial distribution functions for a proton-electron plasma. Australian Journal of Physics **18**, 119–133 (1965)

[20] Bartlett, M.S. : Physical nearest-neighbour models and non-linear time series (I). Journal of Applied Probability **8**, 222–232 (1971)

[21] Bartlett, M.S. : Physical nearest-neighbour models and non-linear time series (II). Journal of Applied Probability **9**, 76–86 (1972)

[22] Bayomog, S., Guyon, X., Hardouin, C., Yao, J. : Test de différence de contraste et somme pondérée de Chi 2. Canadian Journal of Statistics **24**, 115–130 (1996)

[23] Benveniste, A., Métivier, M., Priouret, P. : Adaptive Algorithms and Stochastic Approximations. Springer, New York (1990)

[24] Besag, J. : On the correlation structure of some two dimensional stationary processes. Biometrika **59**, 43–48 (1972)

[25] Besag, J. : Spatial interaction and the statistical analysis of lattice systems. Journal of the Royal Statistical Society, Series B **36**, 192–236 (1974)

[26] Besag, J. : Efficiency of pseudo likelihood estimation for simple Gaussian fields. Biometrika **64**, 616–618 (1977)

[27] Besag, J., Moran, P.A.P. : On the estimation and testing of spatial interaction for Gaussian lattice processes. Biometrika **62**, 555–562 (1975)

[28] Besag, J., York, J., Mollié, A. : Bayesian image restoration, with two applications in spatial statistics (with discussion). Annals of the Institute of Statistical Mathematics **43**, 1–59 (1991)

[29] Bochner, N. : Lectures on Fourier Integrals. Princeton University Press, Princeton : NJ (1959)

[30] Bolthausen, E. : On the central limit theorem for stationary mixing random fields. Annals of Probability **10**, 1047–1050 (1982)

[31] Bouthemy, P., Hardouin, C., Piriou, G., Yao, J. : Mixed-state auto-models and motion texture modeling. Journal of Mathematical Imaging and Vision **25**, 387–402 (2006)

[32] Breiman, L. : Probability. SIAM Classics in Applied Mathematics 7, Philadelphia : PA (1992)

[33] Brillinger, D.R. : Estimation of the second-order intensities of a bivariate stationary point process. Journal of the Royal Statistical Sociery, Series B **38**, 60–66 (1976)

[34] Brockwell, P.J., Davis, R.A. : Time Series Analysis : Theory and Methods. Springer, New York (1992)

[35] Brook, D. : On the distinction between the conditional probability and joint probability approaches in the specification of nearest neighbour systems. Biometrika **51**, 481–483 (1964)

[36] Brown, P.E., Kåresen, K.F., Roberts, G.O., Tonellato, S. : Blur-generated non-separable space-time models. Journal of the Royal Statistical Society, Series B **62**, 847–860 (2000)

[37] Cairoli, R., Walsh, J.B. : Stochastic integral in the plane. Acta Mathematica **134**, 111–183 (1975)

[38] Casson, E., Coles, S.G. : Spatial regression models for extremes. Extremes **1**, 449–468 (1999)

[39] Catelan, D., Biggeri, A., Dreassi, E., Lagazio, C. : Space-cohort Bayesian models in ecological studies. Statistical Modelling **6**, 159–173 (2006)

[40] Catoni, O. : Rough large deviation estimates for simulated annealing : application to exponential schedules. Annals of Probability **20**, 1109–1146 (1992)

[41] Chadoeuf, J., Nandris, D., Geiger, J., Nicole, M., Pierrat, J.C. : Modélisation spatio-temporelle d'une épidémie par un processus de Gibbs : estimation et tests. Biometrics **48**, 1165–1175 (1992)

[42] Chalmond, B. : Eléments de modélisation pour l'analyse d'image. Springer, Paris (2000)

[43] Chilès, J.P., Delfiner, P. : Geostatistics. Wiley, New York (1999)

[44] Christensen, O.F., Roberts, G.O., Sköld, M. : Robust Markov chain Monte Carlo methods for spatial generalised linear mixed models. Journal of Computational and Graphical Statistics **15**, 1–17 (2006)

[45] Cliff, A.D., Ord, J.K. : Spatial Processes : Models and Applications. Pion, London (1981)

[46] Comets, F. : On consistency of a class of estimators for exponential families of Markov random fields on a lattice. Annals of Statistics **20**, 455–468 (1992)

[47] Comets, F., Janzura, M. : A central limit theorem for conditionally centered random fields with an application to Markov fields. Journal of Applied Probability **35**, 608–621 (1998)

[48] Cressie, N.A.C. : Statistics for Spatial Data, 2nd edn. Wiley, New York (1993)

[49] Cressie, N.A.C., Hawkins, D.M. : Robust estimation of the variogram, I. Journal of the International Association of Mathematical Geology **12**, 115–125 (1980)

[50] Cressie, N.A.C., Huang, H.C. : Classes of nonseparable, spatio-temporal stationary covariance functions. Journal of the American Statistical Association **94**, 1330–1340 (1999)

[51] Cross, G.R., Jain, A.K. : Markov field texture models. IEEE Transactions on Pattern Analysis and Machine Intelligence **5**, 155–169 (1983)

[52] Csiszar, I., Talata, Z. : Consistent estimation of the basic neighborhood of Markov random fields. Annals of Statistics **34**, 123–145 (2006)

[53] Cuzick, J., Edwards, R. : Spatial clustering for inhomogeneous populations. Journal of the Royal Statistical Society, Series B **52**, 73–104 (1990)

[54] Dacunha-Castelle, D., Duflo, M. : Probabilités et Statistiques, Tome 2 : Problèmes à temps mobile. Masson, Paris (1993)

[55] Dacunha-Castelle, D., Duflo, M. : Probabilités et Statistiques. Tome 1 : Problèmes à temps fixe. Masson, Paris (1994)

[56] Daley, D., Vere-Jones, D. : An Introduction to the Theory of Point Processes, Vol. I, Elementary Theory and Methods, 2nd edn. Springer, New York (2003)

[57] Dalhaus, R., Künsch, H.R. : Edge effect and efficient parameter estimation for stationary random fields. Biometrika **74**, 877–882 (1987)

[58] De Iaco, S., Myers, D.E., Posa, T. : Nonseparable space-time covariance models : some parametric families. Mathematical Geology **34**, 23–42 (2002)

[59] Devroye, L. : Non Uniform Random Variable Generation. Springer, New York (1986)

[60] Diaconis, P., Freedman, D. : Iterated random gunctions. SIAM Review **41**, 45–76 (1999)

[61] Diaconis, P., Graham, R., Morrison, J. : Asymptotic analysis of a random walk on an hypercube with many dimensions. Random Structure Algorithms **1**, 51–72 (1990)

[62] Diggle, P.J. : Statistical Analysis of Spatial Point Patterns. Oxford University Press, Oxford (2003)

[63] Diggle, P.J., Ribeiro, P.J. : Model-based Geostatistics. Springer, New York (2007)

[64] Diggle, P.J., Tawn, J.A., Moyeed, R.A. : Model-based geostatistics (with discussion). Applied Statistics **47**, 299–350 (1998)

[65] Dobrushin, R.L. : Central limit theorems for non stationary Markov chains I, II. Theory of Probability and its Applications **1**, 65–80, 329–383 (1956)

[66] Dobrushin, R.L. : The description of a random field by means of conditional probabilities and condition of its regularity. Theory of Probability and its Applications **13**, 197–224 (1968)

[67] Doukhan, P. : Mixing : Properties and Examples. Lecture Notes in Statistics 85. Springer, Berlin (1994)

[68] Droesbeke, J.J., Fine, J., Saporta, G. (eds.) : Méthodes bayésiennes en statistique. Technip, Paris (2002)

[69] Droesbeke, J.J., Lejeune, M., Saporta, G. (eds.) : Analyse statistique des données spatiales. Technip, Paris (2006)

[70] Dubois, G., Malczewski, J., De Cort, M. : Spatial interpolation comparison 1997. Journal of Geographic Information and Decision Analysis **2** (1998)

[71] Duflo, M. : Algorithmes stochastiques. Mathématiques et applications. Springer, Paris (1996)

[72] Duflo, M. : Random Iterative Models. Springer, New York (1997)

[73] Durrett, R. : Ten lectures on particle systems. In : P. Bernard (ed.) École d'Été de St. Flour XXIII, Lecture Notes in Mathematics 1608, pp. 97–201. Springer, New York (1995)

[74] Durrett, R., Levin, S.A. : Stochastic spatial models : a user's guide to ecological applications. Philosophical Transactions of the Royal Society of London, series B **343**, 329–350 (1994)

[75] Dzhaparidze, K.O. : On simplified estimators of unknown parameters with good asymptotic properties. Theory of Probability and its Applications **19**, 347–358 (1974)

[76] Pfeifer, P.E., Deutsch, S.J. : Identification and interpretation of first order space-time arma models. Technometrics **22**, 397–408 (1980)

[77] Eriksson, M., Siska, P.P. : Understanding anisotropy computations. Mathematical Geology **32**, 683–700 (2000)

[78] Ferrandiz, J., Lopez, A., Llopis, A., Morales, M., Tejerizo, M.L. : Spatial interaction between neighbouring counties : cancer mortality data in Valencia (Spain). Biometrics **51**, 665–678 (1995)

[79] Fuentes, M. : Approximate likelihood for large irregularly spaced spatial data. Journal of the American Statistical Association **102**, 321–331 (2007)

[80] Gelman, A., Rubin, D.B. : Inference from iterative simulation using multiple sequences. Statistical Science **7**, 457–511 (1992)

[81] Geman, D. : Random fields and inverse problem in imaging. In : P.L. Hennequin (ed.) École d' Eté de Probabilités de Saint-Flour XVIII, Lecture Notes in Mathematics 1427, pp. 113–193. Springer, New York (1990)

[82] Geman, D., Geman, S. : Stochastic relaxation, Gibbs distributions and the bayesian restoration of images. IEEE Transactions on Pattern Analysis and Machine Intelligence **6**, 721–741 (1984)

[83] Geman, S., Graffigne, C. : Markov random fields models and their applications to computer vision. In : A.M. Gleason (ed.) Proceedings of the International Congress of Mathematicians 1986, pp. 1496–1517. American Mathematical Society, Providence : RI (1987)

[84] Georgii, H.O. : Canonical and grand canonical Gibbs states for continuum systems. Communications of Mathematical Physics **48**, 31–51 (1976)

[85] Georgii, H.O. : Gibbs measure and phase transitions. De Gruyter, Berlin (1988)

294   Littérature

[86] Geyer, C.J. : On the convergence of Monte Carlo maximum likelihood calculations. Journal of the Royal Statistical Society, Series B **56**, 261–274 (1994)

[87] Geyer, C.J. (1999). Likelihood inference for spatial point processes. In Stochastic geometry : likelihood and computation (eds O.E. Barndorff-Nielsen, W.S. Kendall & M.N.M. van Lieshout), 79–140, Chapman & Hall/CRC, Florida

[88] Geyer, C.J., Møller, J. : Simulation procedures and likelihood inference for spatial point processes. Scandinavian Journal of Statistics **21**, 359–373 (1994)

[89] Gilks, W.R., Richardson, S., Spiegelhalter, D.J. (eds.) : Markov Chain Monte Carlo in Practice. Chapman & Hall, London (1996)

[90] Gneiting, T. : Nonseparable, stationary covariance functions for space-time data. Journal of the American Statistical Association **97**, 590–600 (2002)

[91] Gneiting, T., Genton, M.G., Guttorp, P. : Geostatistical space-time models, stationarity, separability and full symmetry. In : B. Finkenstadt, L. Held, V. Isham (eds.) Statistical Methods for Spatio-Temporal Systems, pp. 151–175. Chapman & Hall/CRC, Boca Raton : FL (2007)

[92] Gourieroux, C., Monfort, A. : Statistiques et modèles économétriques, Tomes 1 et 2. Economica, Paris (1992)

[93] Green, P.J., Richardon, S. : Hidden Markov models and disease mapping. Journal of the American Statistical Association **97**, 1055–1070 (2002)

[94] Greig, D.M., Porteous, B.T., Seheult, A.H. : Exact maximum a posteriori estimation for binary images. Journal of the Royal Statistical Society, Series B **51**, 271–279 (1989)

[95] Guan, Y., Sherman, M. : On least squares fitting for stationary spatial point processes. Journal of the Royal Statistical Society, Series B **69**, 31–49 (2007)

[96] Guyon, X. : Random Fields on a Network : Modeling, Statistics and Applications. Springer, New York (1995)

[97] Guyon, X., Hardouin, C. : The Chi-2 difference of coding test for testing Markov random field hypothesis. In : P. Barone, A. Frigessi, M. Piccioni (eds.) Stochastic Models, Statistical Methods and Algorithms in Image Analysis, Lecture Notes in Statistics 74, pp. 165–176. Spinger, Berlin (1992)

[98] Guyon, X., Hardouin, C. : Markov chain Markov field dynamics : models and statistics. Statistics **36**, 339–363 (2002)

[99] Guyon, X., Künsch, H.R. : Asymptotic comparison of estimator of the Ising model. In : P. Barone, A. Frigessi, M. Piccioni (eds.) Stochastic Models, Statistical Methods and Algorithms in Image Analysis, Lecture Notes in Statistics 74, pp. 177–198. Spinger, Berlin (1992)

[100] Guyon, X., Pumo, B. : Estimation spatio-temporelle d'un modèle de système de particule. Comptes rendus de l'Académie des sciences Paris **I-340**, 619–622 (2005)

[101] Guyon, X., Pumo, B. : Space-time estimation of a particle system model. Statistics **41**, 395–407 (2007)

[102] Guyon, X., Yao, J.F. : On the underfitting and overfitting sets of models chosen by order selection criteria. Journal of Multivariate Analysis **70**, 221–249 (1999)

[103] Häggström, O. : Finite Markov Chains and Algorithmic Applications. Cambridge University Press, Cambridge (2002)

[104] Häggström, O., van Lieshout, M.N.M., Møller, J. : Characterisation results and Markov chain Monte Carlo algorithms including exact simulation for some spatial point processes. Bernoulli **5**, 641–658 (1999)

[105] Haining, R. : Spatial Data Analysis in the Social and Environmental Sciences. Cambridge University Press, Cambridge (1990)

[106] Hajek, B. : Cooling schedules for optimal annealing. Mathematics of Operations Research **13**, 311–329 (1999)

[107] Hannan, E.J. : The estimation of the order of an ARMA process. Annals of Statistics **8**, 1071–1081 (1980)

[108] Hardouin, C. : Quelques résultats nouveaux en statistique des processus : contraste fort, régressions à rélog-périodogramme. Ph.D. thesis, Université Paris VII, Paris (1992)

[109] Hardouin, C., Yao, J. : Multi-parameter auto-models and their application. Biometrika (2008). Forthcoming

[110] Hastings, W. : Monte Carlo sampling methods using Markov chains and their applications. Biometrika **57**, 97–109 (1970)

[111] Heinrich, L. : Minimum contrast estimates for parameters of spatial ergodic point processes. In : Transactions of the 11th Prague Conference on Random Processes, Information Theory and Statistical Decision Functions, pp. 479–492. Academic Publishing House, Prague (1992)

[112] Higdon, D. : Space and space-time modeling using process convolutions. In : C. Anderson, V. Barnett, P.C. Chatwin, A. El-Shaarawi (eds.) Quantitative Methods for Current Environmental Issues, pp. 37–56. Springer, London (2002)

[113] Higdon, D.M., Swall, J., Kern, J. : Non-stationary spatial modeling. In : J.M. Bernado, J.O. Berger, A.P. Dawid, A.F.M. Smith (eds.) Bayesian Statistics 6, pp. 761–768. Oxford University Press, Oxford (1999)

[114] Hoeting, A., Davis, A., Merton, A., Thompson, S. : Model selection for geostastistical models. Ecological Applications **16**, 87–98 (2006)

[115] Huang, F., Ogata, Y. : Improvements of the maximum pseudo-likelihood estimators in various spatial statistical models. Journal of Computational and Graphical Statistics **8**, 510–530 (1999)

[116] Ibragimov, I.A., Linnik, Y.V. : Independent and Stationary Sequences of Random Variables. Wolters-Noordhoff, Groningen (1971)

[117] Ibragimov, I.A., Rozanov, Y.A. : Processus aléatoires gaussiens. MIR, Moscou (1974)

[118] Ihaka, R., Gentleman, R. : R : a language for data analysis and graphics. Journal of Computational and Graphical Statistics **5**, 299–314 (1996)

[119] Illig, A. : Une modélisation de données spatio-temporelles par AR spatiaux. Journal de la société francaise de statistique **147**, 47–64 (2006)

[120] Isaacson, D.L., Madsen, R.Q. : Markov Chains : Theory and Application. Wiley, New York (1976)

[121] Jensen, J., Møller, J. : Pseudolikelihood for exponential family of spatial point processes. Annals of Applied Probability **3**, 445–461 (1991)

[122] Jensen, J.L. : Asymptotic normality of estimates in spatial point processes. Scandinavian Journal of Statistics **20**, 97–109 (1993)

[123] Jensen, J.L., Künsch, H.R. : On asymptotic normality of pseudolikelihood estimates for pairwise interaction processes. Annals of the Institute of Statistical Mathematics **46**, 475–486 (1994)

[124] Ji, C., Seymour, L. : A consistent model selection procedure for Markov random fields based on penalized pseudo-likelihood. Annals of Applied Probability **6**, 423–443 (1996)

[125] Jolivet, E. : Central limit theorem and convergence of empirical processes for stationary point processes. In : P. Bastfai, J. Tomko (eds.) Point Processes and Queuing Problems, pp. 117–161. North-Holland, Amsterdam (1978)

[126] Jones, R., Zhang, Y. : Models for continuous stationary space-time processes. In : T.G. Grègoire, D.R. Brillinger, P.J. Diggle, E. Russek-Cohen, W.G. Warren, R.D. Wolfinger (eds.) Modelling Longitudinal and Spatially Correlated Data, Lecture Notes in Statistics 122, pp. 289–298. Springer, New York (1997)

[127] Kaiser, M.S., Cressie, N.A.C. : Modeling Poisson variables with positive spatial dependence. Statistics and Probability Letters **35**, 423–432 (1997)

[128] Keilson, J. : Markov Chain Models : Rarity and Exponentiality. Springer, New York (1979)

[129] Kemeny, G., Snell, J.L. : Finite Markov Chains. Van Nostrand, Princeton : NJ (1960)

[130] Kendall, W.S., Møller, J. : Perfect simulation using dominating processes on ordered state spaces, with application to locally stable point processes. Advances in Applied Probability **32**, 844–865 (2000)

[131] Klein, D. : Dobrushin uniqueness techniques and the decay of correlation in continuum statistical mechanics. Communications in Mathematical Physics **86**, 227–246 (1982)

[132] Koehler, J.B., Owen, A.B. : Computer experiments. In : S. Ghosh, C.R. Rao (eds.) Handbook of Statistics,Vol 13, pp. 261–308. North-Holland, New York (1996)

[133] Kolovos, A., Christakos, G., Hristopulos, D.T., Serre, M.L. : Methods for generating non-separable spatiotemporal covariance models with po-

tential environmental applications. Advances in Water Resources **27**, 815–830 (2004)

[134] Krige, D. : A statistical approach to some basic mine valuation problems on the Witwatersrand. Journal of the Chemical, Metallurgical and Mining Society of South Africa **52**, 119–139 (1951)

[135] Kutoyants, Y.A. : Statistical Inference for Spatial Poisson Processes. Springer, New York (1998)

[136] Kyriakidis, P.C., Journel, A.G. : Geostatistical space-time models : a review. Mathematical Geology **31**, 651–684 (1999)

[137] Lahiri, S.N. : CLT for weighted sums of a spatial process under a class of stochastic and fixed designs. Sankhya A **65**, 356–388 (2003)

[138] Lahiri, S.N., Lee, Y., Cressie, C.N.A. : On asymptotic distribution and asymptotic efficiency of least squares estimators of spatial variogram parameters. Journal Statistical Planning and Inference **103**, 65–85 (2002)

[139] Lantuèjoul, C. : Geostatistical Simulation. Springer, Berlin (2002)

[140] Laslett, M. : Kriging and splines : and empirical comparison of their predictive performance in some applications. Journal of the American Statistical Association **89**, 391–409 (1994)

[141] Lawson, A.B. : Statistical Methods in Spatial Epidemiology. Wiley, New York (2001)

[142] Le, N.D., Zidek, J.V. : Statistical Analysis of Environmental Space-Time Processes. Springer, New York (2006)

[143] Lee, H.K., Higdon, D.M., Calder, C.A., Holloman, C.H. : Efficient models for correlated data via convolutions of intrinsic processes. Statistical Modelling **5**, 53–74 (2005)

[144] Lee, Y.D., Lahiri, S.N. : Least square variogram fitting by spatial subsampling. Journal of the Royal Statistical Society, Series B **64**, 837–854 (2002)

[145] Loève, M. : Probability Theory II. Springer, New York (1978)

[146] Lunn, D.J., Thomas, A., Best, N., Spiegelhalter, D.J. : WinBUGS - a Bayesian modelling framework : concepts, structure, and extensibility. Statistics and Computing **10**, 325–337 (2000)

[147] Ma, C. : Families of spatio-temporal stationary covariance models. Journal of Statistical Planning and Inference **116**, 489–501 (2003)

[148] Mardia, K.V., Goodall, C., Redfern, E.J., Alonso, F.J. : The Kriged Kalman filter (with discussion). Test **7**, 217–252 (1998)

[149] Mardia, K.V., Marshall, J. : Maximum likelihood estimation of models for residual covariance in spatial regression. Biometrika **71**, 289–295 (1984)

[150] Marroquin, J., Mitter, S., Poggio, T. : Probabilistic solution of ill posed problem in computational vision. Journal of the American Statistical Association **82**, 76–89 (1987)

[151] Mase, S. : Marked Gibbs processes and asymptotic normality of maximum pseudo-likelihood estimators. Mathematische Nachrichten **209**, 151–169 (1999)

[152] Matheron, G. : Traité de géostatistique appliquée, Tome 1. Mémoires du BRGM, n. 14. Technip, Paris (1962)

[153] Matheron, G. : The intrinsic random function and their applications. Advances in Applied Probability **5**, 439–468 (1973)

[154] Matérn, B. : Spatial Variation : Stochastic Models and their Applications to Some Problems in Forest Surveys and Other Sampling Investigations, 2nd edn. Springer, Heidelberg (1986)

[155] McCullagh, P., Nelder, J.A. : Generalized Linear Models. Chapman & Hall, London (1989)

[156] Mercer, W.B., Hall, A.D. : The experimental error of field trials. The experimental error of field trials **4**, 107–132 (1973)

[157] Meyn, S.P., Tweedie, R.L. : Markov Chains and Stochastic Stability. Springer, New York (1993)

[158] Mitchell, T., Morris, M., Ylvisaker, D. : Existence of smoothed process on an interval. Stochastic Processes and their Applications **35**, 109–119 (1990)

[159] Møller, J., Syversveen, A.R., Waagepetersen, R.P. : Log-gaussian Cox processes. Scandinavian Journal of Statistics **25**, 451–82 (1998)

[160] Møller, J., Waagepetersen, R.P. : Statistical Inference and Simulation for Spatial Point Processes. Chapman & Hall/CRC, Boca Raton : FL (2004)

[161] Møller, J., Waagepetersen, R.P. : Modern statistics for spatial point processes. Scandinavian Journal of Statistics **34**, 643–684 (2007)

[162] Moyeed, R.A., Baddeley, A.J. : Stochastic approximation of the MLE for a spatial point pattern. Scandinavian Journal of Statistics **18**, 39–50 (1991)

[163] Neyman, J., Scott, E.L. : Statistical approach to problems of cosmology. Journal of the Royal Statistical Society, Series B **20**, 1–43 (1958)

[164] Nguyen, X.X., Zessin, H. : Ergodic theorems for spatial processes. Probability Theory and Related Fields **48**, 133–158 (1979)

[165] Nguyen, X.X., Zessin, H. : Integral and differential characterization of the Gibbs process. Mathematische Nachrichten **88**, 105–115 (1979)

[166] Onsager, L. : Crystal statistics I : A two dimensional model with order-disorder transition. Physical Review **65**, 117–149 (1944)

[167] Ord, J.K. : Estimation methods for models of spatial interaction. Journal of the American Statistical Association **70**, 120–126 (1975)

[168] Papangelou, F. : The conditional intensity of general point processes and application to line processes. Zeitschrift für Wahscheinlichkeitstheorie und verwandte Gebiete **28**, 207–227 (1974)

[169] Penttinen, A. : Modelling interaction in spatial point patterns : parameter estimation by the maximum likelihood method. Jyväskylä Studies in Computer Science, Economics and Statistics **7** (1984)

[170] Perrin, O., Meiring, W. : Identifiability for non-stationary spatial structure. Journal of Applied Probability **36**, 1244–1250 (1999)

[171] Perrin, O., Senoussi, R. : Reducing non-stationary random fields to stationary and isotropy using space deformation. Statistics and Probability Letters **48**, 23–32 (2000)

[172] Peskun, P. : Optimum Monte Carlo sampling using Markov chains. Biometrika **60**, 607–612 (1973)

[173] Peyrard, N., Calonnec, A., Bonnot, F., Chadoeuf, J. : Explorer un jeu de données sur grille par test de permutation. Revue de Statistique Appliquée **LIII**, 59–78 (2005)

[174] Pfeifer, P.E., Deutsch, S.J. : A three-stage iterative procedure for space-time modeling. Technometrics **22**, 93–117 (1980)

[175] Ploner, A. : The use of the variogram cloud in geostatistical modelling. Environmentrics **10**, 413–437 (1999)

[176] Preston, C. : Random Fields. Lecture Notes in Mathematics 534. Springer, Berlin (1976)

[177] Propp, J.G., Wilson, D.B. : Exact sampling with coupled Markov chains and applications to statistical mechanics. Random Structures and Algorithms **9**, 223–252 (1996)

[178] R Development Core Team : R : A Language and Environment for Statistical Computing. R Foundation for Statistical Computing, Vienna, Austria (2007). URL http ://www.R-project.org

[179] Rathbun, S.L., Cressie, N.A.C. : Asymptotic properties of estimators for the parameters of spatial inohomogeneous Poisson point processes. Advances in Applied Probability **26**, 122–154 (1994)

[180] Revuz, D. : Probabilités. Herman, Paris (1997)

[181] Ribeiro, P., Diggle, P.J. : geoR : a package for geostatistical analysis. R-NEWS **1**, 14–18 (2001)

[182] Richarson, S., Guihenneuc, C., Lasserre, V. : Spatial linear models with autocorrelated error structure. The Statistician **41**, 539–557 (1992)

[183] Ripley, B.D. : The second-order analysis of stationary point processes. Journal of Applied Probability **13**, 255–266 (1976)

[184] Ripley, B.D. : Statistical Inference for Spatial Processes. Cambridge University Press, Cambridge (1988)

[185] Ripley, B.D. : Spatial Statistics. Wiley, New York (1991)

[186] Ripley, B.D., Kelly, F.P. : Markov point processes. Journal of the London Mathematical Society **15**, 188–192 (1977)

[187] Robert, C.P. : L'analyse statistique bayésienne. Economica, Paris (1992)

[188] Robert, C.P., Casella, G. : Monte-Carlo Statistical Methods. Springer, New York (1999)

[189] Rue, H., Held, L. : Gaussian Markov Random Fields : Theory and Applications. Chapman & Hall/CRC, Boca Raton : FL (2005)

[190] Ruelle, D. : Statistical Mechanics. Benjamin, New York (1969)

[191] Saloff-Coste, L. : Lectures on finite Markov chains. In : P. Bernard (ed.) Lectures on Probability Theory and Statistics. Ecole d'été de Probabilité de St. Flour XXVI, Lecture Notes in Mathematics 1665, pp. 301–408. Springer (1997)

[192] Sampson, P., Guttorp, P. : Nonparametric estimation of nonstationary spatial covariance structure. Journal of the American Statistical Association **87**, 108–119 (1992)

[193] Santer, T.J., Williams, B.J., Notz, W.I. : The Design and Analysis of Computers Experiments. Springer, New York (2003)

[194] Schabenberger, O., Gotway, C.A. : Statistical Methods for Spatial Data Analysis. Chapman & Hall/CRC, Boca Raton : FL (2004)

[195] Schlather, M. : Introduction to positive definite functions and to unconditional simulation of random fields. Tech. Rep. ST 99-10, Lancaster University, Lancaster (1999)

[196] Senoussi, R. : Statistique asymptotique presque sûre des modèles statistiques convexes. Annales de l'Institut Henri Poincaré **26**, 19–44 (1990)

[197] Serra, J. : Image Analysis and Mathematical Morphology. Academic Press, New York (1982)

[198] Shea, M.M., Dixon, P.M., Sharitz, R.R. : Size differences, sex ratio, and spatial distribution of male and female water tupelo, nyssa aquatica (nyssaceae). American Journal of Botany **80**, 26–30 (1993)

[199] Shibata, R. : Selection of the order of an autoregessive model by Akaike's information criterion. Biometrika **63**, 117–126 (1976)

[200] Stein, M.L. : Interpolation of Spatial Data : Some Theory for Kriging. Springer, New York (1999)

[201] Stein, M.L. : Statistical methods for regular monitoring data. Journal of the Royal Statistical Society, Series B **67**, 667–687 (2005)

[202] Storvik, G., Frigessi, A., Hirst, D. : Stationary space-time gaussian fields and their time autoregressive representation. Stochastic Modelling **2**, 139–161 (2002)

[203] Stoyan, D., Grabarnik, P. : Second-order characteristics for stochastic structures connected with Gibbs point processes. Mathematische Nachrichten **151**, 95–100 (1991)

[204] Stoyan, D., Kendall, W.S., Mecke, J. (eds.) : Stochastic Geometry and its Applications, 2nd edn. Wiley, New York (1995)

[205] Strathford, J.A., Robinson, W.D. : Distribution of neotropical migratory bird species across an urbanizing landscape. Urban Ecosystems **8**, 59–77 (2005)

[206] Strauss, D.J. : A model for clustering. Biometrika **62**, 467–475 (1975)

[207] Strauss, D.J. : Clustering on colored lattice. Journal of Applied Probability **14**, 135–143 (1977)

[208] Stroud, J.R., Müller, P., Sansó, B. : Dynamic models for spatio-temporal data. Journal of the Royal Statistical Society, Series B **63**, 673–689 (2001)

[209] Sturtz, S., Ligges, U., Gelman, A. : R2WinBUGS : a package for running WinBUGS from R. Journal of Statistical Software **2**, 1–16 (2005)

[210] Sweeting, T.J. : Uniform asymptotic normality of the maximum likelihood estimator. Annals of Statistics **8**, 1375–1381 (1980)

[211] Tempelman, A.A. : Ergodic theorems for general dynamical systems. Transactions of the Moscow Mathematical Society **26**, 94–132 (1972)

[212] Thomas, A., O' Hara, B., Ligges, U., Sturtz, S. : Making BUGS open. R News **6**, 12–17 (2006)

[213] Thomas, M. : A generalisation of Poisson's binomial limit for use in ecology. Biometrika **36**, 18–25 (1949)

[214] Tierney, L. : Markov chains for exploring posterior distributions (with discussion). Annals of Statistics **22**, 1701–1762 (1994)

[215] Tierney, L. : A note on Metropolis-Hastings kernels for general state space. Annals of Applied Probability **3**, 1–9 (1998)

[216] Tukey, J.W. : Spectral Analysis Time Series. Wiley, New York (1967)

[217] Van Lieshout, M.N.M. : Markov Point Processes and their Applications. Imperial College Press, London (2000)

[218] Van Lieshout, M.N.M., Baddeley, A.J. : Indices of dependence between types in multivariate point patterns. Scandinavian Journal of Statistics **26**, 511–532 (1999)

[219] Ver Hoef, J., Barry, R.P. : Constructing and fitting models for cokriging and multivariable spatial prediction. Journal of Statistical Planning and Inference **69**, 275–294 (1998)

[220] Waagepetersen, R.P. : An estimating function approach to inference for inhomogeneous Neyman-Scott processes. Biometrics **63**, 252–258 (2007)

[221] Wackernagel, H. : Multivariate Geostatistics : An Introduction with Applications, 3rd edn. Springer, New York (2003)

[222] Whittle, P. : On stationary processes in the plane. Biometrika **41**, 434–449 (1954)

[223] Wikle, C.K., Cressie, N.A.C. : A dimension-reduced approach to space-time Kalman filtering. Biometrika **86**, 815–829 (1999)

[224] Winkler, G. : Image Analysis, Random Fields and Markov Chain Monte Carlo Methods, 2nd edn. Springer, Berlin (2003)

[225] Wolpert, R.L., Icktadt, K. : Poisson/Gamma random fields models for spatial statistics. Biometrika **85**, 251–267 (1998)

[226] Wu, H., Huffer, F.W. : Modelling the distribution of plant species using the autologistic regression model. Environmental and Ecological Statistics **4**, 49–64 (1997)

[227] Yaglom, A.M. : Correlation Theory of Stationary and Related Random Functions. Volume I : Basic Results. Springer, New York (1987)

[228] Yao, J.F. : On constrained simulation and optimisation by Metropolis chains. Statistics and Probability Letters **46**, 187–193 (2000)

[229] Ycart, B. : Modèles et algorithmes markoviens. Mathématiques et Applications. Springer, Paris (2002)

[230] Younes, L. : Estimation and annealing for Gibbsian fields. Annales de l'Institut Henri Poincaré (B). Probabilités et Statistiques **2**, 269–294 (1988)

[231] Zhang, H., Zimmerman, D.L. : Towards reconciling two asymptotic frameworks in spatial statistics. Biometrika **92**, 921–936 (2005)

[232] Zimmerman, D., Zimmerman, M. : A comparison of spatial semivariogram estimators and corresponding ordinary kriging predictors. Technometric **33**, 77–91 (1991)

Index

Déjà parus dans la même collection

39. B. YCART : Modèles et algorithmes Markoviens. 2002

40. B. BONNARD, M. CHYBA : Singular Trajectories and their Role in Control Theory. 2003

41. A. TSYBAKOV : Introdution à l'estimation non-paramétrique. 2003

42. J. ABDELJAOUED, H. LOMBARDI : Méthodes matricielles – Introduction à la complexité algébrique. 2004

43. U. BOSCAIN, B. PICCOLI : Optimal Syntheses for Control Systems on 2-D Manifolds. 2004

44. L. YOUNES : Invariance, déformations et reconnaissance de formes. 2004

45. C. BERNARDI, Y. MADAY, F. RAPETTI : Discrétisations variationnelles de problèmes aux limites elliptiques. 2004

46. J.-P. FRANÇOISE : Oscillations en biologie : Analyse qualitative et modèles. 2005

47. C. LE BRIS : Systèmes multi-échelles : Modélisation et simulation. 2005

48. A. HENROT, M. PIERRE : Variation et optimisation de formes : Une analyse géometric. 2005

49. B. BIDÉGARAY-FESQUET : Hiérarchie de modèles en optique quantique : De Maxwell-Bloch à Schrödinger non-linéaire. 2005

50. R. DÁGER, E. ZUAZUA : Wave Propagation, Observation and Control in $1 - d$ Flexible Multi-Structures. 2005

51. B. BONNARD, L. FAUBOURG, E. TRÉLAT : Mécanique céleste et contrôle des véhicules spatiaux. 2005

52. F. BOYER, P. FABRIE : Éléments d'analyse pour l'étude de quelques modèles d'écoulements de fluides visqueux incompressibles. 2005

53. E. CANCÈS, C. L. BRIS, Y. MADAY : Méthodes mathématiques en chimie quantique. Une introduction. 2006

54. J-P. DEDIEU : Points fixes, zeros et la methode de Newton. 2006

55. P. LOPEZ, A. S. NOURI : Théorie élémentaire et pratique de la commande par les régimes glissants. 2006

56. J. COUSTEIX, J. MAUSS : Analyse asympotitque et couche limite. 2006

57. J.-F. DELMAS, B. JOURDAIN : Modèles aléatoires. 2006

58. G. ALLAIRE : Conception optimale de structures. 2007

59. M. ELKADI, B. MOURRAIN : Introduction à la résolution des systèmes polynomiaux. 2007

60. N. CASPARD, B. LECLERC, B. MONJARDET : Ensembles ordonnés finis : concepts, résultats et usages. 2007

61. H. PHAM : Optimisation et contrôle stochastique appliqués à la finance. 2007

62. H. AMMARI : An Introduction to Mathematics of Emerging Biomedical Imaging. 2008

63. C. GAETAN, X. GUYON : Modélisation et statistique spatiales. 2008